手机短视频后期处理必修课

（剪映+Premiere+达芬奇）

周玉姣 编著

U0286746

清華大学出版社
北 京

内 容 简 介

本书以制作抖音上热门的短视频效果为例，分别介绍了手机App剪映软件、Premiere电脑软件和达芬奇软件的用法。本书通过160多个案例实战演练，并赠送了320多分钟同步教学视频，帮助读者在短时间内从新手成为抖音短视频后期剪辑高手。

本书共分为15章，包括制作卡点视频、海景视频、人物视频、美食视频、动物视频、花卉视频、分身视频、抖音片尾、秒变漫画，以及偷走影子、婚纱相册、灵魂出窍、车快人慢、变幻消失、自动卡点、古风影调、夜景黑金效果、青橙色调效果等案例。读者学习本书后，可以融会贯通、举一反三，制作出更多精彩的短视频效果文件。

本书适合广大短视频爱好者、抖音玩家和想要寻求突破的短视频后期人员，特别是想学习剪映App、Premiere和达芬奇软件用法的初、中级读者阅读，同时也可作为各类计算机培训机构、中职中专、高职高专等院校及相关专业的辅导教材。

本书封面贴有清华大学出版社防伪标签，无标签者不得销售。

版权所有，侵权必究。举报：010-62782989，beiqinquan@tup.tsinghua.edu.cn。

图书在版编目(CIP)数据

手机短视频后期处理必修课：剪映+Premiere+达芬奇 / 周玉姣编著 .—北京：清华大学出版社，2021.6

ISBN 978-7-302-58192-5

Ⅰ. ①手… Ⅱ. ①周… Ⅲ. ①视频编辑软件 Ⅳ. ① TN94

中国版本图书馆 CIP 数据核字 (2021) 第 094572 号

责任编辑：韩宜波
封面设计：杨玉兰
责任校对：李玉茹
责任印制：宋 林

出版发行：清华大学出版社

网　　址：http://www.tup.com.cn，http://www.wqbook.com
地　　址：北京清华大学学研大厦 A 座　　**邮　　编：**100084
社 总 机：010-62770175　　**邮　　购：**010-62786544
投稿与读者服务：010-62776969，c-service@tup.tsinghua.edu.cn
质 量 反 馈：010-62772015，zhiliang@tup.tsinghua.edu.cn

印 装 者：三河市铭诚印务有限公司
经　　销：全国新华书店
开　　本：185mm×260mm　　**印　　张：**16.5　　**字　　数：**395 千字
版　　次：2021 年 7 月第 1 版　　**印　　次：**2021 年 7 月第 1 次印刷
定　　价：79.80 元

产品编号：089316-01

前　言 Preface

近年来，随着抖音、快手等短视频应用的流行，已经进入短视频时代，看短视频的人还需要会制作短视频。剪映、Premiere和达芬奇这3个软件是目前使用较广的短视频后期处理软件，深受广大短视频爱好者的青睐。

为了帮助广大读者快速掌握抖音短视频后期处理技术，我们特别组织专家和一线骨干老师编写了本书。

主要特点

全面的功能应用：工具、按钮、菜单、命令、快捷键、理论、实战演练等应有尽有，内容详细、具体，是一本抖音短视频后期处理自学宝典。

海量的案例实战：书中安排了160多个精辟范例，以“实例+理论”的方式，进行了非常全面、细致的讲解，读者可以边学边用。

精简的技能解析：1560张图片详解，让读者可以高效掌握3个视频剪辑软件的核心处理技巧。

配套的赠送资源：320多分钟书中实例操作重现的演示视频，620多款与书中同步的素材和效果源文件，通过扫描下面的二维码，推送到自己的邮箱后下载获取，可以随调随用。

细节特点

3大篇内容安排：本书结构清晰，全书按软件分为剪映+Premiere+达芬奇，让读者可以学习到本书中精美实例的设计与制作方法，掌握3个软件的核心技巧，提高剪辑水平，学有所成。

15章软件技术精解：本书体系完整，针对各个软件的特点，各提炼出5章范例深度解析，包括剪辑素材、变速处理、特效制作、添加滤镜、添加转场、添加字幕、添加贴纸、调色处理、选区抠像、蒙版合成、音频处理以及导出视频等技巧。

320多分钟视频播放：书中部分技能实例的操作，录制了带语音讲解的演示视频，时间长度达5个半小时。读者在学习剪映、Premiere和达芬奇这3款软件时，可以结合书本和视频，轻松方便，达到事半功倍的效果。

160多个精辟实例演练：全书将3款软件各项内容细分，通过160多个精辟范例的设计与制作方法，帮助读者在掌握剪映、Premiere和达芬奇这3款软件基础知识的同时，灵活运用各软件的功能、选项进行相应实例的制作，从而提高读者在学习与工作中的效率。

1560张图片全程图解：本书采用了1560张图片，对剪映、Premiere和达芬奇这3款软件的技术、实例进行全程图解，通过这些大量辅助的图片，让实例的内容变得更加通俗易懂，便于读者快速领会。

结构安排

剪映篇：第1~5章，介绍了剪映App的使用方法，包括用剪映处理视频原素材、应用剪映完成Vlog剪辑、合成视频添加背景音乐、制作抖音热门视频效果以及制作风光旅游短视频等内容。

Premiere篇：第6~10章，介绍了Premiere软件的使用方法，包括在Premiere中编辑视频、制作专业的转场和滤镜、为素材添加关键帧特效、制作遮罩叠加视频特效以及制作婚纱相册短视频等内容。

达芬奇篇：第11~15章，介绍了达芬奇软件的使用方法，包括用达芬奇粗调视频图像、局部细调视频图像画面、制作抖音热门风格色调、为视频添加转场和字幕以及制作青橙色调短视频等内容。

软件版本

本书在编写时，是基于剪映、Premiere以及达芬奇当前最新软件版本截取的实际操作图片，但因一本书从编辑到出版需要一段时间，在这段时间里，软件界面与功能会有所调整与变化，比如有的内容删除了，有的内容增加了，这是软件开发商做的软件更新。请在阅读时，根据书中的思路，举一反三，进行学习。

剪映App：编写本书时所用版本为4.0.0，在录操作视频时用的则是4.1.0。

Premiere：编写本书时所用版本为Premiere Pro 2020。

达芬奇：编写本书时所用版本为中文版DaVinci Resolve 16。

作者信息

本书由周玉姣编著，参与编写的人员还有刘华敏，在此表示感谢。感谢黄建波、罗健飞、王甜康、徐必文、罗健飞、杨婷婷、彭爽、苏苏、巧慧以及燕羽等人提供的素材。由于作者知识水平有限，书中难免有疏漏之处，恳请广大读者批评、指正。

版权声明

本书及资源所采用的图片、动画、模板、音频、视频等素材，均为所属公司、网站或个人所有，本书引用仅为说明（教学）之用，绝无侵权之意，特此声明。

编 者

目　录 Contents

第1章

素材处理：用剪映处理视频原素材

学前提示

剪映App是抖音推出的一款视频剪辑应用软件，拥有全面的剪辑功能，支持剪辑、缩放视频轨道、素材替换、美颜瘦脸等功能，以及丰富的曲库资源和视频素材资源。本章笔者将从剪映界面开始介绍剪映App的具体操作方法。

1.1 掌握剪映基本功能

本节主要介绍剪映App的基本功能，包括进入剪映功能界面、导入视频素材的操作方法、替换视频素材的操作方法以及美颜瘦脸的操作方法等。

1.1.1 进入剪映功能界面

在手机屏幕上点击“剪映”图标，打开剪映App，如图1-1所示。进入“剪映”主界面，点击“开始创作”按钮，如图1-2所示。

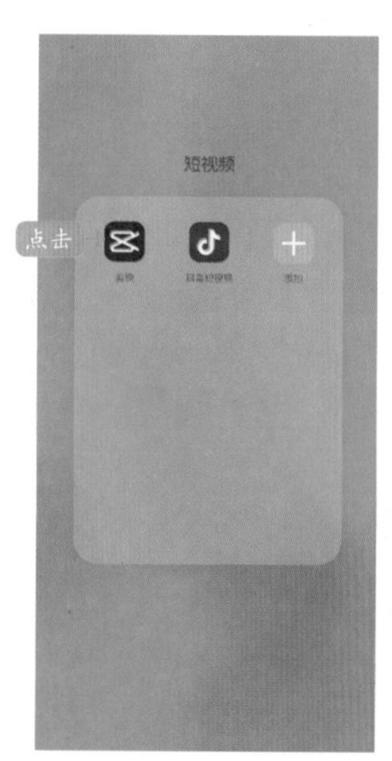

图1-1 点击“剪映”图标

图1-2 点击“开始创作”按钮

进入“照片视频”界面，在其中选择相应的视频或照片素材，如图1-3所示。

图1-3 选择视频或照片素材

1.1.2 导入视频素材画面

在时间线区域的视频轨道上，点击右侧的[+]按钮，如图1-4所示。进入“照片视频”界面，在其中选择相应的视频或照片素材，如图1-5所示。

图1-4 点击图标

图1-5 选择素材

点击“添加”按钮，即可在时间线区域的视频轨道上添加一个新的视频素材，如图1-6所示。

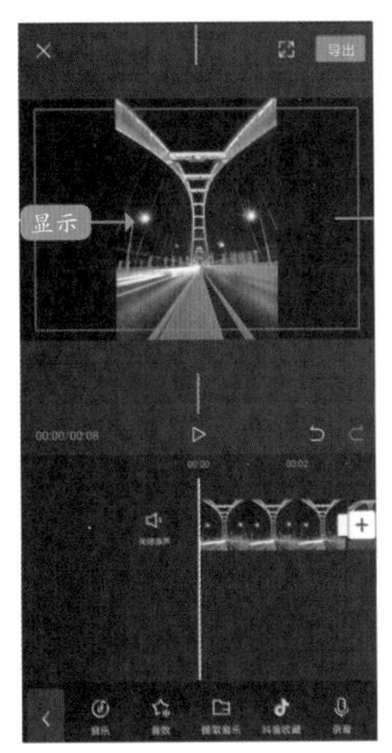

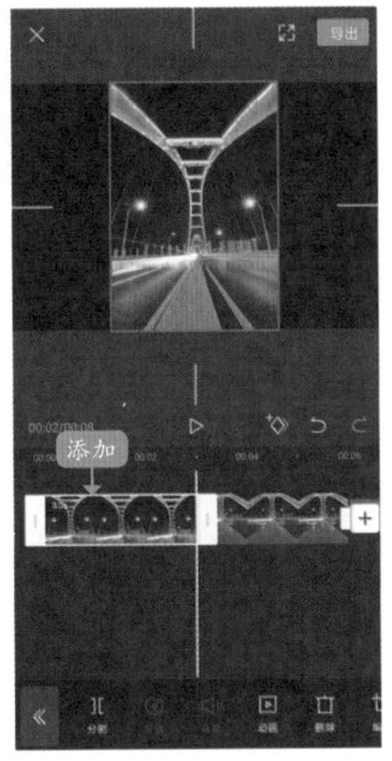

图1-6　添加新的视频素材

除了以上导入素材的方法外，用户还可以点击“开始创作”按钮，进入“照片视频”界面。在“照片视频”界面中，点击“素材库”按钮，如图1-7所示。进入该界面后，可以看到剪映素材库内置了丰富的素材，向下滑动，可以看到有黑白场、插入动画、绿幕以及蒸汽波动画等，如图1-8所示。

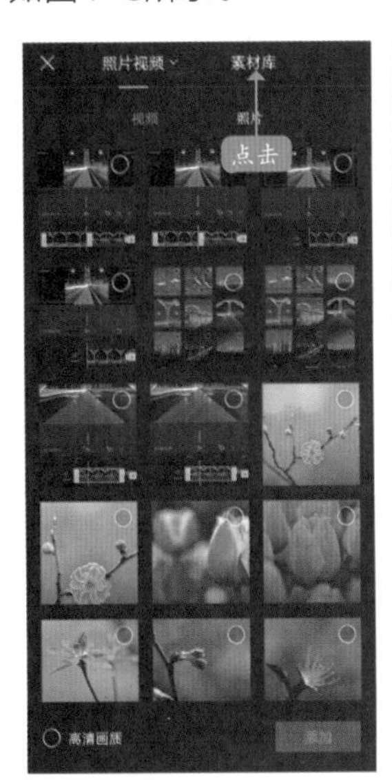

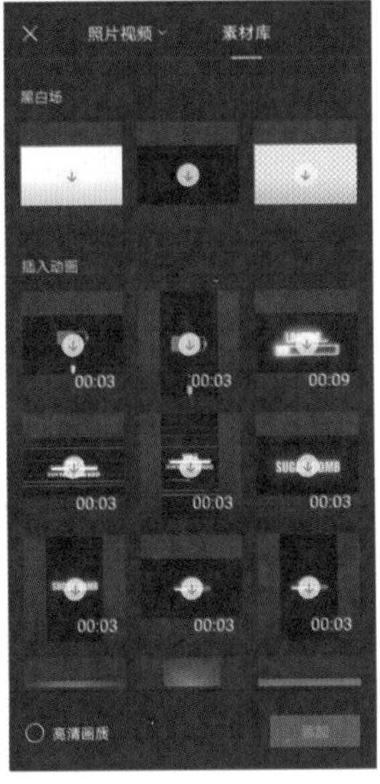

图1-7　点击“素材库”按钮　图1-8　“素材库”界面

例如，用户要想在视频片头制作一个片头进度条，①选择片头进度条素材片段；②点击“添加”按钮；③即可把素材添加到视频轨道中，如图1-9所示。

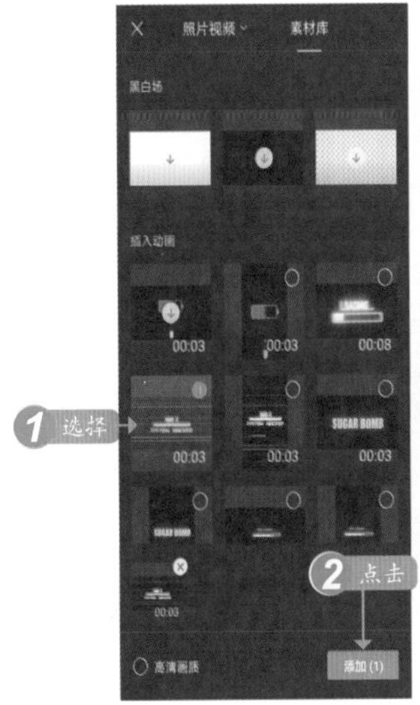

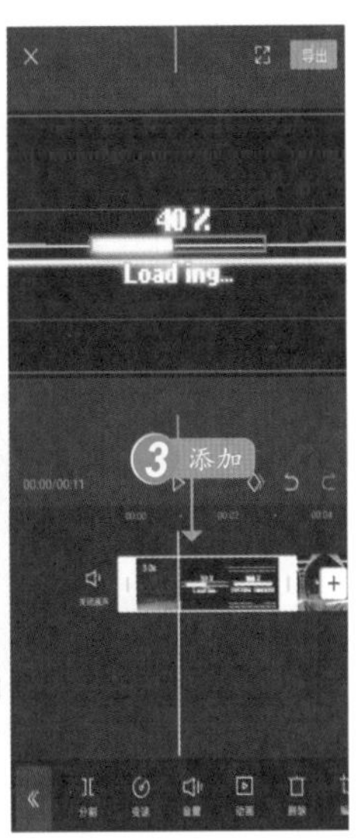

图1-9　添加片头进度条素材片段

1.1.3　熟悉工具区域

进入编辑界面，其由预览窗口、时间线区域以及工具栏区域组成。在底部的工具栏区域，不进行操作时，可以看到一级工具栏中有剪辑、音频及文字等功能，如图1-10所示。

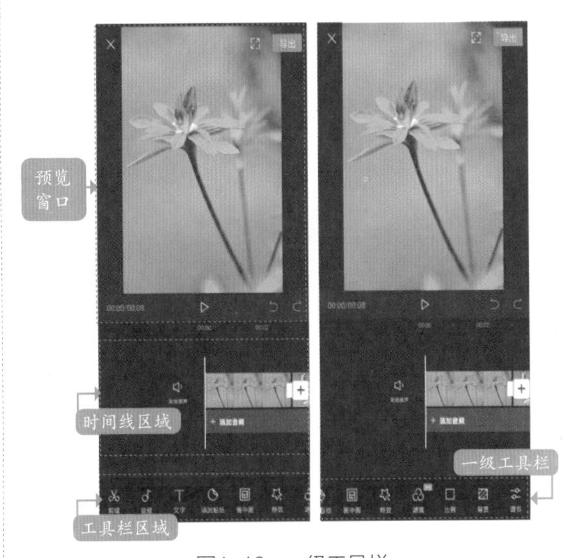

图1-10　一级工具栏

例如，点击“剪辑”按钮，可以进入剪辑二

级工具栏，如图1-11所示。点击“音频”按钮，可以进入音频二级工具栏，如图1-12所示。

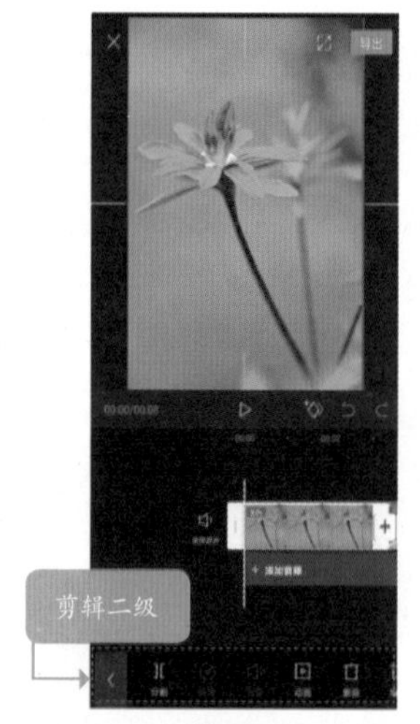

图1-11　剪辑二级工具栏

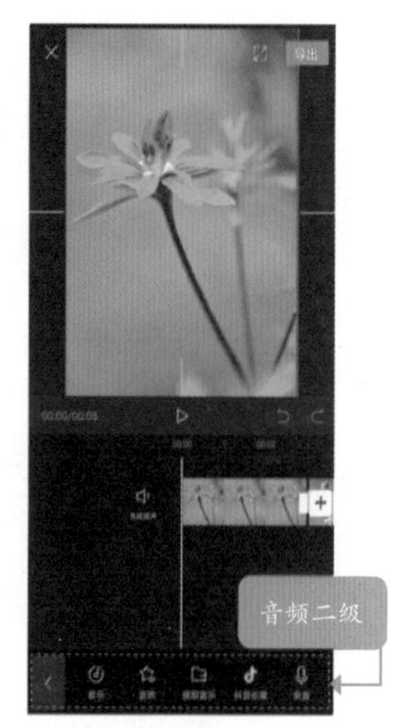

图1-12　音频二级工具栏

专家指点　在界面左上角点击☒按钮，即可将剪辑的视频保存到“剪映”主界面的“剪辑草稿”面板中。

1.1.4　一键替换视频素材

在剪映App中剪辑视频时，用户可以根据需要对素材文件进行替换操作，使制作的视频更加符合用户的需求。下面介绍剪映App的素材替换功能的具体操作方法。

步骤/01 打开剪好的短视频文件，向左滑动视频轨道，找到需要被替换的视频片段，选择该片段，如图1-13所示。

步骤/02 在下方工具栏中，向左滑动，找到并点击“替换”按钮，如图1-14所示。

步骤/03 进入“照片视频”界面，选择想要的素材，如图1-15所示。

步骤/04 替换成功后，便会在视频轨道上显示替换后的视频素材，如图1-16所示。

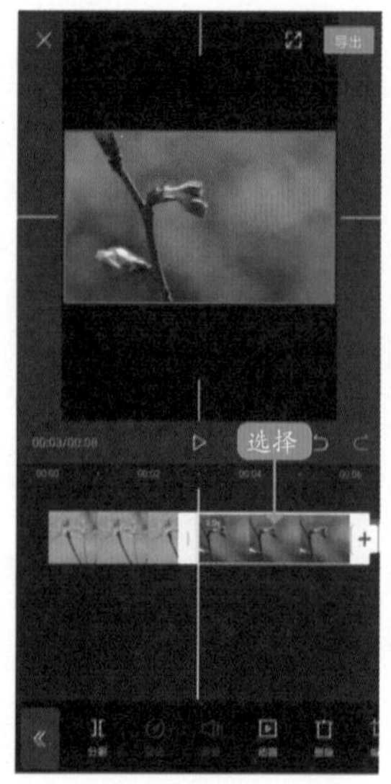

图1-13　选择需要替换的视频　图1-14　点击“替换”按钮

图1-15　选择需要替换的素材

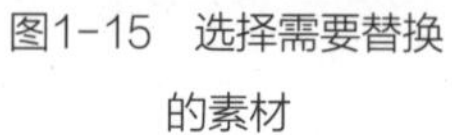

图1-16　显示替换成功的视频素材

1.1.5　美颜瘦脸美化人物

为人物素材进行美颜、瘦脸等操作，是剪辑视频时必不可少的一个过程，其方法也非常简单。导入一段视频素材，❶选择该视频素材；❷在下方的工具栏中找到并点击“美颜”按钮，如图1-17所示。

进入“美颜”界面后，可以看到有“磨皮”和“瘦脸”两个选项，如图1-18所示。

图1-17　点击“美颜”按钮

图1-18　“美颜”界面

当“磨皮”图标显示为红色时，表示目前正处于磨皮状态，拖曳白色滑块，即可调整“磨皮”效果的强弱，如图1-19所示。

图1-19　调整“磨皮”效果

点击“瘦脸”图标切换至该功能，拖曳白色滑块，即可调整“瘦脸”效果的强弱，如图1-20所示。

图1-20　调整“瘦脸”效果

1.2 剪辑处理视频素材

从前面的内容中，我们了解了剪映App的基本功能。剪映App的操作界面非常简洁，但功能却不少，能帮助我们完成短视频的基本剪辑需求。下面详细介绍几种运用剪映App进行短视频与Vlog剪辑的操作技巧。

1.2.1　基本剪辑视频素材

在剪映App中，用户可以对素材执行分割、变速以及删除等操作，以满足用户的各种剪辑需求。下面介绍使用剪映App对短视频进行基本剪辑处理的操作方法。

步骤/01 在剪映App中导入一个视频素材，点击左下角的“剪辑”按钮，如图1-21所示。

步骤/02 执行操作后，进入视频剪辑界面，如图1-22所示。

步骤/03 移动时间轴至两个片段的相交处，点击“分割”按钮，即可分割视频，如图1-23所示。

图1-21　点击“剪辑”按钮

图1-22　视频剪辑界面

步骤/04 点击“变速”按钮，对视频进行“常规变速”，调整视频的播放速度，如图1-24所示。

图1-23　分割视频

图1-24　变速处理界面

步骤/05 移动时间轴，❶选择视频的片尾；❷点击“删除”按钮，如图1-25所示。

步骤/06 执行操作后，即可删除片尾，效果如图1-26所示。

步骤/07 在剪辑界面中点击“编辑”按钮，可以对视频进行旋转、镜像以及裁剪等编辑处理，如图1-27所示。

步骤/08 在剪辑界面中点击“复制”按钮，可以快速复制选择的视频片段，如图1-28所示。

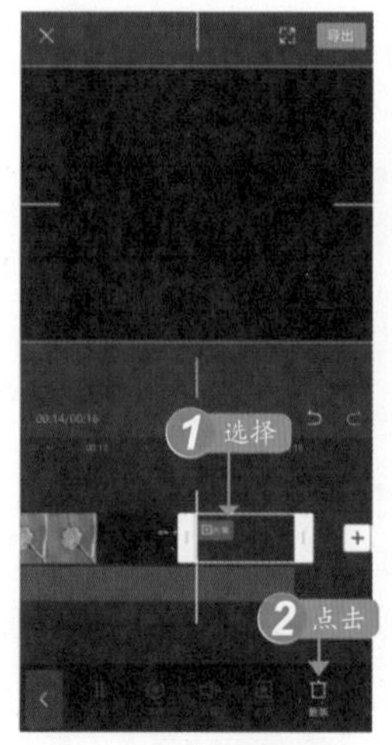

图1-25　点击“删除”按钮

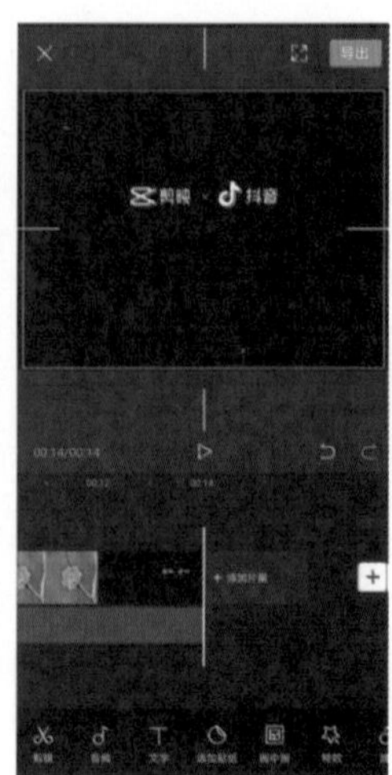

图1-26　删除片尾

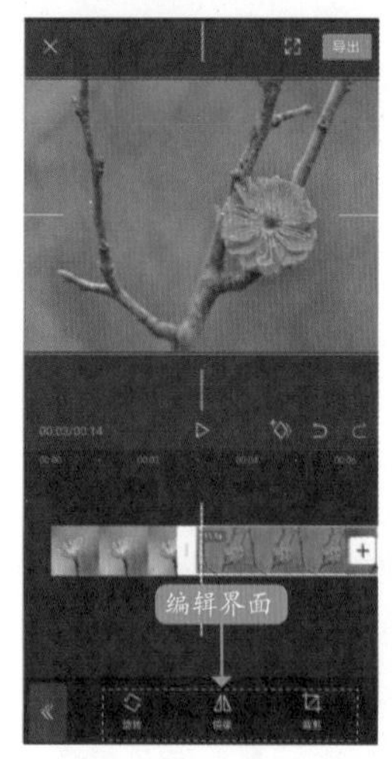

图1-27　视频编辑功能

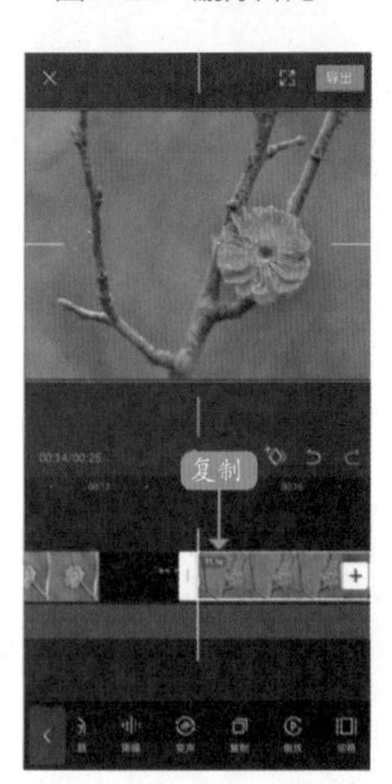

图1-28　复制选择的视频片段

步骤/09 在剪辑界面点击“倒放”按钮，系统会对所选择的视频片段进行倒放处理，并显示处理进度，如图1-29所示。

步骤/10 稍等片刻，即可倒放所选视频，如图1-30所示。

步骤/11 用户还可以在剪辑界面点击“定格”按钮，如图1-31所示。

步骤/12 执行操作后，使用两指放大时间轴中的画面片段，即可延长该片段的持续时间，实现定格效果，如图1-32所示。

步骤/13 点击右上角的“导出”按钮，即可导出视频，效果如图1-33所示。

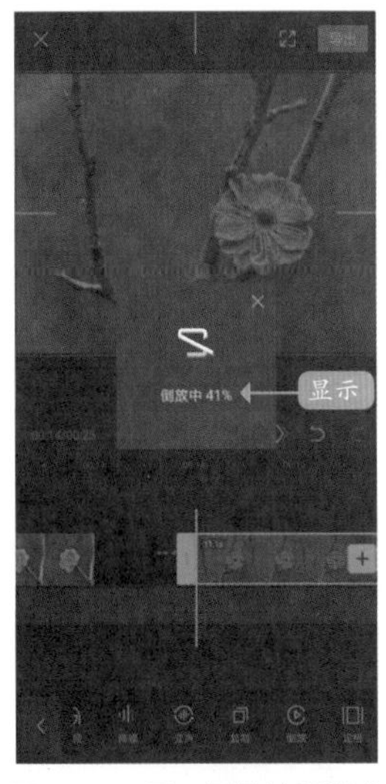

图1-29　显示倒放处理进度

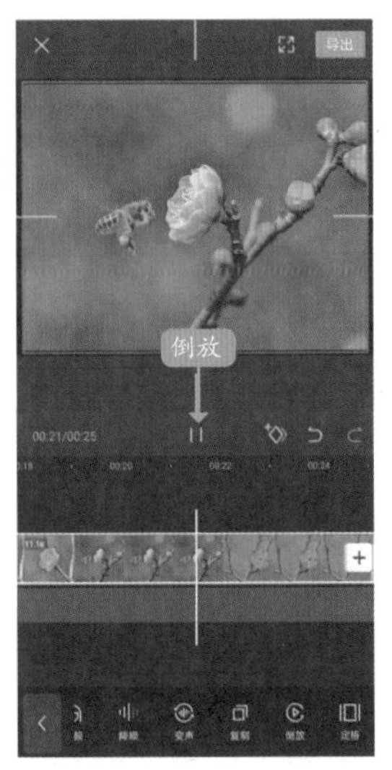

图1-30　倒放所选视频

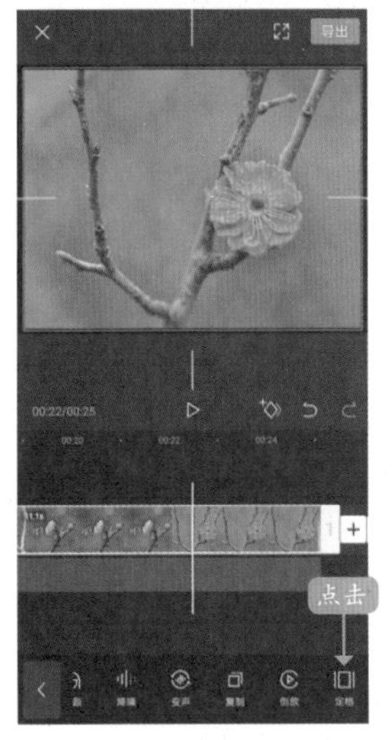

图1-31　点击“定格”按钮

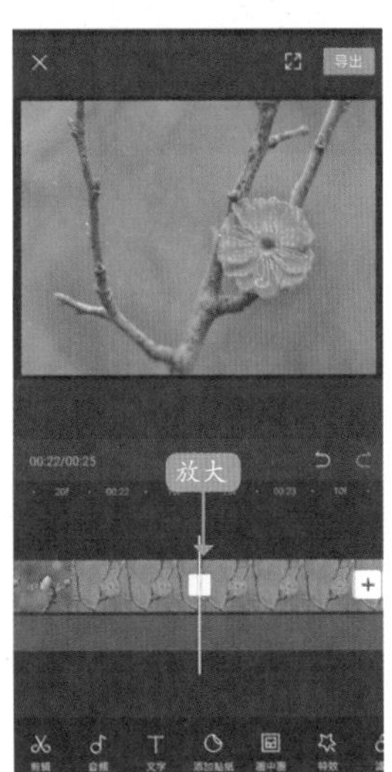

图1-32　实现定格效果

图1-33　导出并预览视频

1.2.2　逐帧精确剪辑视频

在剪映App中，点击“开始创作”按钮，导入3个视频素材，如图1-34所示。如果导入的素材位置错误，可以在视频轨道上选中并长按需要更换位置的素材，所有素材便会变成小方块，如图1-35所示。

图1-34　导入视频片段

图1-35　长按素材

变成小方块后，即可将视频素材移动到合适的位置，如图1-36所示。移动到合适的位置后，松开手指即可成功调整素材位置，如图1-37所示。

图1-36　移动素材位置

图1-37　调整素材位置

用户如果想要对视频进行更加精细的剪辑，只需放大时间线，如图1-38所示。在时间刻度上，用户可以看到最高剪辑精度为5帧画面，如图1-39所示。

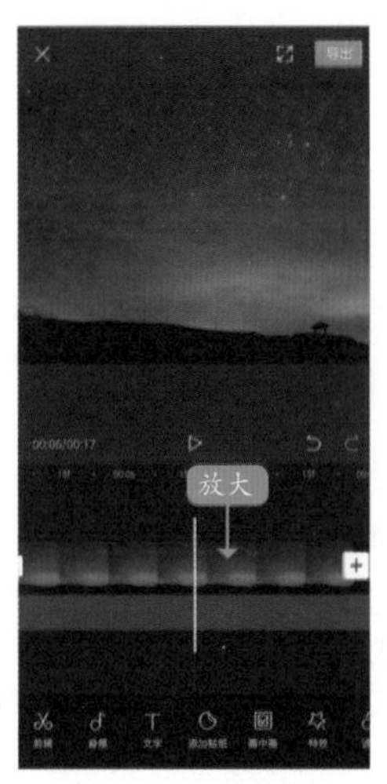

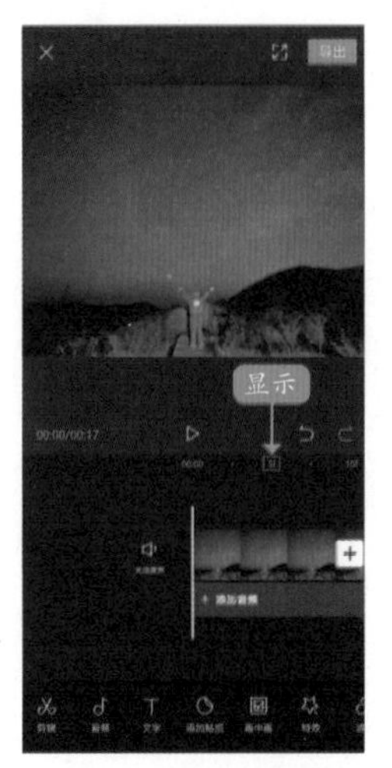

图1-38　放大时间线　图1-39　显示最高剪辑精度

虽然时间刻度上显示最高的精度是5帧画面，大于5帧的画面可分割，但用户也可以在大于2帧且小于5帧的位置进行分割，如图1-40所示。

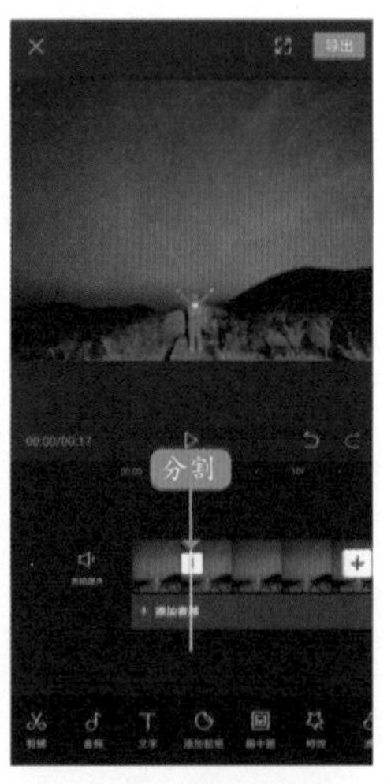

图1-40　大于5帧的分割（左）和大于2帧且小于5帧的分割（右）

1.2.3　移动缩放视频画面

在剪映App中，点击“开始创作”按钮，❶导入一段视频素材，进入视频编辑界面，如图1-41所示；❷点击视频轨道中的视频片段；❸预览窗口会显示红色的边框线，即表示视频轨道已被选中，如图1-42所示。

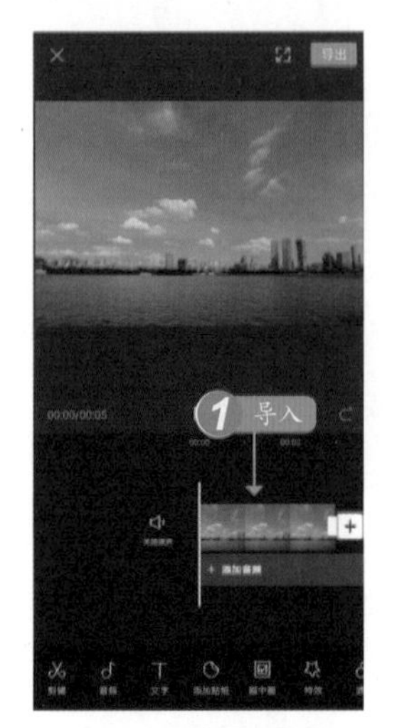

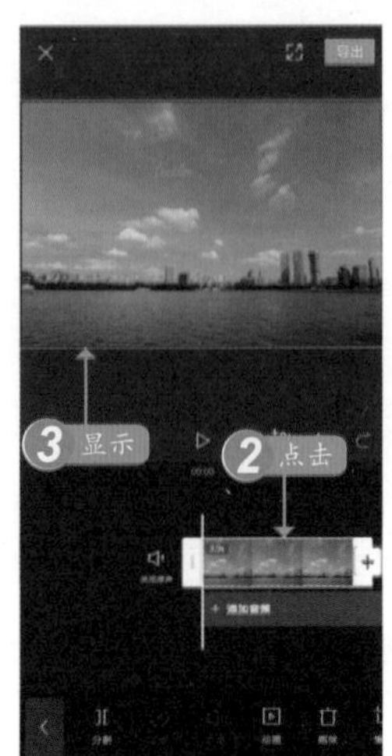

图1-41　视频编辑界面　图1-42　选中视频轨道

选中视频后，用户就可以直接用两根手指捏合，在预览窗口对视频进行放大或缩小的操作，如图1-43所示。

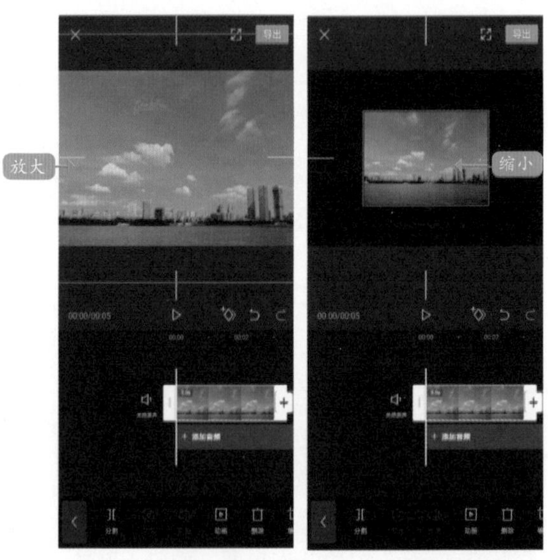

图1-43　对视频进行放大（左）和缩小（右）

专家指点

若取消选中轨道中的视频片段，在预览窗口中则无法对视频进行放大和缩小；但在视频轨道上，无论有没有选中视频片段，都可以用两根手指对视频轨道进行放大和缩小。

在界面的右上角，点击按钮，即可放大预览窗口，全屏播放视频片段；若想恢复至默认状态，点击右下角的按钮即可。

用户也可以根据自身的需要，将视频画面自由移动到需要的位置，移动效果如图1-44所示。

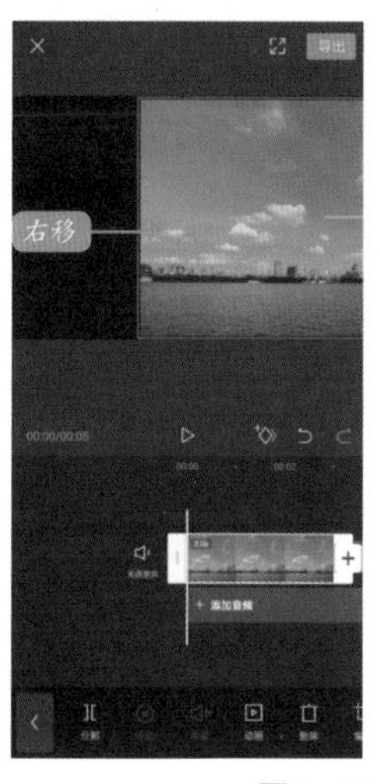

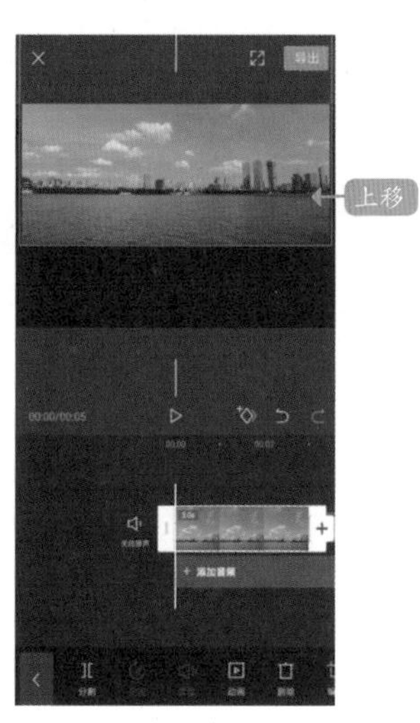

图1-44　移动视频画面

1.2.4　调整角度裁剪视频

为了让视频素材画面尺寸统一，用户可以使用剪映App中的裁剪功能。下面介绍具体的操作方法。

步骤/01 点击“开始创作”按钮，导入一段视频素材，如图1-45所示。

步骤/02 ❶选中视频素材，向左滑动下方的选项；❷找到并点击“编辑”按钮，如图1-46所示。

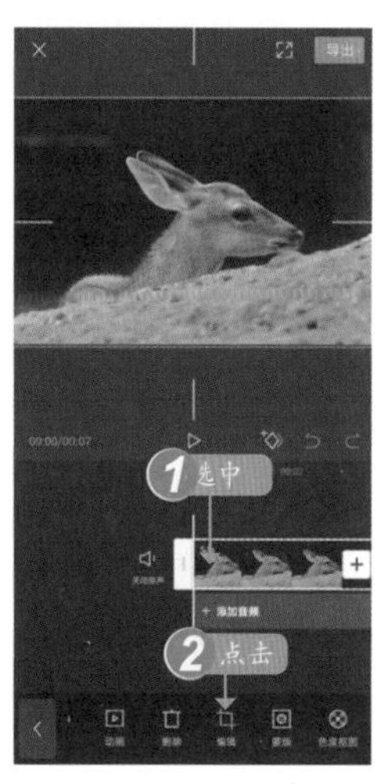

图1-45　导入视频素材　图1-46　点击“编辑”按钮

步骤/03 在编辑工具栏中，有“旋转”“镜像”和“裁剪”3个工具，点击“裁剪”按钮，如图1-47所示。

步骤/04 进入“裁剪”界面后，下方有角度刻度调整工具和画布比例选项，如图1-48所示。

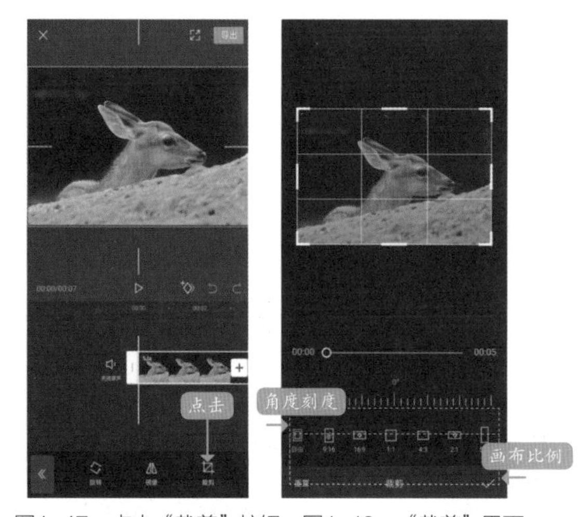

图1-47　点击“裁剪”按钮　图1-48　“裁剪”界面

步骤/05 左右滑动角度刻度调整工具，可以调整画面的角度，如图1-49所示。

步骤/06 用户也可以选择下方的画布比例选项，然后根据自身需要，选择相应的比例裁剪画面，如图1-50所示。

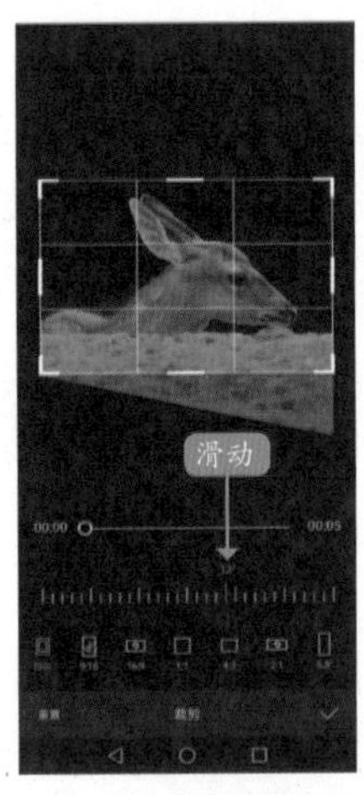

图1-49　调整素材角度

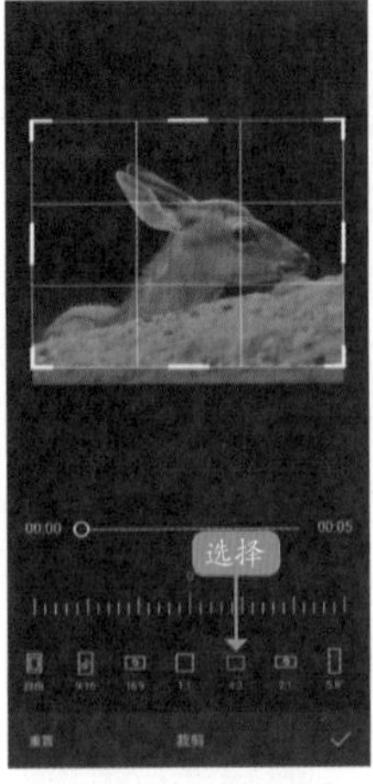

图1-50　选择画布比例

1.2.5　添加运动关键帧

为素材添加关键帧，可以制作出素材运动的效果。下面介绍在剪映App中添加素材运动关键帧的操作方法。

步骤/01 在剪映App中，点击“开始创作”按钮，❶导入一段视频素材；❷点击“画中画”按钮，如图1-51所示。

步骤/02 进入“画中画”界面，在下方的画中画二级工具栏中，点击“新增画中画”按钮，如图1-52所示。

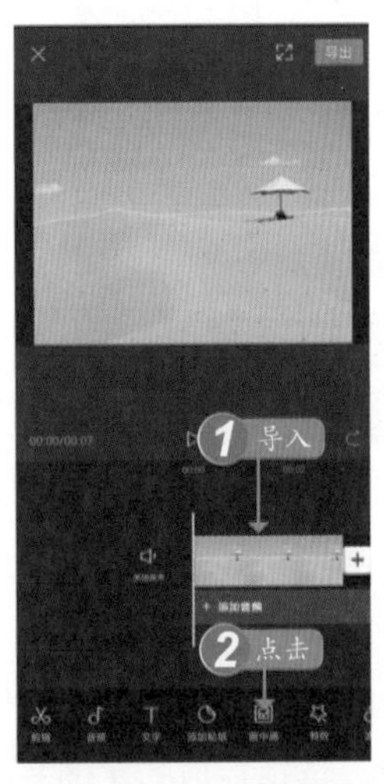

图1-51　点击“画中画”按钮

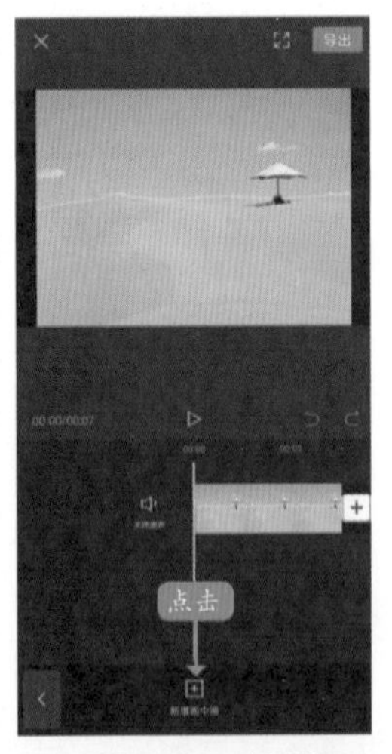

图1-52　点击“新增画中画”按钮

步骤/03 进入“照片视频”界面，❶选择并添加一段视频素材；❷点击下方工具栏中的“混合模式”按钮，如图1-53所示。

步骤/04 执行操作后，向左滑动选项，找到并选择“颜色减淡”效果，如图1-54所示。

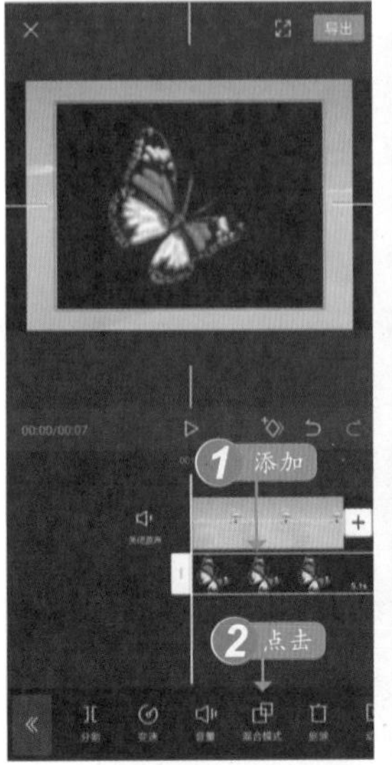

图1-53　点击“混合模式”按钮

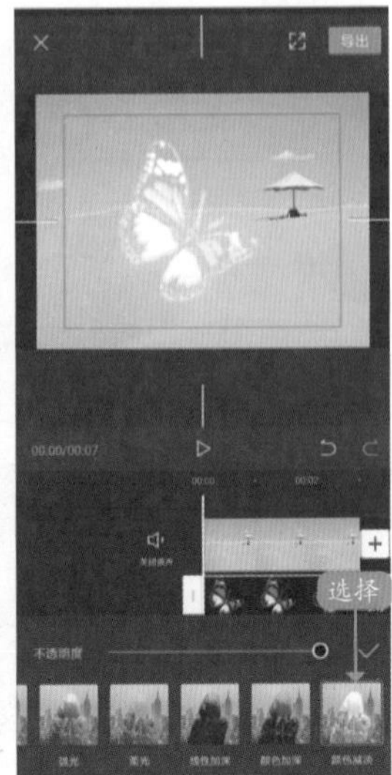

图1-54　选择“颜色减淡”效果

步骤/05 点击✓按钮，即可应用“混合模式”效果，调整素材大小并移动到合适位置，如图1-55所示。

步骤/06 ❶点击时间线区域右上方的◇按钮；❷视频轨道上会显示一个红色的菱形标志◆，表示成功添加了一个关键帧，如图1-56所示。

图1-55　调整并移动素材

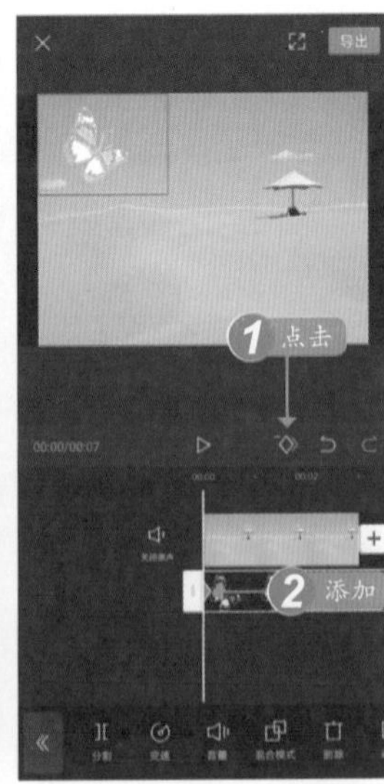

图1-56　成功添加关键帧

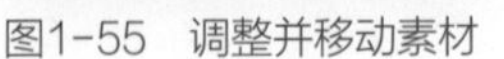

步骤/07 执行操作后，拖曳时间轴，再添加一个新的关键帧。若改变素材的位置以及大小，新的关键帧将自动生成。重复多次操作，制作素材的运动效果，如图1-57所示。

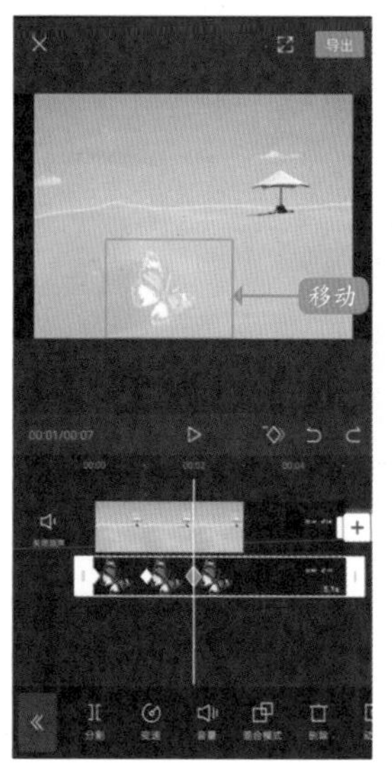

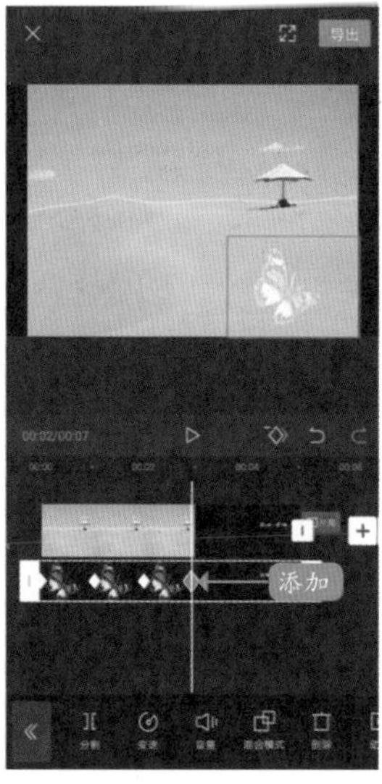

图1-57　制作素材的运动效果

步骤/08 点击右上角的"导出"按钮，即可导出视频，效果如图1-58所示。

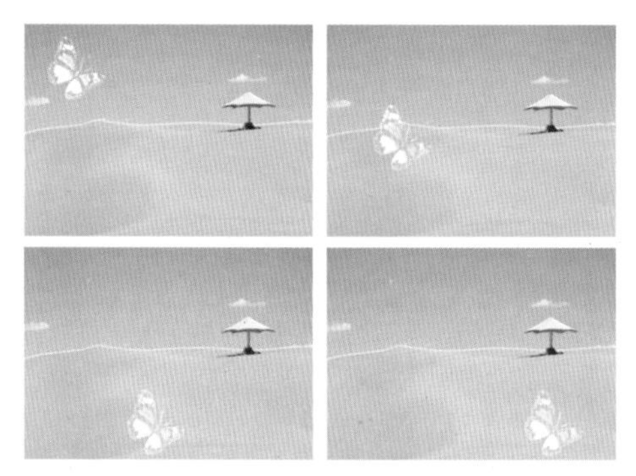

图1-58　导出并预览视频

1.2.6　分割视频无用片段

对于视频中无用的视频、音频片段，用户可以通过"分割"功能进行分割，然后将分割后的片段删除。下面介绍使用剪映App解决视频素材后半段黑屏的具体操作方法。

步骤/01 在剪辑草稿中，找到并选择后半段出现黑屏的视频草稿，如图1-59所示。

步骤/02 ①选择视频素材；②轨道上显示视频时长为10.4s；③左上角的总时长显示为1分23秒，如图1-60所示。

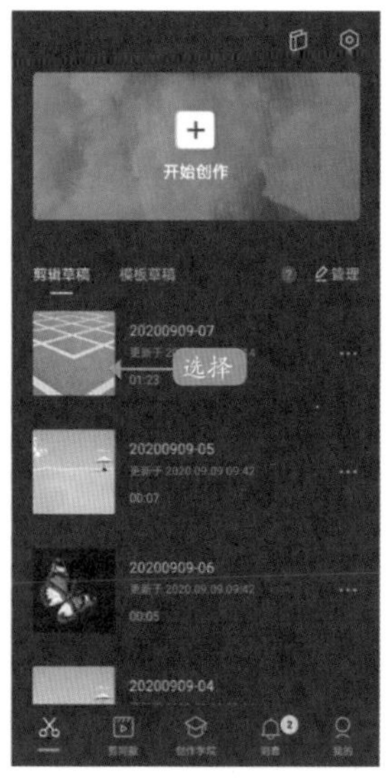

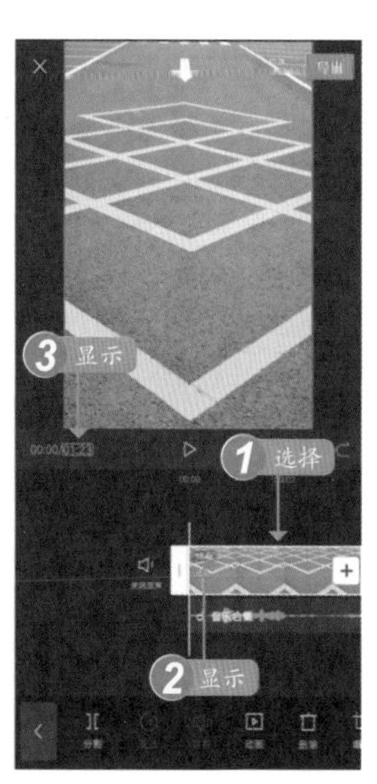

图1-59　选择视频草稿　　图1-60　时长显示

步骤/03 ①滑动时间轴至视频轨道的结束位置处；②可以看到音频轨道有多余的音频，如图1-61所示。

步骤/04 ①选中音频素材；②点击"分割"按钮；③删除后半段音频，即可解决视频素材后半段黑屏的问题，如图1-62所示。

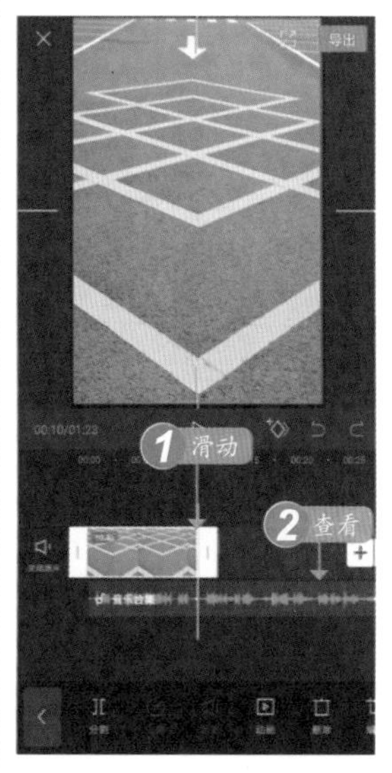

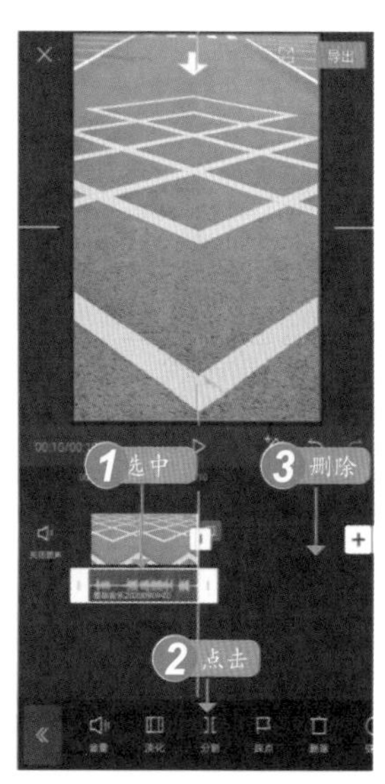

图1-61　滑动时间轴　　图1-62　删除后半段音频

步骤/05 除了音频多余外，字幕和贴纸过长也会出现相似问题。点击“文字”按钮，进入文字编辑界面，如图1-63所示。

步骤/06 用同样的方法，❶滑动时间轴至视频轨道的结尾处；❷删除多余的字幕和贴纸，即可解决此类问题，如图1-64所示。

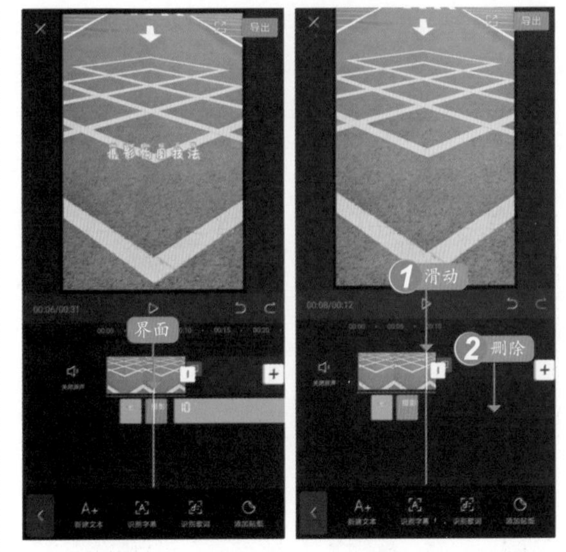

图1-63 文字界面　图1-64 删除多余字幕和贴纸

第 2 章

艺术特效：应用剪映完成 Vlog 剪辑

学前提示

经常看短视频的人会发现，很多热门的短视频都添加了好看的艺术特效，这不仅丰富了短视频与Vlog的画面元素，而且让视频变得更加炫酷。本章主要介绍在剪映App中为视频添加调色、滤镜、转场以及字幕等特效的方法，帮助大家更快、更好地掌握短视频特效的应用技巧。

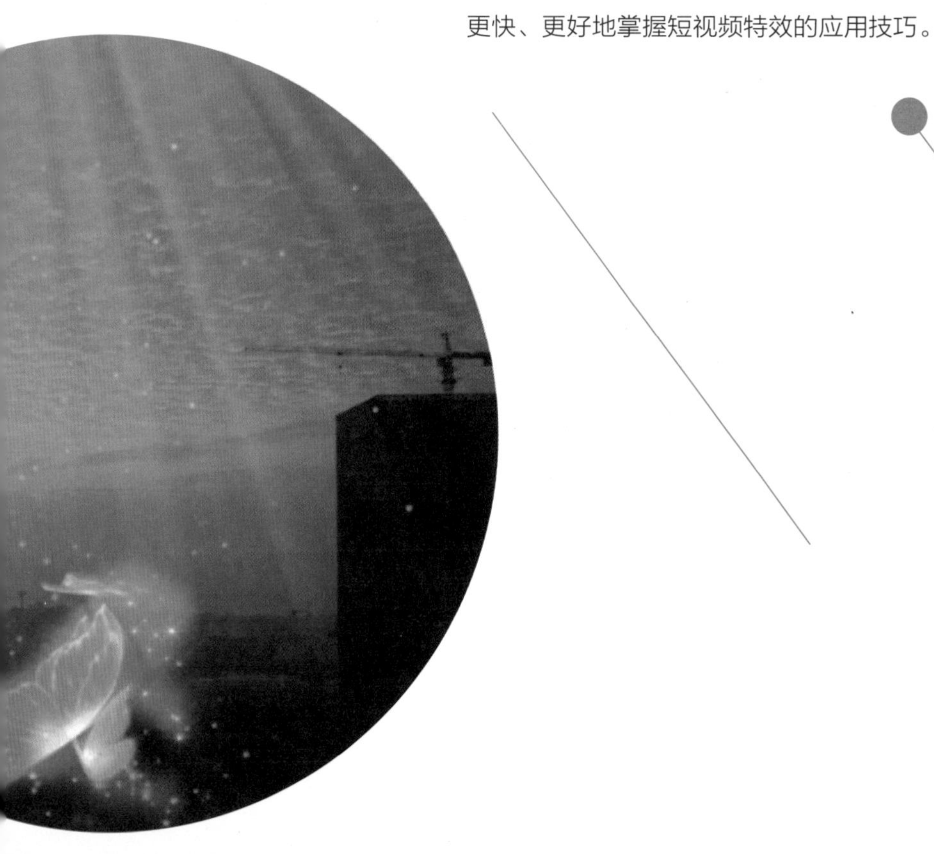

2.1 添加视频调色特效

很多人在制作短视频的时候，都不知道如何为视频调色，或者调出来的短视频色调与主题不符。针对这些常见的问题，下面将为大家介绍基本的调色方法。

2.1.1 应用调节工具

在剪映App中，应用调节工具，可以为视频调整画面的对比度、饱和度、亮度、阴影以及色温等。下面介绍使用剪映App调整视频画面光影色调的操作方法。

步骤/01 ❶在剪映App中导入一个视频素材；❷点击底部的“调节”按钮，如图2-1所示。

步骤/02 调出“调节”菜单，❶选择“亮度”选项；❷向右拖曳白色滑块，即可提亮画面，如图2-2所示。

图2-1 点击“调节”按钮　图2-2 调整画面亮度

步骤/03 ❶选择“对比度”选项；❷向右拖曳滑块，增强画面的明暗对比效果，如图2-3所示。

步骤/04 ❶选择“饱和度”选项；❷向右拖曳滑块，增强画面的色彩饱和度，如图2-4所示。

图2-3 调整画面对比度　图2-4 调整画面色彩饱和度

步骤/05 ❶选择“锐化”选项；❷向右拖曳滑块，增加画面的清晰度，如图2-5所示。

步骤/06 ❶选择“高光”选项；❷向右拖曳滑块，增加画面中高光部分的亮度，如图2-6所示。

图2-5 调整画面清晰度　图2-6 调整画面高光亮度

步骤/07 ❶选择“阴影”选项；❷向右拖曳滑块，增加画面中阴影部分的亮度，如图2-7所示。

步骤/08 ❶选择“色温”选项；❷向右拖曳滑块，增强画面暖色调效果，如图2-8所示。

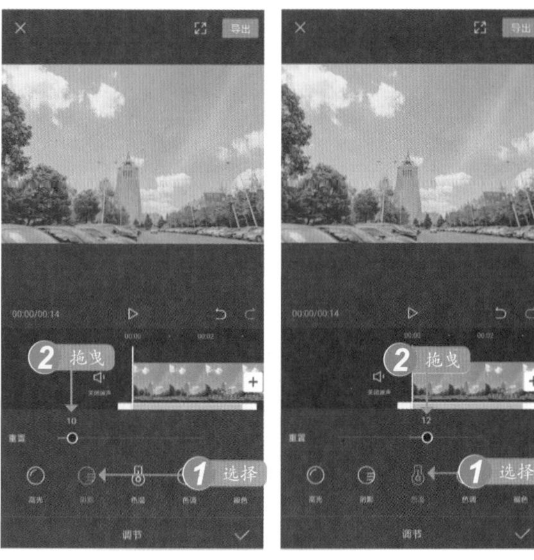

图2-7　调整画面阴影亮度　　图2-8　调整画面色温

步骤/09 适当向右拖曳“色调”滑块，增强天空的蓝色效果，如图2-9所示。

步骤/10 ①选择“褪色”选项；②向右拖曳滑块可以降低画面的色彩浓度，如图2-10所示。

图2-9　调整画面色调　图2-10　调整“褪色”选项效果

步骤/11 点击右下方的✓按钮，应用调节效果，如图2-11所示。

步骤/12 调整“调节”效果的持续时间，与视频时间保持一致，如图2-12所示。

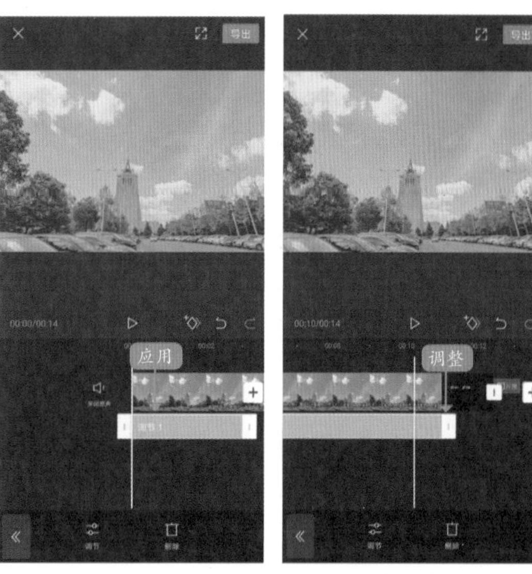

图2-11　应用调节效果　图2-12　调整“调节”效果的持续时间

步骤/13 点击右上角的“导出”按钮，导出并预览视频，效果如图2-13所示。

图2-13　导出并预览视频

2.1.2　调整荷花色调

很多用户都喜欢拍摄荷花的短视频，却不知道如何为荷花调色。下面介绍使用剪映App为荷花视频调色的具体操作方法。

步骤/01 ①在剪映App中导入一个视频素材；②在剪辑一级工具栏中，找到并点击“滤镜”按钮，如图2-14所示。

步骤/02 执行操作后，①选择“鲜亮”滤镜效果；❷拖曳白色滑块，将参数调节至52，如图2-15所示。

图2-14　点击“滤镜”按钮　图2-15　滤镜调整界面

步骤/03　返回到一级工具栏，找到并点击“调节”按钮，如图2-16所示。

步骤/04　执行操作后，❶选择“亮度”选项；❷向左拖曳白色滑块，将参数调节至-17，如图2-17所示。

图2-16　点击“调节”按钮　　图2-17　调节亮度

步骤/05　❶选择“对比度”选项；❷向右拖曳白色滑块，调节参数为22，如图2-18所示。

步骤/06　执行操作后，❶选择“饱和度”选项；❷向右拖曳白色滑块，将参数调节至29，如图2-19所示。

图2-18　调节对比度　　图2-19　调节饱和度

步骤/07　❶选择“锐化”选项；❷向右拖曳滑块，将参数调节至23，如图2-20所示。

步骤/08　执行操作后，❶选择“色温”选项；❷向左拖曳滑块，将参数调节至-11，如图2-21所示。

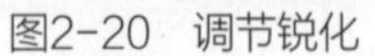

图2-20　调节锐化　　图2-21　调节色温

步骤/09　执行操作后，点击“导出”按钮，效果对比如图2-22所示。

图2-22　调色前（左）与调色后（右）的效果对比

2.1.3　调整海景色调

海景是很多用户喜欢拍摄的一类短视频主题，但要想有碧海蓝天的效果，就需要借助后期的调色功能。下面介绍使用剪映App调出碧海蓝天效果海景视频的具体操作方法。

步骤/01 ❶在剪映App中导入一个视频素材；❷在一级工具栏中，找到并点击“滤镜”按钮，如图2-23所示。

步骤/02 进入滤镜界面后，滑动滤镜选项，选择“晴空”预设，如图2-24所示。

图2-23　点击“滤镜”按钮

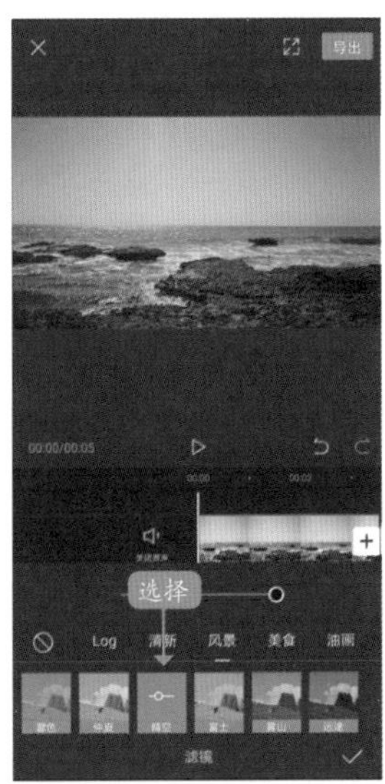

图2-24　选择“晴空”预设

步骤/03 点击✓按钮，❶即可添加预设；❷点击“新增调节”按钮，如图2-25所示。

步骤/04 进入调节界面后，❶选择“亮度”选项；❷向左拖曳滑块，将参数调节至-16，如图2-26所示。

步骤/05 执行操作后，❶选择“对比度”选项；❷向右拖曳滑块，将参数调节至23，如图2-27所示。

步骤/06 ❶选择“饱和度”选项；❷向右拖曳滑块，将参数调节至9，如图2-28所示。

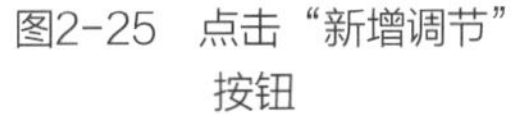

图2-25　点击“新增调节”按钮

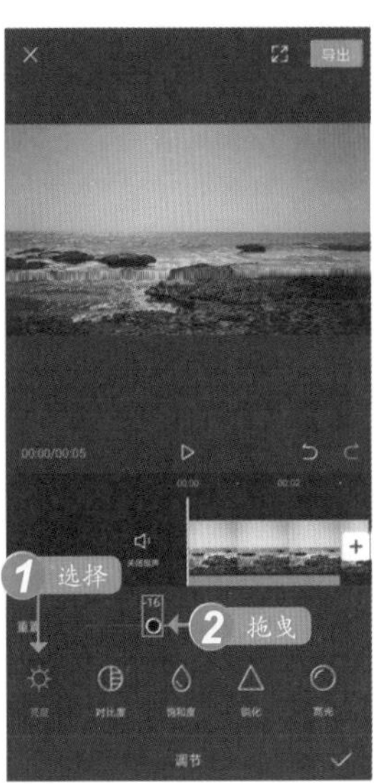

图2-26　调节亮度

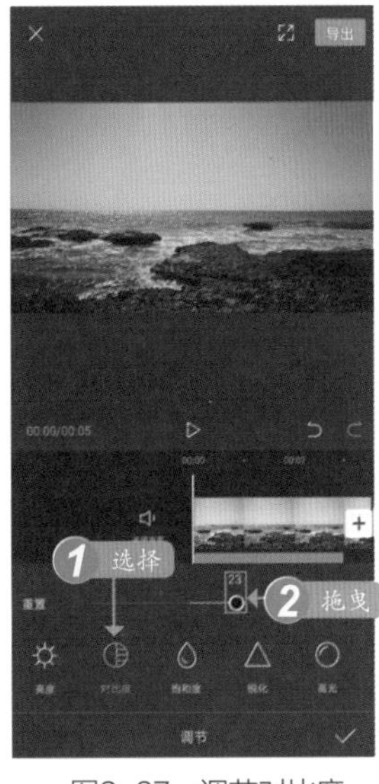

图2-27　调节对比度

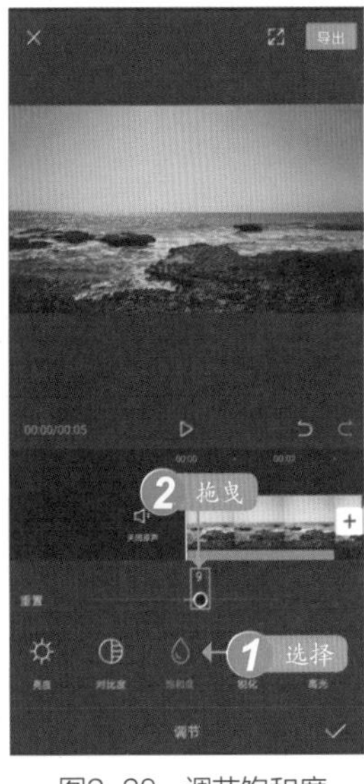

图2-28　调节饱和度

步骤/07 ❶选择“锐化”选项；❷向右拖曳滑块，将参数调节至17，如图2-29所示。

步骤/08 ❶选择“色温”选项；❷向右拖曳滑块，将参数调节至16，如图2-30所示。

步骤/09 执行操作后，点击“导出”按钮，效果对比如图2-31所示。

图2-29　调节锐化

图2-30　调节色温

图2-31　调色前（上）与调色后（下）的效果对比

2.1.4　制作复古色调

随着短视频的火爆，复古色调也越来越受大众的喜爱。下面介绍使用剪映App调出复古色调的具体操作方法。

步骤/01 ❶在剪映App中导入一个视频素材；❷在一级工具栏中，找到并点击“滤镜”按钮，如图2-32所示。

步骤/02 进入“滤镜”界面后，滑动滤镜选项，找到并选择“落叶棕”预设，如图2-33所示。

图2-32　点击“滤镜”按钮

图2-33　选择“落叶棕”预设

步骤/03 执行操作后，返回一级工具栏，点击“调节”按钮，如图2-34所示。

步骤/04 进入“调节”界面后，❶选择“亮度”选项；❷向左拖曳滑块，将参数调节至-25，起到压暗画面的效果，如图2-35所示。

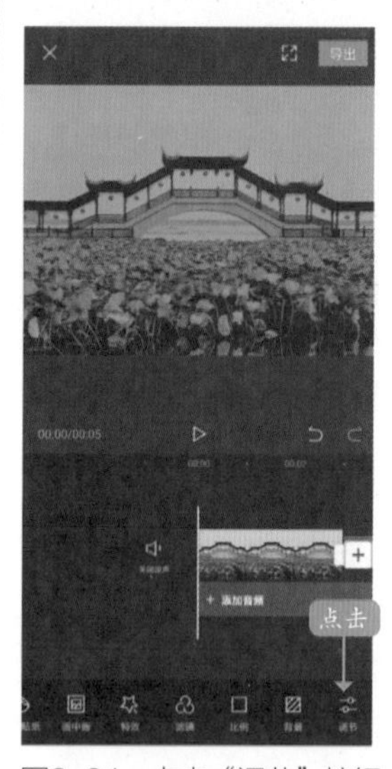

图2-34　点击“调节”按钮

图2-35　调节亮度

步骤/05 ❶选择“对比度”选项；❷向右拖曳滑块，将参数调节至31，加深画面的反差，如图2-36所示。

步骤/06 ❶选择“饱和度”选项；❷向右拖曳滑块，将参数调节至13，使画面更生动，如图2-37所示。

图2-36　调节对比度

图2-37　调节饱和度

步骤/07 ①选择“锐化”选项；②向右拖曳滑块，将参数调节至36，如图2-38所示。

步骤/08 ①选择“色温”选项；②向右拖曳滑块，将参数调节至37，如图2-39所示。

图2-38　调节锐化

图2-39　调节色温

步骤/09 执行操作后，点击“导出”按钮，效果对比如图2-40所示。

图2-40　调色前（上）与调色后（下）的效果对比

2.2 添加视频酷炫特效

为视频添加一些好看的特效，可以使你的短视频与Vlog画面更加美观。本节将向读者介绍剪映App特效的制作方法。

2.2.1　认识特效界面

①在剪映App中导入一个视频素材；②点击一级工具栏中的“特效”按钮，如图2-41所示。执行操作后，进入特效编辑界面，在“基础”选项卡里面有开幕、开幕II、变清晰、模糊、纵向模糊、电影感、电影画幅以及聚光灯等特效预设，如图2-42所示。

例如，①选择“变清晰”特效；②即可在预览窗口看到画面从模糊逐渐变清晰的视频效果，如图2-43所示。再如，①选择“录像机”特效；②即可在预览窗口看到模拟录像机拍摄视频的效果，如图2-44所示。

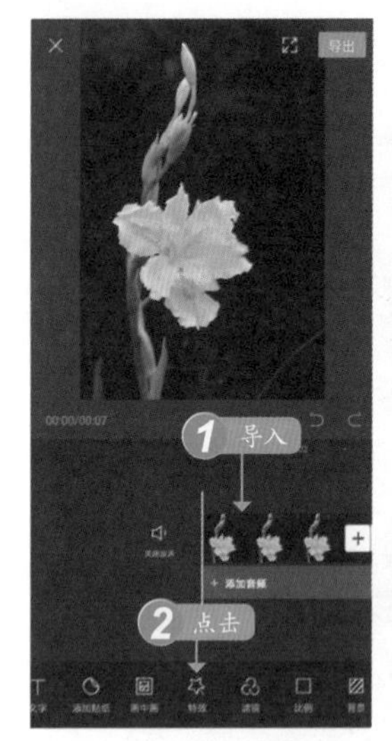

图2-41 点击“特效”按钮

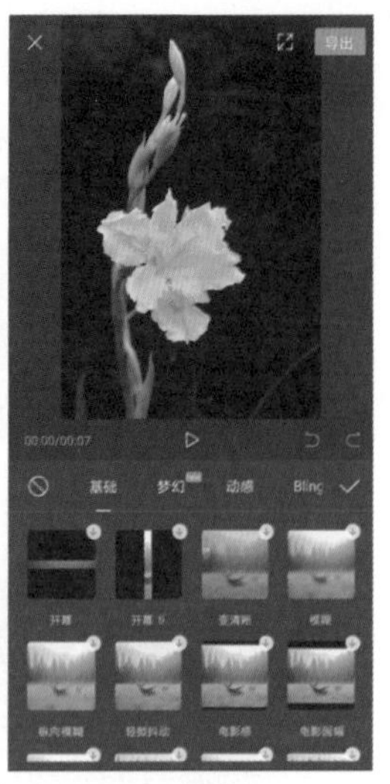

图2-42 “基础”选项卡中的特效

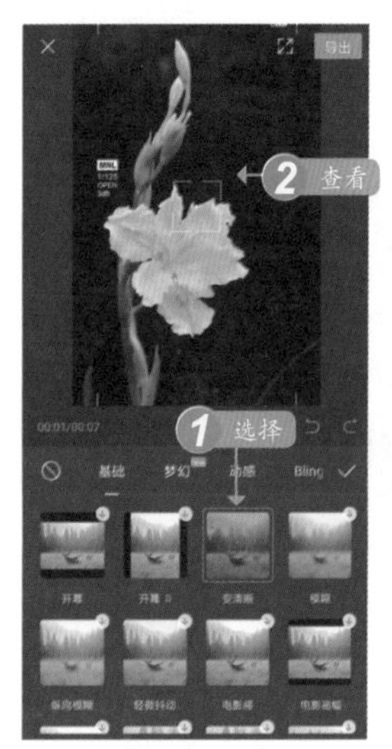

图2-43 选择“变清晰”特效

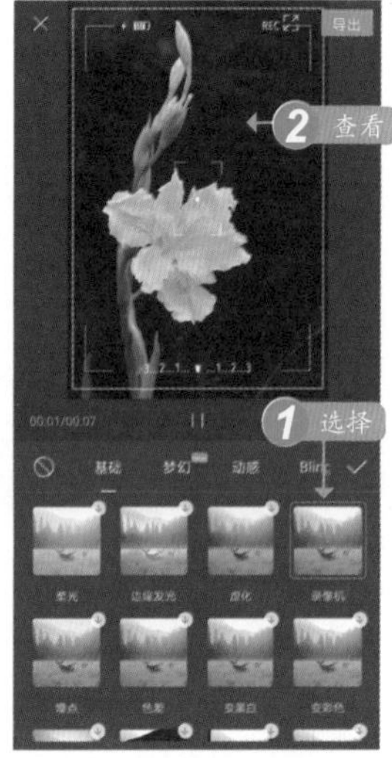

图2-44 选择“录像机”特效

2.2.2 制作天台特效

观看抖音视频的时候，相信大家应该都看到过黑屏开幕的动态视频。下面介绍为天台夜景短视频添加特效的具体操作方法。

步骤/01 ❶在剪映App中导入一个视频素材；❷点击一级工具栏中的“特效”按钮，如图2-45所示。

步骤/02 进入特效编辑界面，在“基础”选项卡中选择“开幕”效果，如图2-46所示。

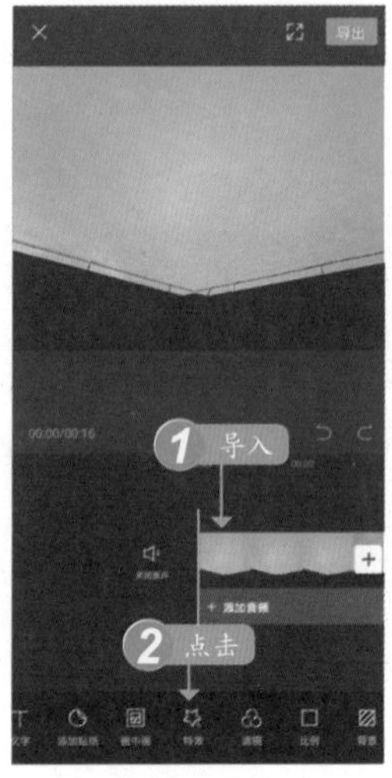

图2-45 点击“特效”按钮

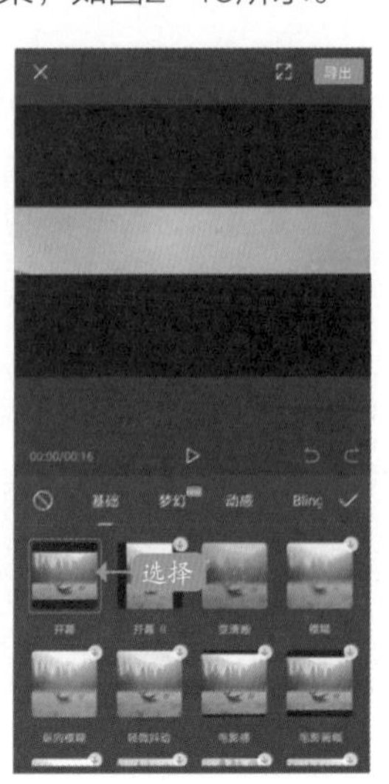

图2-46 选择“开幕”效果

步骤/03 执行操作后，即可添加“开幕”特效，如图2-47所示。

步骤/04 选择“开幕”特效，拖曳其时间轴右侧的白色拉杆，调整特效的持续时间，如图2-48所示。

图2-47 添加“开幕”特效

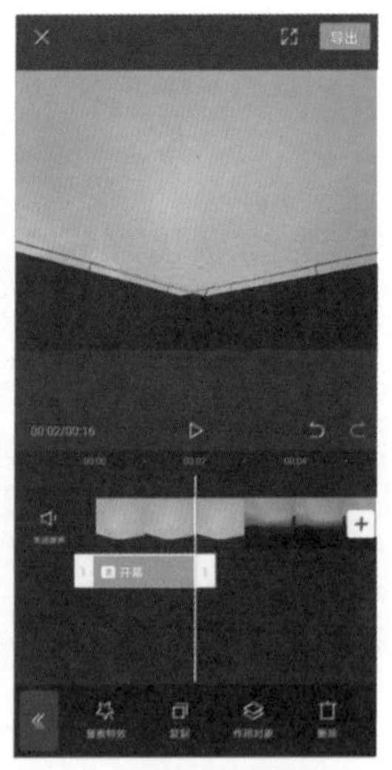

图2-48 调整特效的持续时间

步骤/05 ❶拖曳时间轴至合适位置处；❷点击“新增特效”按钮，如图2-49所示。

步骤/06 在“梦幻”选项卡中选择“夜碟”效果，如图2-50所示。

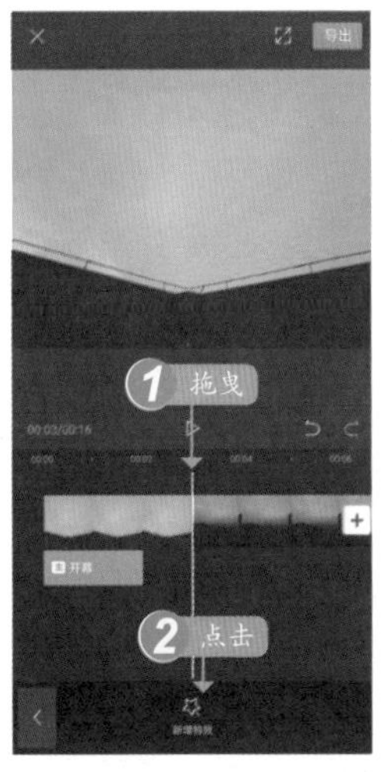

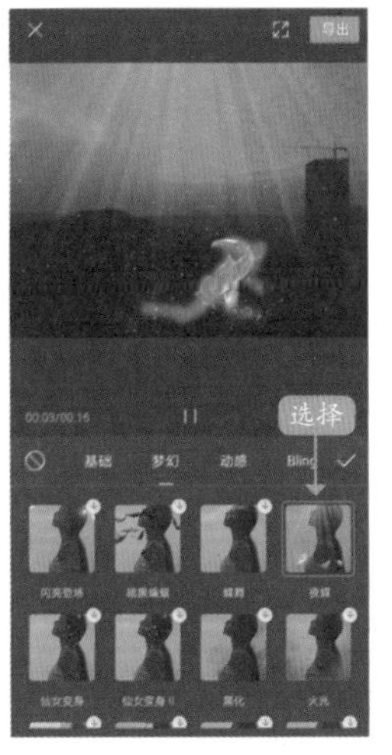

图2-49　点击“新增特效”按钮　图2-50　选择“夜碟”效果

步骤/07 执行操作后，❶即可添加“夜碟”特效；❷拖曳“夜蝶”特效右侧的白色拉杆至合适位置处，调整“夜蝶”特效的持续时长，如图2-51所示。

步骤/08 ❶拖曳时间轴至“夜碟”特效的结束位置处；❷在下方点击“新增特效”按钮，如图2-52所示。

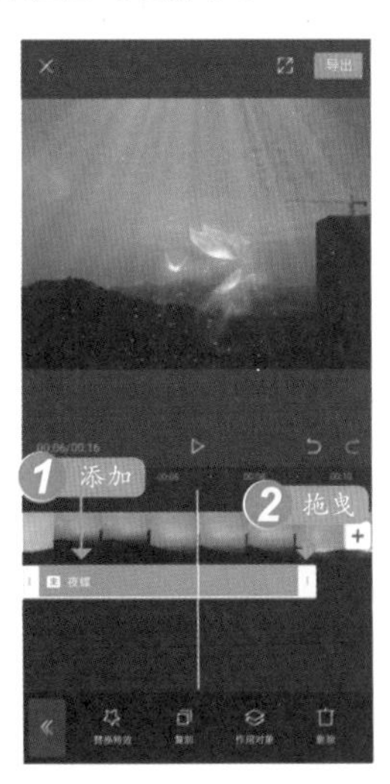

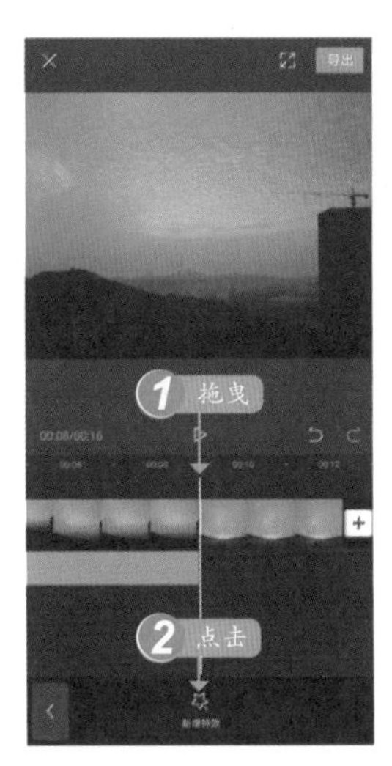

图2-51　调整“夜蝶”特效持续时长　图2-52　点击“新增特效”按钮

步骤/09 在“基础”选项卡中选择“闭幕”特效，如图2-53所示。

步骤/10 执行操作后，即可在视频结尾处添加“闭幕”特效，如图2-54所示。

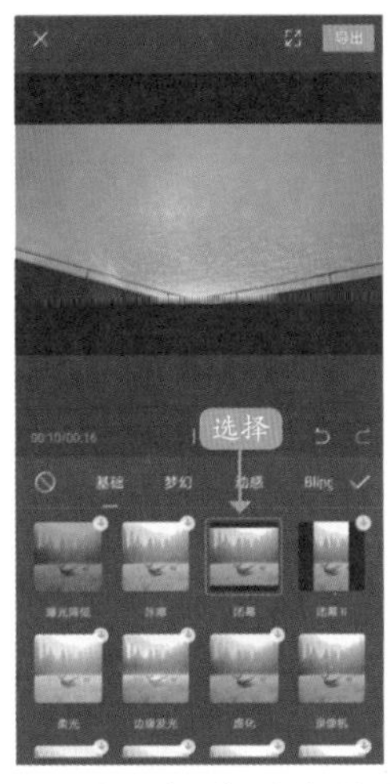

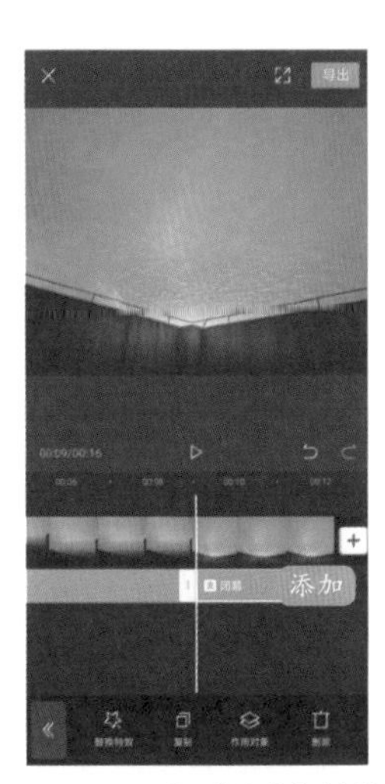

图2-53　选择“闭幕”特效　图2-54　添加“闭幕”特效

步骤/11 点击右上角的“导出”按钮，即可导出视频并预览特效，如图2-55所示。

图2-55　导出并预览视频

> **专家指点**
>
> 在剪映App中，为视频添加特效后，会自动添加一条特效轨道，添加的视频特效即显示在特效轨道中。视频特效的默认持续时长为3秒，用户可以通过拖曳视频特效左右两端的白色拉杆，调整特效的持续时长。

2.2.3　制作白鹭特效

在剪映App中，为视频素材添加特效并应用画中画功能，可以制作多重特效的视频效果。下面介绍使用剪映App添加多重特效的具体操作方法。

步骤/01 点击“开始创作”按钮，❶导入一个视频素材；❷点击一级工具栏中的“特效”按钮，如图2-56所示。

步骤/02 在“基础”选项卡中，选择“变彩色”特效，如图2-57所示。

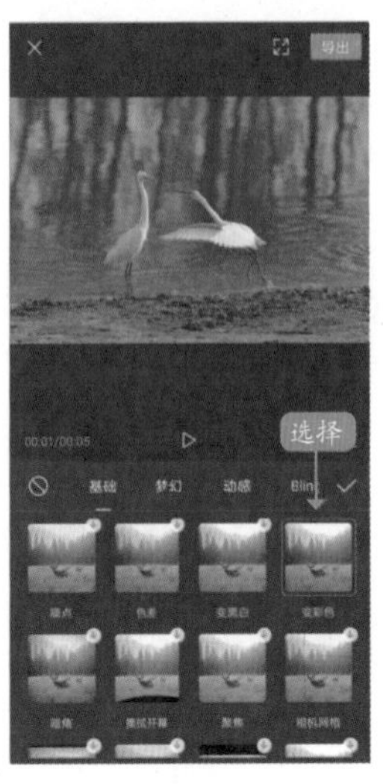

图2-56 点击“特效”按钮 图2-57 选择“变彩色”特效

步骤/03 点击☑按钮，❶即可成功添加特效，视频轨道下面也会自动添加一段特效轨道；❷用户可在预览窗口看到画面色彩从灰色变成彩色的视频效果，如图2-58所示。

步骤/04 点击◀按钮返回，再次点击“新增特效”按钮，如图2-59所示。

图2-58 成功添加特效 图2-59 点击“新增特效”按钮

步骤/05 执行操作后，切换至“梦幻”选项卡，❶选择“火光”特效；❷即可在预览窗口看到火光以及红色烟雾的视频效果，如图2-60所示。

步骤/06 点击☑按钮，即可看到两个特效叠加在轨道上，如图2-61所示。

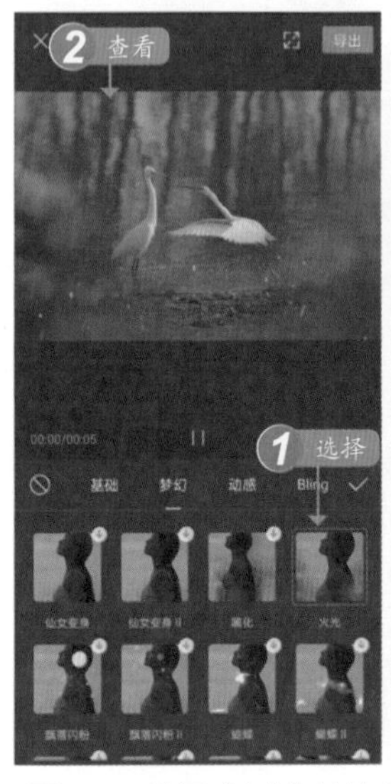

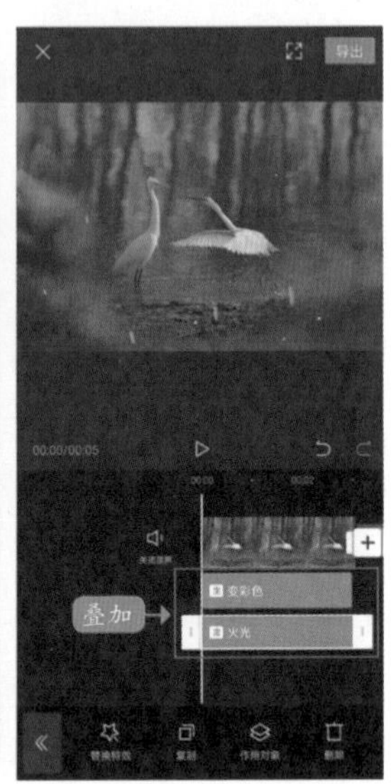

图2-60 选择“火光”特效 图2-61 两个特效叠加在轨道上

步骤/07 依次点击◀按钮和◀按钮，返回一级工具栏，点击工具栏中的“画中画”按钮，如图2-62所示。

步骤/08 点击“新增画中画”按钮，进入“照片视频”界面，再选择一个新的视频素材添加到新增的视频轨道中，如图2-63所示。

步骤/09 依次点击◀按钮和◀按钮，返回到一级工具栏。点击“特效”按钮，在二级工具栏中点击“新增特效”按钮，切换至“梦幻”选项卡，在下方选择“雪花细闪”特效，如图2-64所示。

步骤/10 点击☑按钮，❶即可将特效添加到视频中；❷再选择下方菜单中的“作用对象”选项，如图2-65所示。

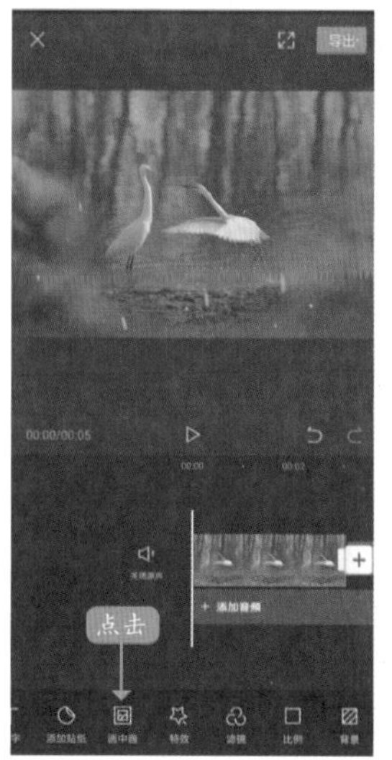

图2-62　点击“画中画”按钮

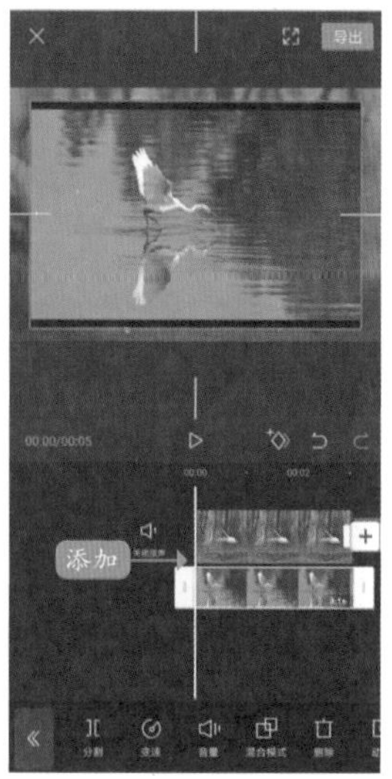

图2-63　添加新的素材至视频轨道中

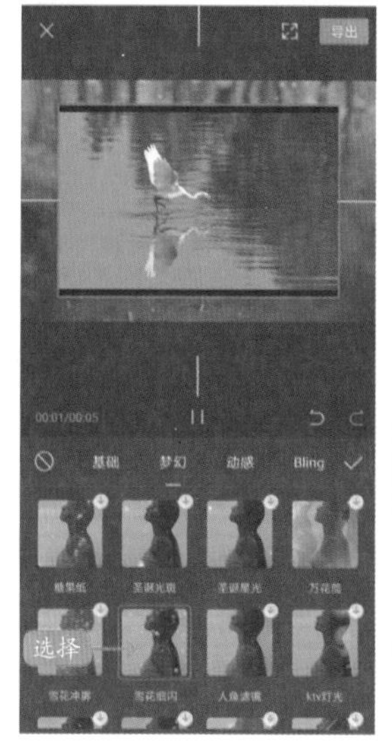

图2-64　选择“雪花细闪”特效

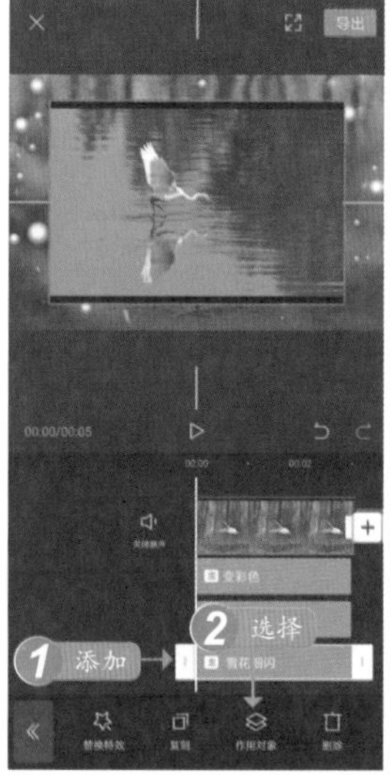

图2-65　选择“作用对象”选项

在剪映App中，为覆盖素材添加特效时，新增的视频轨道会自动隐藏。

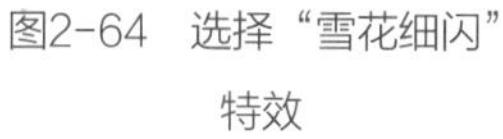

步骤/11 执行操作后，选择“画中画”选项，如图2-66所示。

步骤/12 点击✓按钮，即可在时间区域看到多重特效，如图2-67所示。

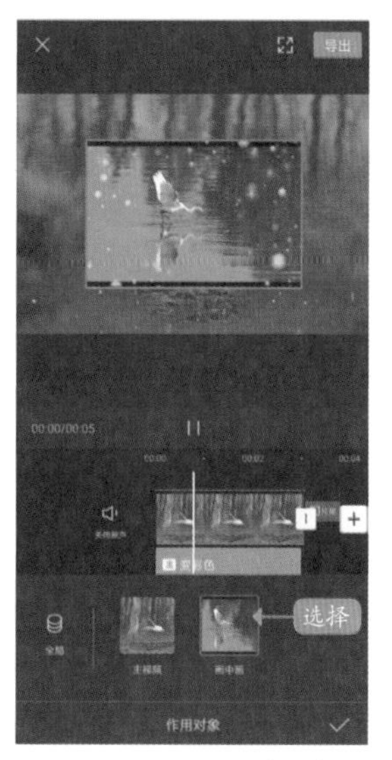

图2-66　选择“画中画”选项

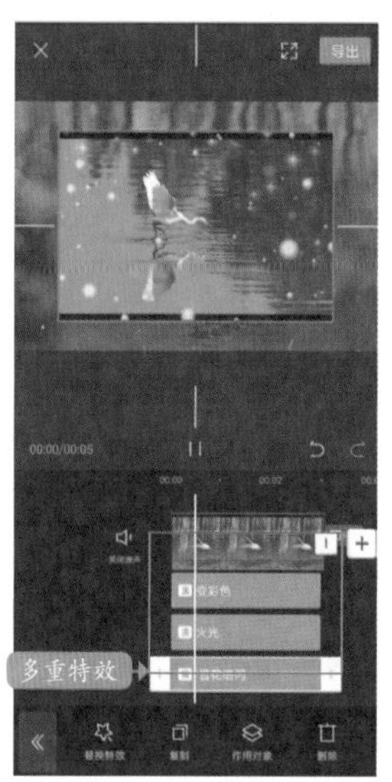

图2-67　多重特效

2.2.4　制作人物特效

人物视频是比较常见的短视频类型。下面介绍制作人物短视频特效的具体操作方法。

步骤/01 ❶在剪映App中导入一张照片素材；❷将时长设置为8秒，如图2-68所示。

步骤/02 拖曳时间轴至3秒位置，点击“分割”按钮，将视频分成两段，如图2-69所示。

图2-68　时长设置为8秒

图2-69　视频分成两段

专家指点

在剪映App中，要为导入的照片调整时长，可以直接在视频轨道中选中导入的照片素材，拖曳白色拉杆调整持续时长。

步骤/03 ①选中后半段照片，点击“动画”按钮，②在“动画”菜单中，选择“组合动画”选项，如图2-70所示。

步骤/04 执行操作后，打开“组合动画”的预设列表，在其中找到并选择“缩放”动画，如图2-71所示。

图2-70 选择“组合动画”选项 图2-71 选择“缩放”动画

步骤/05 执行操作后，返回一级工具栏，点击“特效”按钮，如图2-72所示。

步骤/06 进入特效编辑界面后，在“基础”选项卡中选择“模糊”特效，如图2-73所示。

步骤/07 点击✓按钮返回，拖曳“模糊”特效轨道右侧的白色拉杆，调整特效的持续时长与前半段视频一致，如图2-74所示。

步骤/08 点击按钮返回二级工具栏，拖曳时间轴至后半段视频的起始位置，再点击“新增特效”按钮，切换至“梦幻”选项卡，选择“心河”特效，如图2-75所示。

图2-72 点击“特效”按钮 图2-73 选择“模糊”特效

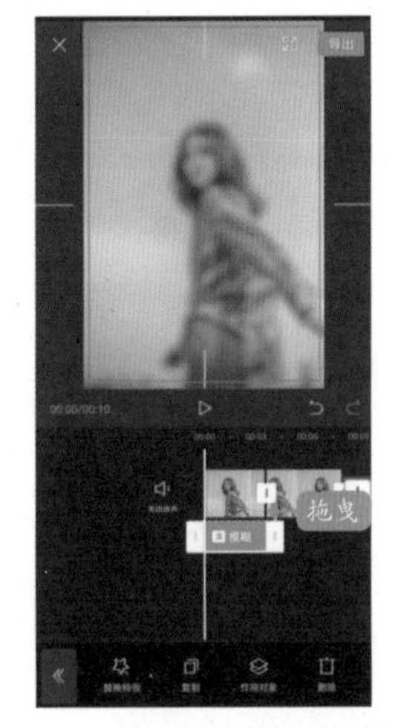

图2-74 调整特效的持续时长 图2-75 选择“心河”特效

步骤/09 点击✓按钮返回，拖曳“心河”特效轨道右侧的白色拉杆，调整特效的持续时长与后半段视频一致，如图2-76所示。

图2-76 调整特效的持续时长

步骤/10 点击右上角的“导出”按钮，导出并预览视频，效果如图2-77所示。

图2-77　预览视频效果

图2-78　点击"添加"按钮　　图2-79　点击相应图标

2.3 添加视频转场特效

剪映App里包含大量的转场效果，用户在制作短视频和Vlog时，可根据不同场景的需要，添加合适的转场效果，让视频素材之间的过渡更加自然流畅。下面将为大家介绍几种常用的转场效果，让你的短视频产生更强的冲击力。

2.3.1　扫屏转场效果

应用"向右擦除"转场，可以制作从右向左扫屏过渡的画面效果。下面介绍使用剪映App制作扫屏效果的具体操作方法。

步骤/01 在剪映App中，点击"开始创作"按钮，❶选择两段视频素材，前一段素材是未调色的，后一段素材是调过色的；❷点击"添加"按钮，如图2-78所示。

步骤/02 添加视频素材后，点击两个视频片段中间的▯图标，如图2-79所示。

步骤/03 调出"转场"菜单，向左滑动"基础转场"预设，找到并选择"向右擦除"转场效果，如图2-80所示。

步骤/04 向右拖曳白色圆圈滑块，将"转场时长"设置为1.5秒，如图2-81所示。

图2-80　选择"向右擦除"转场效果　　图2-81　设置"转场时长"

步骤/05 执行操作后，点击"导出"按钮，即可导出并预览视频效果，如图2-82所示。

图2-82　预览视频效果

2.3.2　无缝转场效果

在剪映App中，应用合适的转场可以制作出无缝场景转换效果。下面介绍使用剪映App为短视频添加无缝转场效果的操作方法。

步骤/01 在剪映App中导入3个视频素材，如图2-83所示。

步骤/02 点击选中相应的视频片段，进入视频片段的剪辑界面，点击底部的“动画”按钮，如图2-84所示。

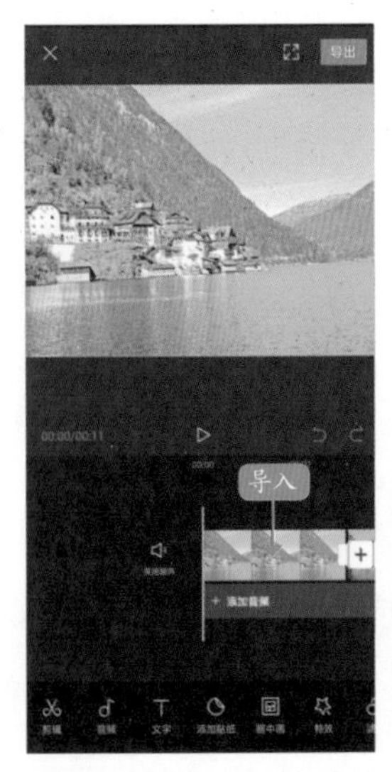

图2-83　导入3个视频素材

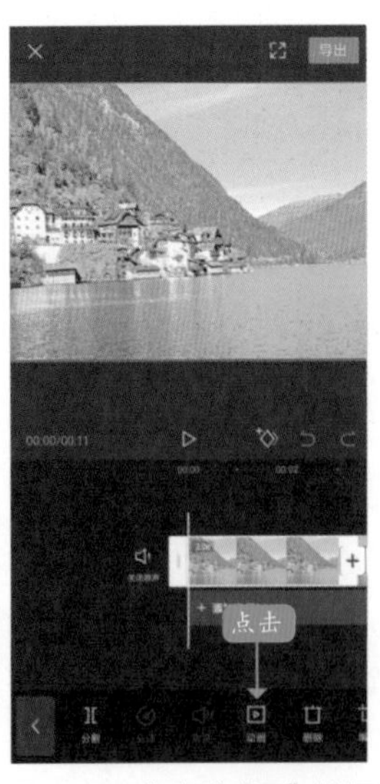

图2-84　点击“动画”按钮

步骤/03 调出“组合动画”菜单，在其中选择“降落旋转”动画效果，如图2-85所示。

步骤/04 根据需要适当向右拖曳白色的圆圈滑块，调整“动画时长”选项，如图2-86所示。

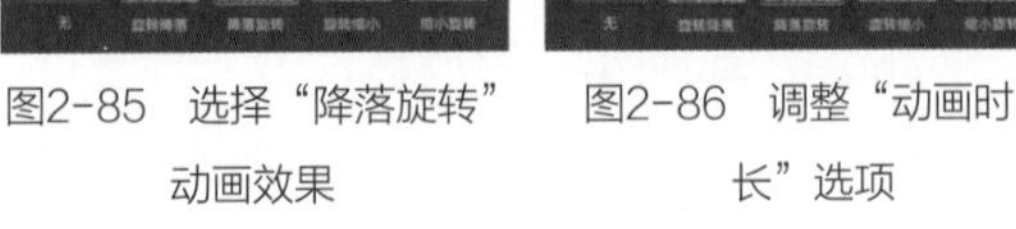

图2-85　选择“降落旋转”动画效果

图2-86　调整“动画时长”选项

步骤/05 选择第二段视频，添加“抖入放大”动画效果，如图2-87所示。

步骤/06 选择第三段视频，添加“小火车”动画效果，如图2-88所示。

图2-87　添加“抖入放大”动画效果

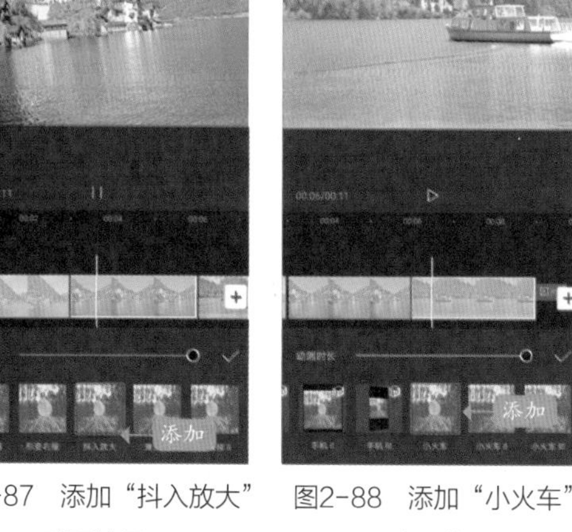

图2-88　添加“小火车”动画效果

步骤/07 点击按钮，确认添加多个动画效果，并点击右上角的“导出”按钮，导出视频并预览。可以看到随着动画效果的出现，视频也完成了场景的转换，从而实现无缝转场效果，如图2-89所示。

图2-89　导出并预览视频

2.3.3　拉镜转场效果

在剪映App中，应用运镜转场组中的转场特效，可以制作滑动拉镜画面效果。下面介绍使用剪映App制作拉镜效果的具体操作方法。

步骤/01 在剪映App中，点击“开始创作”按钮，导入两段视频素材，选中第一段视频素材，如图2-90所示。

步骤/02 点击下方工具栏中的“动画”按钮，进入“动画”菜单后，选择“组合动画”选项，如图2-91所示。

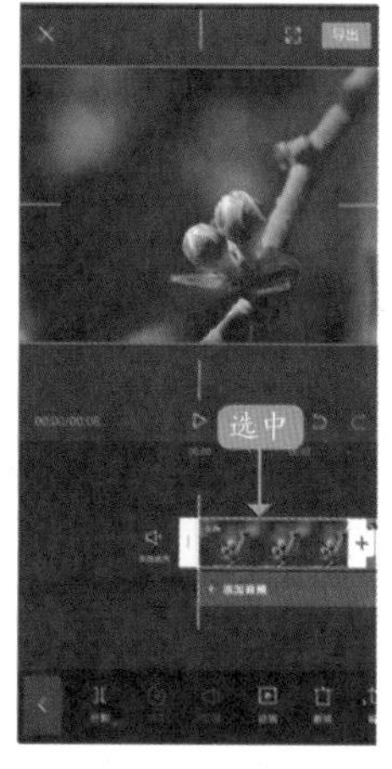

图2-90　选中第一段视频素材

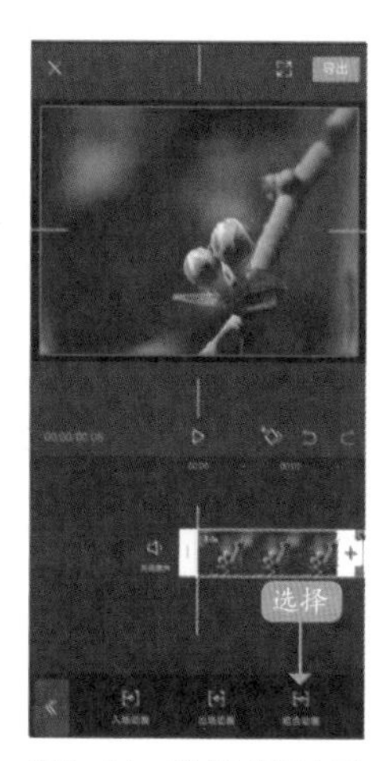

图2-91　选择“组合动画”选项

步骤/03 执行操作后，选择“降落旋转”动画效果，如图2-92所示。

步骤/04 点击按钮后，选中第二段视频素材，选择“组合动画”选项，如图2-93所示。

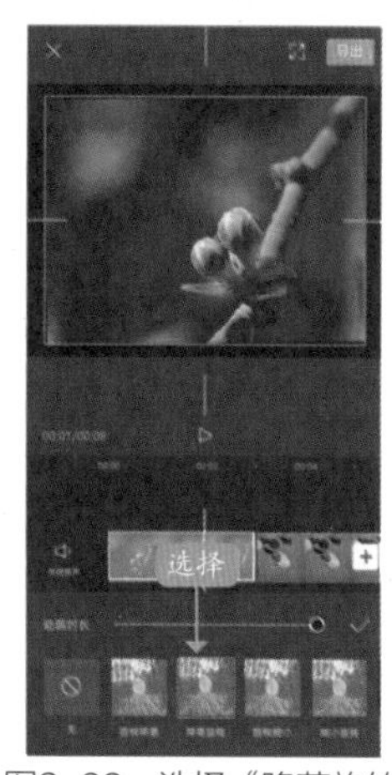

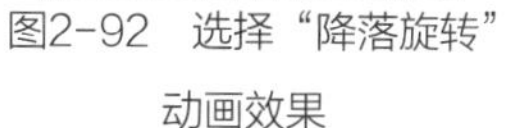

图2-92　选择“降落旋转”动画效果

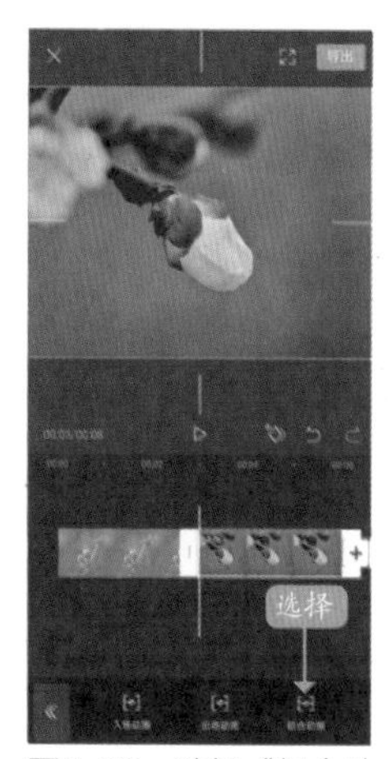

图2-93　选择“组合动画”选项

步骤/05 执行操作后，选择“旋转降落”动画效果，如图2-94所示。

步骤/06 点击按钮后，点击两段视频中间的图标，如图2-95所示。

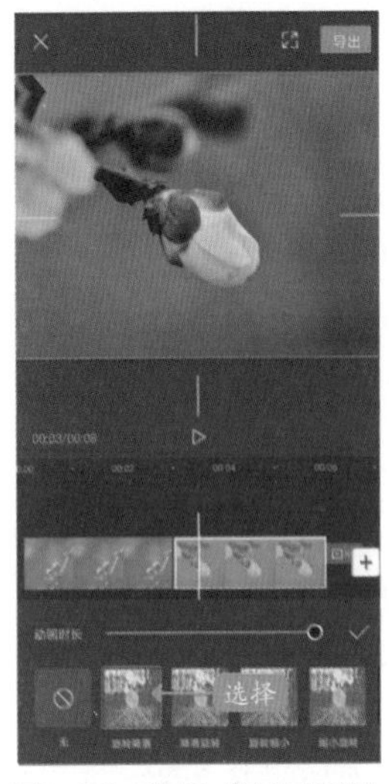

图2-94　选择“旋转降落”动画效果

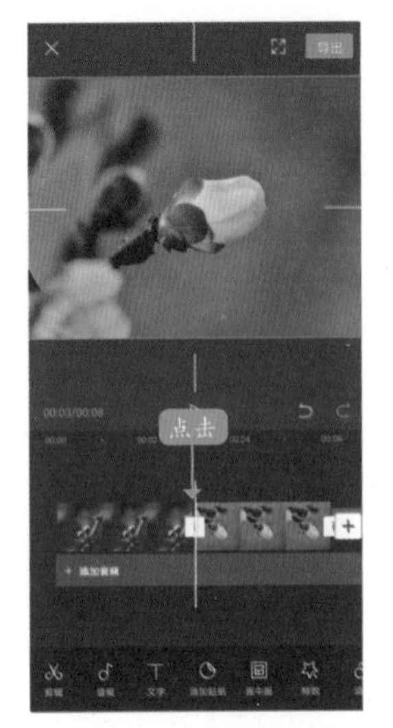

图2-95　点击相应图标

步骤/07 进入转场编辑界面后，切换至“运镜转场”选项卡，如图2-96所示。

步骤/08 找到并选择“向左”转场效果，如图2-97所示。

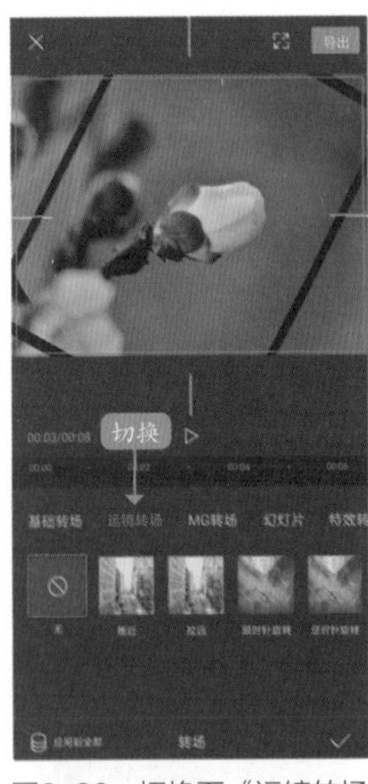

图2-96　切换至“运镜转场”选项卡

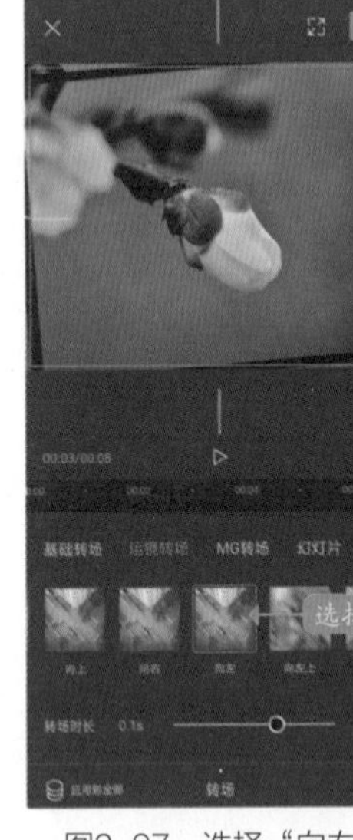

图2-97　选择“向左”转场效果

步骤/09 点击✓按钮，拉镜转场效果即制作完成。点击“导出”按钮，导出并预览视频，效果如图2-98所示。

图2-98　导出并预览视频

2.3.4　若隐若现效果

制作人物若隐若现的视频，首先需要拍摄两段视频素材。

第一段视频素材需要固定手机位置，拍摄一段人物走路的视频，如图2-99所示。

图2-99　拍摄一段人物走路的视频

第二段视频素材同样固定手机的位置不变，拍摄一段没有人物的场景，如图2-100所示。

图2-100　拍摄一段没有人物的场景

下面介绍在剪映App中制作人物若隐若现视频的具体操作方法。

步骤/01 在剪映App中按顺序添加拍好的视频素材，如图2-101所示。

步骤/02 ❶拖曳时间轴至人物走路视频

的中间位置；❷选中视频；❸点击“分割”按钮，如图2-102所示。

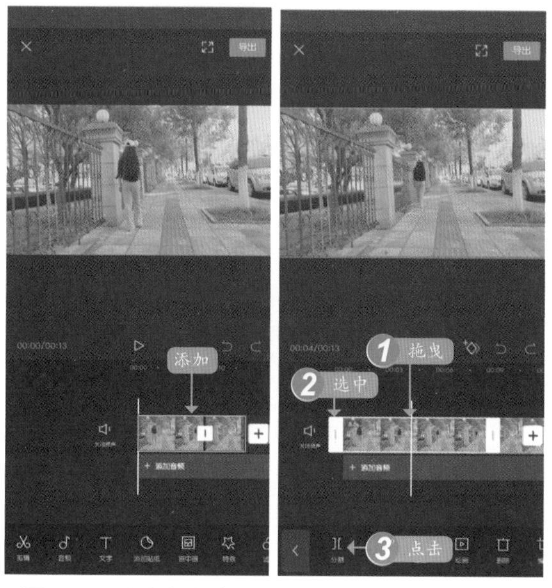

图2-101　添加视频素材　图2-102　点击“分割”按钮

步骤/03 执行操作后，人物走路的视频素材被分成了两部分。将空镜头视频素材移动至中间位置，如图2-103所示。

步骤/04 ❶选中第一段人物走路的视频素材；❷点击下方工具栏中的“变速”按钮，如图2-104所示。

图2-103　将空镜头视频素材移至中间位置

图2-104　点击“变速”按钮

步骤/05 选择“常规变速”选项，进入“变速”界面，拖曳红色圆圈滑块，将视频播放速度设置为0.5×，如图2-105所示。

步骤/06 点击✓按钮返回，将另一段人物走路的视频素材的播放速度也设置为0.5×，如图2-106所示。

图2-105　设置视频的播放速度

图2-106　设置另一段视频的播放速度

步骤/07 操作完成后，点击✓按钮返回，点击前两段视频片段中间的 ǀ 图标，如图2-107所示。

步骤/08 进入“转场”界面后，在“基础转场”选项卡中选择“叠化”转场效果，如图2-108所示。

步骤/09 执行操作后，拖曳白色圆圈滑块，将“转场时长”设置为2.5秒，如图2-109所示。

步骤/10 点击✓按钮返回，再点击另外一个 ǀ 图标，也添加“叠化”转场效果，添加完成后，视频轨道上会显示添加了两个转场效果，如图2-110所示。

图2-107　点击相应图标

图2-108　选择“叠化”转场效果

图2-109　设置“转场时长”选项

图2-110　显示添加了两个转场效果

步骤/11 点击“导出”按钮，即可预览视频效果，如图2-111所示。

图2-111　导出并预览视频

2.4 编辑及添加视频字幕

我们在刷短视频的时候，常常可以看到很多短视频中都添加了字幕效果，或用于歌词显示，或用于语音解说，让观众在短短几秒内就能看懂更多视频内容，同时这些文字还有助于观众记住发布者要表达的信息，吸引他们点赞和关注。

2.4.1　添加视频文字

剪映App中提供了多种文字样式，用户可以根据自己的视频风格选择合适的文字样式，给拍摄的短视频添加合适的文字内容。下面介绍具体的操作方法。

步骤/01 打开剪映App，在主界面中点击“开始创作”按钮，如图2-112所示。

步骤/02 进入“照片视频”界面后，❶选择合适的视频素材；❷点击“添加”按钮，如图2-113所示。

图2-112　点击“开始创作”按钮　图2-113　选择合适的视频素材

步骤/03 执行操作后，❶即可打开该视频素材；❷点击“文字”按钮，如图2-114所示。

步骤/04 打开“文字”菜单栏，选择“新建文本”选项，进入文字编辑界面，如图2-115所示。

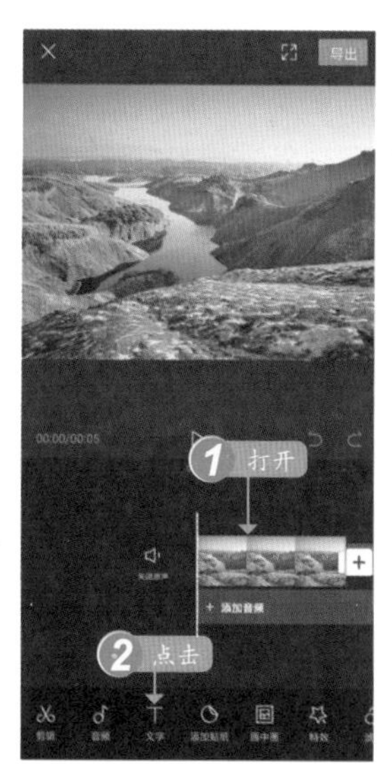

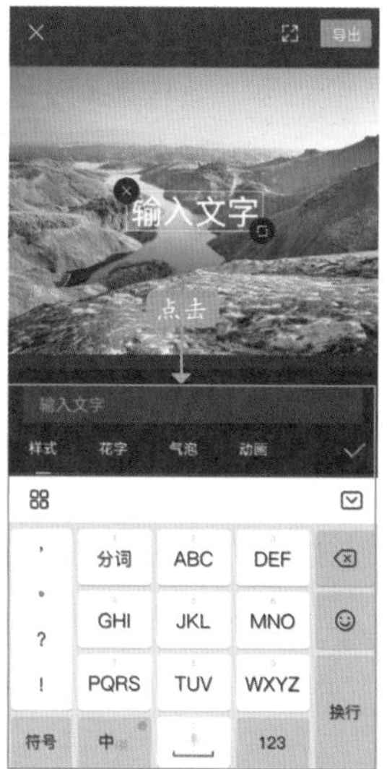

图2-114　点击“文字”按钮　图2-115　进入文字编辑界面

步骤/05 在文本框中输入符合短视频主题的文字内容，如图2-116所示。

步骤/06 点击右下角的✓按钮确认，❶即可添加文字；❷在预览窗口中按住文字素材并拖曳，即可调整文字的位置和大小，如图2-117所示。

图2-116　输入文字　图2-117　调整文字的位置和大小

步骤/07 拖曳文字轨道右侧的白色拉杆，即可调整文字在画面中出现的时间和持续时长，如图2-118所示。

步骤/08 点击文本框右上角的按钮，进入“样式”界面，选择相应的字体样式，这里选择“宋体”，如图2-119所示。

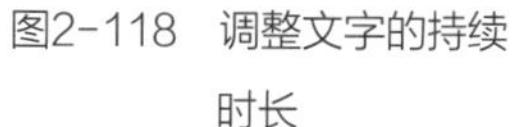

图2-118　调整文字的持续时长　图2-119　选择“宋体”字体样式

步骤/09 字体下方为描边样式，用户可以选择相应的样式模板快速应用描边效果，如图2-120所示。

步骤/10 同时，用户也可以点击底部的“描边”选项，切换至该选项卡，在其中设置描边的颜色和粗细度参数，如图2-121所示。

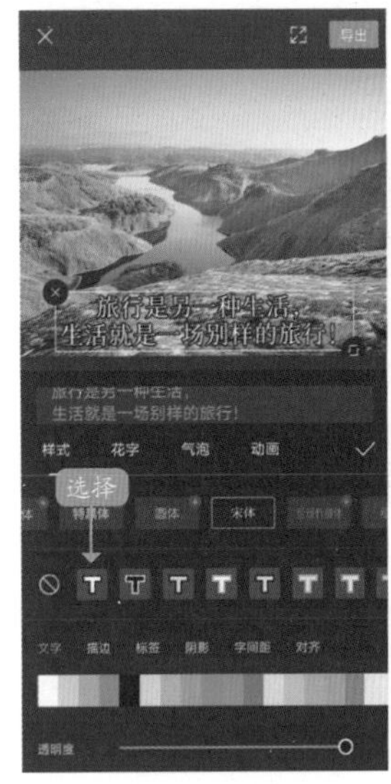

图2-120 选择描边效果

图2-121 设置描边效果

步骤/11 ①切换至“阴影”选项卡；②在其中可以设置文字阴影的颜色和透明度，添加阴影效果，让文字显得更为立体，如图2-122所示。

步骤/12 ①切换至“字间距”选项卡；②用户可以拖曳滑块，调整文本框中的字间距效果，如图2-123所示。

步骤/13 ①切换至“对齐”选项卡；②用户可以在此选择左对齐、水平居中对齐、右对齐、垂直上对齐、垂直居中对齐和垂直下对齐等多种对齐方式，让文字的排列更加错落有致，如图2-124所示。

步骤/14 点击右上角的“导出”按钮，导出视频后，即可预览文字效果，如图2-125所示。

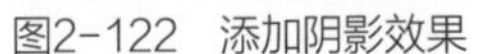

图2-122 添加阴影效果

图2-123 调整字间距

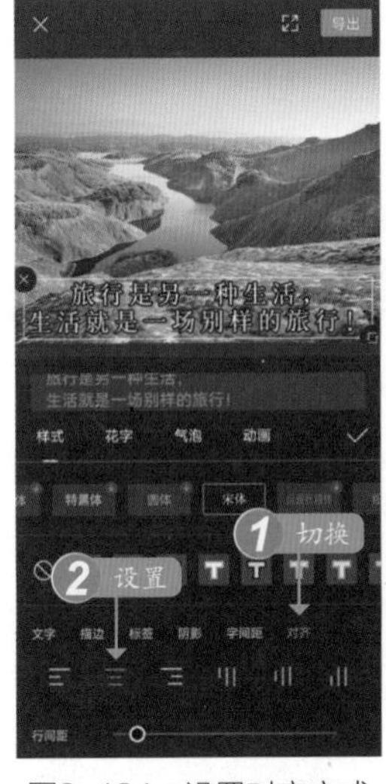

图2-124 设置对齐方式　　图2-125 预览文字效果

2.4.2 制作花字效果

用户在给短视频添加标题时，可以使用剪映App的“花字”功能，下面介绍具体方法。

步骤/01 ①在剪映App中打开一个视频素材；②点击左下角的“文字”按钮，如图2-126所示。

步骤/02 进入“文字”菜单栏，选择“新建文本”选项，如图2-127所示。

图2-126　点击“文字”按钮

图2-127　选择“新建文本”选项

步骤/03 在文本框中输入符合短视频主题的文字内容，如图2-128所示。

步骤/04 ❶在预览窗口中按住文字素材并拖曳，调整文字的位置；❷在界面下方切换至“花字”选项卡，如图2-129所示。

图2-128　输入文字

图2-129　调整文字的位置

步骤/05 在“花字”选项卡中选择相应的花字样式，即可快速为文字应用“花字”效果，如图2-130所示。

图2-130　选择“花字”效果

步骤/06 这里选择一个与背景色反差较大的“花字”样式效果，如图2-131所示。

步骤/07 按住文本框右下角的按钮并拖曳，即可调整文字的大小，效果如图2-132所示。

图2-131　选择“花字”样式　图2-132　调整文字的大小

步骤/08 点击右下角的✓按钮确认，即可添加“花字”效果。点击“导出”按钮，即可导出并预览视频，效果如图2-133所示。

图2-133 预览视频效果

2.4.3 制作气泡文字

剪映App中提供了丰富的气泡文字模板，能够帮助用户快速制作出精美的短视频文字效果，下面介绍具体的操作方法。

步骤/01 ①在剪映App中导入一个视频素材；②点击底部工具栏中的“文字”按钮，如图2-134所示。

步骤/02 进入“文字”菜单栏后，选择“新建文本”选项，如图2-135所示。

图2-134 点击“文字”按钮　图2-135 选择“新建文本”选项

步骤/03 执行操作后，进入文本编辑界面，如图2-136所示。

步骤/04 点击“气泡”标签，切换至“气泡”选项卡，下方显示了很多气泡文字模板，如图2-137所示。

图2-136 进入文本编辑界面　图2-137 切换至“气泡”选项卡

步骤/05 选择相应的气泡文字模板，即可在预览窗口中应用相应的气泡文字，效果如图2-138所示。

步骤/06 在文本框中输入相应的文字内容，如图2-139所示。

图2-138 选择气泡文字模板　图2-139 输入文字内容

步骤/07 切换至“样式”选项卡，设置相应的文字样式效果，如图2-140所示。

步骤/08 切换至“气泡”选项卡，选择相应的气泡文字模板，即可更换模板效果，如图2-141所示。

图2-140　设置文字样式　　图2-141　更换模板效果

步骤/09 用户可以多尝试一些模板，找到最为合适的气泡文字模板效果，如图2-142所示。

图2-142　更换气泡文字模板效果

步骤/10 按住并拖曳按钮，调整文本框的位置以及大小。点击按钮，添加气泡文字，如图2-143所示。

步骤/11 点击“导出”按钮，即可导出并预览视频，效果如图2-144所示。

图2-143　添加气泡文字　　图2-144　预览视频效果

2.4.4　添加字幕贴纸

剪映App能够直接给短视频添加字幕贴纸效果，让短视频画面更加精彩、有趣，吸引大家的目光，下面介绍具体的操作方法。

步骤/01 ①在剪映App中导入一个视频素材；②点击“文字”按钮，如图2-145所示。

步骤/02 进入“文字”菜单栏后，选择“添加贴纸”选项，如图2-146所示。

步骤/03 执行上述操作后，进入贴纸界面，下方窗口中显示了丰富的贴纸模板，如图2-147所示。

步骤/04 ①选择相应的贴纸模板；②即可自动将选择的贴纸添加到视频画面中，如图2-148所示。

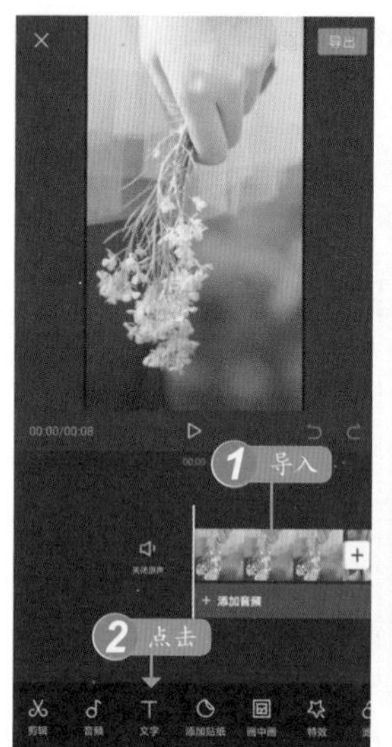

图2-145　点击“文字”按钮

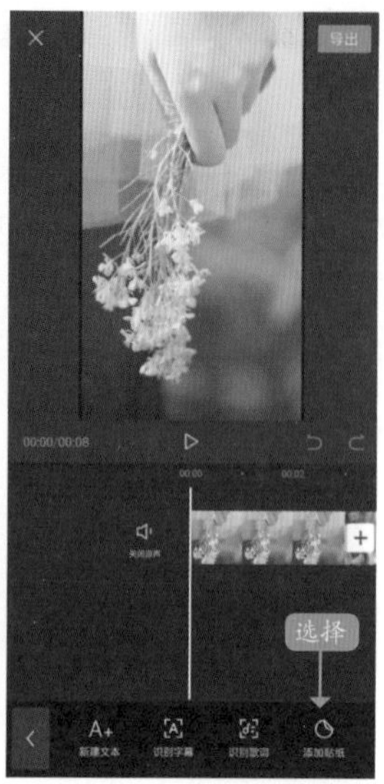

图2-146　选择“添加贴纸”选项

图2-147　贴纸界面

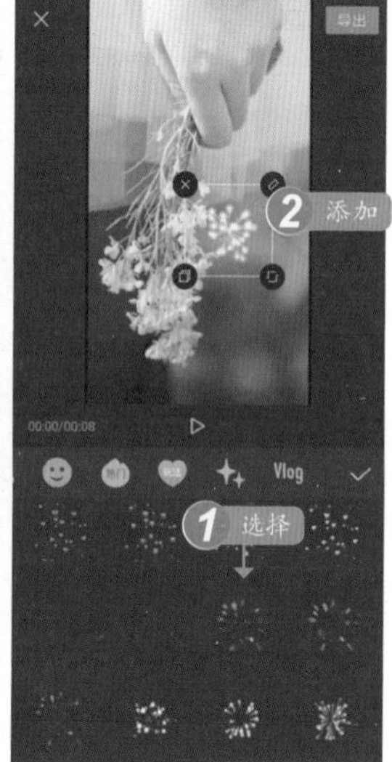

图2-148　添加贴纸

步骤/05　❶切换至“字体”选项卡；❷在其中选择一个与视频主题对应的文字贴纸，如图2-149所示。

步骤/06　执行上述操作后，点击☑按钮，添加贴纸效果，并生成对应的贴纸轨道，如图2-150所示。

图2-149　选择文字贴纸

图2-150　生成贴纸轨道

步骤/07　在时间线区域中，❶适当调整贴纸的持续时间和起始位置；❷在预览窗口调整其位置和大小，如图2-151所示。

步骤/08　选中片头的贴纸，点击“动画”按钮，设置“入场动画”为“旋入”动画效果，如图2-152所示。

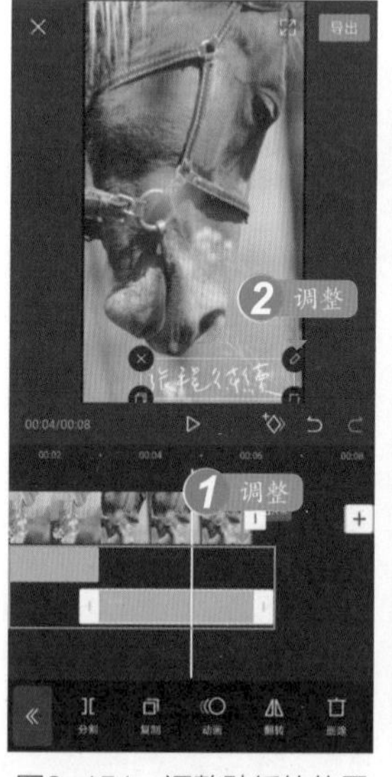

图2-151　调整贴纸的位置和大小

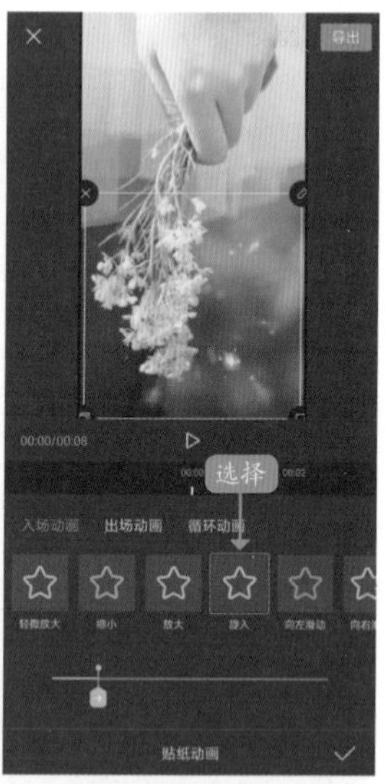

图2-152　选择“旋入”动画效果

步骤/09　❶切换至“出场动画”选项卡；❷在其中找到并选择“旋出”动画效果，

如图2-153所示。

步骤/10 ❶切换至“循环动画”选项卡；❷在其中找到并选择“心跳”动画效果，如图2-154所示。

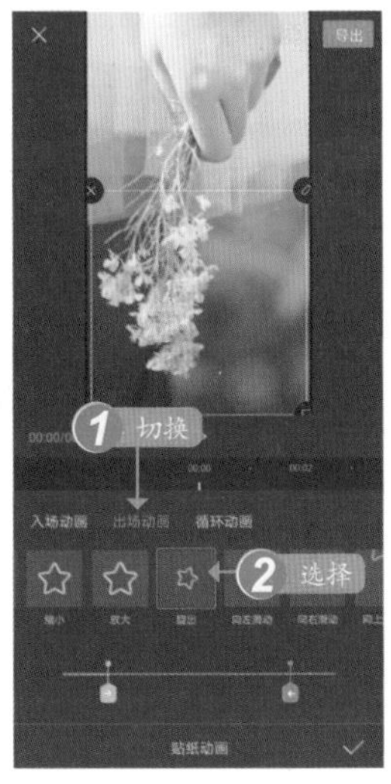

图2-153　选择“旋出”动画效果

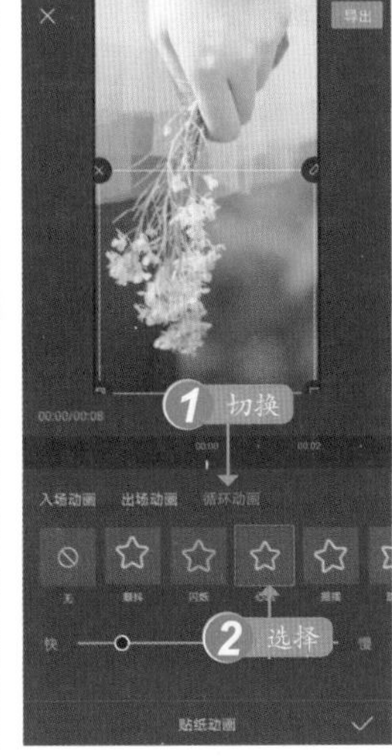

图2-154　选择“心跳”动画效果

步骤/11 点击✔按钮，即可为贴纸添加动画效果。点击“导出”按钮，导出并预览视频效果，如图2-155所示。

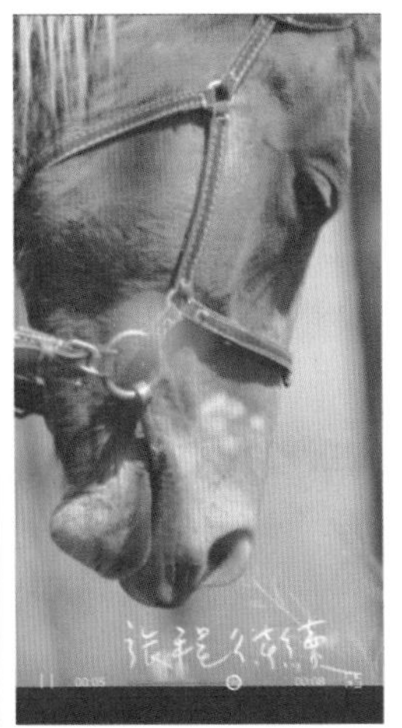

图2-155　预览视频效果

2.4.5　逐字打出动画

打字机动画给人一种怀旧的感觉，非常适合用在比较文艺的短视频中。下面介绍使用剪映App制作打字机文字动画效果的操作方法。

步骤/01 ❶在剪映App中导入一个视频素材；❷在下方的工具栏中，点击“特效”按钮，如图2-156所示。

步骤/02 执行操作后，进入特效编辑界面，如图2-157所示。

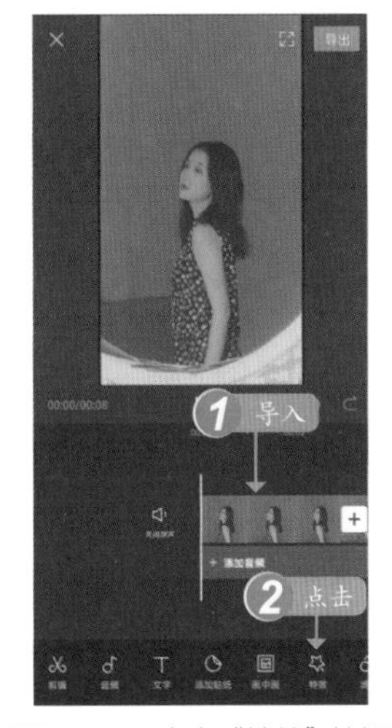

图2-156　点击“特效”按钮

图2-157　特效编辑界面

步骤/03 在“基础”选项卡中，选择“开幕”特效，如图2-158所示。

步骤/04 点击✔按钮，即可添加该特效，拖曳特效轨道右侧的白色拉杆，设置特效的持续时长，如图2-159所示。

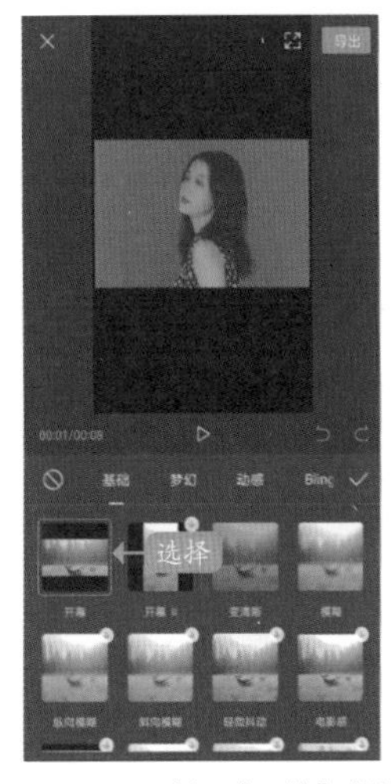

图2-158　选择“开幕”特效

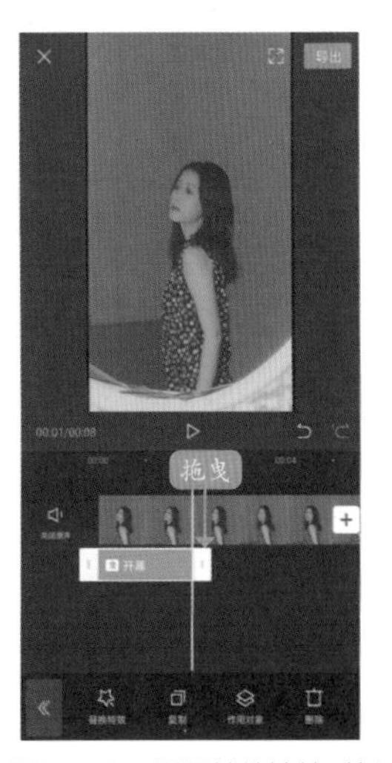

图2-159　设置特效持续时长

步骤/05 返回主界面，点击“文字”按钮，进入“文字”菜单栏，选择“新建文本”选项，如图2-160所示。

步骤/06 在文本框中输入相应的文字内容，如图2-161所示。

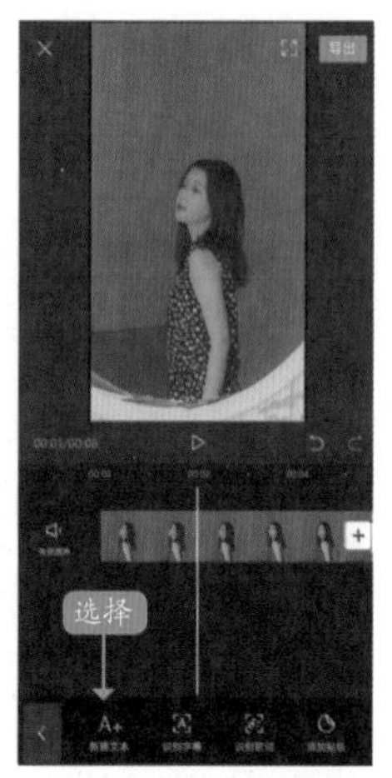

图2-160 选择“新建文本”选项 图2-161 输入文字内容

步骤/07 在预览窗口拖曳文本框右下角的■图标，适当调整文本框的大小和位置，如图2-162所示。

步骤/08 在“样式”选项卡中选择一个合适的字体样式，如图2-163所示。

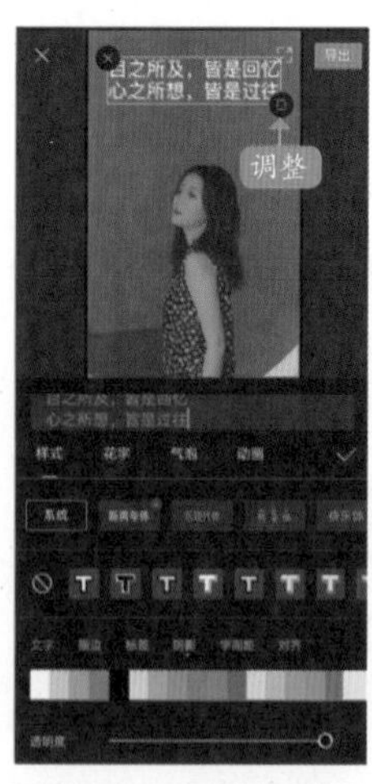

图2-162 调整文本框的大小和位置 图2-163 选择合适的字体

步骤/09 切换至“动画”选项卡，在“入场动画”选项面板中，选择“打字机Ⅰ”动画效果，如图2-164所示。

步骤/10 执行上述操作后，向右拖曳底部的■图标，调整动画效果的持续时间，如图2-165所示。

图2-164 选择“打字机Ⅰ”动画效果 图2-165 调整动画效果的持续时间

步骤/11 点击■按钮，添加字幕动画效果，在字幕轨道中适当调整字幕的持续时长，如图2-166所示。

步骤/12 点击■按钮返回主界面，选中视频素材并移动时间轴至“开幕”特效的后面。在工具栏中点击“特效”按钮，进入特效编辑界面，选择“新增特效”选项，在“复古”选项卡中选择“电影刮花”特效，如图2-167所示。

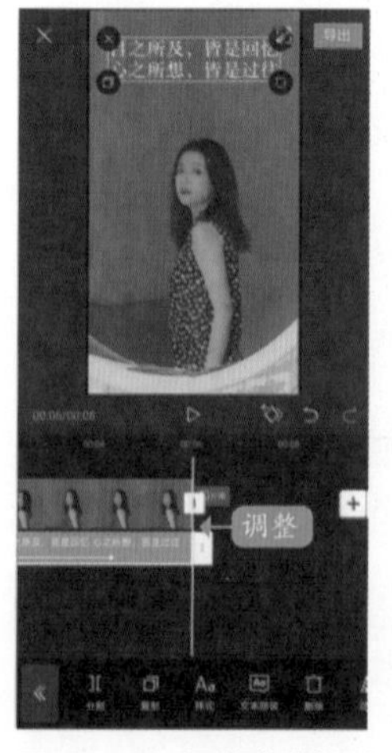

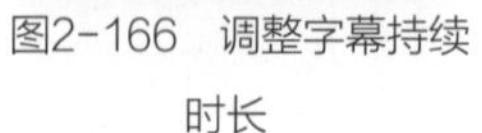

图2-166 调整字幕持续时长 图2-167 选择“电影刮花”特效

步骤/13 点击☑按钮添加特效，点击“导出”按钮，导出视频，预览视频效果，如图2-168所示。

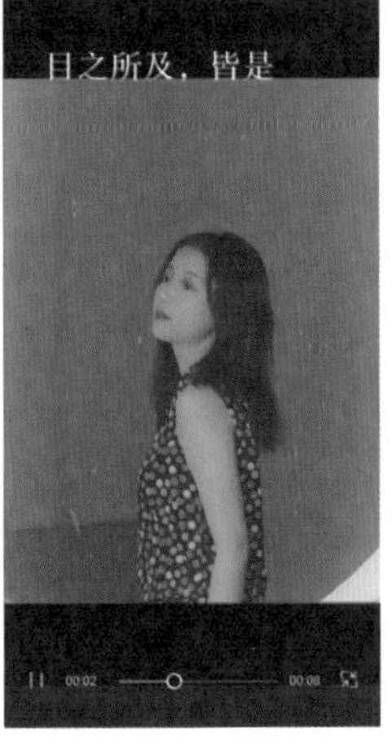

图2-168　预览视频效果

2.4.6　文字消散效果

文字消散是非常浪漫唯美的一种字幕效果，能让短视频更具朦胧感。下面介绍使用剪映App制作短视频文字消散效果的操作方法。

步骤/01 ❶在剪映App中导入一个视频素材；❷在下方的工具栏中，点击“文字”按钮，如图2-169所示。

步骤/02 进入“文字”菜单栏，选择“新建文本”选项，如图2-170所示。

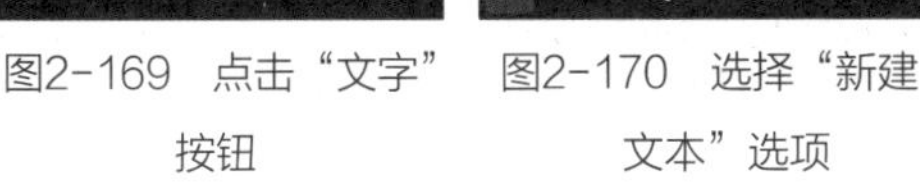

图2-169　点击“文字”按钮　图2-170　选择“新建文本”选项

步骤/03 在文本框中输入相应的文字内容，如图2-171所示。

步骤/04 点击☑按钮返回，再点击“样式”按钮，如图2-172所示。

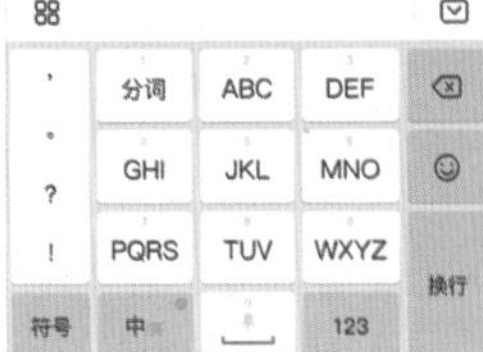

图2-171　输入文字内容　图2-172　点击“样式”按钮

步骤/05 执行上述操作后，进入“样式”编辑界面，选择一个合适的字体样式，如图2-173所示。

步骤/06 拖曳文本框右下角的◙按钮，调整文本框的大小和位置，如图2-174所示。

图2-173　选择字体样式　　图2-174　调整文本框

步骤/07 ❶切换至“动画”选项卡；❷在“入场动画”选项面板中，找到并选择“向下滑动”动画效果，如图2-175所示。

步骤/08 拖曳底部的图标，将动画的持续时长设置为1.1秒，如图2-176所示。

图2-175　选择“向下滑动”动画效果　　图2-176　设置动画的持续时长

步骤/09 ❶切换至“出场动画”选项面板；❷找到并选择“打字机II”动画效果，如图2-177所示。

步骤/10 拖曳底部的图标，将动画的持续时长设置为1.6秒，如图2-178所示。

图2-177　选择“打字机II”动画效果　　图2-178　设置动画的持续时长

步骤/11 点击按钮返回，依次点击一级工具栏中的“画中画”按钮，再点击“新增画中画”按钮，❶在时间线中添加一个粒子素材；❷点击下方工具栏中的“混合模式”按钮，如图2-179所示。

步骤/12 执行操作后，选择“滤色”选项，如图2-180所示。

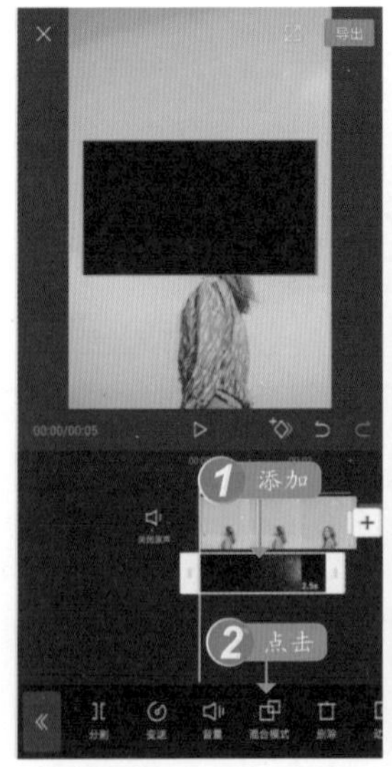

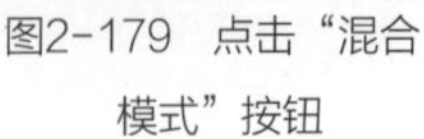
图2-179　点击“混合模式”按钮　　图2-180　选择“滤色”选项

专家指点

用户可以通过素材模板网站平台购买下载粒子素材，或者在抖音App中搜索粒子素材，下载抖音用户分享的素材。

步骤/13 点击✓按钮返回，拖曳视频轨道中的粒子素材至文字下滑后停住的位置，如图2-181所示。

步骤/14 选中视频轨道中的粒子素材后，调整视频画面的大小，使其遮住整个文字画面，如图2-182所示。

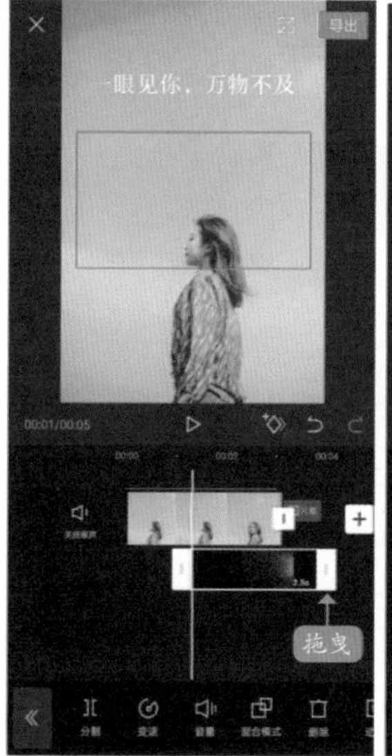

图2-181　拖曳粒子素材

图2-182　调整粒子素材的画面大小

步骤/15 在界面的右上角点击“导出”按钮，即可导出并预览视频效果，如图2-183所示。

图2-183　预览视频效果

第3章

音频视频：合成视频添加背景音乐

学前提示

在短视频的制作过程中，为视频添加背景音乐是必不可少的一步。此外，用户还可以在剪映App中使用蒙版、画中画以及色度抠图等工具来制作合成特效，这样能够让短视频更加酷炫、精彩。本章将为大家介绍剪映App常用的合成方法以及为视频匹配背景音乐的方法，帮助大家制作更加有吸引力的短视频。

3.1 制作画中画合成特效

在电视或电影中，经常会看到在播放一段视频的同时，还嵌套播放另一段视频，这就是常说的画中画，即覆叠合成效果。画中画视频技术的应用，能在有限的画面空间中，创造出更加丰富的画面内容。下面介绍在剪映App中几种合成特效的制作方法。

3.1.1 去除画面中的水印

在应用某些软件拍摄照片或视频时，画面中会留下用户名称、软件名称、时间、日期以及拍摄地点等水印。在剪映App中，用户可以应用蒙版工具去除视频画面中的水印，下面介绍具体操作方法。

步骤/01 ❶在剪映App中导入有水印的视频素材；❷点击一级工具栏中的“画中画”按钮，如图3-1所示。

步骤/02 点击“新增画中画”按钮，再次导入有水印的视频素材，如图3-2所示。

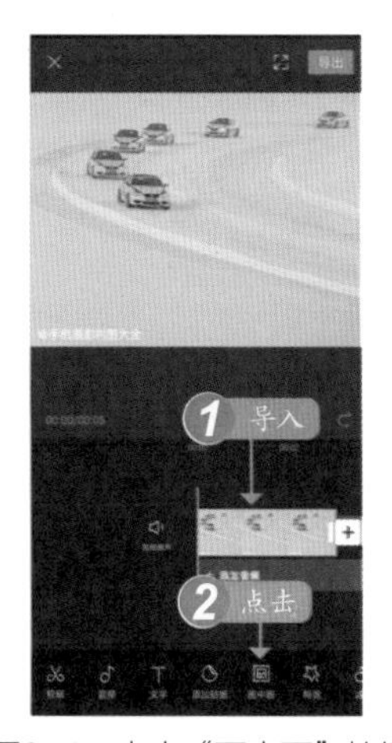

图3-1　点击“画中画”按钮

图3-2　导入有水印的视频

步骤/03 双指在预览窗口放大画中画视频，使其与原视频的画面大小保持一致，如图3-3所示。

步骤/04 点击■按钮返回，点击“特效”按钮，如图3-4所示。

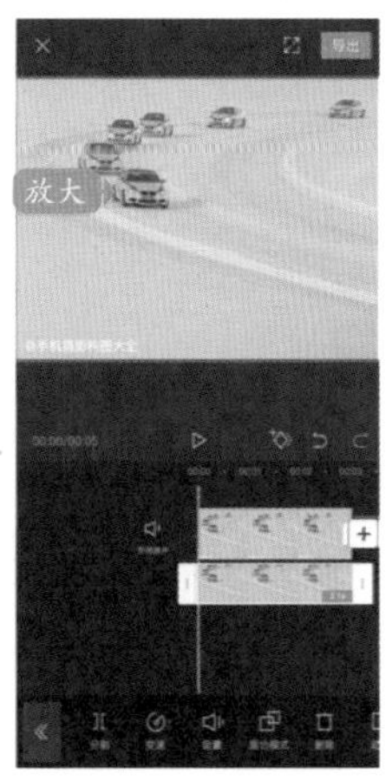

图3-3　放大画中画视频

图3-4　点击“特效”按钮

步骤/05 进入特效编辑界面后，在“基础”选项卡中选择“模糊”特效，如图3-5所示。

步骤/06 点击✓按钮，点击下方工具栏中的“作用对象”按钮，如图3-6所示。

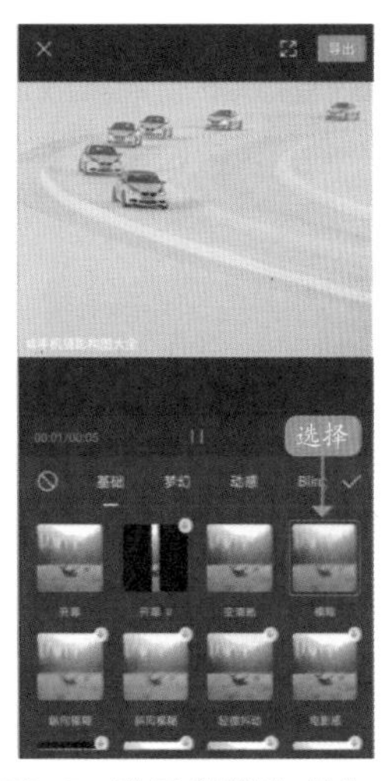

图3-5　选择“模糊”特效

图3-6　点击“作用对象”按钮

步骤/07 执行操作后，选择特效的作用对象为“画中画”选项，如图3-7所示。

步骤/08 点击✓按钮返回，❶选中画中画视频轨道；❷点击下方工具栏中的“蒙版”按钮，如图3-8所示。

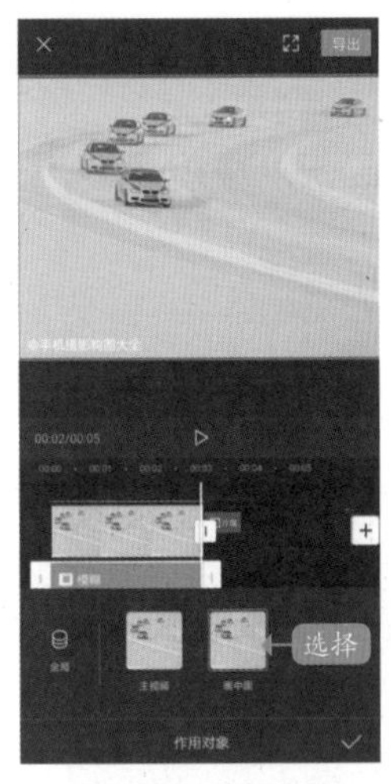

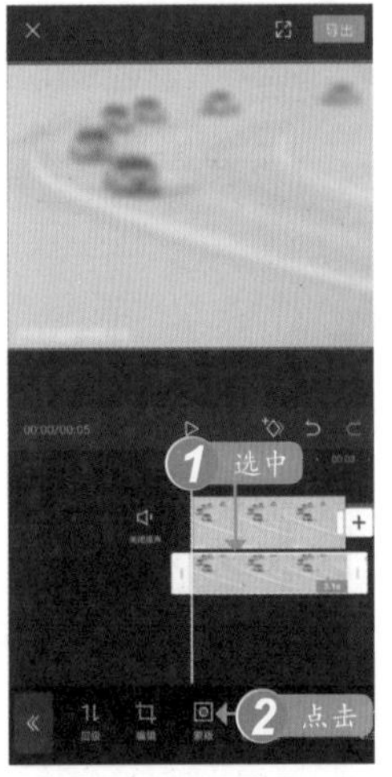

图3-7　选择“画中画”选项　图3-8　点击“蒙版”按钮

步骤/09 执行操作后，选择“矩形”蒙版，如图3-9所示。

步骤/10 执行操作后，在预览窗口调整蒙版的大小并将其移动到水印的位置，覆盖水印，如图3-10所示。

图3-9　选择“矩形”蒙版　图3-10　调整蒙版大小以及位置

专家指点

进入“蒙版”界面后，可以看到下方有线性、镜面、圆形、矩形、爱心以及星形6个蒙版形状。

步骤/11 用同样的操作方法，继续添加多个“模糊”特效。点击“导出”按钮，导出并播放预览视频，效果对比如图3-11所示。需要注意的是，这种方法并不能完全去除水印，而且只适合浅色的水印背景画面。

图3-11　去水印前（左）与去水印后（右）的效果对比

3.1.2　制作三屏画面效果

三屏画面效果是指在同一个视频中同时叠加显示多个视频的画面，下面介绍具体的制作方法。

步骤/01 ❶在剪映App中导入一个视频素材；❷点击一级工具栏中的“画中画”按钮，如图3-12所示。

步骤/02 进入“画中画”编辑界面，点击“新增画中画”按钮，如图3-13所示。

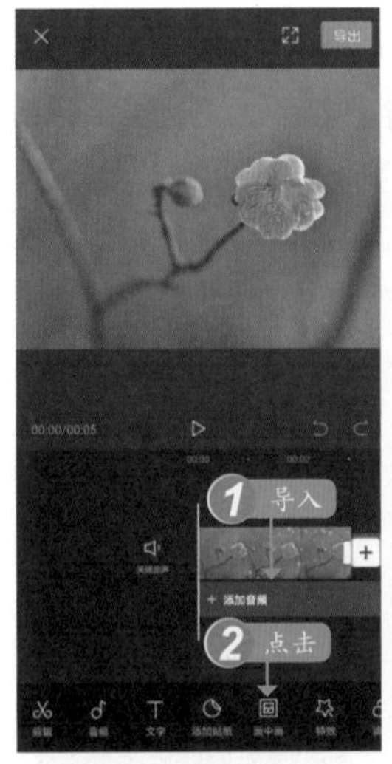

图3-12　点击“画中画”按钮　图3-13　点击“新增画中画”按钮

步骤/03 进入“照片视频”界面，❶在“视频”选项卡中选择第二个视频；❷点击“添加”按钮，如图3-14所示。

步骤/04 执行操作后，即可导入第二个视频，如图3-15所示。

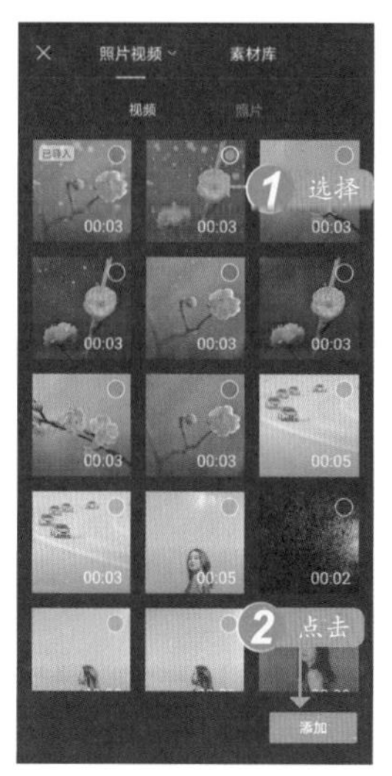

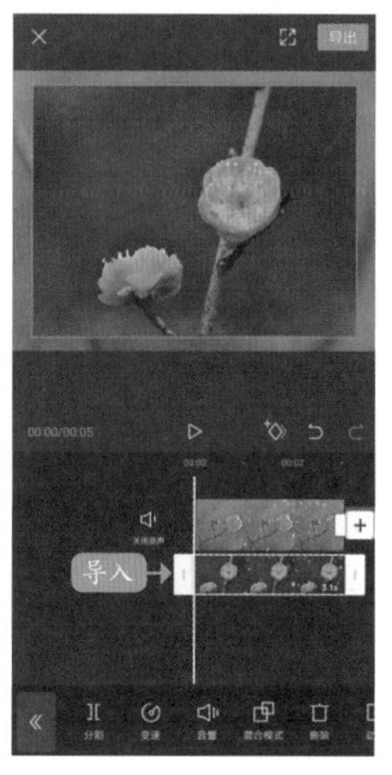

图3-14　点击“添加”按钮　图3-15　导入第二个视频

步骤/05 点击相应按钮返回主界面，在底部一级工具栏中，点击“比例”按钮，如图3-16所示。

步骤/06 在“比例”菜单中选择9：16选项，调整屏幕比例，如图3-17所示。

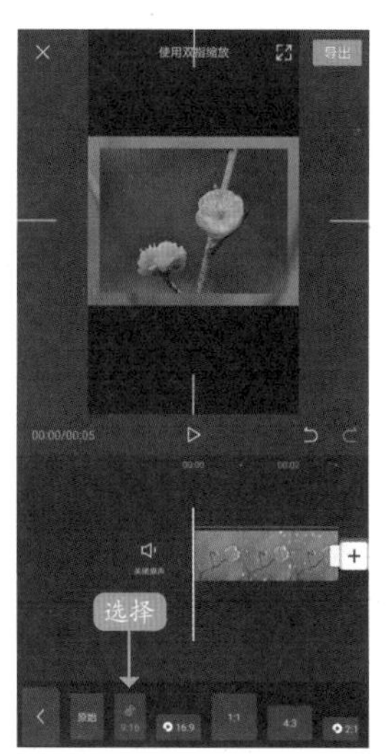

图3-16　点击“比例”按钮　图3-17　选择9：16选项

步骤/07 返回“画中画”编辑界面，❶选择第二个视频；❷在视频预览窗口放大画面，并适当调整其位置，如图3-18所示。

步骤/08 点击“新增画中画”按钮，进入“照片视频”界面，❶选择第三个视频；❷点击“添加”按钮，如图3-19所示。

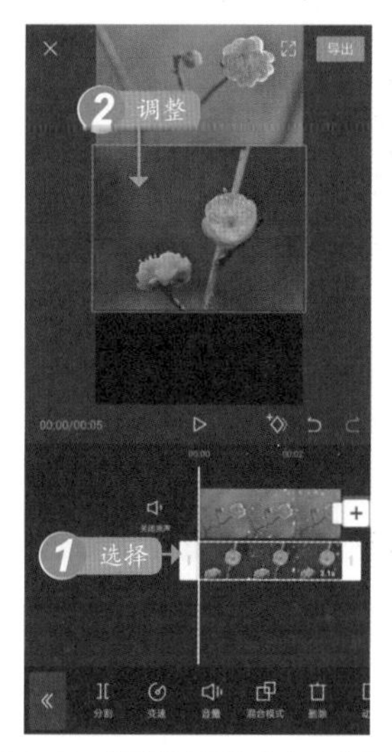

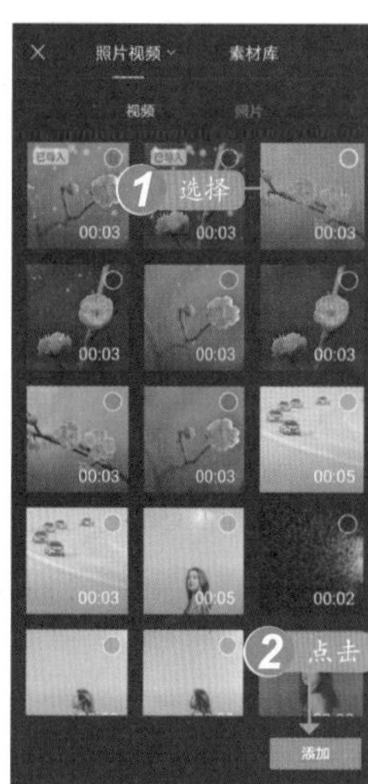

图3-18　调整视频的大小和位置　图3-19　添加第三个视频

步骤/09 添加第三个视频，并适当调整其大小和位置，如图3-20所示。

步骤/10 在视频结尾处删除片尾，并删除多余的视频画面，将3个视频片段的长度调成一致，如图3-21所示。

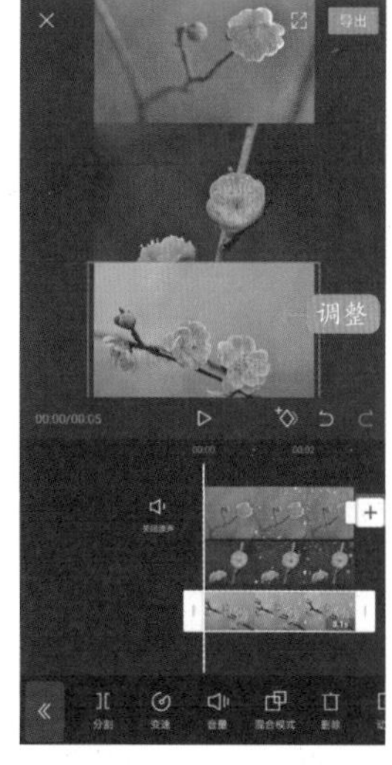

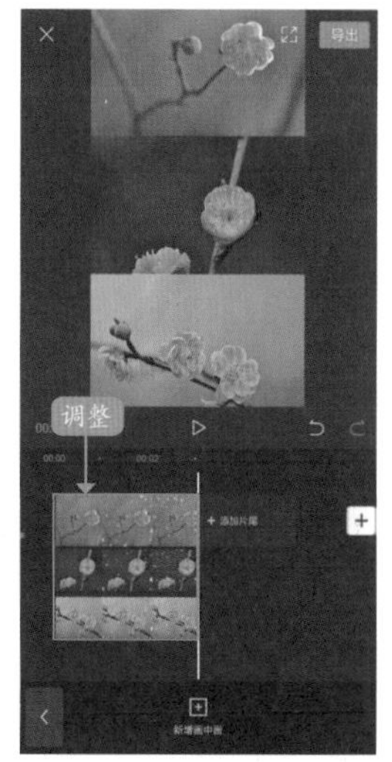

图3-20　添加并调整视频　图3-21　调整视频长度

步骤/11 点击界面右上角的“导出”按钮，即可导出视频，预览画中画视频效果，如图3-22所示。

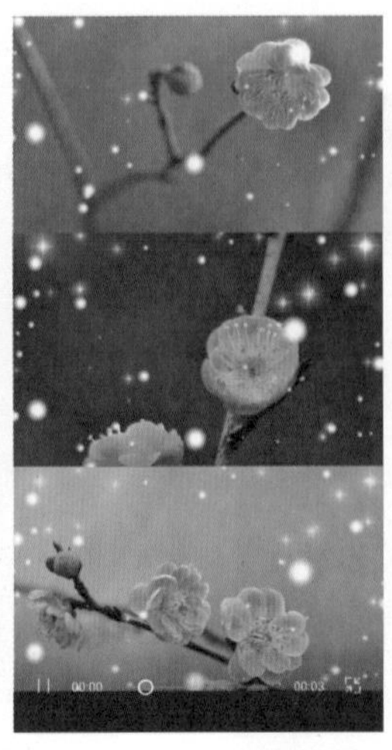

图3-22　导出并预览视频

3.1.3　制作灵魂出窍特效

“灵魂出窍”是一种非常神奇的短视频效果，很受大众的喜爱。下面介绍使用剪映App制作“灵魂出窍”画面特效的操作方法。

步骤/01 ❶在剪映App中导入一个视频素材；❷点击“画中画”按钮，如图3-23所示。

步骤/02 进入“画中画”编辑界面后，点击“新增画中画”按钮，如图3-24所示。

图3-23　点击“画中画”按钮

图3-24　点击“新增画中画”按钮

步骤/03 再次导入相同场景和机位的视频素材，如图3-25所示。注意，两个视频中的主体位置不能相同，如第一个视频中的主体站着不动，第二个视频中的主体就要向前走。

步骤/04 ❶将视频放大，使其铺满整个画面；❷点击底部的“不透明度”按钮，如图3-26所示。

图3-25　导入视频素材　图3-26　点击“不透明度”按钮

步骤/05 拖曳白色圆圈滑块，将“不透明度”选项的参数调整为25，如图3-27所示。

步骤/06 点击✓按钮，即可合成两个视频画面，并形成“灵魂出窍”的效果，如图3-28所示。

图3-27　设置“不透明度”选项　图3-28　合成两个视频画面

3.1.4　制作地面塌陷效果

在使用剪映App制作“地面塌陷、人物掉落”的短视频效果时，用户需要拍摄两段视频素材：第一段视频素材需要拍摄人物正常走路的画面，如图3-29所示。第二段视频素材需要保持镜头机位不变，拍摄一个没有人物的空场景，如图3-30所示。

图3-29　人物正常走路的画面　图3-30　没有人物的空场景

下面介绍使用剪映App制作人物掉进地面空洞短视频的具体操作方法。

步骤/01 在剪映App中导入两个视频素材，在工具栏中依次点击“画中画”按钮和“新增画中画”按钮，如图3-31所示。

步骤/02 切换至“素材库”选项卡，❶选择地面塌陷的绿幕素材；❷点击“添加”按钮，如图3-32所示。

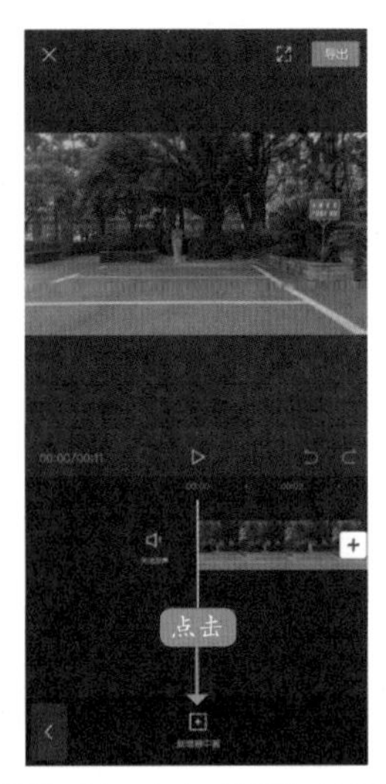

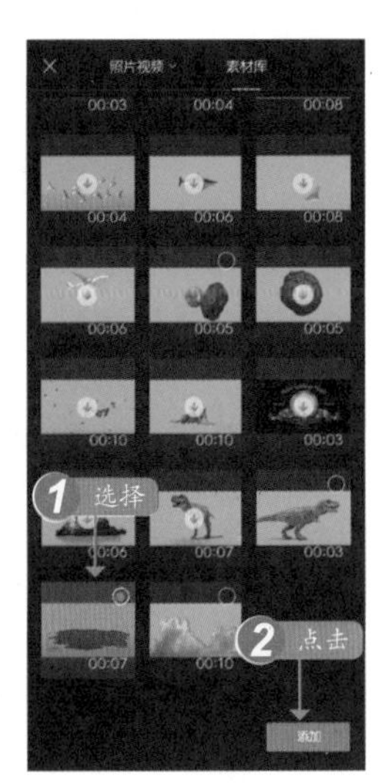

图3-31　点击“新增画中画”按钮　图3-32　点击“添加”按钮

步骤/03 执行操作后，点击下方工具栏中的“色度抠图”按钮，如图3-33所示。

步骤/04 进入“色度抠图”界面后，拖曳预览窗口中的圆圈，选择需要抠除的颜色，如图3-34所示。

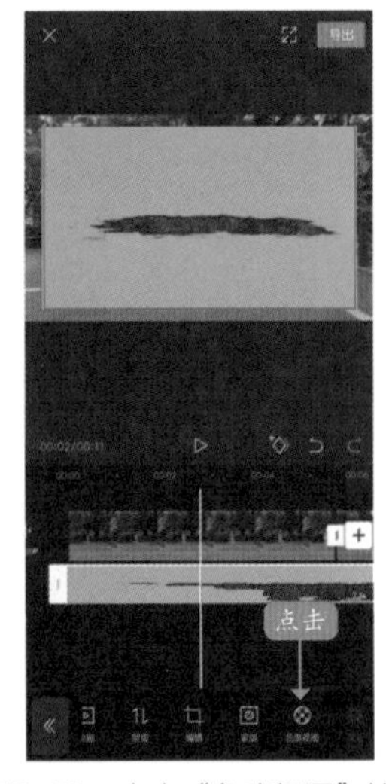

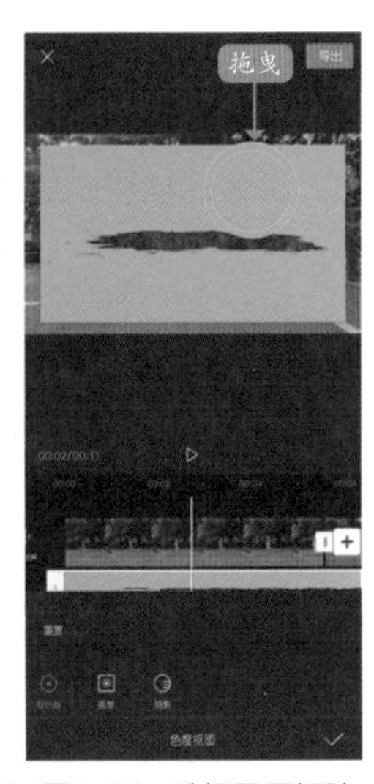

图3-33　点击“色度抠图”按钮　图3-34　选择需要抠除的颜色

步骤/05 选择“强度”选项，拖曳白色圆圈滑块至88，如图3-35所示。

步骤/06 选择“阴影”选项，拖曳白色圆圈滑块至69，如图3-36所示。

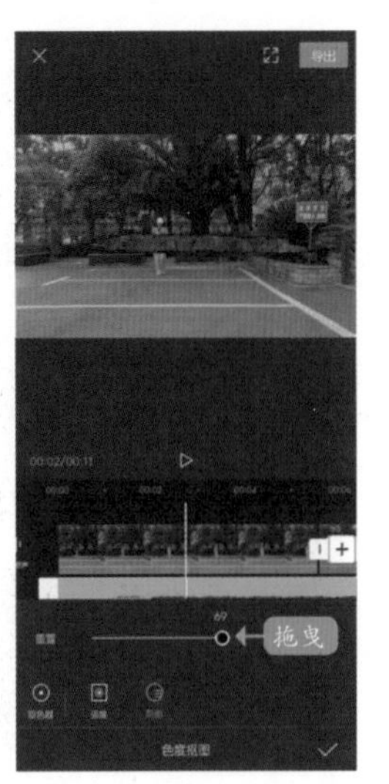

图3-35　设置“强度”参数　图3-36　设置“阴影”参数

步骤/07 点击✓按钮返回，在预览窗口合理调整地面塌陷素材的大小以及位置，如图3-37所示。

步骤/08 点击«按钮返回，点击“新增画中画”按钮，导入人物掉落的残影素材，点击下方工具栏中的“混合模式”按钮，如图3-38所示。

图3-37　调整素材位置以及大小　图3-38　点击“混合模式”按钮

步骤/09 在混合模式菜单中，选择“正片叠底”选项，如图3-39所示。

步骤/10 点击✓按钮返回，在预览窗口中，将残影素材拖曳至人物下方，如图3-40所示。

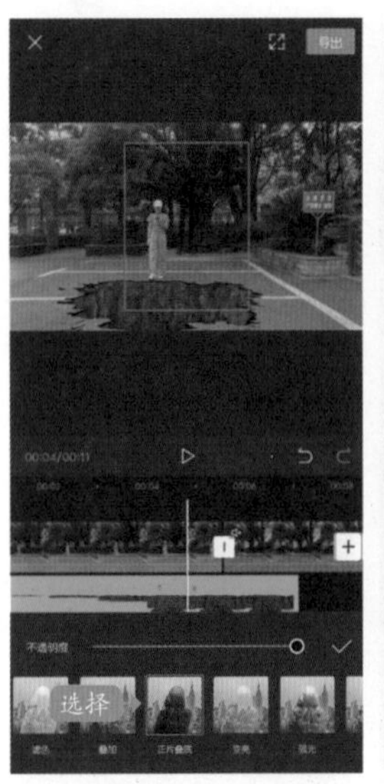

图3-39　选择“正片叠底”选项　图3-40　拖曳残影素材至人物下方

步骤/11 ❶选中人物走路的视频轨道；❷点击“分割”按钮，如图3-41所示。

步骤/12 执行操作后，删除后段人物走路的视频素材，如图3-42所示。

图3-41　点击“分割”按钮　图3-42　删除后段人物走路的视频

步骤/13 点击“导出”按钮，即可看到“地面塌陷、人物掉落”的视频效果，如图3-43所示。

图3-43　预览视频效果

3.2 为短视频添加音频

音频是短视频中非常重要的内容元素，选择好的背景音乐或者语音旁白，能够让你的作品不费吹灰之力就能登上热门。下面主要介绍短视频的音频处理技巧，包括添加背景音效、提取背景音乐、导入音频、音频剪辑、变速变声以及自动踩点等。

3.2.1　添加辅助音效

剪映App中提供了很多有趣的音频特效，用户可以根据短视频的情境来增加音效，如综艺、笑声、机械、BGM、人声、转场、游戏、魔法、打斗、美食、环境音、动物、交通、乐器、手机以及悬疑等，如图3-44所示。

图3-44　剪映App中的音效

例如，在海边拍摄的短视频中，就可以选择“环境音”下面的“海浪”音效，如图3-45所示。再例如，在拍摄动物短视频时，可以选择“动物”下面对应的音效，如猫叫、狗叫、鸟叫以及绵羊叫等，如图3-46所示。

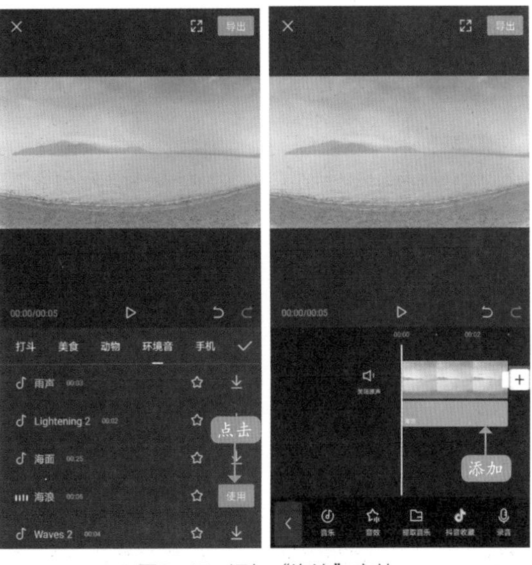

图3-45　添加“海浪”音效

图3-46　添加“猫叫2”音效

3.2.2　提取背景音乐

剪映App中有一个非常方便的功能，那就是提取音乐，它可以一键提取其他视频中的背景音乐。下面介绍使用剪映App一键提取视频中的音乐的操作方法。

步骤/01　❶在剪映App中导入一个视频素材；❷点击底部的“音频”按钮，如图3-47所示。

步骤/02　进入音频编辑界面，点击“提取音乐”按钮，如图3-48所示。

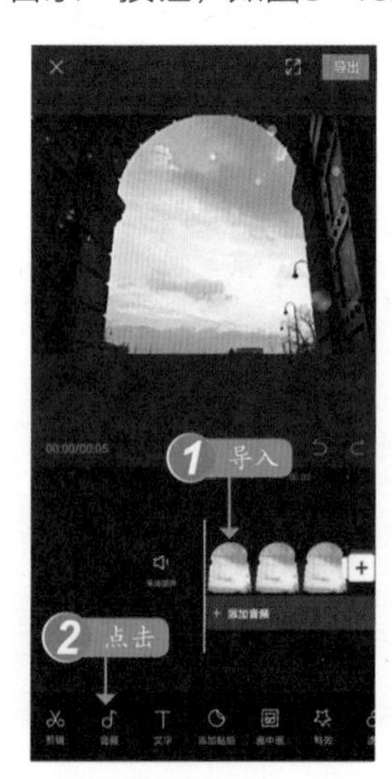

图3-47　点击“音频”按钮　图3-48　点击“提取音乐”按钮

步骤/03　进入手机素材库，❶选择要提取音乐的视频文件；❷点击“仅导入视频的声音”按钮，如图3-49所示。

步骤/04　执行操作后，即可提取并导入视频中的音乐文件，如图3-50所示。

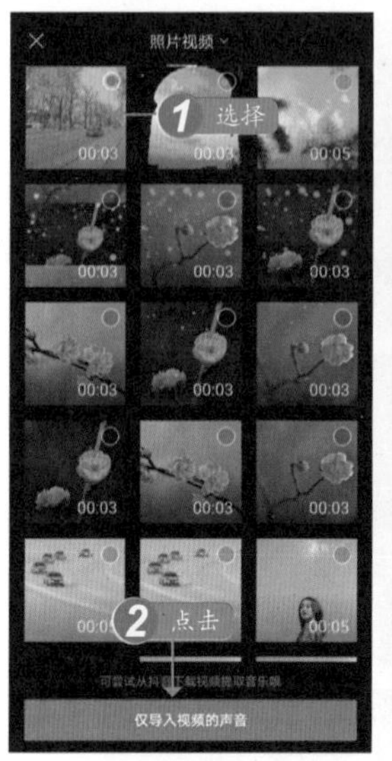

图3-49　选择相应视频文件　图3-50　提取并导入音乐文件

3.2.3　导入本地音频

对于短视频来说，背景音乐是其灵魂，所以添加音频是后期剪辑非常重要的一步。下面介绍使用剪映App导入本地音频的操作方法。

步骤/01　❶在剪映App中导入一个视频素材；❷点击“添加音频”按钮，如图3-51所示。

步骤/02　进入音频编辑界面，点击“音乐”按钮，如图3-52所示。

步骤/03　进入“添加音乐”界面，❶切换至“导入音乐”中的“本地音乐”选项卡，在下方列表框中选择相应的音频素材；❷点击“使用”按钮，如图3-53所示。

图3-51　点击“添加音频”按钮　图3-52　点击“音乐”按钮

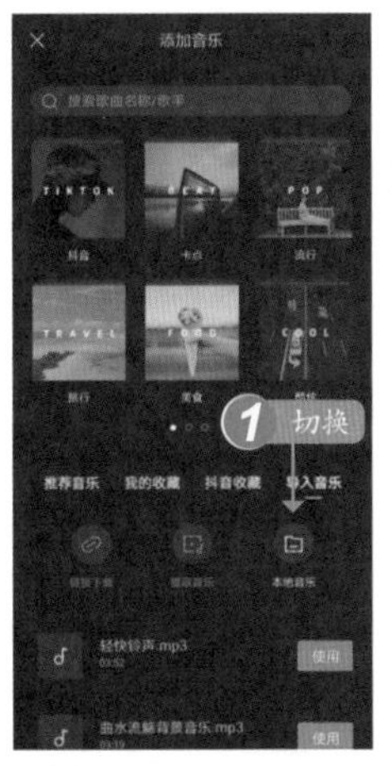

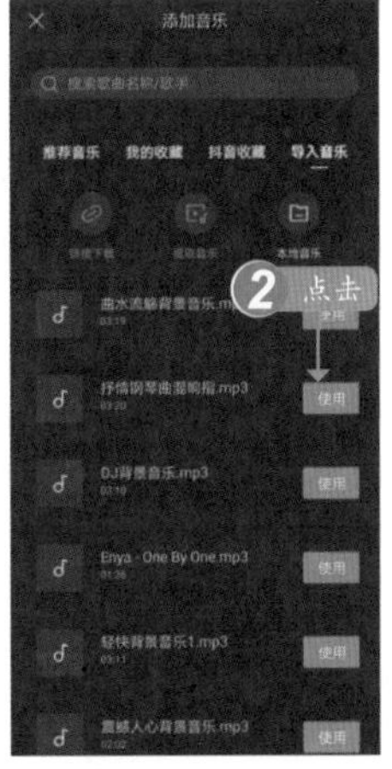

图3-53　选择本地音频

步骤/04 执行操作后，即可添加本地背景音乐，如图3-54所示。

图3-54　添加本地背景音乐

专家指点

在图3-53所示的界面中，有抖音、卡点、流行、旅行、美食以及酷炫等多个歌曲类别，用户可以根据自己的需要进入相应的类别中试听音乐并应用。

3.2.4　裁剪分割音乐

添加了音频后，我们还需要对音频进行裁剪，选取其中最合适的部分。下面介绍使用剪映App裁剪与分割背景音乐素材的操作方法。

步骤/01 以上一例效果为例，向右拖曳音频轨道前的白色拉杆，即可裁剪音频，如图3-55所示。

步骤/02 按住音频轨道向左拖曳至视频的起始位置处，即可完成音频的裁剪操作，如图3-56所示。

图3-55　裁剪音频素材　图3-56　调整音频位置

步骤/03 ①拖曳时间轴，将其移至视频的结尾处；②选择音频轨道；③点击“分割”按钮；④即可分割音频，如图3-57所示。

步骤/04 选择第2段音频，点击“删除”按钮，删除多余音频，效果如图3-58所示。

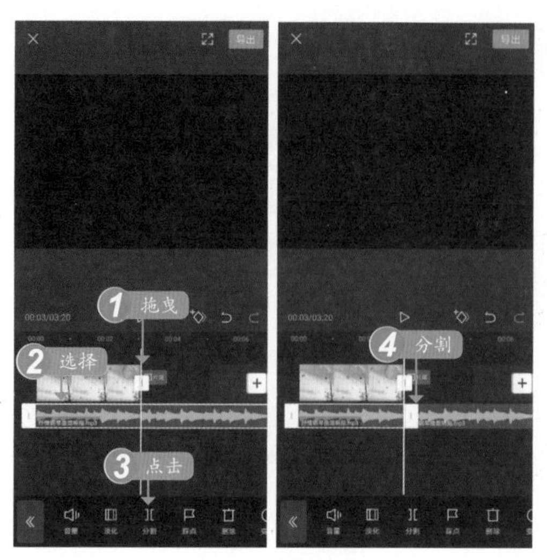

图3-57　分割音频

图3-58　删除多余的音频效果

3.2.5　消除音频噪音

在拍摄短视频的时候，如果录音环境比较嘈杂，用户可以在后期使用剪映App消除短视频中的噪音。

步骤/01 ①在剪映App中导入一个视频素材，选中视频素材；②点击底部的“降噪”按钮，如图3-59所示。

步骤/02 执行操作后，弹出“降噪”菜单，如图3-60所示。

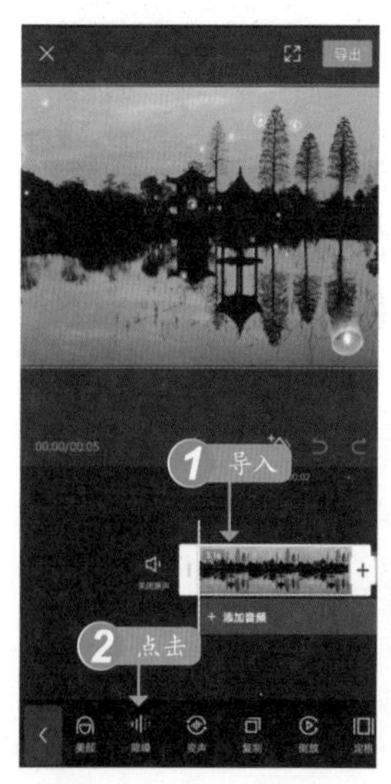

图3-59　点击“降噪”按钮

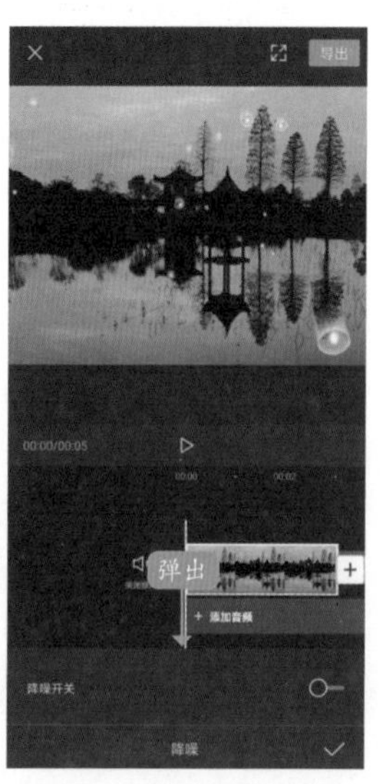

图3-60　弹出“降噪”菜单

步骤/03 ①打开“降噪开关”；②系统会自动进行降噪处理，并显示处理进度，如图3-61所示。

步骤/04 ①处理完成后，自动播放视频；②点击✓按钮确认即可，如图3-62所示。

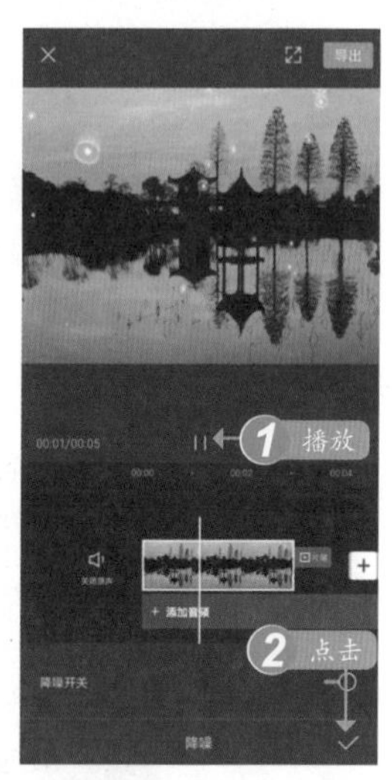

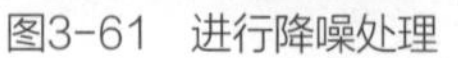

图3-61　进行降噪处理　　图3-62　自动播放视频

3.2.6　设置淡入淡出效果

设置音频淡入淡出效果后，可以让短视频的背景音乐显得不那么突兀，给观众带来更加舒适的视听感受。下面介绍使用剪映App设置音频淡入淡出效果的操作方法。

步骤/01 ①在剪映App中导入一个视频素材；②添加合适的背景音乐，如图3-63所示。

步骤/02 ①选择相应的音频轨道；②进入音频编辑界面，点击底部的“淡化”按钮，如图3-64所示。

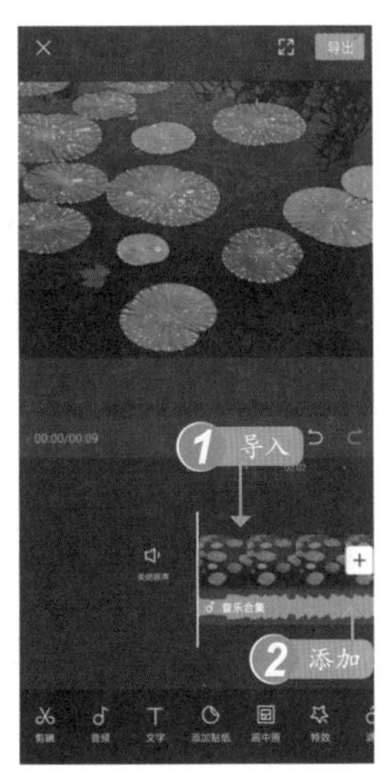

图3-63　添加背景音乐

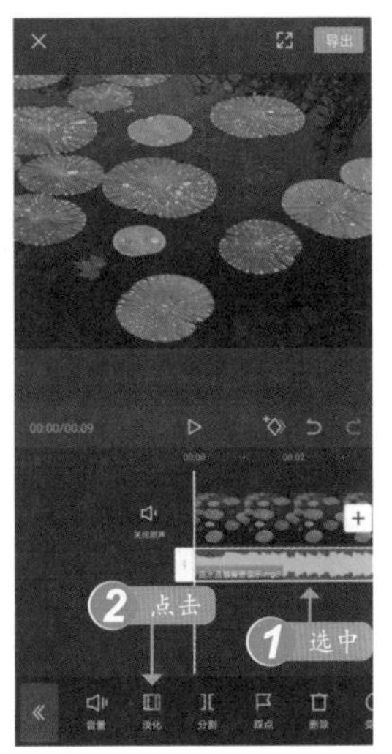

图3-64　点击“淡化”按钮

步骤/03 进入“淡化”界面，设置相应的淡入时长和淡出时长，如图3-65所示。

步骤/04 点击✓按钮，即可给音频添加淡入淡出效果，如图3-66所示。

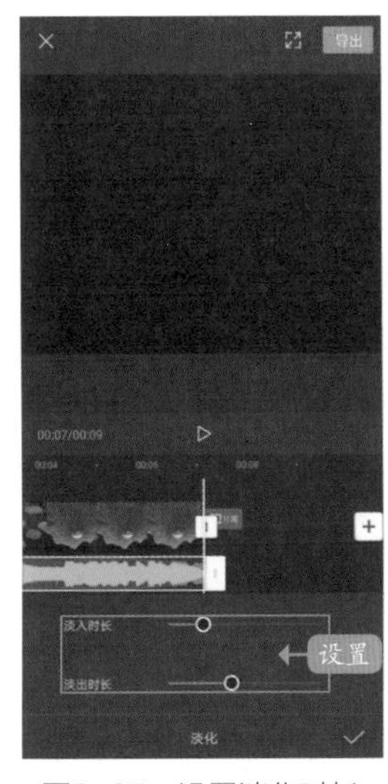

图3-65　设置淡化时长

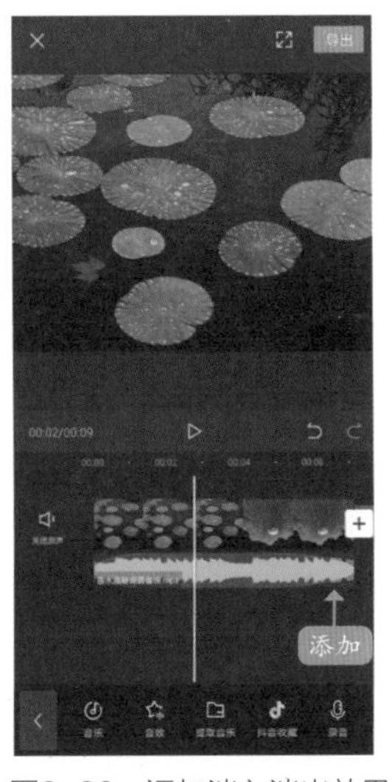

图3-66　添加淡入淡出效果

3.2.7　处理音频变速变声

在处理短视频的音频素材时，用户可以为其增加一些变速或者变声的特效，让声音效果变得更加有趣。

步骤/01 ①在剪映App中导入视频素材，并录制一段声音；②选中录音素材；③点击底部的“变声”按钮，如图3-67所示。

步骤/02 弹出“变声”菜单后，①用户可以在其中选择合适的变声效果，如大叔、萝莉、女生以及男生等；②点击✓按钮确认即可，如图3-68所示。

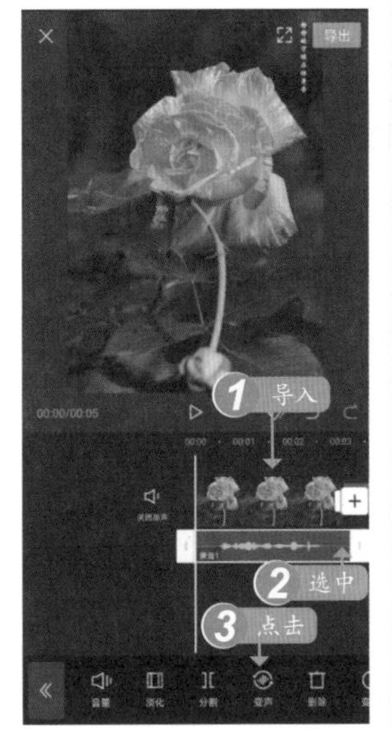

图3-67　点击“变声”按钮

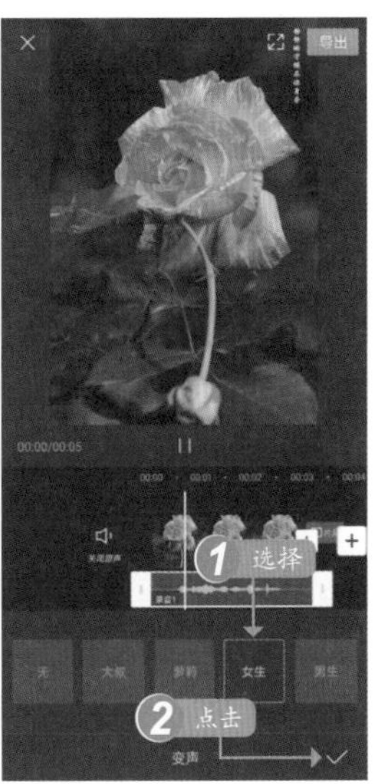

图3-68　选择合适的变声效果

步骤/03 ①选择录音素材；②点击底部的“变速”按钮，如图3-69所示。

步骤/04 弹出相应菜单，①拖曳红色圆圈滑块即可调整声音的变速参数；②点击✓按钮，如图3-70所示。可以看到经过变速处理后的录音轨道的持续时间明显变短了，同时还会在录音轨道上显示变速倍速。

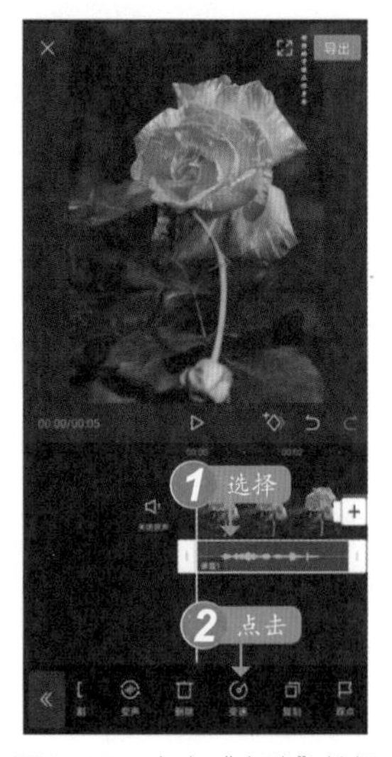

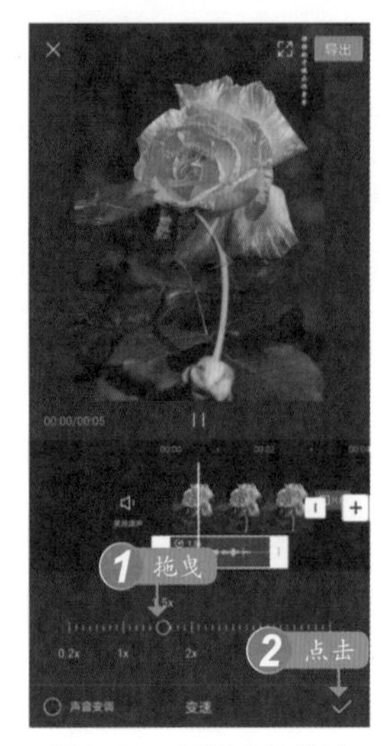

图3-69 点击“变速”按钮　　图3-70 显示变速倍速

3.2.8 制作自动踩点视频

自动踩点是剪映App中一个一键标出节拍点的功能，能帮助用户快速制作出卡点视频。下面介绍使用剪映App的“自动踩点”功能制作卡点短视频的操作方法。

步骤/01 ❶在剪映App中导入视频素材；❷添加相应的卡点背景音乐，如图3-71所示。

步骤/02 ❶选择音频素材；❷进入音频编辑界面，点击“踩点”按钮，如图3-72所示。

图3-71 添加卡点背景音乐　图3-72 点击“踩点”按钮

步骤/03 进入“踩点”界面，❶开启“自动踩点”功能；❷选择“踩节拍Ⅰ”选项，如图3-73所示。

步骤/04 点击✓按钮，即可在音乐鼓点的位置添加对应的黄点，如图3-74所示。

图3-73 开启“自动踩点”功能　图3-74 添加对应黄点

步骤/05 在视频轨道中调整视频的持续时间，将每段视频的长度对准音频中的黄色小圆点，如图3-75所示。

步骤/06 选择视频片段，点击“动画”按钮，给所有的视频片段都添加“向下甩入”动画效果，如图3-76所示。

图3-75 调整视频的持续时长　图3-76 添加“向下甩入”动画效果

专家指点

应用剪映App中的“剪同款”功能，用户只需要添加几段视频套用卡点模板，就能制作出火爆的卡点短视频。

步骤 07 点击右上角的“导出”按钮，导出并预览视频效果，如图3-77所示。

图3-77　导出并预览视频效果

第4章

热门视频：制作抖音热门视频效果

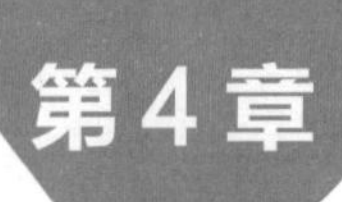

抖音上有许多热门、好玩的视频效果，想让自己的短视频和Vlog也拥有这些效果吗？本章将为大家介绍使用剪映App制作镜像反转效果、替换天空效果、视频分身效果、抖音片尾效果、秒变漫画效果以及偷走影子效果等多种视频效果的具体操作方法。

4.1 制作电影炫酷特效

很多用户想要制作出电影中常出现的一些很炫酷的特效场景，其实剪映App便可以轻松实现这些效果，包括镜像反转效果、替换天空效果、车快人慢效果以及人物变幻消失效果等，本节将为大家介绍这些电影炫酷特效的制作方法。

4.1.1　制作镜像反转效果

在一些电影片段中，经常可以看到上下对称的镜像场景，就像看到了一个倒逆的平行空间一样，让人赞叹不已。下面介绍使用剪映App制作镜像反转特效的操作方法。

步骤/01 ❶在剪映App中导入一个视频素材；❷点击“比例”按钮，如图4-1所示。

步骤/02 进入“比例”菜单后，选择9:16选项，调整屏幕显示比例，如图4-2所示。

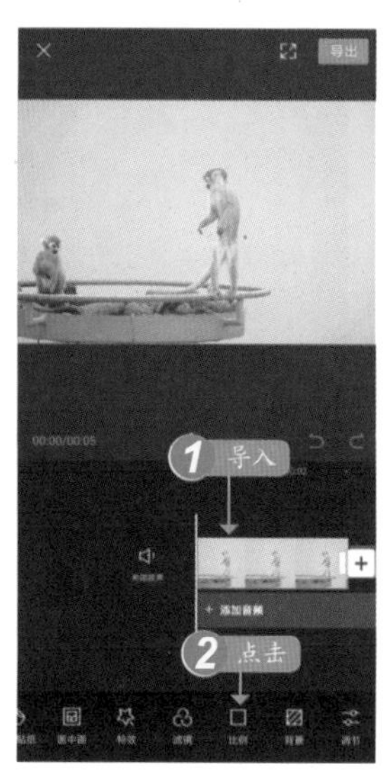

图4-1　点击“比例”按钮

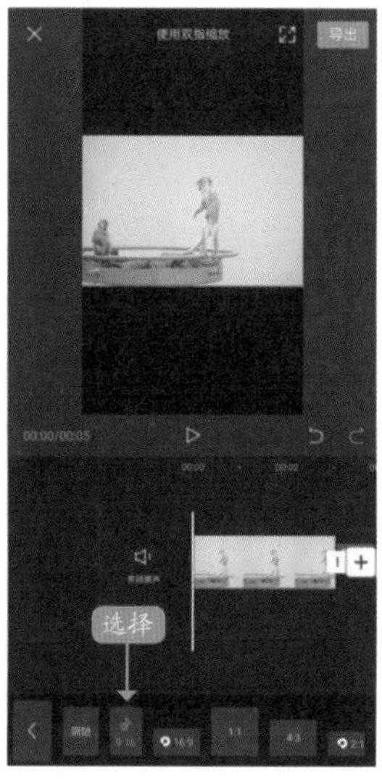

图4-2　选择9:16选项

步骤/03 点击“画中画”按钮，再次导入相同的视频素材，如图4-3所示。

步骤/04 ❶将视频放大至满屏大小；❷点击底部的“编辑”按钮，如图4-4所示。

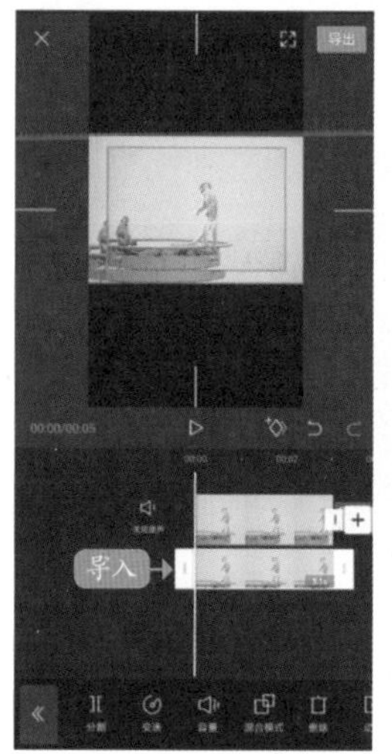

图4-3　导入相同的视频素材

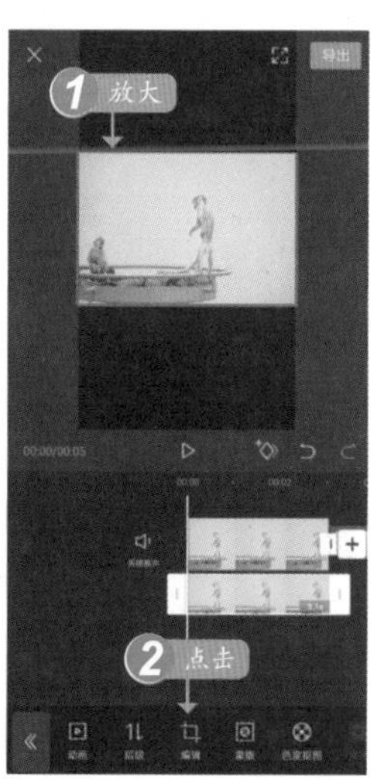

图4-4　点击“编辑”按钮

步骤/05 进入编辑界面后，连续点击两次“旋转”按钮，旋转视频画面，如图4-5所示。

步骤/06 点击“镜像”按钮，水平翻转视频画面，如图4-6所示。

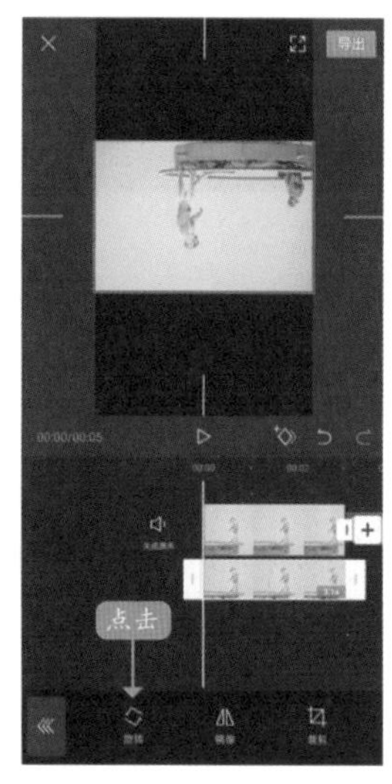

图4-5　旋转视频画面

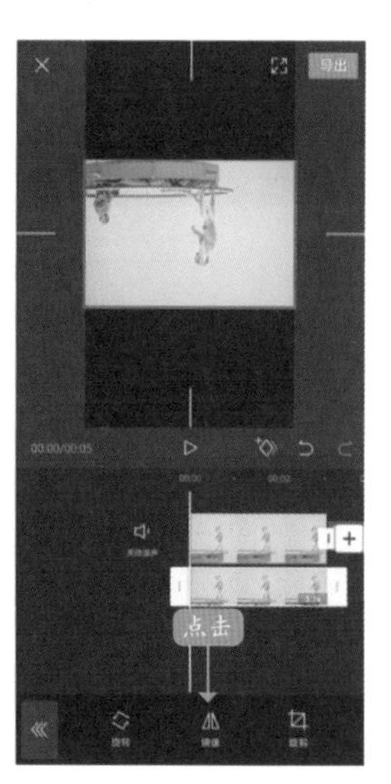

图4-6　水平翻转视频画面

步骤/07 点击“裁剪”按钮，对视频画面进行适当裁剪，如图4-7所示。

步骤/08 点击✓按钮确认编辑操作，并对两个视频的位置进行适当调整，完成镜像反转特效的制作，如图4-8所示。

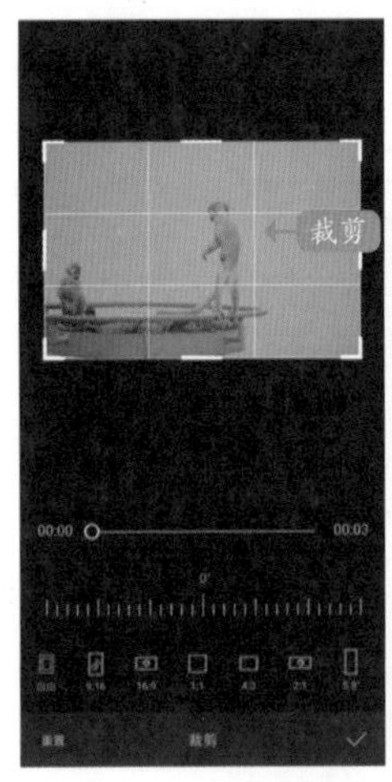

图4-7　裁剪视频画面

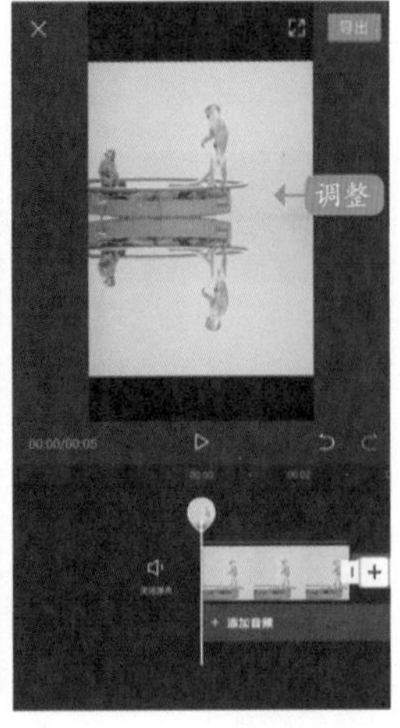

图4-8　完成镜像视频特效

4.1.2　制作替换天空效果

人物打响指秒换天空也是一种非常热门的短视频，只需一段好看的蓝天白云素材就能制作。下面介绍使用剪映App制作替换天空短视频的具体操作方法。

步骤/01 拍摄一段人物打响指的视频素材，如图4-9所示。

图4-9　拍摄一段视频素材

步骤/02 ❶在剪映App中导入拍摄好的视频素材；❷拖曳时间轴至人物打响指的位置；❸点击“画中画”按钮，如图4-10所示。

步骤/03 ❶导入想要更换的天空素材；❷在预览区域调整天空素材的位置和大小，盖住整个天空部分；❸点击底部的“混合模式”按钮，如图4-11所示。

图4-10　点击“画中画”按钮

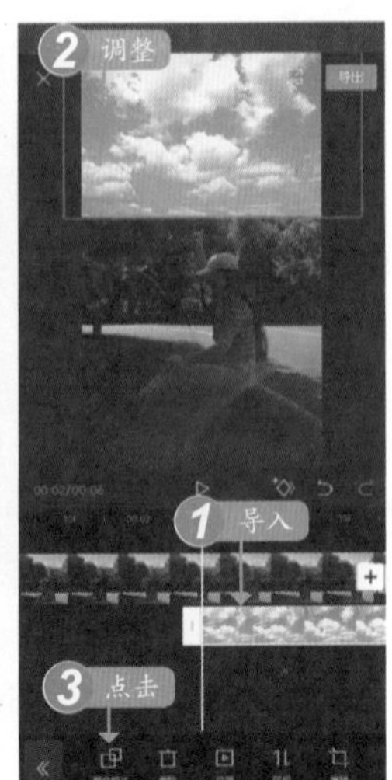

图4-11　点击“混合模式”按钮

步骤/04 打开“混合模式”菜单后，选择“变暗”选项，如图4-12所示。

步骤/05 点击按钮返回界面，在时间线中点击“添加音频”按钮，为视频添加合适的背景音乐，如图4-13所示。

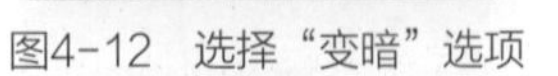

图4-12　选择“变暗”选项

图4-13　添加背景音乐

步骤/06 执行操作后，点击右上角的“导出”按钮，即可看到人物打了响指后，天空从白色变成了蓝天白云，效果如图4-14所示。

图4-14 播放预览视频效果

4.1.3 制作车快人慢效果

“车快人慢”特效是电影片段中常用的一种剪辑特效，通常以拍摄人物主体为中心，人物主体的动作、时间都是正常或减慢的播放速度，周围的人群、汽车等速度则是加倍快放的，适合人物静坐观看窗外或人物站立街头等场景。下面介绍使用剪映App制作电影中“车快人慢”短视频的具体操作方法。

步骤/01 首先拍摄第一段人物向前走并挥手的视频素材，如图4-15所示。

图4-15 第一段视频素材

步骤/02 固定手机位置不变，拍摄3分钟车流视频素材，如图4-16所示。

图4-16 第二段视频素材

步骤/03 在剪映App中导入第一段人物向前走的视频素材，点击“变速”按钮，选择“曲线变速”选项，如图4-17所示。

步骤/04 进入“曲线变速”界面后，选择“自定”选项并进行编辑，在想要放慢动作的位置向下拖曳白色圆圈滑块，降低播放速度，如图4-18所示。

图4-17 选择“曲线变速”选项 图4-18 降低播放速度

步骤/05 点击✓按钮返回，拖曳时间轴至人物挥手的位置，点击“画中画”按钮，导入车流视频素材，如图4-19所示。

步骤/06 双指在预览区域放大车流视频素材画面使其铺满，点击“蒙版”按钮，打开“蒙版”菜单后，选择“线性”蒙版，如图4-20所示。

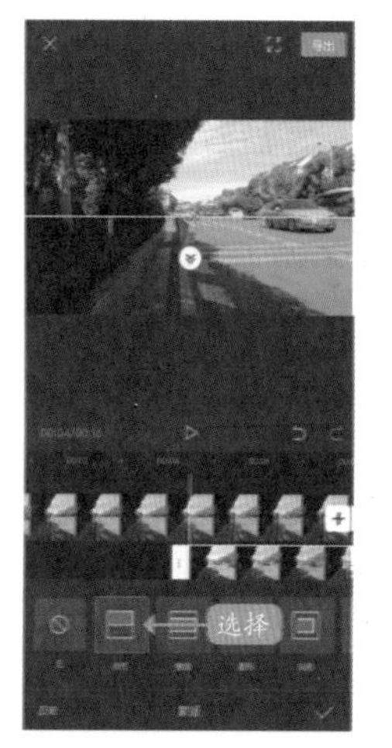

图4-19 导入车流视频素材 图4-20 选择“线性”蒙版

步骤/07 旋转蒙版并将其拖曳至人物与车流分开的位置处，拖曳«按钮，增大羽化，如图4-21所示。

步骤/08 点击✓按钮返回，点击“变速”按钮，选择“常规变速”选项，拖曳红色圆圈滑块，将播放速度参数设置为19.0×，如图4-22所示。

图4-21　增大羽化　　图4-22　设置“变速”参数

步骤/09 执行操作后，点击右上角的“导出”按钮，即可导出并播放预览视频，效果如图4-23所示。可以看到人物向车流挥手后车流速度变得很快，而人物向前走的速度却变慢的画面。

图4-23　播放预览视频效果

专家指点

用户在制作视频效果时，可以点击轨道左侧的“关闭原声”按钮，将素材原声关闭。

4.1.4　制作变幻消失效果

人物瞬间变幻消失的效果在很多电影中都出现过，其效果跟2.4.6节所介绍的文字消散效果类似，下面介绍使用剪映App制作电影中“人变乌鸦”特效短视频的具体操作方法。

步骤/01 首先用三脚架固定手机，拍摄一段人物做动作的视频素材，如图4-24所示。

图4-24　第一段视频素材

步骤/02 固定手机位置不变，拍摄一段没有人物的空场景视频素材，如图4-25所示。

图4-25　第二段视频素材

步骤/03 在剪映App中按顺序导入两段视频素材，点击□按钮，打开“转场”菜单，在“基础转场”选项卡里选择“向上擦除”转场，如图4-26所示。

步骤/04 向右拖曳白色圆圈滑块，将“转场时长”参数设置为最大，如图4-27所示。

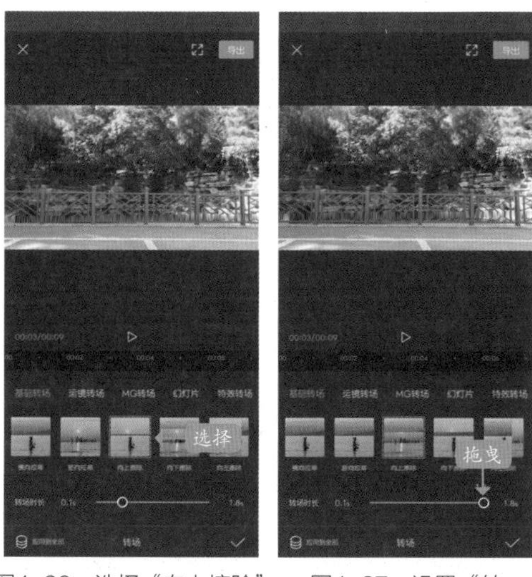

图4-26　选择“向上擦除”转场　图4-27　设置“转场时长”参数

步骤/05 点击✓按钮返回，点击一级工具栏中的“画中画”按钮，导入乌鸦素材，如图4-28所示。

步骤/06 在预览区域放大乌鸦素材的画面，使其铺满。点击“混合模式”按钮，选择“正片叠底”选项，如图4-29所示。

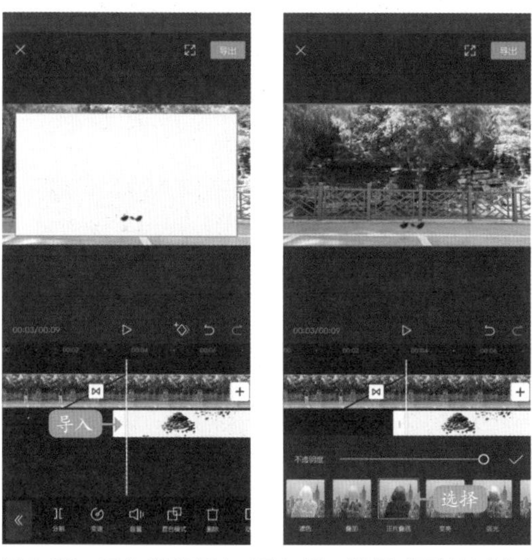

图4-28　导入乌鸦素材　图4-29　选择“正片叠底”选项

步骤/07 拖曳画中画轨道至人物打响指的位置，如图4-30所示。

步骤/08 点击“音频”按钮，选择并导入合适的背景音乐，如图4-31所示。

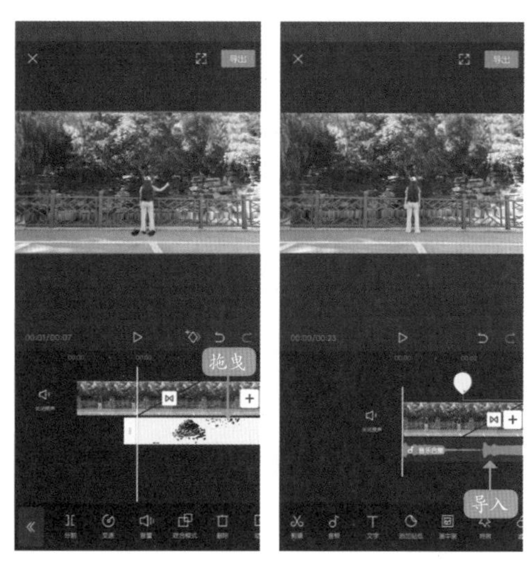

图4-30　拖曳画中画轨道　图4-31　导入背景音乐

步骤/09 点击右上角的“导出”按钮，即可导出并播放预览视频，可以看到人物打完响指后变成乌鸦飞走的效果，如图4-32所示。

图4-32　播放预览视频效果

4.2 制作抖音热门效果

除了前面介绍的电影炫酷特效外，在剪映App中，用户还可以制作视频分身、视频卡点、秒变漫画、偷走影子等抖音热门短视频，下面将向大家介绍这些抖音热门效果的制作方法。

4.2.1 制作视频分身效果

“分身术”是一种非常热门的技术流短视频特效，其看似很难制作，但其实很简单，使用剪映App的蒙版工具即可制作。

下面介绍使用剪映App的镜面蒙版功能制作“召唤术”视频特效的操作方法。

步骤/01 固定手机位置不变，依次在标记好的5个位置拍摄5段视频素材，如图4-33所示。

图4-33 拍摄视频素材

步骤/02 在剪映App中导入第一个位置“召唤”的视频，拖曳时间轴，找到人物蹲下“召唤”的位置，如图4-34所示。

步骤/03 依次点击“画中画”按钮和“新增画中画”按钮，导入第二个位置“召唤”出人物的视频素材，如图4-35所示。

图4-34 拖曳时间轴 图4-35 导入视频素材

步骤/04 执行操作后，双指在预览区域中放大视频画面，使其铺满画面，如图4-36所示。

步骤/05 在下方工具栏中找到并点击“蒙版”按钮，选择“镜面”蒙版，如图4-37所示。

图4-36 放大视频画面 图4-37 选择“镜面”蒙版

步骤/06 在预览区域中，旋转蒙版到合适的位置，使第二个人物出现在画面中，如图4-38所示。

步骤/07 依次点击✓按钮和«按钮返回，再点击“新增画中画”按钮，导入第三个位置“召唤”出人物的视频素材，如图4-39所示。

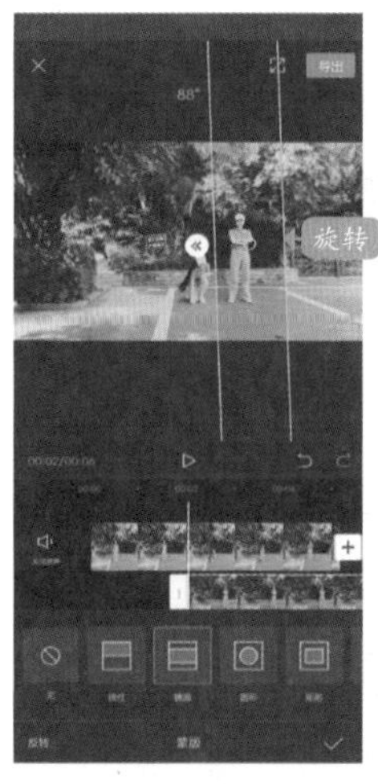

图4-38　旋转蒙版

图4-39　导入视频素材

步骤/08 依此类推，导入其他两个位置"召唤"出人物的视频素材，添加并调整"镜面"蒙版进行抠像操作，如图4-40所示。

步骤/09 执行操作后，点击"导出"按钮，导出视频，再重新导入视频并找到人物刚要全部出现的位置，点击"画中画"按钮，如图4-41所示。

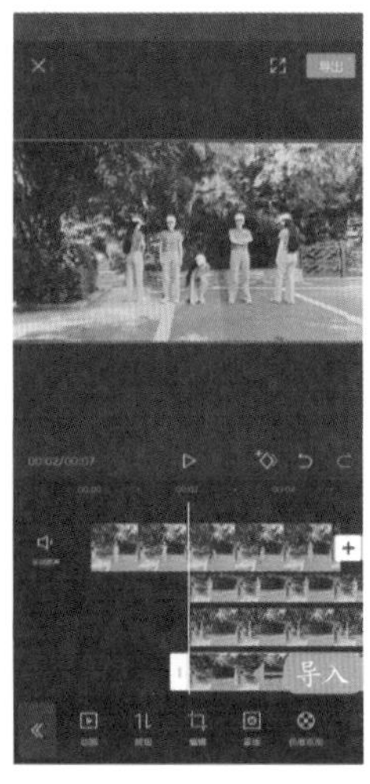

图4-40　导入其余视频素材

图4-41　点击"画中画"按钮

步骤/10 点击"新增画中画"按钮，导入召唤特效素材，点击"混合模式"按钮，如图4-42所示。

步骤/11 执行操作后，❶选择"滤色"选项；❷在预览区域调整特效素材的位置和大小，如图4-43所示。

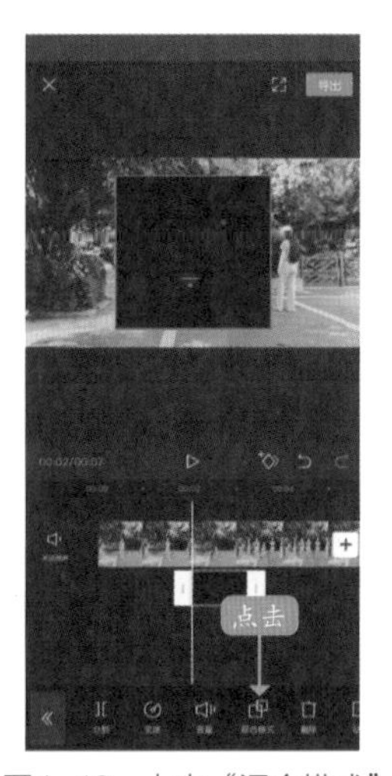

图4-42　点击"混合模式"按钮

图4-43　调整特效素材的位置和大小

步骤/12 在其他位置用同样的操作方法添加特效素材，点击"导出"按钮，导出并播放预览视频，效果如图4-44所示。

图4-44　播放预览视频

4.2.2 制作视频卡点效果

卡点视频是一种非常注重音乐旋律和节奏动感的短视频，音乐的节奏感越强，鼓点起伏越大，越容易找到节拍点。下面向大家介绍使用剪映App制作“灯光卡点秀”的具体操作方法。

步骤/01 在剪映App中导入一张灯光照片，❶选中视频素材；❷点击下方工具栏中的“滤镜”按钮，如图4-45所示。

步骤/02 在“滤镜”菜单中，❶切换至“风格化”选项卡；❷选择“默片”滤镜效果，如图4-46所示。

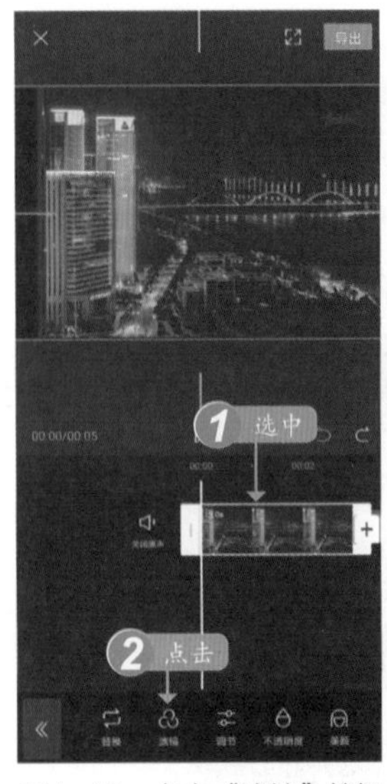

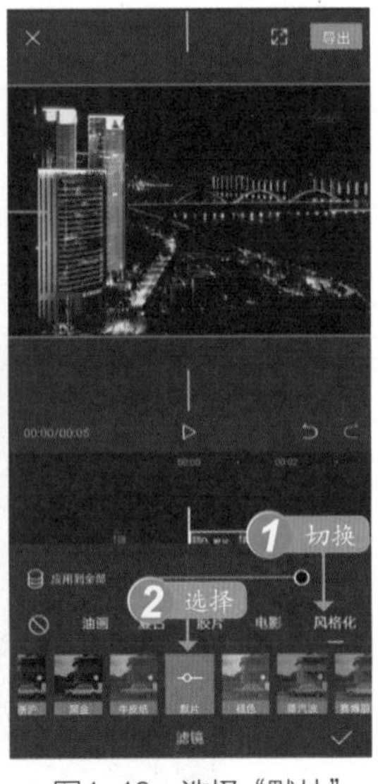

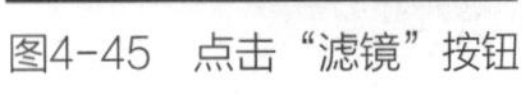

图4-45 点击“滤镜”按钮　图4-46 选择“默片”滤镜效果

步骤/03 点击✓按钮即可添加滤镜效果。依次点击“添加音频”按钮和“音乐”按钮，选择并导入合适的卡点音乐，如图4-47所示。

步骤/04 执行操作后，❶选中音频素材；❷点击“踩点”按钮，如图4-48所示。

步骤/05 进入“踩点”编辑界面，❶打开“自动踩点”开关；❷选择“踩节拍II”模式，如图4-49所示。

步骤/06 点击✓按钮，音频轨道将自动生成黄色的节拍点，如图4-50所示。

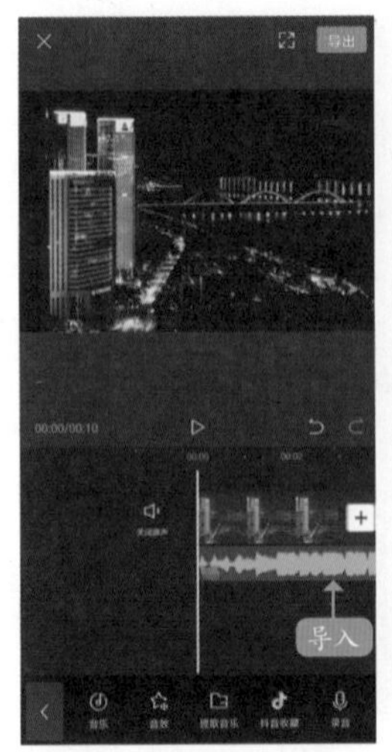

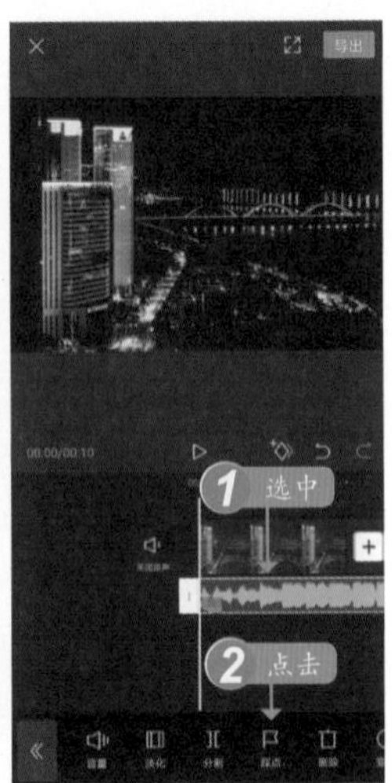

图4-47 导入卡点音乐　图4-48 点击“踩点”按钮

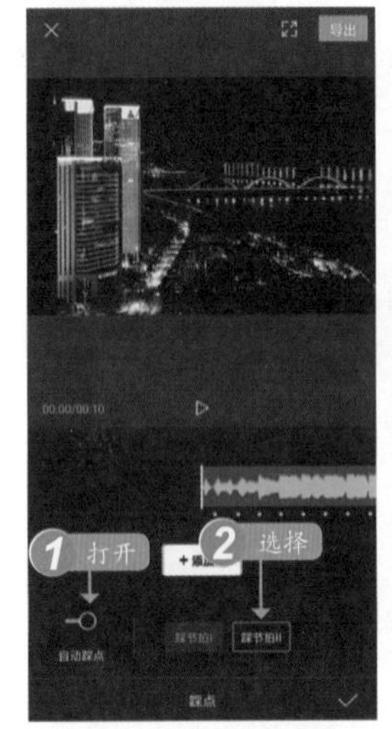

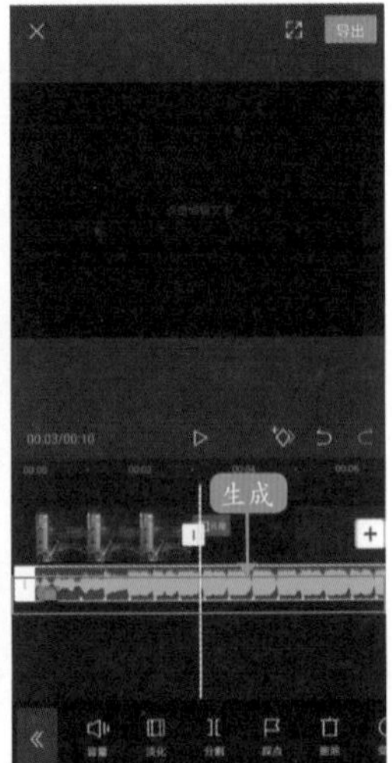

图4-49 选择“踩节拍II”模式　图4-50 生成节拍点

步骤/07 选中视频素材，拖曳视频素材右侧的白色拉杆，使其与音频素材对齐，如图4-51所示。

步骤/08 拖曳时间轴至视频轨道的起始位置，点击下方工具栏中的“画中画”按钮，如图4-52所示。

步骤/09 点击“新增画中画”按钮，再次导入灯光照片，如图4-53所示。

步骤/10 ❶双指在预览区域放大画中画视频素材的画面；❷拖曳画中画视频素材右侧的白色拉杆，使其与音频素材对齐，如图4-54所示。

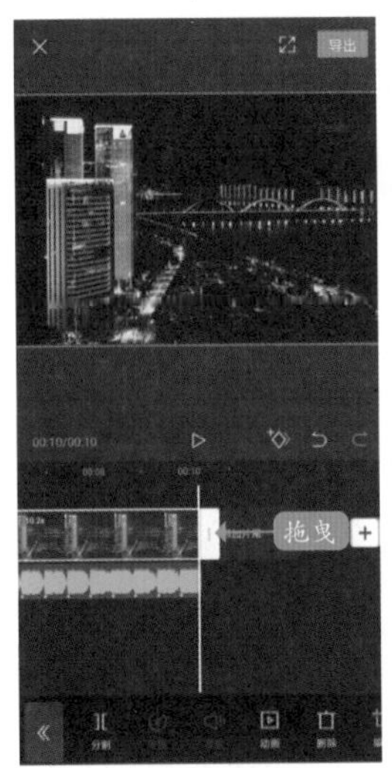

图4-51　视频素材与音频素材对齐

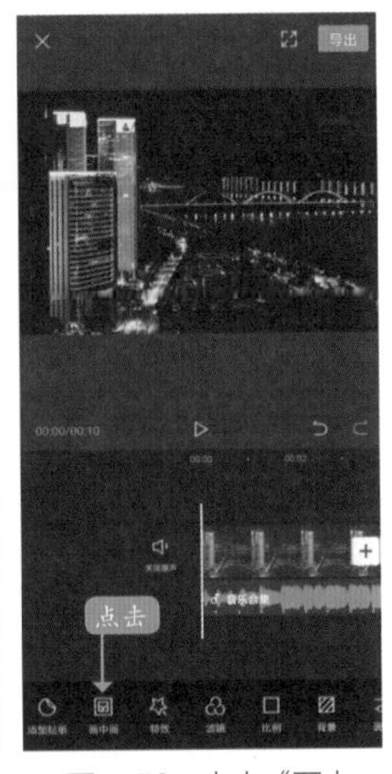

图4-52　点击“画中画”按钮

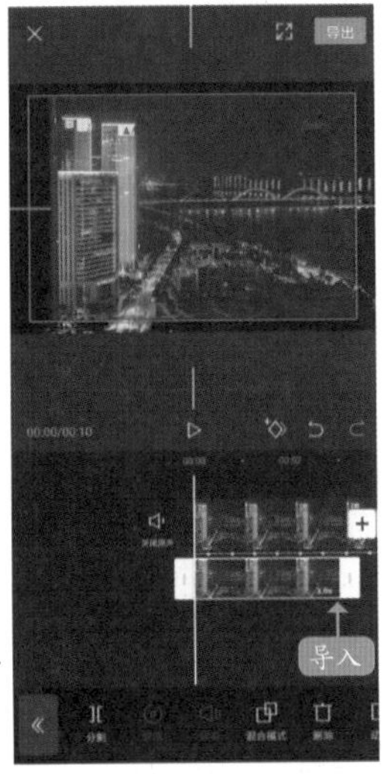

图4-53　导入灯光照片

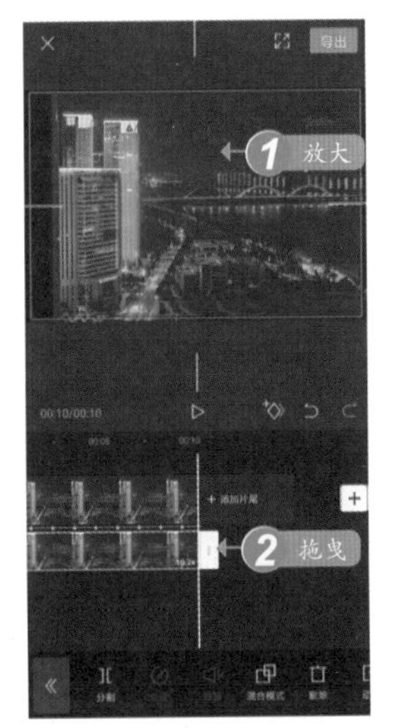

图4-54　拖曳画中画素材拉杆

步骤/11 ①拖曳时间轴至音频轨道的第4个黄色的节拍点；②点击“分割”按钮，如图4-55所示。

步骤/12 用同样的操作方法，根据节拍点的位置对画中画轨道进行分割，①选中第2段画中画轨道；②点击“蒙版”按钮，如图4-56所示。

步骤/13 在“蒙版”菜单中，选择“矩形”蒙版，如图4-57所示。

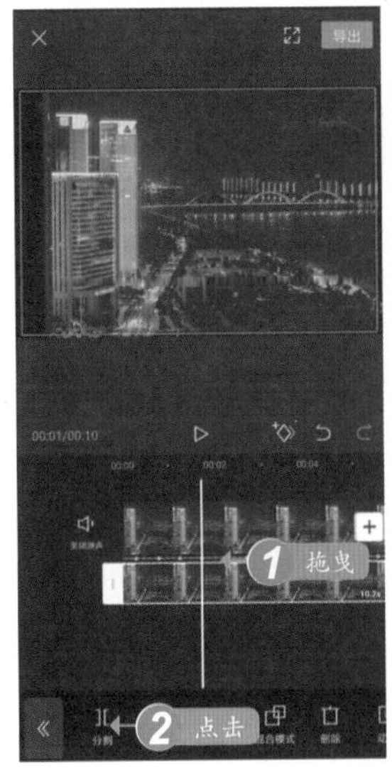

图4-55　点击“分割”按钮

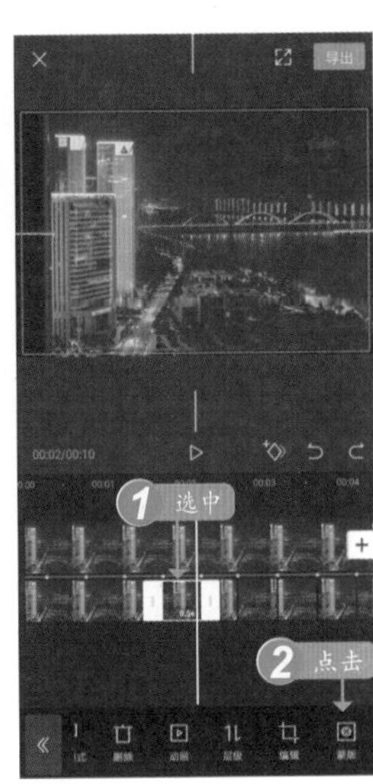

图4-56　点击“蒙版”按钮

步骤/14 单指在预览区域中拖曳蒙版至想要亮灯的位置，双指调整其大小，如图4-58所示。

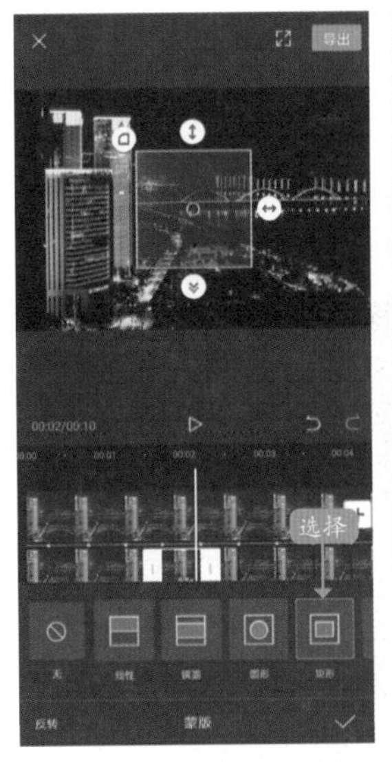

图4-57　选择“矩形”蒙版

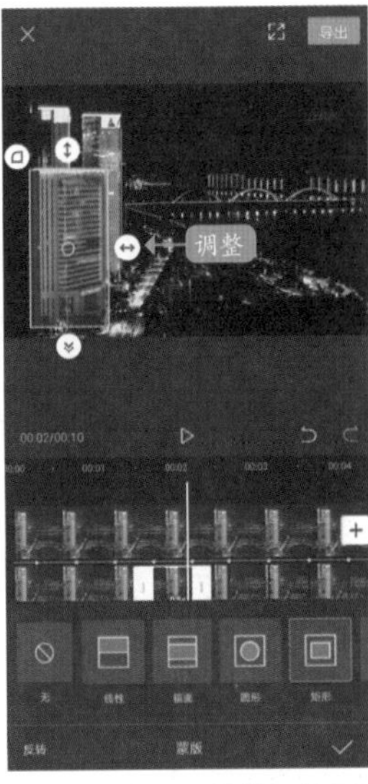

图4-58　调整蒙版位置以及大小

步骤/15 用同样的操作方法，分别为后面分割出来的画中画轨道添加蒙版，并调整蒙版的位置以及大小。执行操作后，点击右上角的“导出”按钮，导出并播放预览视频，效果如图4-59所示。

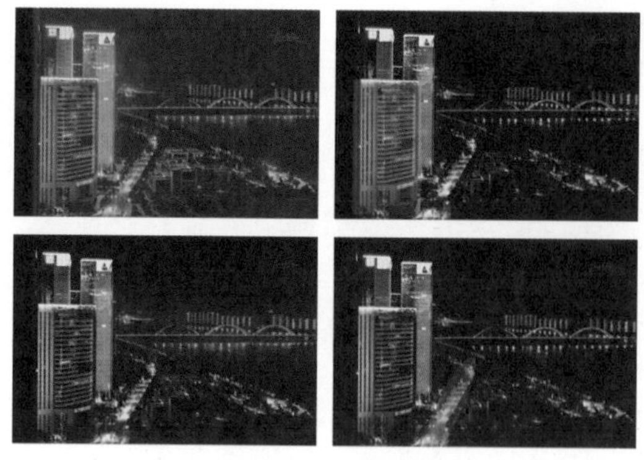

图4-59　播放预览视频效果

4.2.3　制作抖音片尾效果

我们在刷抖音短视频时，会看到很多短视频会以发布者头像作为结尾，下面介绍使用剪映App制作抖音片尾的具体操作方法。

步骤/01 在剪映App中导入白底视频素材，点击“比例”按钮，选择9∶16选项，如图4-60所示。

步骤/02 点击按钮返回，点击“画中画”按钮，❶选择一张照片素材；❷点击“添加”按钮，如图4-61所示。

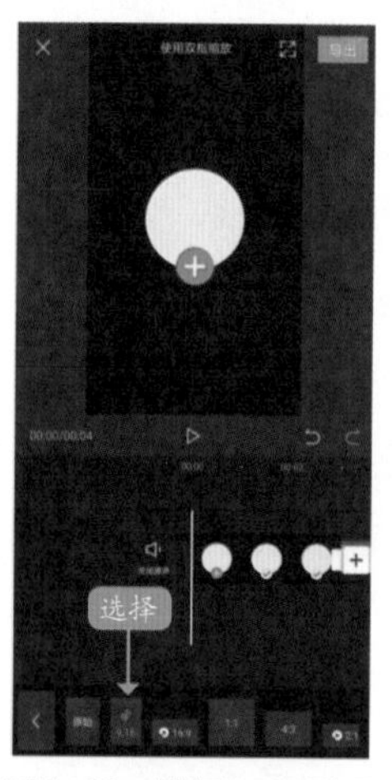

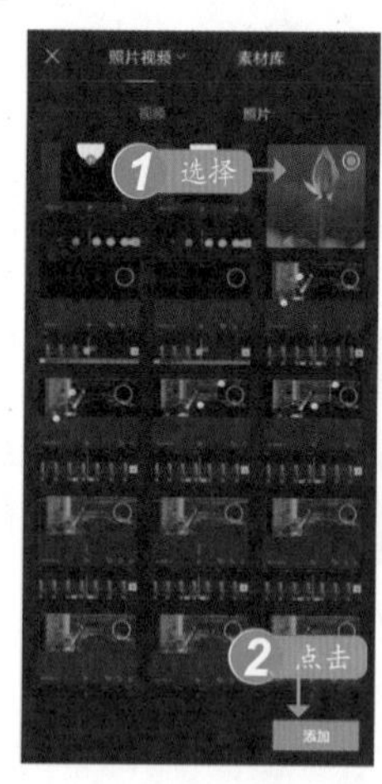

图4-60　选择9∶16选项　图4-61　点击“添加”按钮

步骤/03 执行操作后，点击“混合模式”按钮，打开混合模式菜单，选择“变暗”选项，如图4-62所示。

步骤/04 在预览区域调整画中画素材的位置和大小，点击按钮返回，点击“新增画中画”按钮，如图4-63所示。

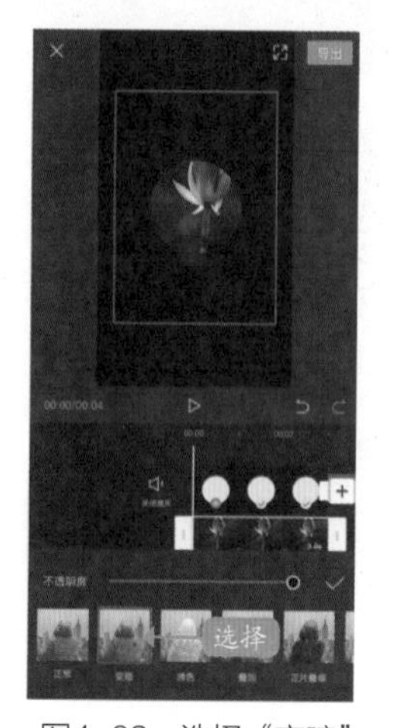

图4-62　选择“变暗”选项　图4-63　点击“新增画中画”按钮

步骤/05 进入“照片视频”界面后，选择黑底素材，点击“添加”按钮，导入黑底素材，如图4-64所示。

步骤/06 执行操作后，点击“混合模式”按钮，打开“混合模式”菜单，选择“变亮”选项，如图4-65所示。

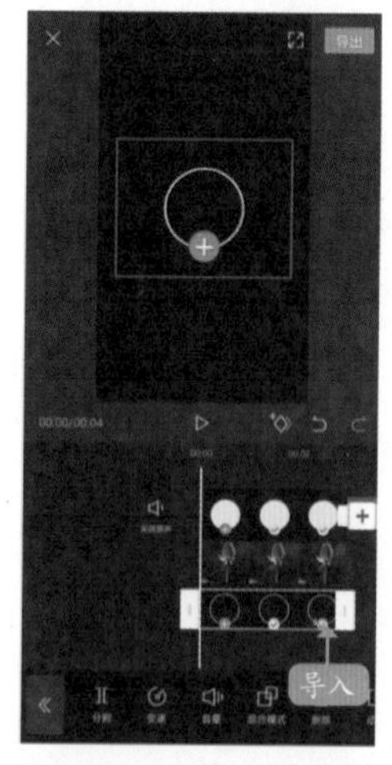

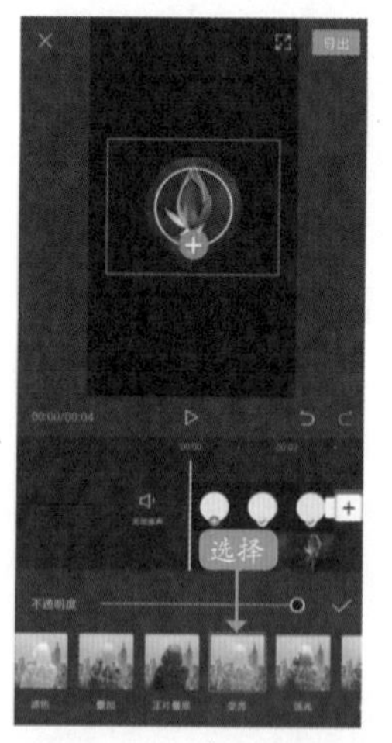

图4-64　导入黑底素材　图4-65　选择“变亮”选项

步骤/07 在预览区域调整黑底素材的位置和大小，如图4-66所示。

步骤/08 点击“导出”按钮，即可导出预览抖音片尾的效果，如图4-67所示。

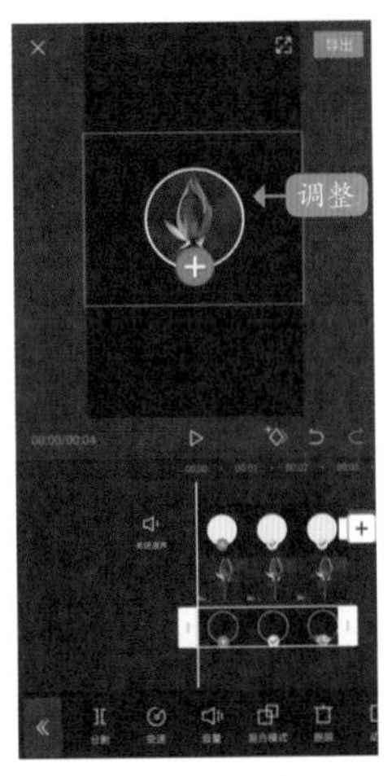

图4-66　调整黑底素材

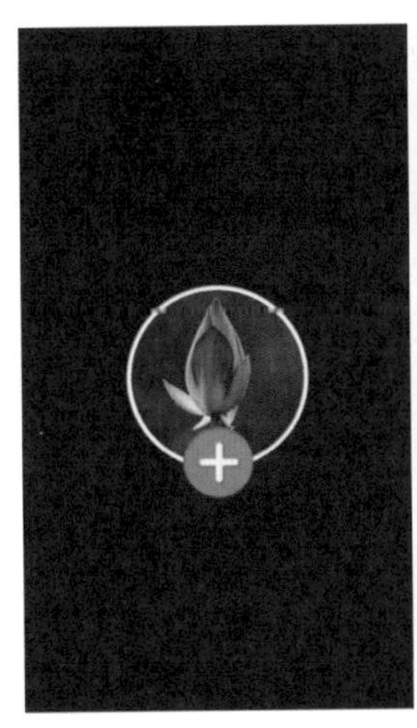

图4-67　抖音片尾效果

4.2.4　制作秒变漫画效果

剪映App中有一个漫画功能，只要一键就能制作出秒变漫画的惊艳效果。下面介绍使用剪映App制作秒变漫画人物短视频的操作方法。

步骤/01 在剪映App主界面中点击“开始创作”按钮，进入“照片视频”界面，❶选择一张照片素材；❷点击右下角的“添加”按钮，如图4-68所示。

步骤/02 导入照片素材，进入剪辑编辑界面，❶拖曳时间轴至合适位置；❷点击“分割”按钮，如图4-69所示。

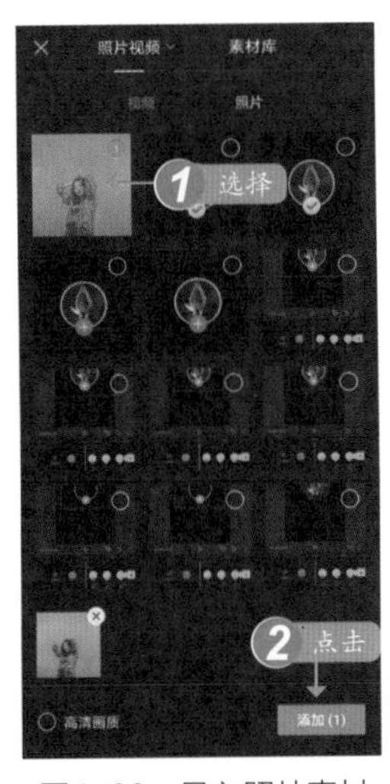

图4-68　导入照片素材

图4-69　点击“分割”按钮

步骤/03 执行操作后，即可分割视频。选择第一段视频，拖曳右侧的白色拉杆，适当调整视频的长度，如图4-70所示。

步骤/04 用同样的操作方法，调整第二段视频的长度，如图4-71所示。

图4-70　调整第一段视频的长度

图4-71　调整第二段视频的长度

步骤/05 ❶选择第二段视频；❷点击“剪辑”菜单中的“漫画”按钮，如图4-72所示。

步骤/06 执行操作后，显示漫画生成效果的进度，如图4-73所示。

图4-72　点击“漫画”按钮　图4-73　显示生成效果进度

步骤/07 执行操作后，即可将第二段视频变成漫画效果，如图4-74所示。

步骤/08 点击两段视频中间的转场按钮▯，如图4-75所示。

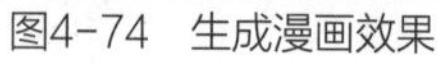

图4-74　生成漫画效果　图4-75　点击转场按钮

专家指点

为两段视频添加一个转场特效，可以使人物照片转变为漫画时的过渡效果更好。用户还可以为转变为漫画的第二段视频添加“梦幻”组中的特效，如“金粉”特效、“粉色闪粉”特效或者“闪闪”特效等。

步骤/09 进入“转场”界面，选择“运镜转场”效果中的“推近”选项，如图4-76所示。

步骤/10 点击右下角的✓按钮确认，即可添加转场效果，同时转场图标变成了⋈形态，如图4-77所示。

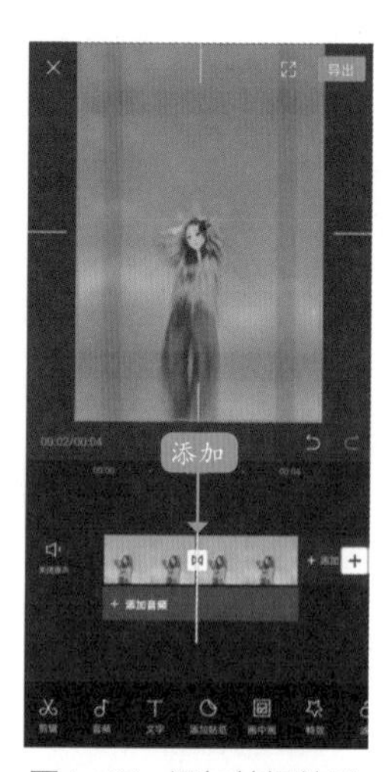

图4-76　选择“推近”选项　图4-77　添加转场效果

步骤/11 点击右上角的“导出”按钮，导出并播放预览视频，效果如图4-78所示。可以看到，当画面经过“推近”运镜转场效果后，突然画风一转，视频中的人物变成了漫画风格的效果。

图4-78　播放预览视频

4.2.5　制作偷走影子效果

在抖音热门的短视频中，有一个用手影“偷走”影子的视频很受大众喜爱，其制作方法也非常简单，可以通过剪映App中的蒙版功能来实现。下面介绍使用剪映App制作“偷走影子”视频效果的操作方法。

步骤/01 首先拍摄一段花的空场景视频素材，如图4-79所示。

步骤/02 接着拍摄一段手拿走花的视频素材，如图4-80所示。

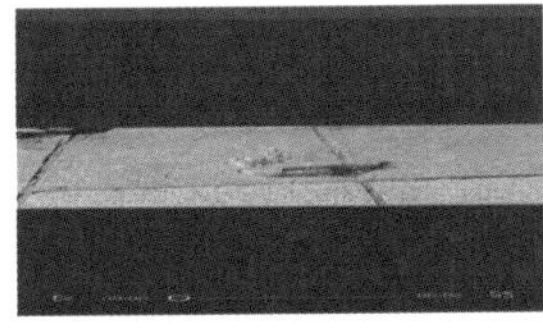

图4-79　第一段视频素材

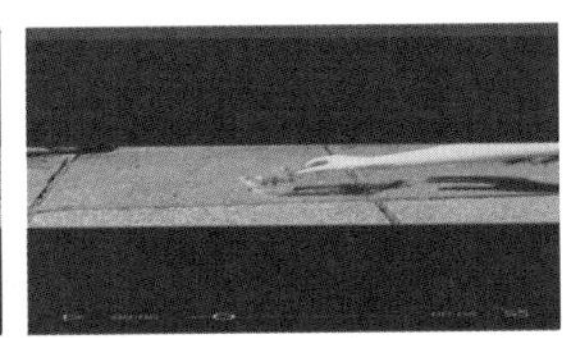

图4-80　第二段视频素材

步骤/03 ❶在剪映App中导入第一段花的空场景视频素材；❷点击“画中画”按钮，如图4-81所示。

步骤/04 点击“新增画中画”按钮，导入第二段手拿走花的视频素材，如图4-82所示。

图4-81　点击“画中画”按钮

图4-82　导入视频素材

步骤/05 执行操作后，❶双指在预览区域放大画中画素材的画面，使其铺满预览区域；❷点击下方工具栏中的“蒙版”按钮，如图4-83所示。

步骤/06 在“蒙版”菜单中，❶选择“线性”蒙版；❷双指在预览区域旋转蒙版，使其盖住手的部分，露出影子的部分，如图4-84所示。

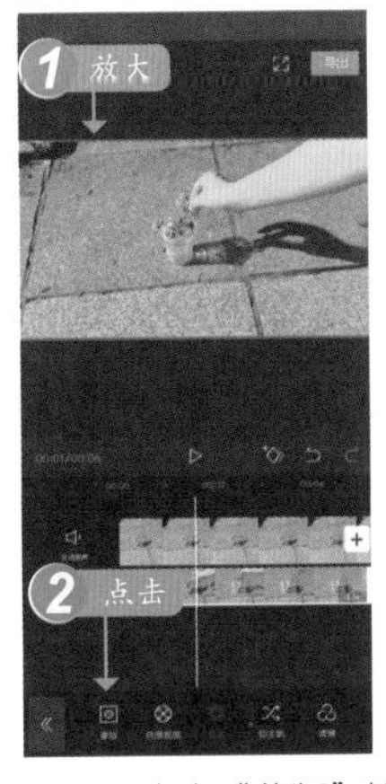

图4-83　点击“蒙版”按钮

图4-84　旋转蒙版

步骤/07 执行操作后，点击右上角的“导出”按钮，即可导出并播放预览视频，效果如图4-85所示。可以看到花没有被拿走，但是花的影子却被一只手影拿走的视频画面。

图4-85　播放预览视频效果

专家指点

用户在拍摄视频时，建议用三脚架固定手机，先拍摄一段花的空场景视频素材；接着保持手机位置不变，再拍摄一段手拿走花的视频素材。用三脚架辅助拍摄出来的视频成功率相对要高，不会出现抖动、位置偏移等情况。

第 5 章

抖音案例：制作风光旅游短视频

手机摄影、手机拍视频现在已成为流行趋势。我们经常在朋友圈、抖音以及快手等平台看到一些制作精美的小视频，令人赞叹不已。本章以风光旅游视频为例，用剪映App教大家如何利用视频特效、贴纸、转场、字幕以及背景音乐等制作一个完整的短视频。

5.1 效果欣赏

剪映App具有强大的编辑功能，并且简单好用，所有的功能简单易学，更有丰富的贴纸文本、独家背景音乐曲库，以及超多的素材、滤镜、特效等，因此十分受用户青睐，用户可以根据自己的喜好将视频编辑得更具个性化。下面主要介绍使用剪映App剪辑风光旅游短视频《风景秀丽》的方法。

在制作风光旅游视频《风景秀丽》之前，首先预览制作的视频效果，以及了解视频剪辑技术提炼等内容。

5.1.1　效果预览

本实例制作的是风光旅游视频——《风景秀丽》，实例效果如图5-1所示。

图5-1　《风景秀丽》效果欣赏

5.1.2　技术提炼

使用剪映App剪辑制作《风景秀丽》视频，首先导入手机中需要编辑的视频素材文件，然后通过剪辑功能删除视频中不需要的部分片段、为视频添加特效、校正色彩色调、添加视频转场效果、添加视频贴画、添加视频解说字幕，可以实现整体画面的形象美观；为视频素材添加背景音乐，可以实现更加美妙的听觉享受；最后输出保存视频文件，在朋友圈、抖音、快手等平台上分享视频。

5.2 视频制作过程

《风景秀丽》视频文件的制作过程主要包括对视频素材的基本处理、处理视频的色彩和色调、为视频添加艺术特效以及导出成品视频等内容。

5.2.1　视频素材基本处理技巧

本节主要介绍《风景秀丽》视频文件的制作过程，如导入手机视频素材、剪辑视频中不需要的部分、对视频进行变速和倒放操作以及静音处理等内容。

步骤/01 打开剪映App界面，点击上方的“开始创作”按钮，如图5-2所示。

步骤/02 进入手机相册，在“照片视频”面板中，选择需要导入的多个视频文件，如图5-3所示。

图5-2 开始创作

图5-3 选择视频文件

步骤/03 点击“添加”按钮，即可将视频导入界面中，如图5-4所示。

步骤/04 选择导入的第一段视频文件，向右滑动视频片段，将时间线移至20秒的位置，如图5-5所示。

图5-4 将视频导入界面

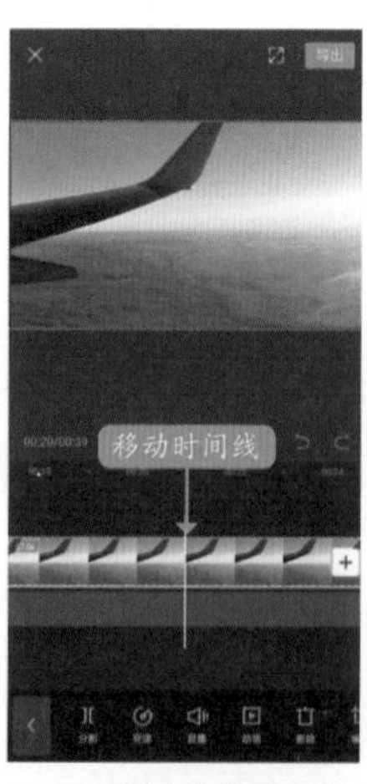

图5-5 将时间线移至20秒位置

步骤/05 在下方工具栏中，点击“分割”按钮，即可将视频素材分割为两段，如图5-6所示。

步骤/06 执行操作后，❶选择剪辑的后段视频；❷点击下方的“删除”按钮，如图5-7所示。

图5-6 将视频分割为两段

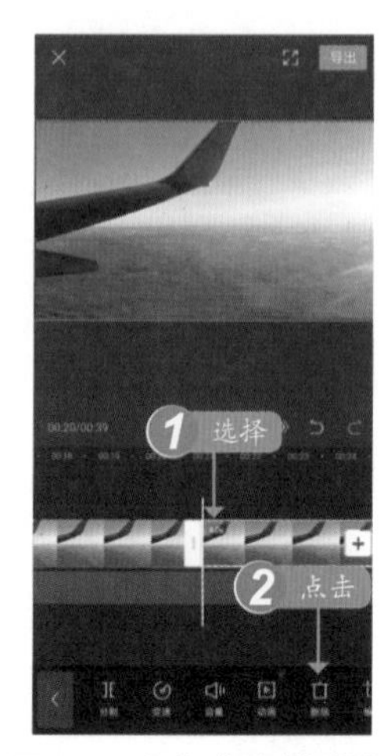

图5-7 点击“删除”按钮

步骤/07 即可删除不需要的视频文件，如图5-8所示。

步骤/08 ❶选择第一段视频文件；❷点击“变速”按钮，如图5-9所示。

图5-8 删除不需要的视频

图5-9 点击“变速”按钮

步骤/09 进入变速界面，点击“常规变速”按钮，如图5-10所示。

步骤/10 即可进入下一个操作界面，将滑块向右移至5x的位置，进行5倍变速，如图5-11所示。

图5-10 点击“常规变速”按钮

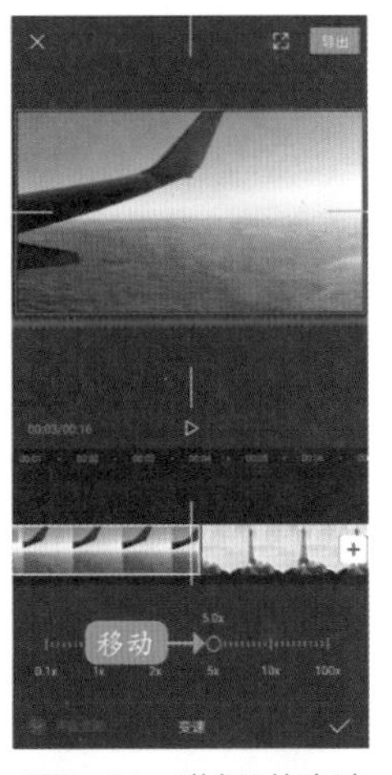

图5-11 进行5倍变速

步骤/11 此时，20秒的视频被压缩成4秒的长度，如图5-12所示。

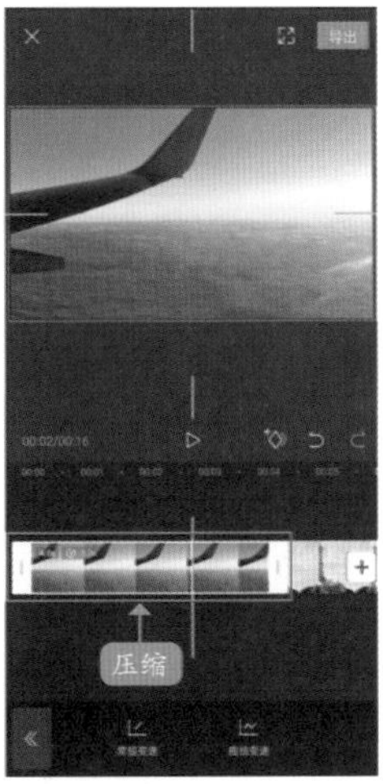

图5-12 压缩成4秒的长度

步骤/12 单击“播放”按钮▶，预览剪辑、变速后的视频素材效果，如图5-13所示。

步骤/13 选中第一段视频，点击下方的“倒放”按钮，如图5-14所示。

步骤/14 执行操作后，界面中提示正在进行倒放处理，如图5-15所示。

图5-13 预览剪辑、变速后的视频效果

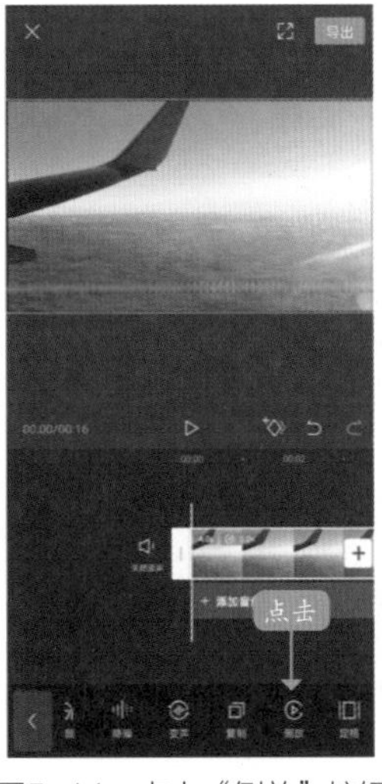

图5-14 点击“倒放”按钮

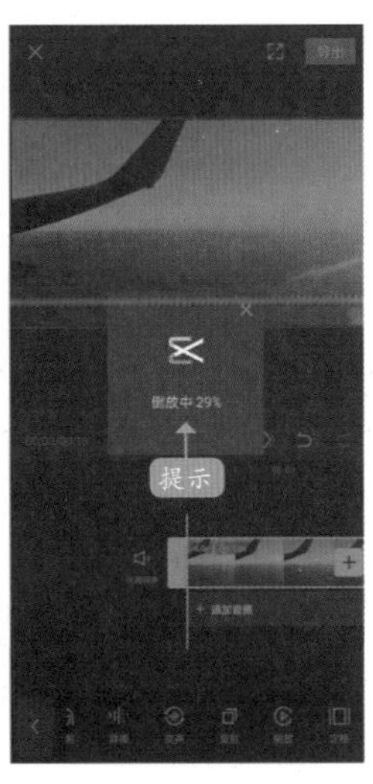

图5-15 进行倒放处理

步骤/15 稍等片刻，即可对视频进行倒放操作，此时预览窗口中的第1秒视频画面已经变成之前的最后一秒，如图5-16所示。

步骤/16 选择第一段视频，点击下方的“音量”按钮🔈，如图5-17所示。

图5-16 倒放后的效果

图5-17 点击“音量”按钮

步骤/17 进入“音量”调整界面，其中显示了音量调节杆，如图5-18所示。

步骤/18 向左滑动调节杆，将音量调至0，即可静音处理，如图5-19所示。

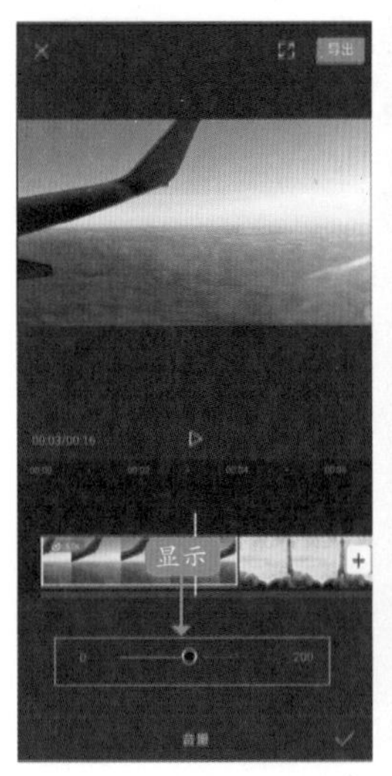

图5-18 显示调节杆

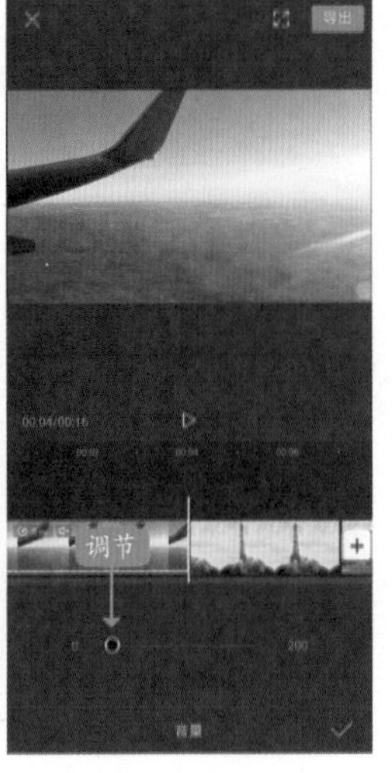

图5-19 将音量调至0

5.2.2 调整视频的色彩与色调

我们用手机录制视频画面时，如果画面的色彩没有达到我们的要求，可以通过剪映App中的调色功能对视频画面的色彩进行调整。本节主要介绍调整视频亮度、饱和度、对比度、色温以及色调的操作方法。

步骤/01 ❶选择第一段视频；❷点击“调节”按钮，如图5-20所示。

步骤/02 进入“调节”界面，设置“亮度”为10，如图5-21所示。

步骤/03 设置“饱和度”为24，提高视频饱和度，如图5-22所示。

步骤/04 点击右下角的✓按钮，确认操作。预览调整前与调整后的对比效果，如图5-23所示。

图5-20 点击“调节”按钮

图5-21 设置“亮度”参数

图5-22 设置“饱和度”

图5-23 预览调整前后对比效果

步骤/05 ❶选择第二段视频；❷点击“对比度”按钮，进入“对比度”调节界面，向右拖曳滑块，直至参数显示为9，使视频更加清晰，效果如图5-24所示。

图5-24 调整饱和度的效果

步骤/06 ❶选择第二段视频；❷点击“色温”按钮，进入“色温”调节界面，如

图5-25所示。

步骤/07 向左拖曳滑块，直至参数显示为-35，调整色温，效果如图5-26所示。

图5-25　点击“色温”按钮　　图5-26　设置参数为-35

步骤/08 ①选择第三段视频；②设置“色温”为-30，如图5-27所示。

步骤/09 ①选择第四段视频；②点击“色调”按钮，进入“色调”调节界面，如图5-28所示。

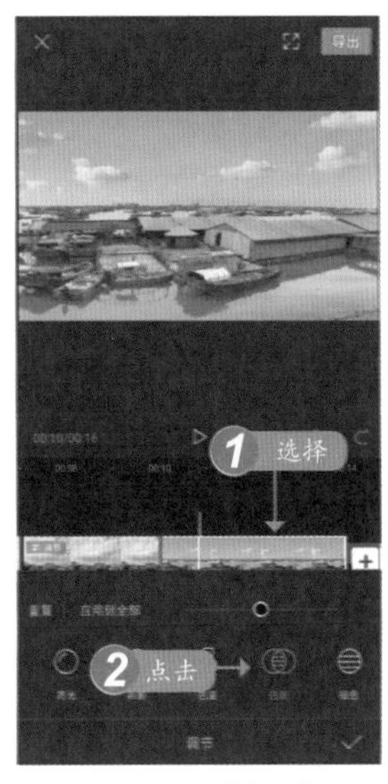

图5-27　调节第三段视频　　图5-28　点击“色调”按钮

步骤/10 向左拖曳滑块，直至参数显示为-35，如图5-29所示。

步骤/11 点击“色温”按钮，设置“色温”参数为-30，如图5-30所示。

图5-29　设置参数为-35　　图5-30　设置参数为-30

步骤/12 色彩处理完成后，单击“播放”按钮，预览效果，如图5-31所示。

图5-31　预览调整视频色彩后的画面效果

5.2.3　制作视频的艺术化特效

在剪映App中，我们不仅可以对视频素材进行基本的处理，调整视频画面的颜色，还可以为视频添加艺术特效，如动画、滤镜、字幕、音乐等，使制作的视频效果更加丰富多彩。本节主要介绍制作视频特效的操作方法。

步骤/01 在剪映App中，点击下方工具栏中的“比例”按钮，如图5-32所示。

步骤/02 在“比例”菜单中选择9:16选项，如图5-33所示。

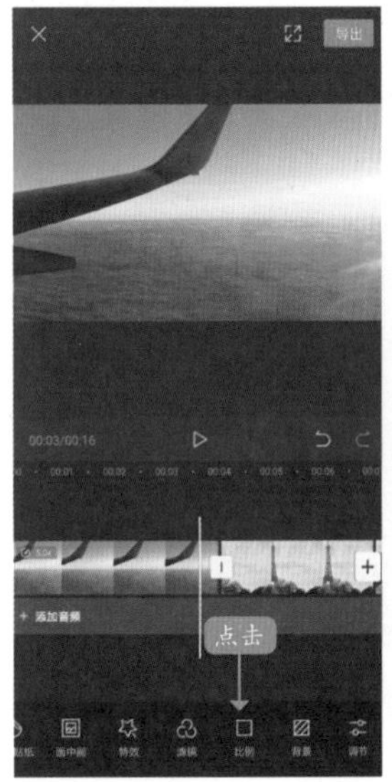

图5-32 点击“比例”按钮

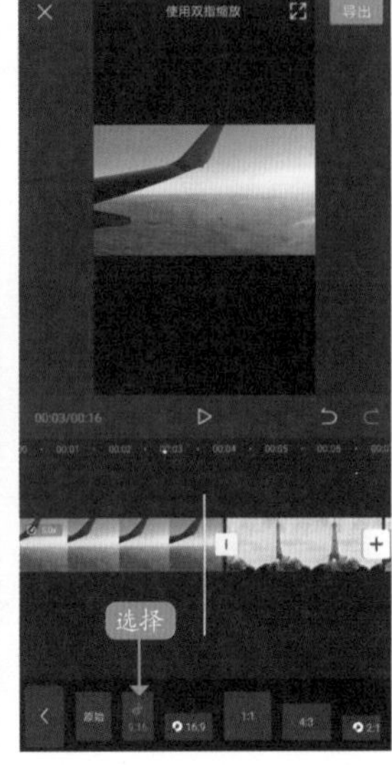

图5-33 选择9:16选项

步骤/03 点击<按钮返回，点击下方工具栏中的“背景”按钮，如图5-34所示。

步骤/04 进入背景编辑界面，选择“画布模糊”选项，如图5-35所示。

图5-34 点击“背景”按钮

图5-35 选择“画布模糊”选项

步骤/05 在“画布模糊”菜单中，选择第二个模糊效果，如图5-36所示。

步骤/06 点击✓按钮即可添加背景，效果如图5-37所示。

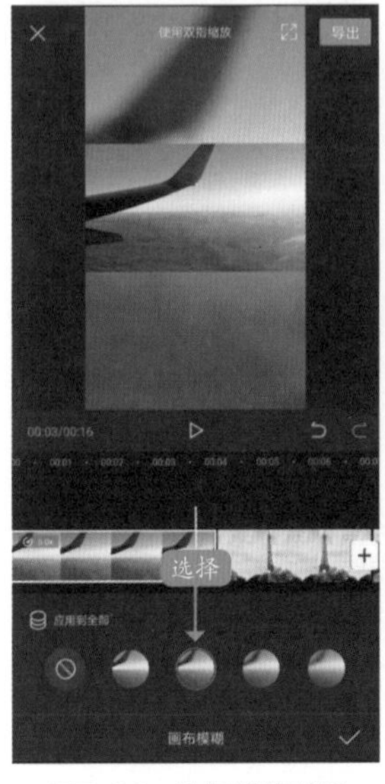

图5-36 选择模糊效果

图5-37 添加背景效果

步骤/07 用同样的方法，为后面的3段视频添加“画布模糊”背景，效果如图5-38所示。

步骤/08 在轨道中，点击两段视频之间的“转场”按钮I，如图5-39所示。

步骤/09 进入转场界面，点击“幻灯片”标签，进入该选项卡，点击“回忆”转场效果，如图5-40所示。

步骤/10 点击右下角的✓按钮，添加视频转场效果。点击“播放”按钮，预览添加的“回忆”转场效果，如图5-41所示。

图5-38　为视频添加“画布模糊”背景效果

图5-39　点击“转场”按钮

图5-40　点击“回忆”转场

图5-41　预览“回忆”转场效果

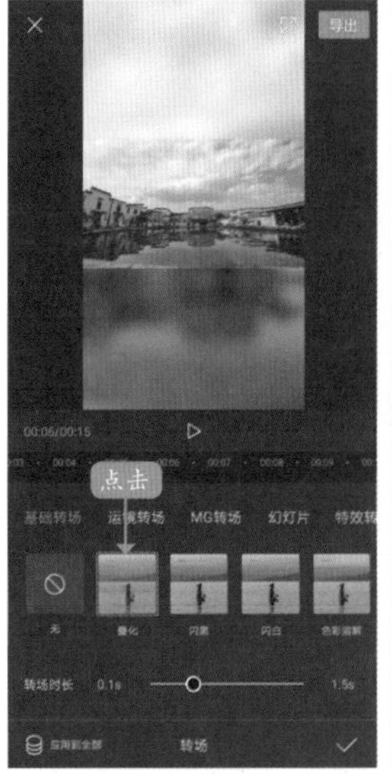

图5-42　添加“叠化”转场

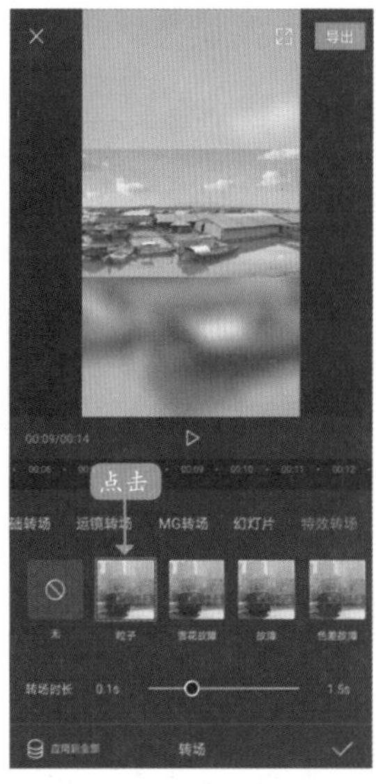

图5-43　添加“粒子”转场

步骤/11 用同样的方法，在第二段与第三段素材之间添加“叠化”转场效果，如图5-42所示。

步骤/12 在第三段与第四段素材之间添加“粒子”转场效果，如图5-43所示。

步骤/13 点击“播放”按钮▶，预览添加的转场效果，如图5-44所示。

步骤/14 将时间线定位到需要添加贴纸的位置，如图5-45所示。

步骤/15 点击“添加贴纸”按钮，打开界面，选择卡通云朵贴纸，如图5-46所示。

步骤/16 在预览窗口中，❶调整贴纸的大小、位置；❷调整区间长度，如图5-47所示。

图5-44　预览添加的转场效果

图5-45　定位时间线

图5-46　选择云朵贴纸

步骤/17 点击“播放”按钮，预览添加贴纸后的视频效果，如图5-48所示。

步骤/18 将时间轴拖曳至贴纸的位置，点击界面下方的“文字”按钮，如图5-49所示。

图5-47　调整贴纸属性

图5-48　预览添加贴纸后的视频效果

图5-49　点击“文字”按钮

步骤/19 进入相应界面，选择左下角的“新建文本”选项，如图5-50所示。

步骤/20 进入字幕编辑区域，输入文本内容，设置字体样式、字间距以及位置大小等，如图5-51所示。点击✓按钮，在时间线中设置字幕文本的持续时间与上方视频轨道中的时长一致。

步骤/21 用同样的方法，在其他合适位置输入相应文本内容，完成文本的输入操作，在轨道中可以查看创建的文本以及文本区间长度，如图5-52所示。

图5-50　选择“新建文本”选项

图5-51　设置字体样式

图5-52　查看创建的字幕效果

步骤/22 点击“播放”按钮，预览添加的字幕解说效果，如图5-53所示。

步骤/23 将时间轴移至开始位置，点击下方的“音频”按钮，如图5-54所示。

步骤/24 进入相应界面，点击下方的“音乐”按钮，如图5-55所示。

图5-53　预览添加的字幕解说效果

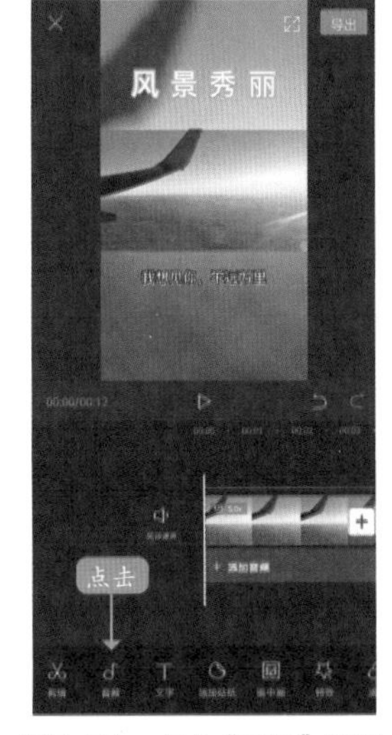

图5-54　点击“音频”按钮

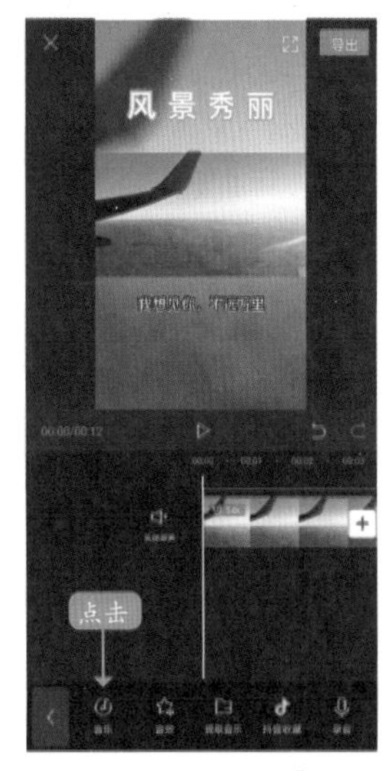

图5-55　点击“音乐”按钮

步骤/25 进入“添加音乐”界面，其中包括许多音乐文件，❶选择某一首歌；❷试听声音效果；❸点击“使用”按钮，如图5-56所示。

步骤/26 即可将选择的音乐添加至轨道中，如图5-57所示。

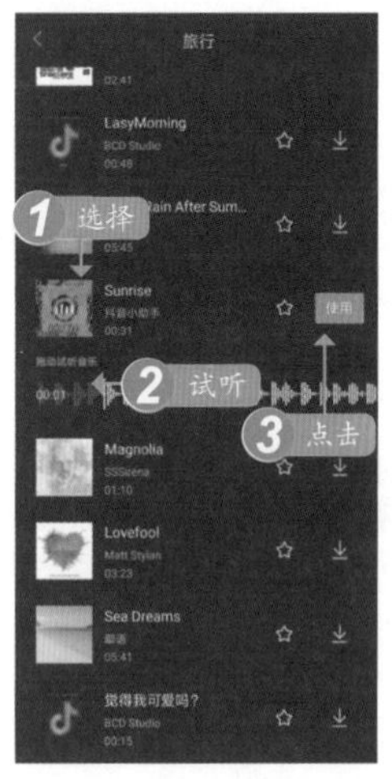

图5-56　点击“使用”按钮

图5-57　添加音乐文件

步骤/27 对音乐的后半段进行分割与删除，只留下12秒音乐，如图5-58所示。

步骤/28 选择音乐文件，点击“淡化”按钮，设置音乐的淡出时长，如图5-59所示。这样音乐在结束的时候会缓缓地淡出，直至声音消失。

图5-58　剪辑音乐文件

图5-59　设置音频淡出

5.2.4　导出制作好的成品视频

视频经过一系列的剪辑与后期处理后，我们需要将视频导出来，方便分享至相关媒体平台。下面介绍导出成品视频效果的操作方法。

步骤/01 在视频编辑界面中，点击右上角的“导出”按钮，如图5-60所示。

步骤/02 执行操作后，跳转至下一个界面，在面板下方点击“导出”按钮，如图5-61所示。

图5-60　点击“导出”按钮

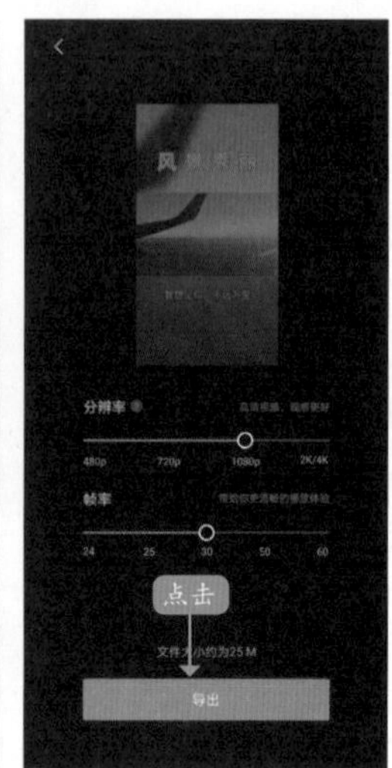

图5-61　在面板下方点击“导出”按钮

步骤/03 执行操作后，开始导出视频文件，如图5-62所示。

步骤/04 稍等片刻，即可导出视频文件。点击下方的“完成”按钮，如图5-63所示，在手机的图库中即可查看导出的视频效果。

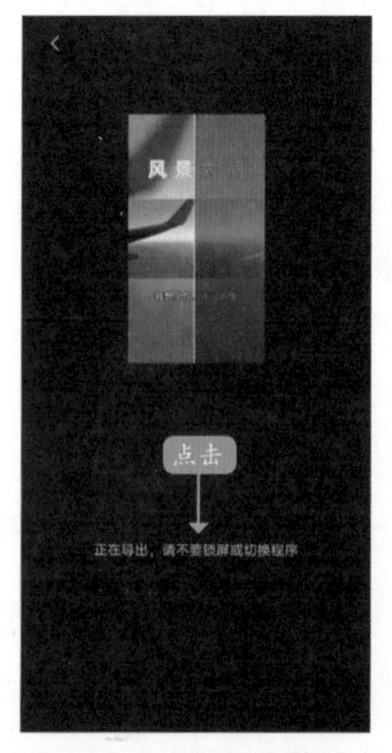

图5-62　开始导出视频文件

图5-63　点击“完成”按钮

第 6 章

画面剪辑：在 Premiere 中编辑视频

Premiere Pro 2020是一款适应性很强的视频编辑软件，可以对视频、图像以及音频等多种素材进行处理和加工，得到令人满意的影视文件。本章将为大家介绍软件的基本功能和编辑调整素材文件等内容，逐渐提升用户对Premiere Pro 2020的熟练度。

6.1 掌握软件的基本功能

本节主要介绍的是Premiere Pro 2020的基本功能，包括认识软件的功能界面、创建项目文件的方法、导入素材的操作方法以及添加视频素材的操作方法等。

6.1.1 认识软件界面

在启动Premiere Pro 2020后，便可以看到Premiere Pro 2020简洁的工作界面。界面中主要包括标题栏、监视器面板以及“时间轴”面板等，如图6-1所示。

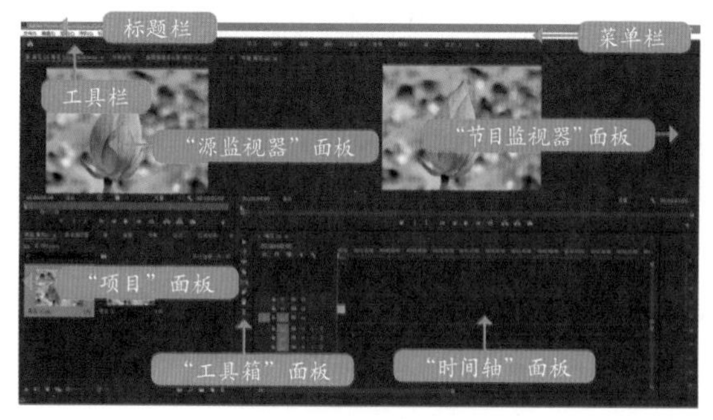

图6-1 默认显示模式

标题栏位于Premiere Pro 2020软件窗口的最上方，显示了系统当前正在运行的程序名及文件名等信息。Premiere Pro 2020默认的文件名称为“未命名”，单击标题栏右侧的按钮组 — ▢ ✕ ，可以最小化、最大化或关闭Premiere Pro 2020程序窗口。

启动Premiere Pro 2020软件并任意打开一个项目文件后，此时默认的监视器面板分为“源监视器”和“节目监视器”两部分。图6-2所示为监视器面板的默认显示模式和浮动窗口模式。

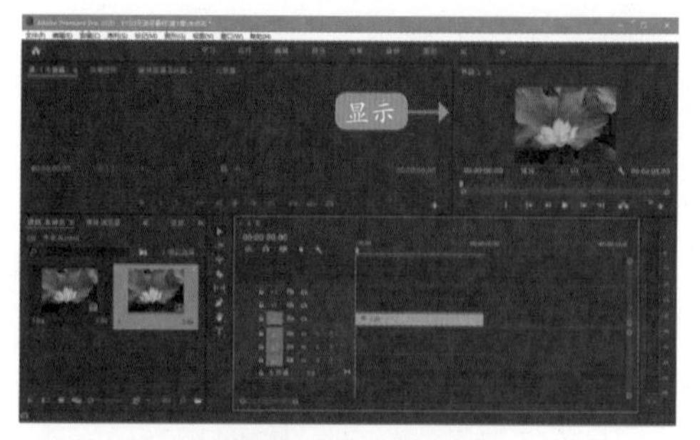

监视器面板默认显示模式

监视器面板浮动窗口模式

图6-2 监视器面板的两种显示模式

6.1.2 创建项目文件

在启动Premiere Pro 2020后，用户首先需要做的就是创建一个新的工作项目。为此，Premiere Pro 2020提供了多种创建项目的方法。

当用户启动Premiere Pro 2020后，系统将自动弹出“主页”对话框，如图6-3所示。对话框中有“新建项目”“打开项目”“新建团队项目”“打开团队项目”等不同功能的按钮，此时用户单击“新建项目”按钮，即可创建一个新的项目。

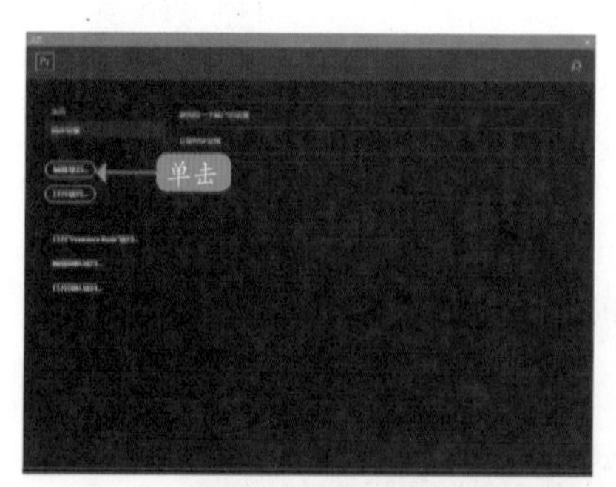

图6-3 “主页”对话框

用户除了通过“主页”对话框新建项目外，也可以进入Premiere主界面中，通过“文件”菜单进行创建，具体操作方法如下。

步骤/01 选择“文件”|“新建”|“项目”命令，如图6-4所示。

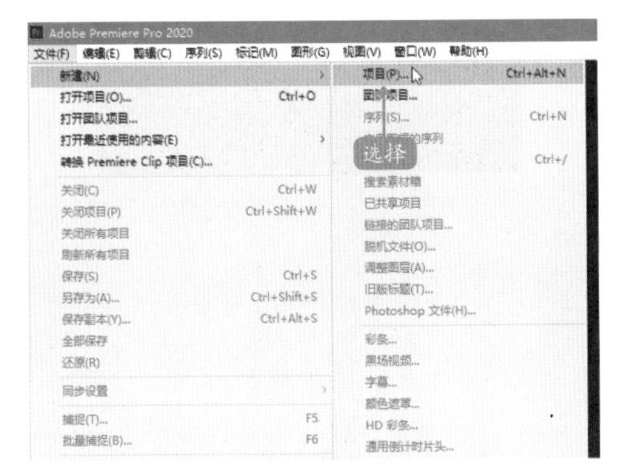

图6-4　选择“项目”命令

步骤/02 弹出“新建项目”对话框，单击“浏览”按钮，如图6-5所示。

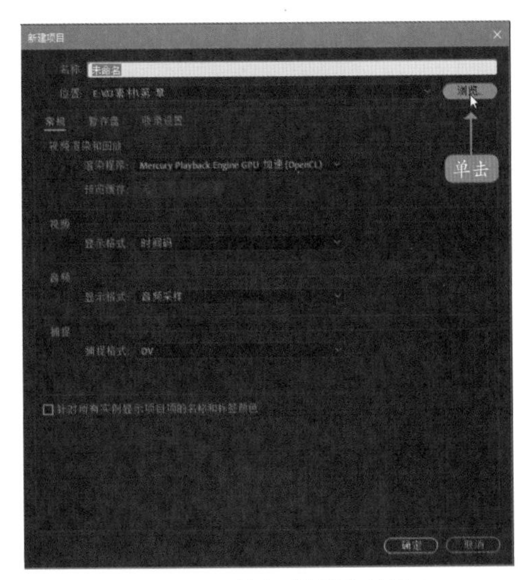

图6-5　单击“浏览”按钮

步骤/03 弹出“请选择新项目的目标路径”对话框，选择合适的文件夹，如图6-6所示。

步骤/04 单击“选择文件夹”按钮，回到“新建项目”对话框，设置“名称”为“新建项目”，如图6-7所示。

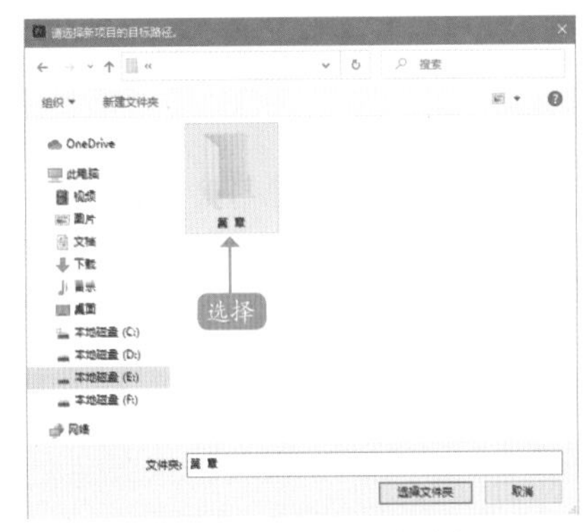

图6-6　选择合适的文件夹

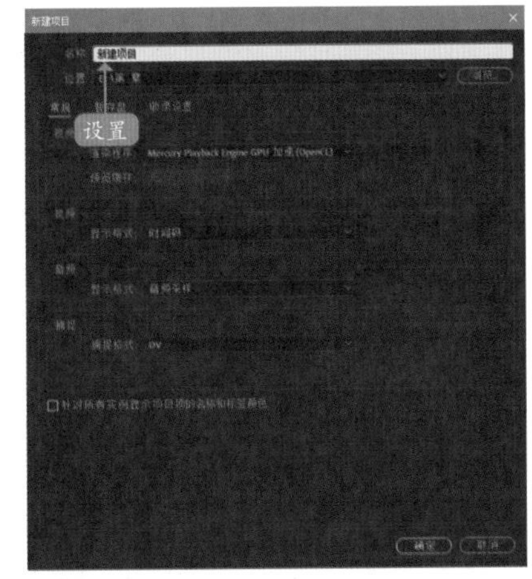

图6-7　设置项目名称

步骤/05 单击“确定”按钮。选择“文件”|“新建”|“序列”命令，弹出“新建序列”对话框，单击“确定”按钮，即可使用“文件”菜单创建项目文件，如图6-8所示。

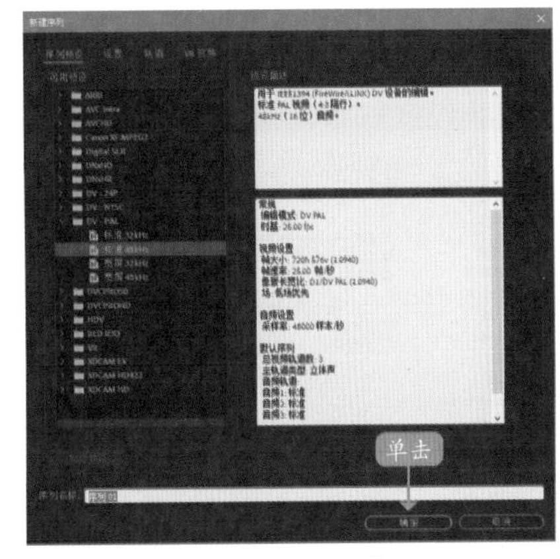

图6-8　单击“确定”按钮

除了上述两种创建新项目的方法外，用户还可以使用【Ctrl+Alt+N】组合键快速创建一个项目文件。

6.1.3　打开项目文件

当用户启动Premiere Pro 2020后，可以选择打开一个项目的方式进入系统程序。在“主页”对话框中除了可以创建项目文件外，用户还可以单击“打开项目”按钮，打开项目文件。此外，用户也可以通过“文件”菜单打开项目文件。下面介绍使用“文件”菜单打开项目文件的操作方法。

步骤/01 选择“文件”|“打开项目”命令，如图6-9所示。

图6-9　选择“打开项目”命令

步骤/02 弹出“打开项目”对话框，选择项目文件“素材\第6章\项目1.prproj”，如图6-10所示。

图6-10　选择项目文件

步骤/03 单击“打开”按钮，即可使用“文件”菜单打开项目文件，如图6-11所示。

图6-11　打开项目文件

专家指点

启动软件后，①用户可以单击位于“主页”对话框中间部分的“名称”来打开上次编辑的项目，如图6-12所示。②另外，用户还可以进入Premiere Pro 2020操作界面，选择“文件”|“打开最近使用的内容”命令，在弹出的子菜单中单击需要打开的项目，如图6-13所示。

图6-12　最近使用的项目

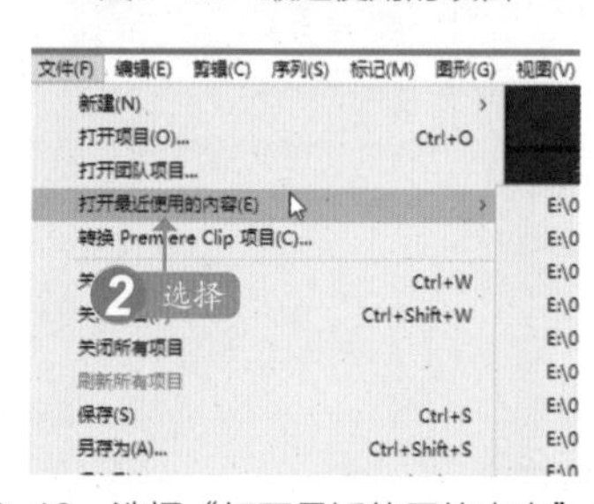

图6-13　选择“打开最近使用的内容”命令

用户还可通过以下方式打开项目文件：

➢ 按【Ctrl+Alt+O】组合键，打开bridge浏览器，在其中选择需要打开的项目或者素材文件。

➢ 使用快捷键进行项目文件的打开操作。按【Ctrl+O】组合键，在弹出的“打开项目”对话框中选择需要打开的文件，单击“打开”按钮，即可打开当前选择的项目。

6.1.4　保存项目文件

为了确保用户所编辑的项目文件不会丢失，当用户编辑完当前项目文件后，可以将项目文件进行保存，以便下次进行修改操作。下面介绍具体操作方法。

步骤/01　按【Ctrl＋O】组合键，打开项目文件“素材\第6章\项目2.prproj”，如图6-14所示。

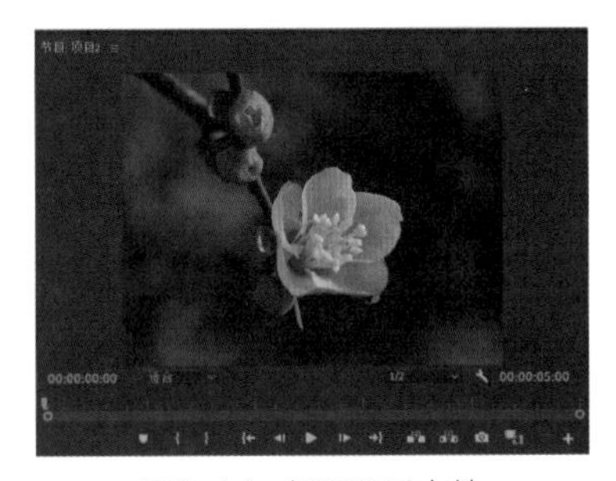

图6-14　打开项目文件

步骤/02　在“时间轴”面板中调整素材的长度，设置持续时间为00:00:03:00，如图6-15所示。

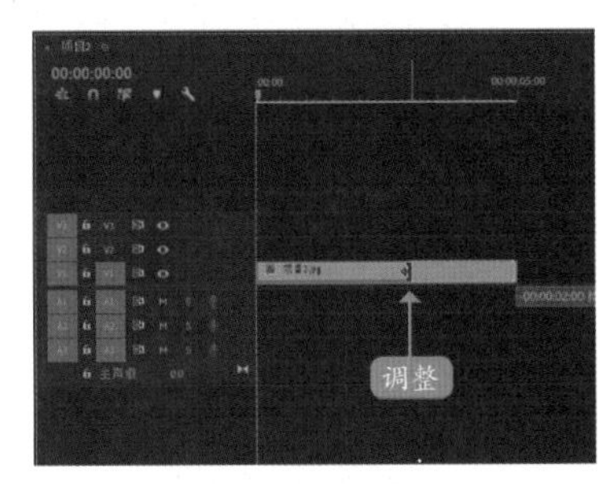

图6-15　调整素材长度

步骤/03　选择“文件”|“保存”命令，如图6-16所示。

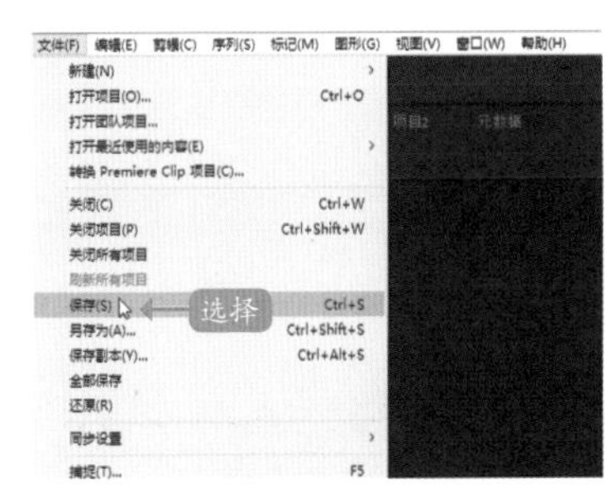

图6-16　选择“保存”命令

步骤/04　弹出“保存项目”对话框，显示保存进度，即可保存项目，如图6-17所示。

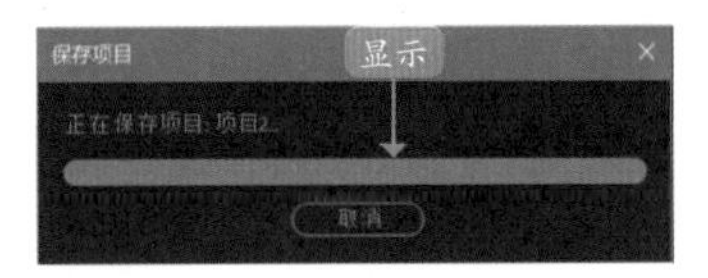

图6-17　显示保存进度

使用快捷键保存项目是一种快捷的保存方法，用户可以按【Ctrl＋S】组合键来弹出“保存项目”对话框。如果用户已经对文件进行过一次保存，则再次保存文件时将不会弹出“保存项目”对话框。

用户也可以按【Ctrl＋Alt＋S】组合键，在弹出的“保存项目”对话框中将项目作为副本保存，如图6-18所示。

图6-18　“保存项目”对话框

当用户完成所有的编辑操作并对文件进行保存后，可以将当前项目关闭。下面介绍关闭项目的3种方法。

➢　用户如果需要关闭项目，可以选择“文件”|“关闭”命令，如图6-19所示。

图6-19　选择“关闭”命令

➤ 选择“文件”|“关闭项目”命令，如图6-20所示。

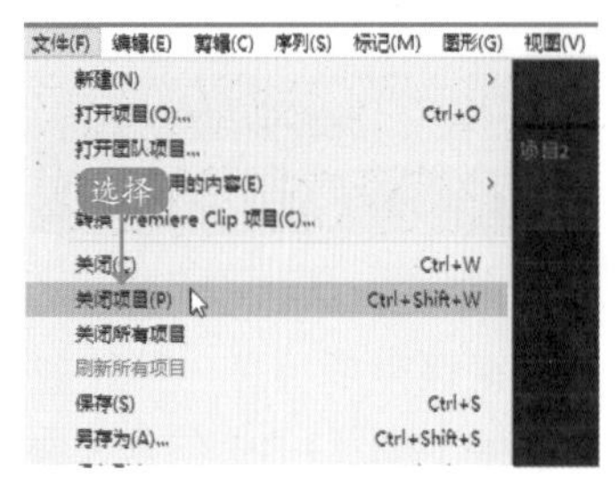

图6-20 选择“关闭项目”命令

➤ 按【Ctrl+W】组合键，或者按【Ctrl+Shift+W】组合键，执行关闭项目的操作。

6.1.5 导入素材文件

导入素材是Premiere编辑的首要前提，通常所指的素材包括视频文件、音频文件、图像文件等，下面介绍具体操作方法。

步骤/01 按【Ctrl+Alt+N】组合键，弹出“新建项目”对话框，单击“确定”按钮，即可创建一个项目文件，如图6-21所示。

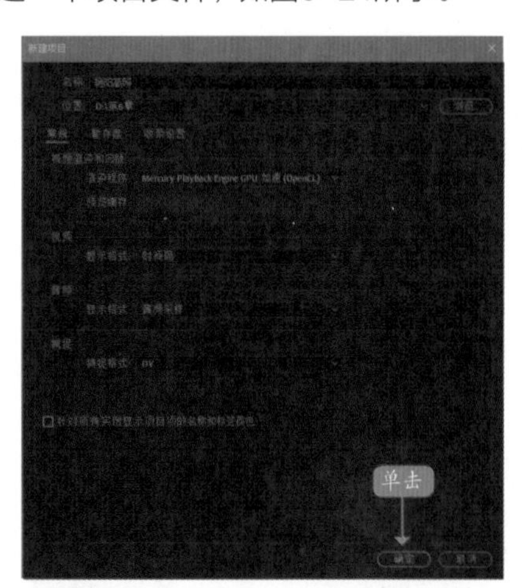

图6-21 单击“确定”按钮

步骤/02 按【Ctrl+N】组合键新建序列，选择“文件”|“导入”命令，如图6-22所示。

步骤/03 弹出“导入”对话框，在对话框中，❶选择素材文件“素材\第6章\艳阳高照.jpg”；❷单击“打开”按钮，如图6-23所示。

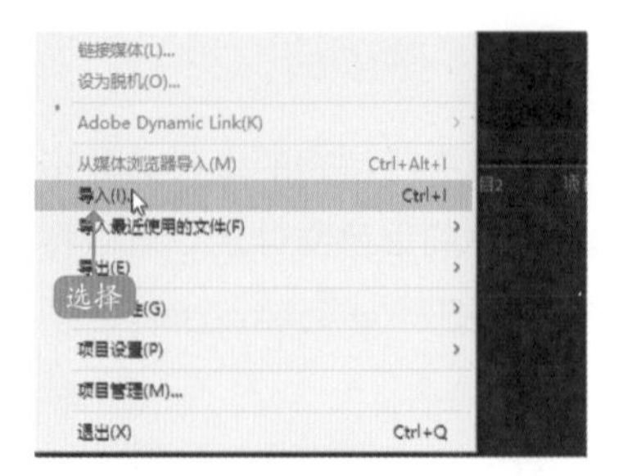

图6-22 选择“导入”命令

图6-23 单击“打开”按钮

步骤/04 执行上述操作后，即可在“项目”面板中，查看导入的图像素材文件缩略图，如图6-24所示。

图6-24 查看素材文件

步骤/05 将图像素材拖曳至“时间轴”面板中，并预览图像效果，如图6-25所示。

图6-25 预览图像效果

6.1.6　添加视频素材

添加一段视频素材是一个将源素材导入到素材库，并将素材库的源素材添加到“时间轴”面板中的视频轨道上的过程。

步骤/01 在Premiere Pro 2020界面中，新建一个项目文件，选择“文件”|“导入”命令，如图6-26所示。

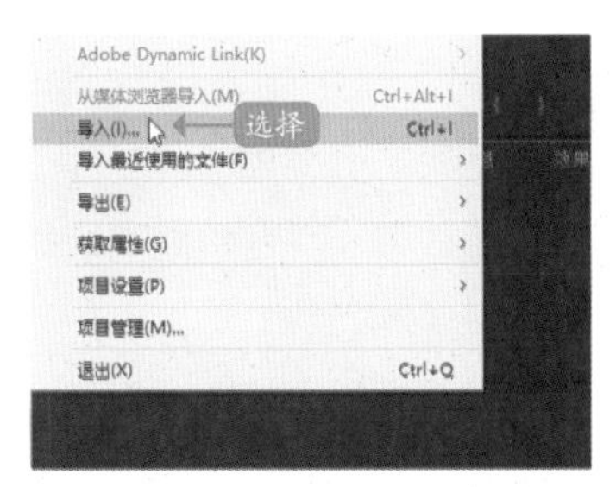

图6-26　选择“导入”命令

步骤/02 弹出“导入”对话框，选择所需的视频素材“素材\第6章\落日夕阳.mpg”，如图6-27所示。

图6-27　选择视频素材

步骤/03 单击“打开”按钮，将视频素材导入至“项目”面板中，如图6-28所示。

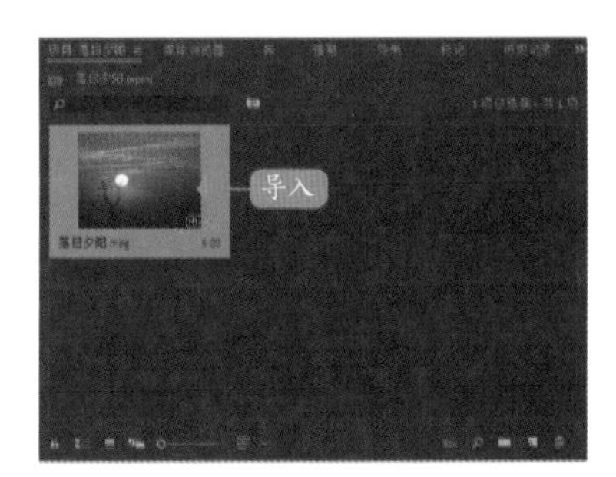

图6-28　导入视频素材

步骤/04 在“项目”面板中选择视频，将其拖曳至“时间轴”面板的V1轨道中。执行上述操作后，即可添加视频素材，如图6-29所示。

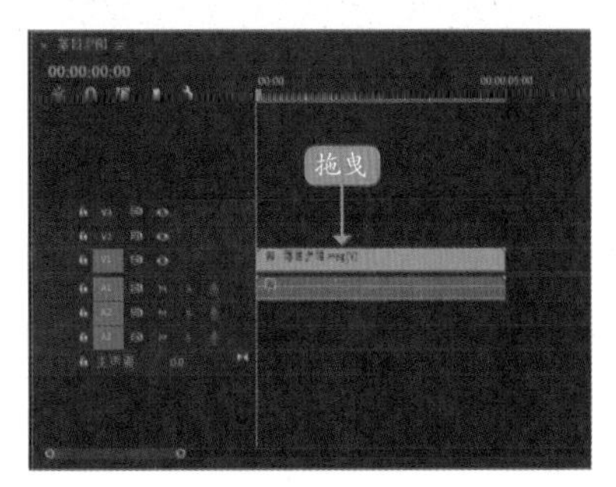

图6-29　添加视频素材

6.2 编辑调整素材文件

对影片素材进行编辑是整个影片编辑过程中的一个重要环节，同样也是Premiere Pro 2020的功能体现。本节将详细介绍编辑影视素材的操作方法。

6.2.1　复制并粘贴素材

复制也称拷贝，是指将文件从一处复制一份完全一样的到另一处，而原来的一份依然保留。复制影视视频的具体方法是：在“时间轴”面板中，选择需要复制的视频文件，选择“编辑”|“复制”命令，即可复制影视视频。

粘贴素材可以为用户节约许多不必要的重复操作，让用户的工作效率得到提高。下面介绍通过快捷键复制粘贴视频素材。

步骤/01 按【Ctrl+O】组合键，打开项目文件“素材\第6章\羊.prproj”，在视频轨道上，选择素材文件，如图6-30所示。

步骤/02 切换时间至00:00:02:20的位置，选择“编辑”|“复制”命令，如图6-31所示。

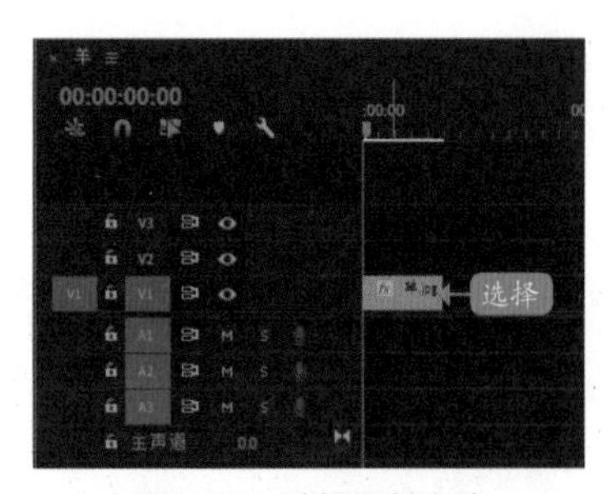

图6-30　选择视频文件

图6-31　选择“复制”命令

步骤/03 执行操作后，即可复制文件。按【Ctrl+V】组合键，将复制的素材粘贴至V1轨道中时间指示器的位置，如图6-32所示。

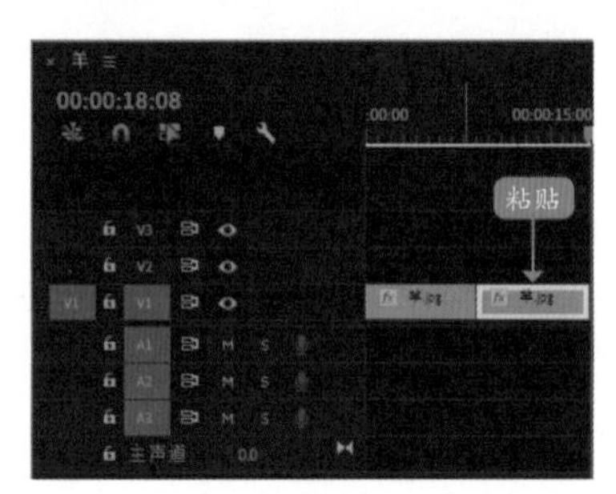

图6-32　粘贴素材文件

步骤/04 将当前时间指示器移至视频的开始位置，单击“播放-停止切换”按钮，即可预览素材效果，如图6-33所示。

图6-33　预览素材效果

6.2.2　剪切选中的素材

在Premiere Pro 2020中，剃刀工具可对一段选中的素材文件进行剪切，将其分成两段或几段独立的素材片段。下面介绍具体的操作方法。

步骤/01 按【Ctrl+O】组合键，打开项目文件“素材\第6章\碧湖.prproj”，在“时间轴”面板中选择素材，如图6-34所示。

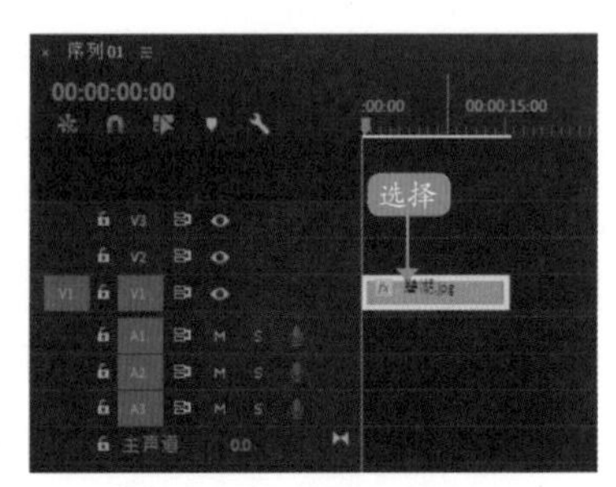

图6-34　打开项目文件

步骤/02 选取剃刀工具，在“时间轴”面板的素材上依次单击鼠标左键，即可剪切素材，如图6-35所示。

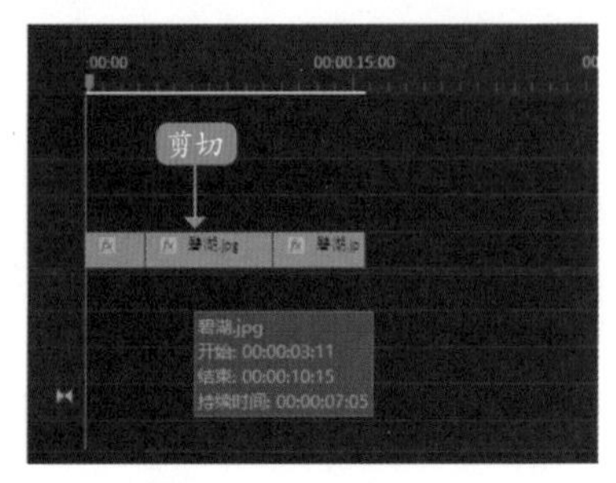

图6-35　剪切素材效果

6.2.3　移动素材的位置

外滑工具用于移动“时间轴”面板中素材的位置，该工具会影响相邻素材片段的出入点和长度。使用外滑工具时，可以同时更改“时间轴”面板内某剪辑的入点和出点，并保留入点和出点之间的时间间隔不变。

步骤/01 按【Ctrl+O】组合键，打开项目文件“素材\第6章\风景.prproj”，如图6-36所示。

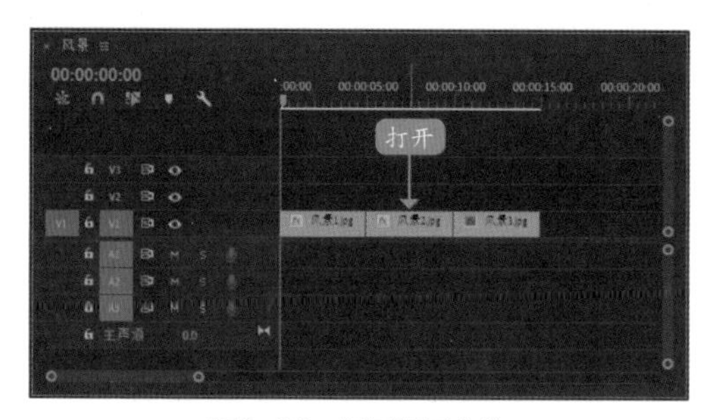

图6-36　打开项目文件

步骤/02 选取外滑工具，如图6-37所示。

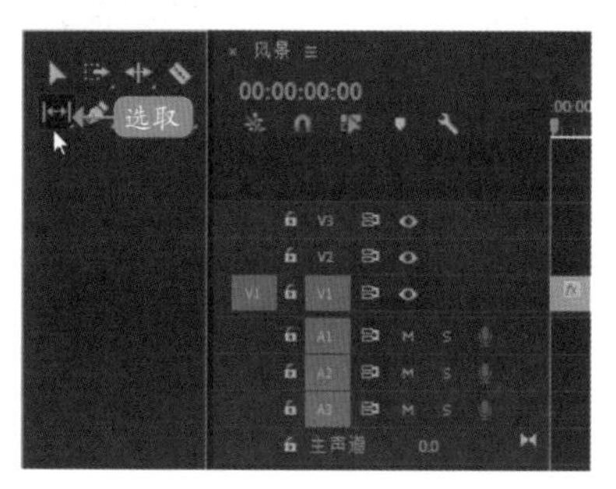

图6-37　选取外滑工具

步骤/03 在V1轨道中的“风景2.jpg”素材对象上按住鼠标左键并拖曳，在“节目监视器”面板中即可显示更改素材入点和出点的效果，如图6-38所示。

图6-38　显示更改素材入点和出点的效果

6.2.4　分离音频与视频

为了获得更好的音乐效果，许多影视都会在后期重新配音，这时需要用到分离影视素材的操作。下面介绍分离音频与视频的操作方法。

步骤/01 按【Ctrl+O】组合键，打开项目文件“素材\第6章\异国风景.prproj”，如图6-39所示。

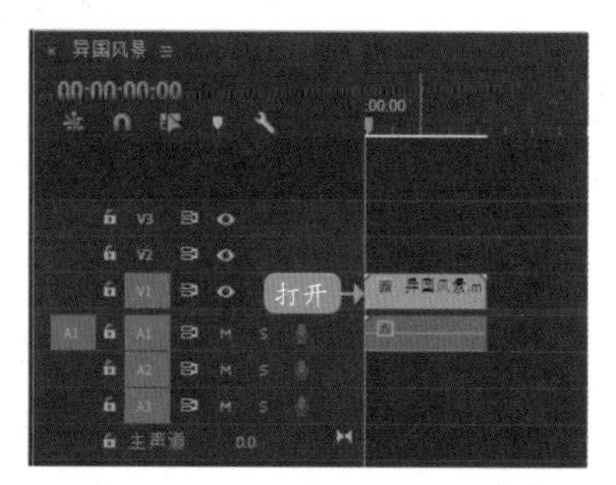

图6-39　打开项目文件

步骤/02 选择V1轨道上的视频素材，选择“剪辑”|“取消链接”命令，如图6-40所示。

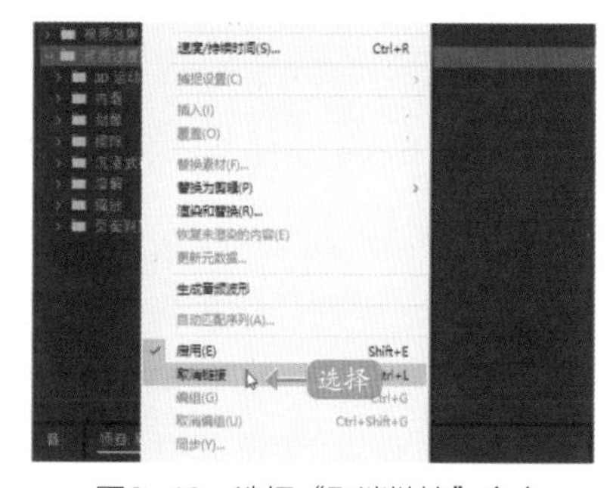

图6-40　选择“取消链接”命令

步骤/03 即可将视频与音频分离。选择V1轨道上的视频素材，按住鼠标左键并拖曳，即可单独移动视频素材，如图6-41所示。

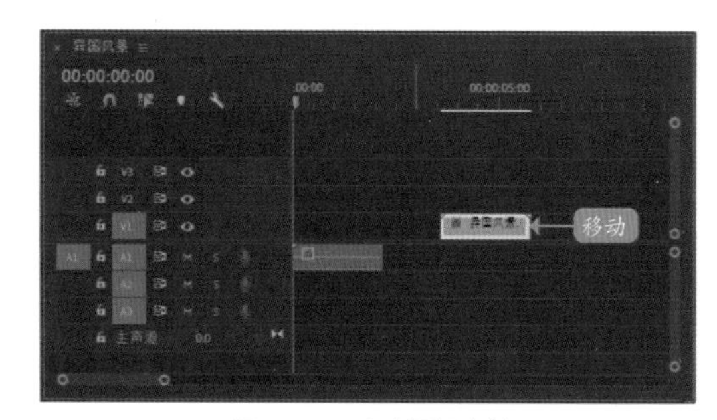

图6-41　移动视频素材

步骤/04 在“节目监视器”面板中，单击“播放-停止切换”按钮，预览视频效果，如图6-42所示。

图6-42　分离影片的效果

6.2.5　组合音频与视频

在对视频文件和音频文件重新编辑后，可以对其进行组合操作。下面介绍通过“剪辑”|“链接”命令组合影视视频文件的操作方法。

步骤/01 按【Ctrl+O】组合键，打开项目文件“素材\第6章\天鹅.prproj”，如图6-43所示。

图6-43　打开项目文件

步骤/02 在“时间轴”面板中，选择所有的素材，如图6-44所示。

步骤/03 选择“剪辑”|“链接”命令，如图6-45所示。

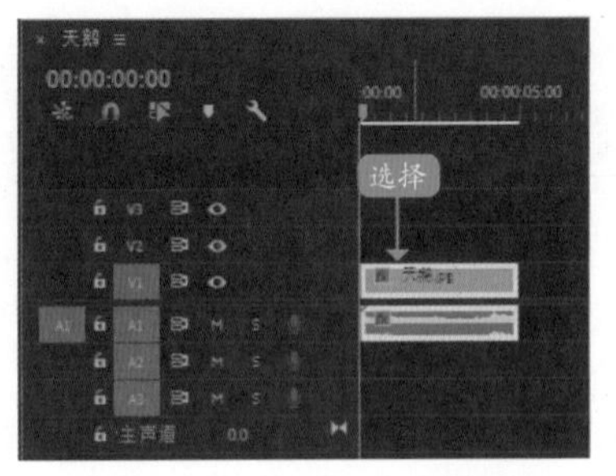

图6-44　选择所有的素材

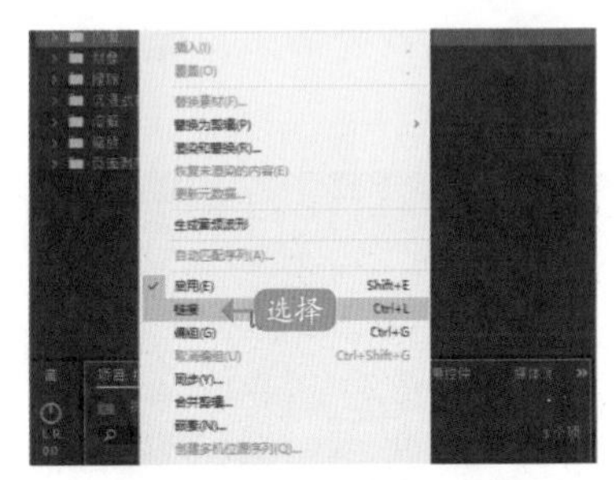

图6-45　选择“链接”命令

步骤/04 执行操作后，即可组合影视视频，如图6-46所示。

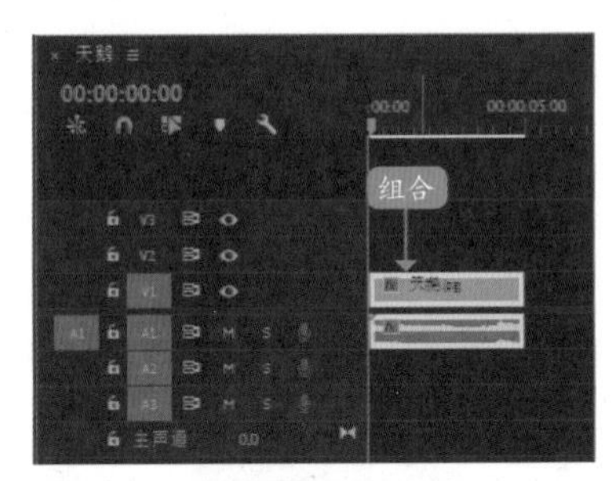

图6-46　组合影视视频

6.2.6　删除不用的视频

在进行影视素材编辑的过程中，用户可能需要删除一些不需要的视频素材。下面介绍通过“编辑”|“清除”命令删除影视视频的操作方法。

步骤/01 按【Ctrl+O】组合键，打开文件“素材\第6章\鸳鸯.prproj”，如图6-47所示。

步骤/02 在“时间轴”面板中选择中间的“鸳鸯”素材，选择“编辑”|“清除”命令，如图6-48所示。

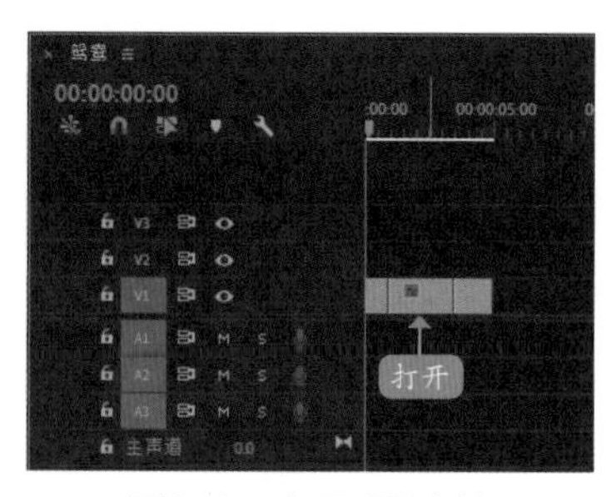

图6-47　打开项目文件

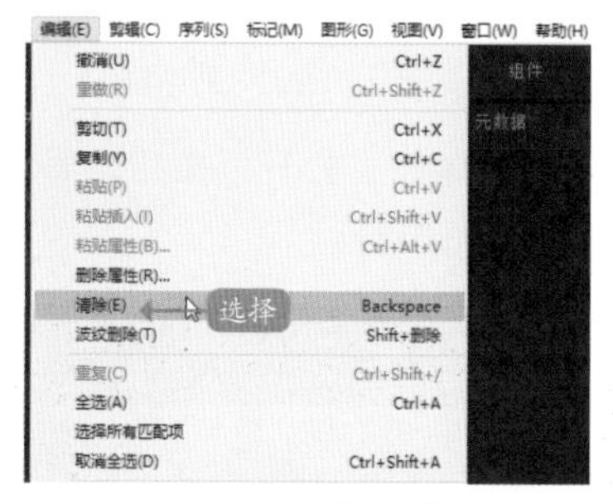

图 6-48　选择“清除”命令

步骤/03 执行上述操作后，即可删除目标素材。在V1轨道上选择删除的空白位置，如图6-49所示。

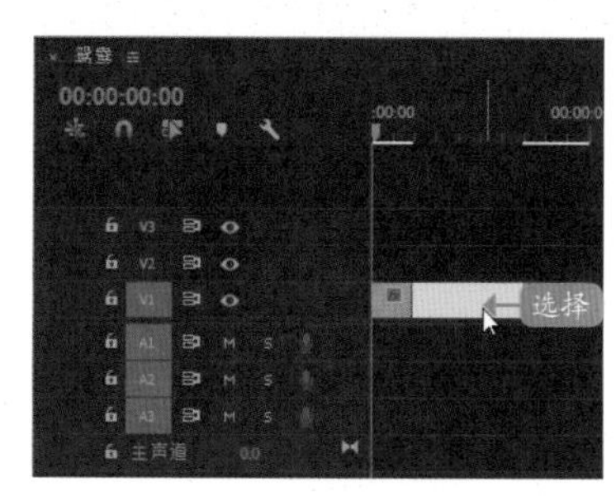

图6-49　选择空白位置

步骤/04 单击鼠标右键，在弹出的快捷菜单中选择“波纹删除”命令，如图6-50所示。

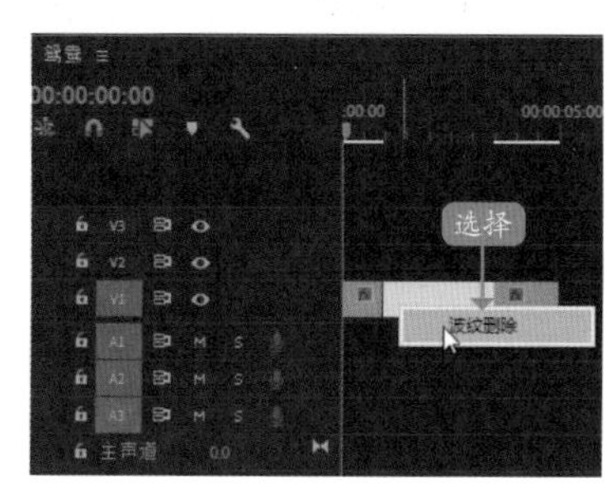

图6-50　选择“波纹删除”命令

步骤/05 执行上述操作后，即可在V1轨道上删除“鸳鸯”素材，此时，第3段素材将会移动到第2段素材的位置，如图6-51所示。

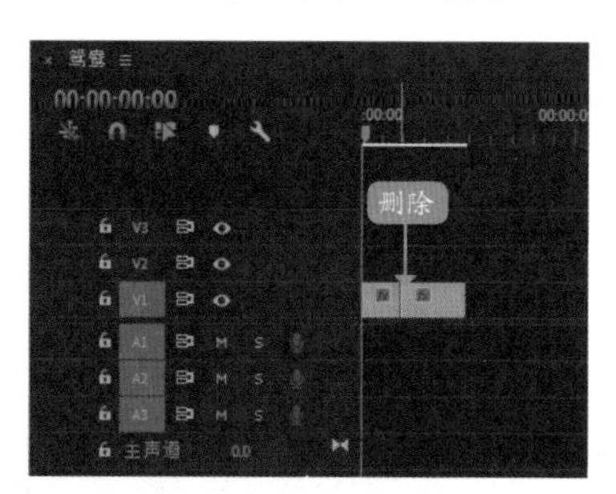

图6-51　删除“鸳鸯”素材

步骤/06 在“节目监视器”面板中，单击“播放-停止切换”按钮，预览视频效果，如图6-52所示。

图6-52　预览视频效果

专家指点

在Premiere Pro 2020中，除了上述方法可以删除素材对象外，用户还可以在选择素材对象后，使用以下快捷键：

➢ 按【Delete】键，快速删除选择的素材对象。

➢ 按【Backspace】键，快速删除选择的素材对象。

➢ 按【Shift+Delete】组合键，快速对素材进行波纹删除操作。

➢ 按【Shift+Backspace】组合键，连续对素材进行波纹删除操作。

6.2.7　调整播放的速度

每一种素材都具有特定的播放速度，对于视频素材，可以通过调整播放速度来制作快镜头或慢镜头效果。下面介绍通过“速度/持续时间”功能调整播放速度的操作方法。

步骤/01 在Premiere Pro 2020欢迎界面中，单击“新建项目”按钮，弹出“新建项目”对话框，❶设置“名称”为“人来人往”；❷单击“确定”按钮，即可新建项目文件，如图6-53所示。

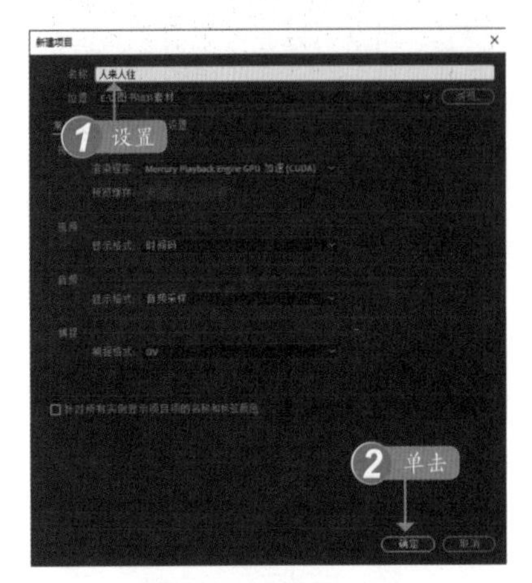

图6-53 新建项目文件

步骤/02 按【Ctrl+N】组合键，弹出“新建序列”对话框。新建“序列01”序列，单击“确定”按钮，如图6-54所示。

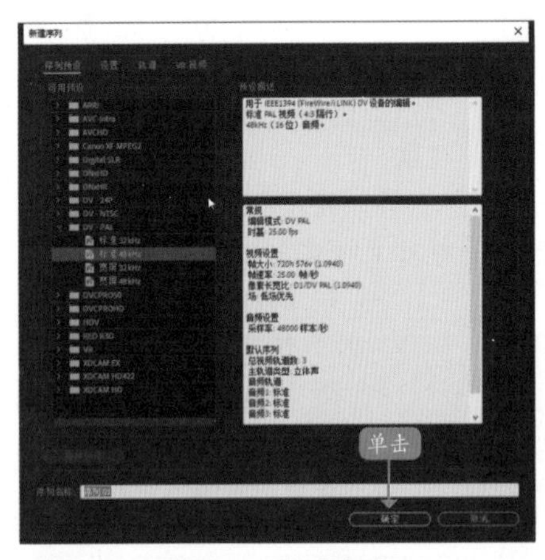

图6-54 新建序列

步骤/03 按【Ctrl+I】组合键，弹出“导入”对话框，选择文件“素材\第6章\人来人往.mp4”，如图6-55所示。

图6-55 “导入”对话框

步骤/04 单击“打开”按钮，导入素材文件，效果如图6-56所示。

图6-56 打开素材文件

步骤/05 选择“项目”面板中的素材文件，并将其拖曳至“时间轴”面板的V1轨道中，如图6-57所示。

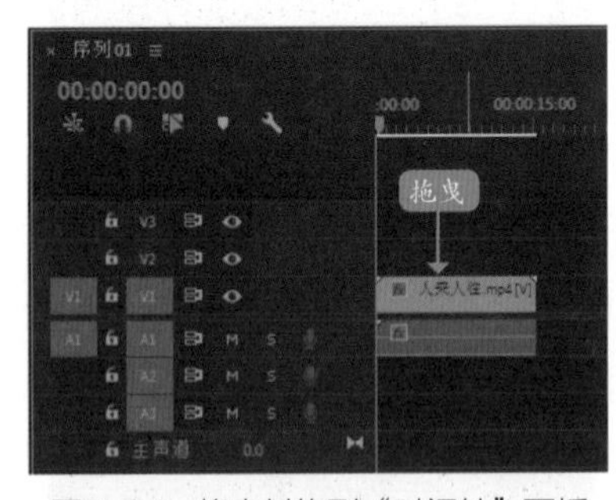

图6-57 将素材拖到“时间轴”面板

步骤/06 选择V1轨道上的素材，单击鼠标右键，在弹出的快捷菜单中选择“速度/持续时间”命令，如图6-58所示。

步骤/07 弹出“剪辑速度/持续时间”对话框，设置“速度”为20%，如图6-59所示。

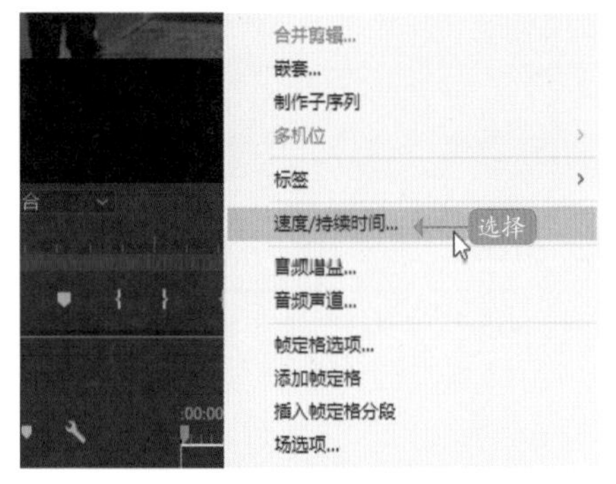

图6-58　选择“速度/持续时间”命令

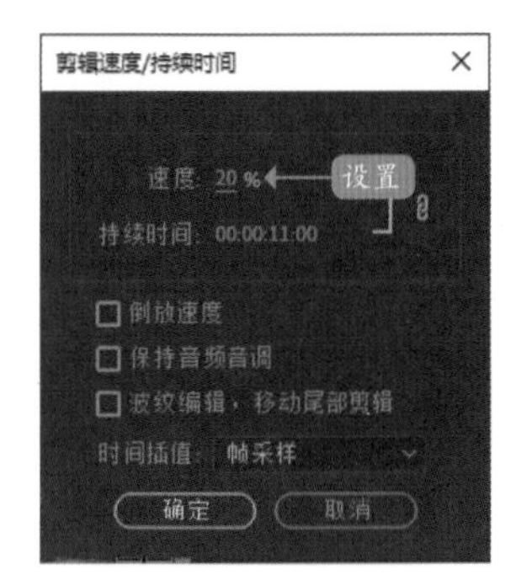

图6-59　设置参数值

步骤/08 设置完成后，单击“确定”按钮，即可在“节目监视器”面板中查看调整播放速度后的效果，如图6-60所示。

图6-60　查看调整播放速度后的效果

专家指点

在“剪辑速度/持续时间”对话框中，可以设置“速度”值来控制剪辑的播放时间。当“速度”值设置在100%以上时，值越大则速度越快，播放时间就越短；当“速度”值设置在100%以下时，值越大则速度越慢，播放时间就越长。

第7章

酷炫特效：制作专业的转场和滤镜

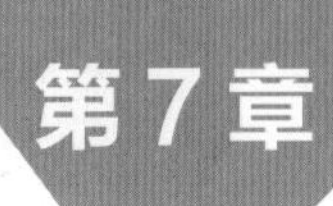

随着数字时代的发展，添加影视效果这一复杂的工作已经得到了简化。在Premiere Pro 2020强大效果的帮助下，可以对视频、图像以及音频等多种素材进行处理和加工，从而得到令人满意的影视文件。本章将讲解Premiere Pro 2020提供的多种视频过渡和视频效果的添加与制作方法。

7.1 添加编辑视频转场

视频影片是由镜头与镜头之间的连接组建起来的，因此镜头与镜头之间的切换过程难免会显得僵硬。此时，用户可以在两个镜头之间添加转场效果，使镜头与镜头之间的过渡更为平滑。本节主要介绍编辑转场效果的基本操作方法。

7.1.1　添加转场效果

在Premiere Pro 2020中，转场效果被放置在“效果”面板的“视频过渡”文件夹中，用户只需将转场效果拖入视频轨道中即可。下面介绍添加转场效果的操作方法。

步骤/01 选择“文件”|“打开项目”命令，打开项目文件“素材\第7章\沙漠乐园.prproj”，如图7-1所示。

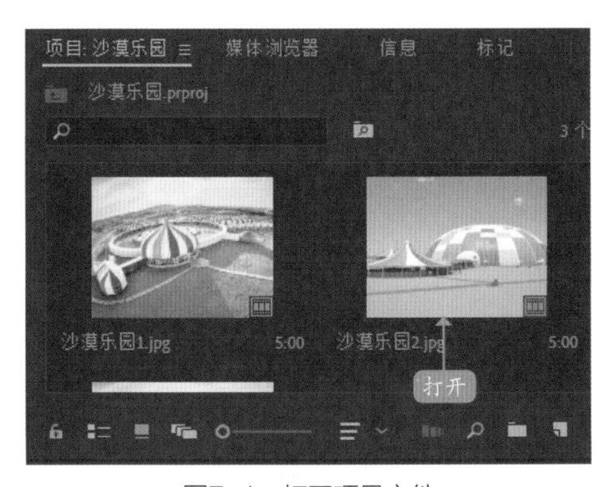

图7-1　打开项目文件

步骤/02 在“效果”面板中，展开“视频过渡”选项，如图7-2所示。

步骤/03 执行上述操作后，❶在其中展开“划像”选项；❷在下方选择“圆划像”转场效果，如图7-3所示。

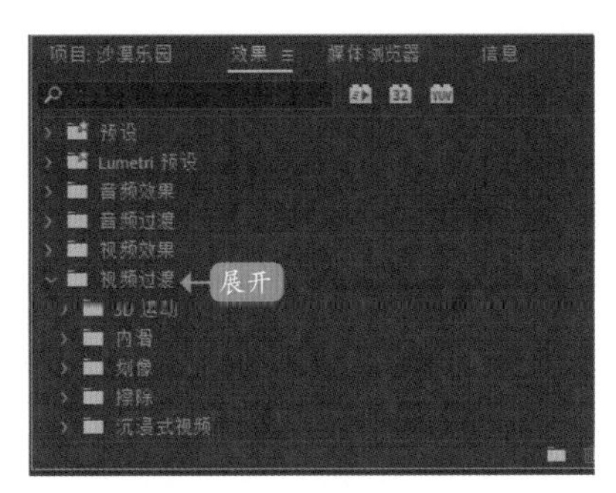

图7-2　展开“视频过渡”选项

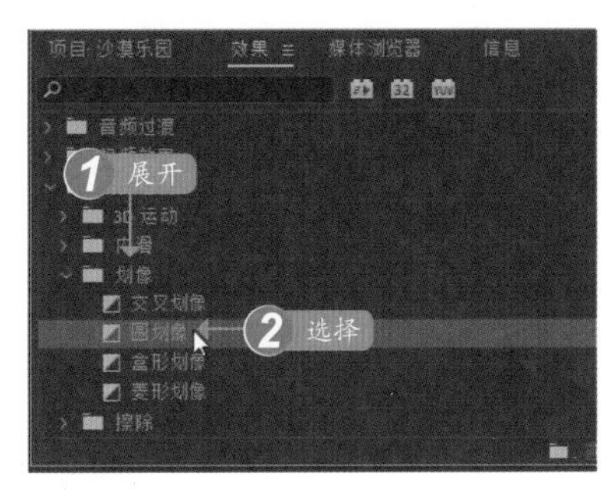

图7-3　选择“圆划像”转场效果

步骤/04 按住鼠标左键将其拖曳至V1轨道的两个素材之间，添加转场效果，如图7-4所示。

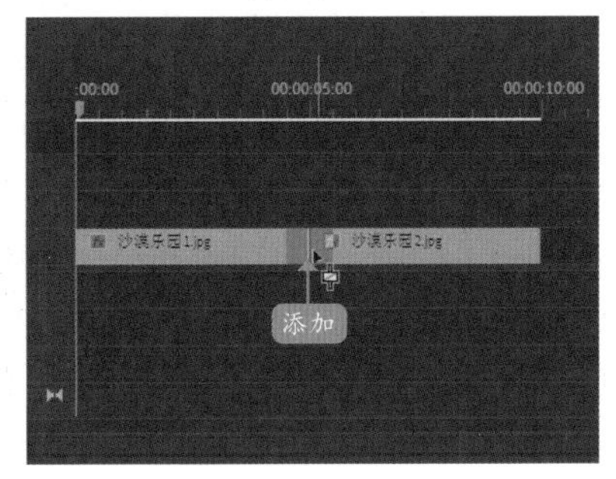

图7-4　添加转场效果

步骤/05 执行上述操作后，单击“节目监视器”面板中的“播放-停止切换”按钮▶，即可预览转场效果，如图7-5所示。

图7-5　预览转场效果

7.1.2 替换和删除转场

在Premiere Pro 2020中，当用户发现添加的转场效果并不满意时，可以替换或删除转场效果。下面介绍替换和删除转场效果的操作方法。

步骤/01 选择“文件”|“打开项目”命令，打开项目文件“素材\第7章\美食记录.prproj”，并预览项目效果，如图7-6所示。

图7-6 预览项目效果

步骤/02 在“时间轴”面板的V1轨道中可以查看转场效果，如图7-7所示。

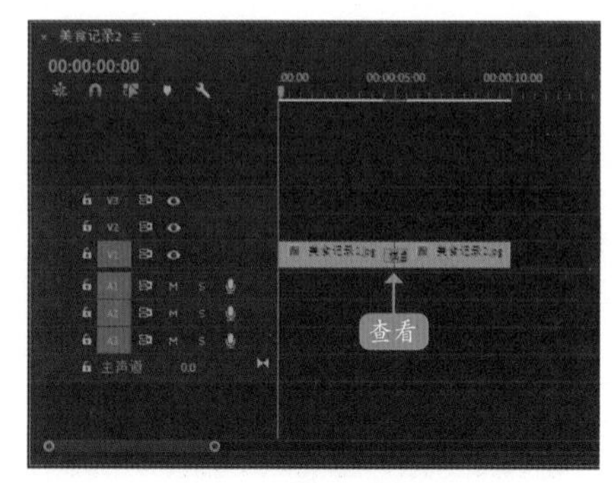

图7-7 查看转场效果

专家指点：在Premiere Pro 2020中，如果用户不再需要某个转场效果，可以在“时间轴”面板中选择该转场效果，按【Delete】键删除。

步骤/03 在“效果”面板中，❶展开“视频过渡”|“划像”选项；❷选择“盒形划像”转场效果，如图7-8所示。

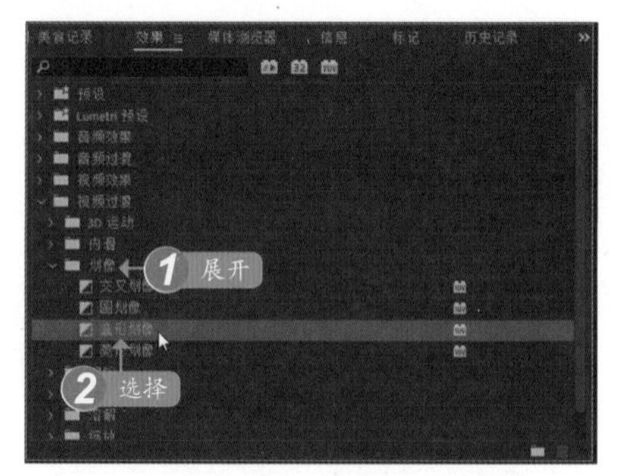

图7-8 选择“盒形划像”转场效果

步骤/04 按住鼠标左键并将其拖曳至V1轨道的原转场效果所在位置，即可替换转场效果，如图7-9所示。

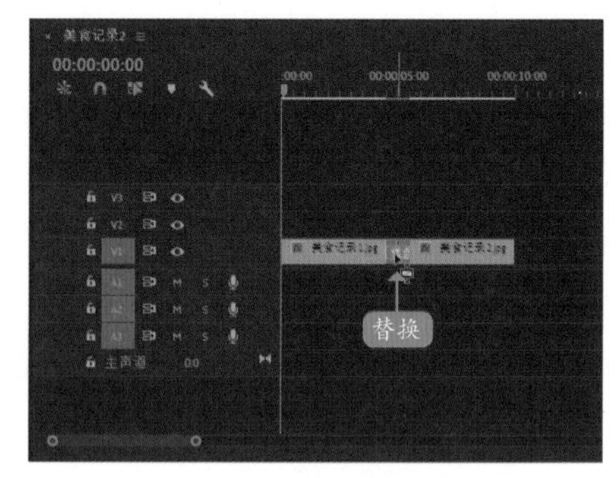

图7-9 替换转场效果

步骤/05 执行上述操作后，单击“节目监视器”面板中的“播放-停止切换”按钮▶，即可预览替换后的转场效果，如图7-10所示。

图7-10 预览转场效果

步骤/06 在“时间轴”面板中选择转场效果，单击鼠标右键，在弹出的快捷菜单中选择“清除”命令，即可删除转场效果，如图7-11所示。

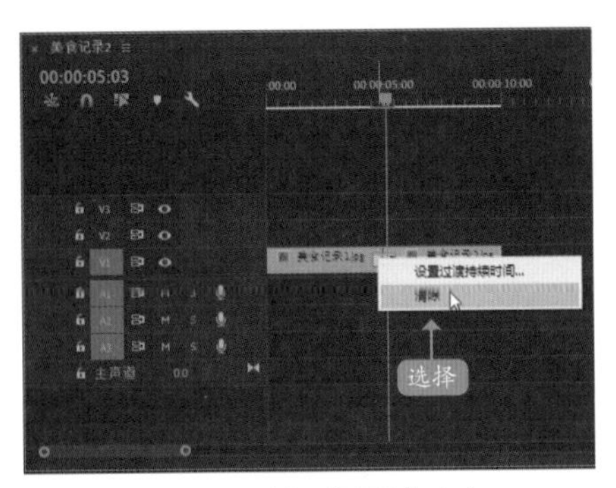

图7-11　选择“清除”命令

专家指点

在默认情况下，添加的视频转场效果只有1秒的播放时间。选择转场效果，单击鼠标右键，在弹出的快捷菜单中选择“设置过渡持续时间”命令，在弹出的“设置过渡持续时间”对话框中，即可设置转场效果的时长。

7.1.3　对齐转场效果

在Premiere Pro 2020中，用户可以根据需要对添加的转场效果设置对齐方式。下面介绍对齐转场效果的操作方法。

步骤/01 在Premiere Pro 2020界面中，选择“文件”|“打开项目”命令，打开项目文件“素材\第7章\沙漠之行.prproj”，并预览项目效果，如图7-12所示。

图7-12　预览项目效果

步骤/02 在“项目”面板中拖曳素材至V1轨道中，在“效果控件”面板中调整素材的缩放比例，❶在“效果”面板中展开“视频过渡”|“擦除”选项；❷选择“插入”转场效果，如图7-13所示。

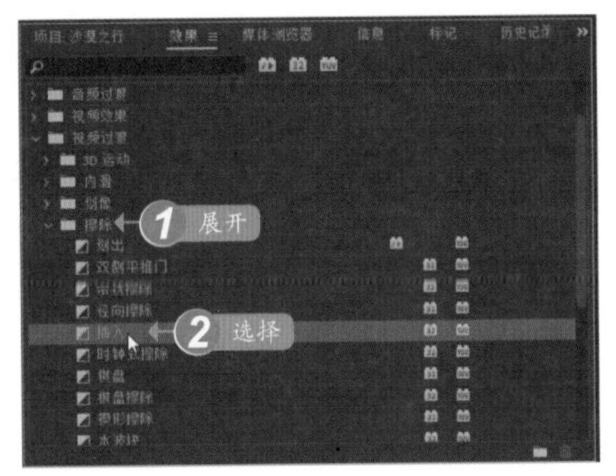

图7-13　选择“插入”转场效果

步骤/03 按住鼠标左键并将其拖曳至V1轨道的两个素材之间，即可添加转场效果，如图7-14所示。

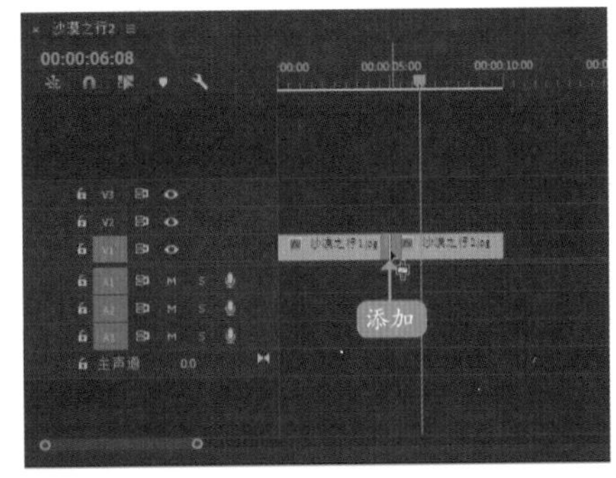

图7-14　添加转场效果

步骤/04 双击添加的转场效果，❶在“效果控件”面板中单击“对齐”右侧的下拉按钮；❷在弹出的列表框中选择“起点切入”选项，如图7-15所示。

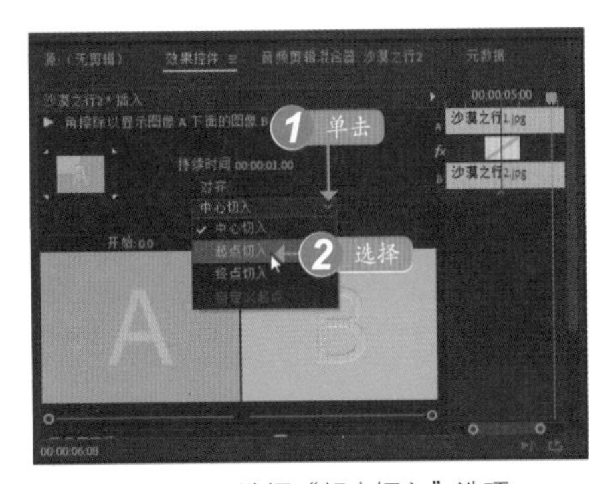

图7-15　选择“起点切入”选项

步骤/05 执行上述操作后，V1轨道上的转场效果即可对齐到“起点切入”位置，如图7-16所示。

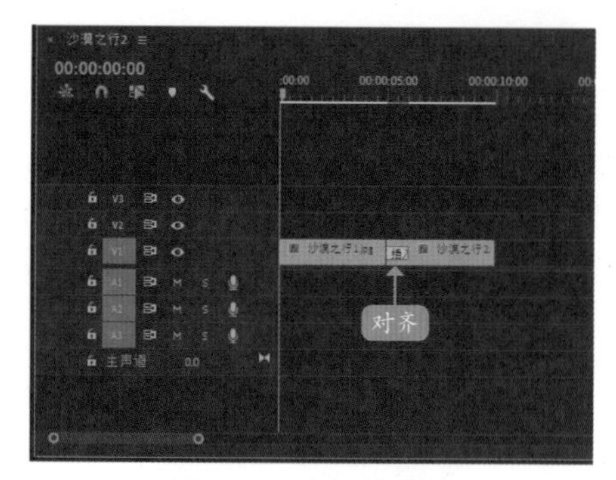

图7-16　对齐转场效果

步骤/06　单击“节目监视器”面板中的“播放-停止切换”按钮▶，即可预览转场效果，如图7-17所示。

图7-17　预览转场效果

专家指点

在Premiere Pro 2020的“效果控件”面板中，系统默认的对齐方式为中心切入，用户还可以设置对齐方式为起点切入或者终点切入，设置完成后时间轴中的素材文件会随即发生变化。

7.1.4　反向转场效果

在Premiere Pro 2020中，用户可以在“项目控件”面板中，将转场效果设置反向，转场效果可以反向预览。下面介绍反向转场效果的操作方法。

步骤/01　在Premiere Pro 2020界面中，选择“文件”|“打开项目”命令，打开项目文件“素材\第7章\丹枫迎秋.prproj”，并预览项目效果，如图7-18所示。

图7-18　预览项目效果

步骤/02　在“时间轴”面板中，选择转场效果，如图7-19所示。

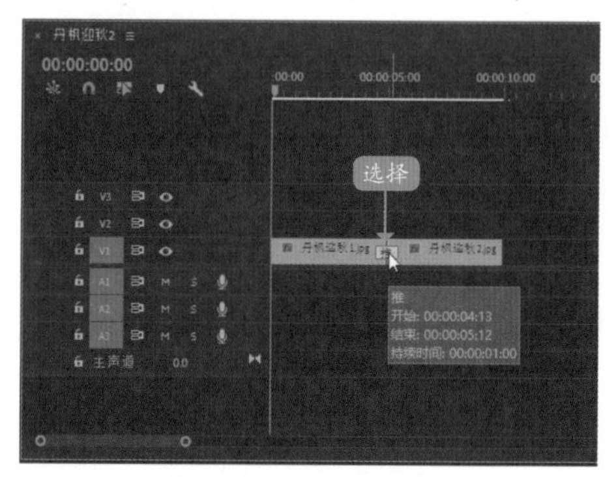

图7-19　选择转场效果

步骤/03　执行上述操作后，展开“效果控件”面板，如图7-20所示。

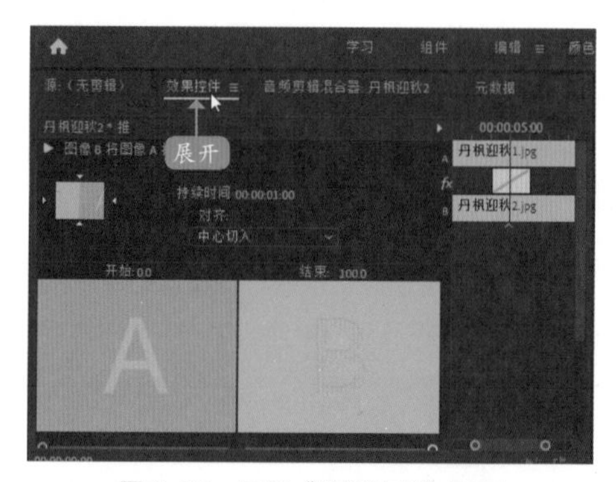

图7-20　展开“效果控件”面板

步骤/04　向下拖曳面板右侧的滑块，或滑动鼠标滑轮，找到并选中“反向”复选框，如图7-21所示。

步骤/05　执行上述操作后，单击“节目监视器”面板中的“播放-停止切换”按钮▶，即可预览反向转场效果，如图7-22所示。

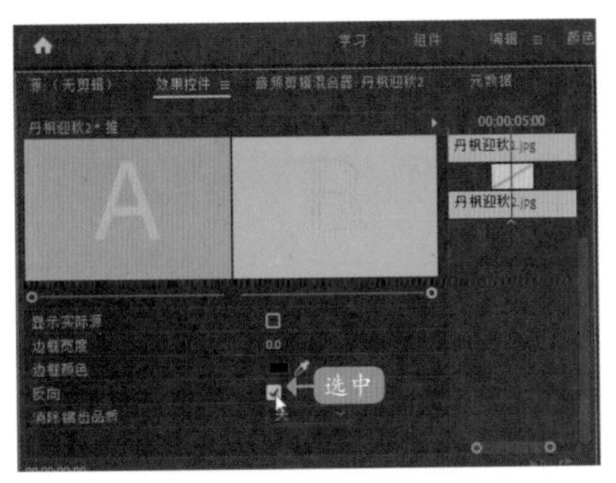

图7-21 选中“反向”复选框

图7-22 预览反向转场效果

7.1.5 设置转场边框

在Premiere Pro 2020中，不仅可以执行对齐转场、设置转场播放时间以及反向效果等，还可以设置边框宽度和边框颜色。下面介绍设置边框宽度与颜色的操作方法。

步骤/01 在Premiere Pro 2020界面中，选择“文件”|“打开项目”命令，打开项目文件“素材\第7章\花团锦簇.prproj”，并预览项目效果，如图7-23所示。

图7-23 预览项目效果

步骤/02 在“时间轴”面板中，选择转场效果，如图7-24所示。

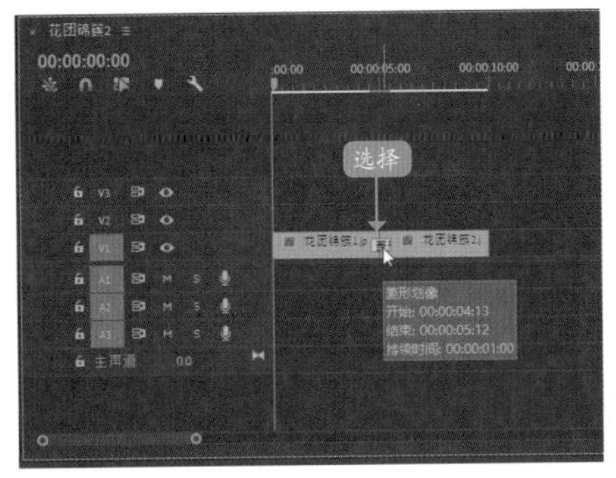

图7-24 选择转场效果

步骤/03 在“效果控件”面板中，单击“边框颜色”右侧的色块，弹出“拾色器”对话框，在其中设置RGB颜色值为248、252、247，如图7-25所示。

图7-25 设置RGB颜色值

步骤/04 设置完成后，单击“确定”按钮。在“效果控件”面板中设置“边框宽度”为5，如图7-26所示。

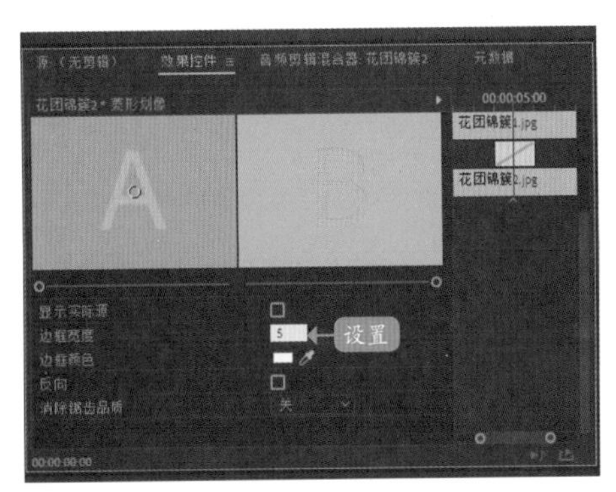

图7-26 设置边框宽度值

步骤/05 执行上述操作后，单击“节目监视器”面板中的“播放-停止切换”按钮▶，即可预览设置边框宽度和颜色后的转场效果，如图7-27所示。

图7-27 预览转场效果

7.2 制作视频转场特效

在两个镜头之间添加转场效果，可以使得镜头与镜头之间的过渡更为平滑。Premiere Pro 2020为用户提供了多种多样的转换效果，根据不同的类型，系统将其分别归类在不同的文件夹中。下面将向大家介绍不同文件夹中的各个转场效果的应用方法。

7.2.1 制作叠加溶解转场

“叠加溶解”转场效果是将第一个镜头的画面消失，第二个镜头的画面同时出现转场效果，下面介绍具体操作方法。

步骤/01 在Premiere Pro 2020工作界面中，按【Ctrl+O】组合键，打开项目文件“素材\第7章\花满枝头.prproj”，如图7-28所示。

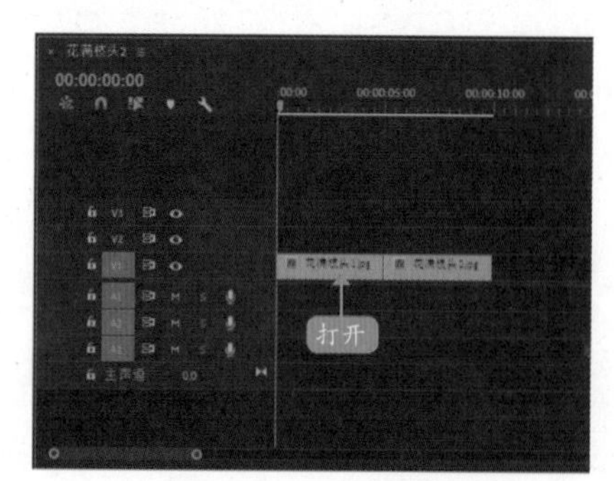

图7-28 打开项目文件

步骤/02 打开项目文件后，在“节目监视器”面板中可以查看素材画面，如图7-29所示。

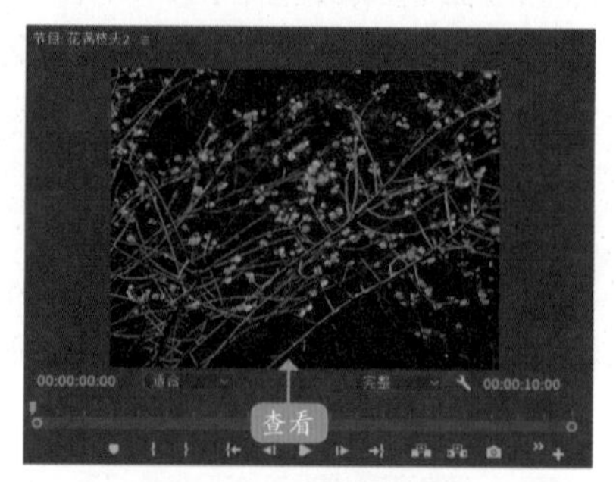

图7-29 查看素材画面

步骤/03 在“效果”面板中，❶依次展开“视频过渡”|“溶解”选项；❷在其中选择“叠加溶解”过渡转场，如图7-30所示。

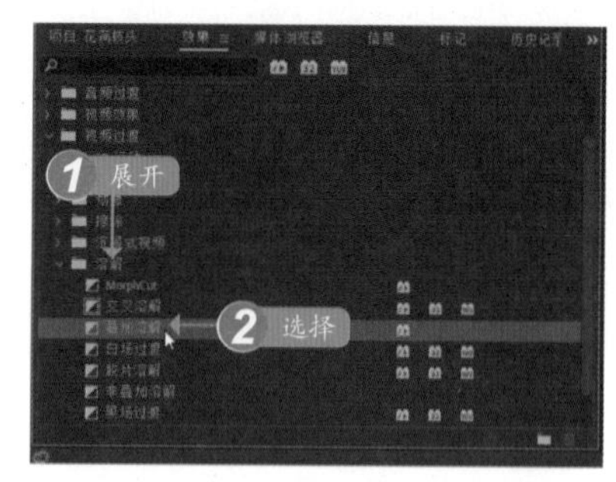

图7-30 选择“叠加溶解”过渡转场

步骤/04 将“叠加溶解”过渡转场添加到“时间轴”面板中相应的两个素材文件之间，如图7-31所示。

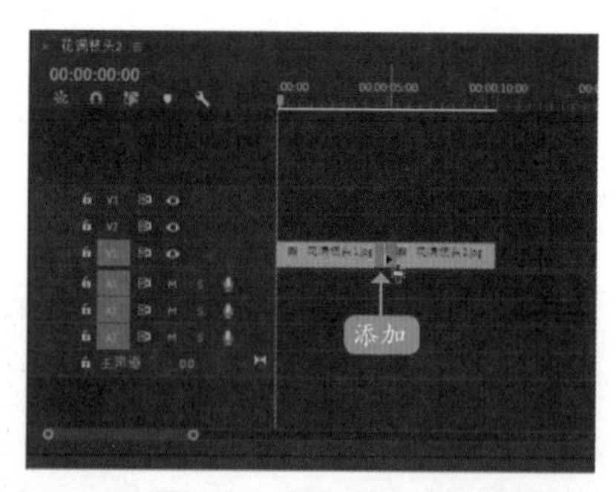

图7-31 添加过渡转场

步骤/05 在“时间轴”面板中选择“叠加溶解”过渡转场，切换至“效果控件”面板，将鼠标指针移至右侧的过渡转场效果上，当鼠标指针呈红色拉伸形状时，按住鼠标左键并向右拖曳，即可调整过渡转场效果的播放时间，如图7-32所示。

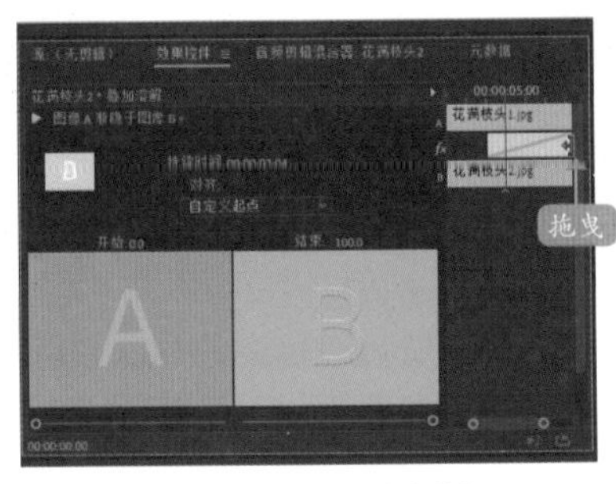

图7-32　拖曳过渡转场

步骤/06 执行上述操作后，即可设置“叠加溶解”转场效果，如图7-33所示。

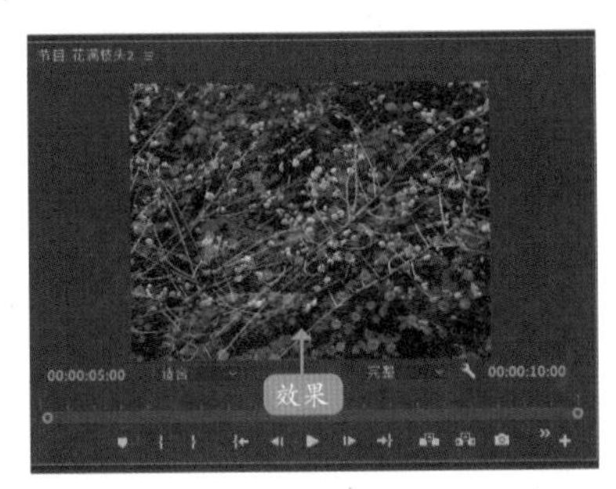

图7-33　设置“叠加溶解”转场效果

步骤/07 在“节目监视器”面板中，单击“播放-停止切换”按钮▶，预览视频效果，如图7-34所示。

图7-34　预览视频效果

专家指点

在“时间轴”面板中也可以对视频过渡效果进行简单的设置。将鼠标指针移至过渡转场效果图标上，当鼠标指针呈白色三角形状时，按住鼠标左键并拖曳，可以调整过渡转场效果的切入位置；将鼠标指针移至过渡转场效果图标的一侧，当鼠标指针呈红色拉伸形状时，按住鼠标左键并拖曳，可以调整过渡转场效果的播放时间。

7.2.2　制作中心拆分转场

“中心拆分”转场效果是将第一个镜头的画面从中心拆分为4个画面，并向4个角落移动，逐渐过渡至第二个镜头的转场效果。下面介绍具体操作方法。

步骤/01 在Premiere Pro 2020工作界面中，按【Ctrl+O】组合键，打开项目文件“素材\第7章\手绘莲花.prproj”，如图7-35所示。

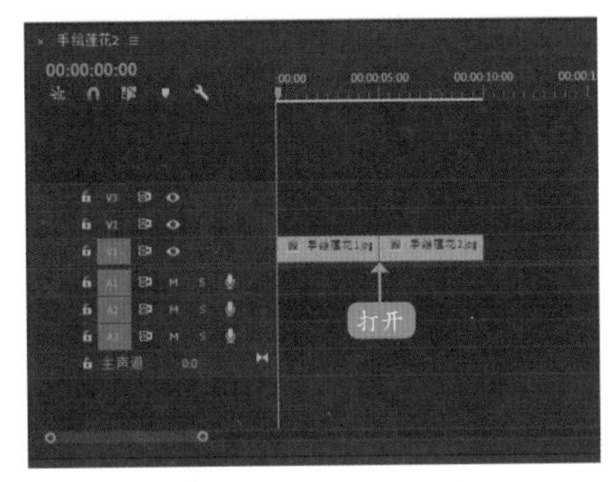

图7-35　打开项目文件

步骤/02 在“节目监视器”面板中可以查看素材画面，如图7-36所示。

图7-36　查看素材画面

步骤/03 在“效果”面板中，❶依次展开“视频过渡”|“内滑”选项；❷在其中选择“中心拆分”过渡转场，如图7-37所示。

步骤/04 将“中心拆分”过渡转场添加到“时间轴”面板中相应的两个素材文件之间，如图7-38所示。

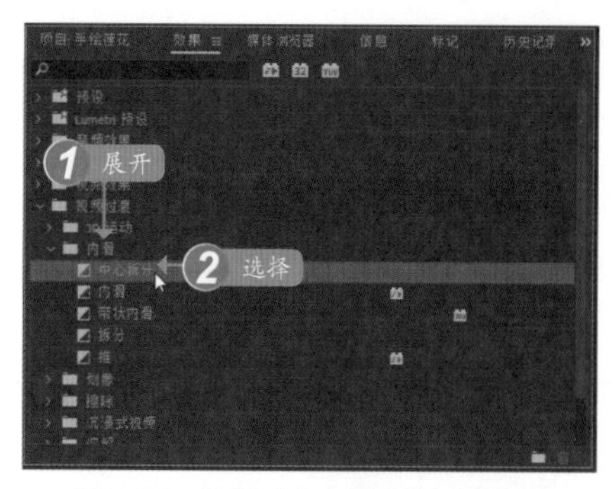

图7-37　选择"中心拆分"过渡转场

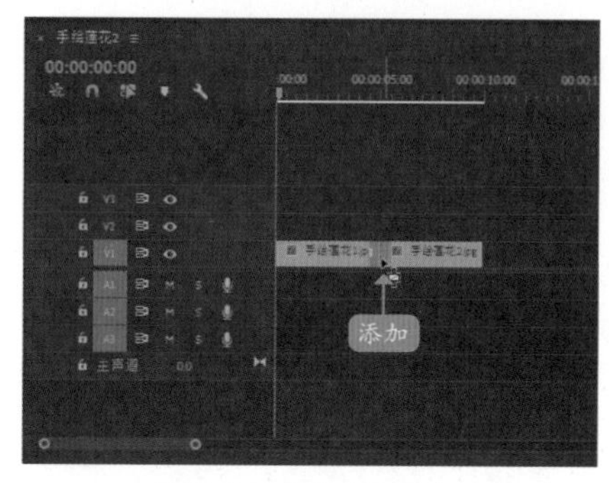

图7-38　添加过渡转场

步骤/05 在"时间轴"面板中选择"中心拆分"过渡转场，切换至"效果控件"面板，设置"边框宽度"为2.0、"边框颜色"为白色，如图7-39所示。

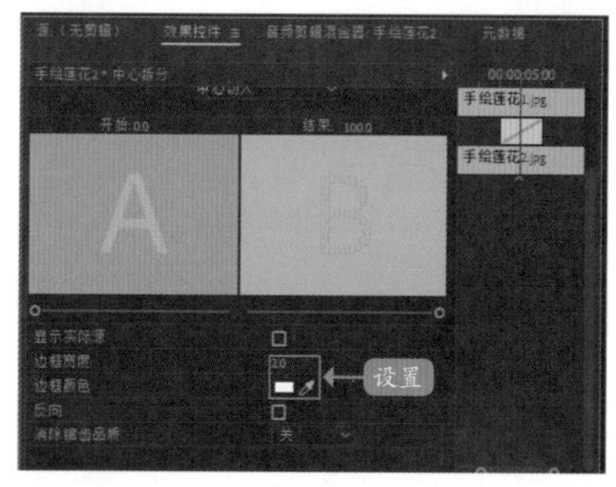

图7-39　设置转场边框

步骤/06 执行上述操作后，即可设置"中心拆分"转场效果，如图7-40所示。

步骤/07 在"节目监视器"面板中，单击"播放-停止切换"按钮▶，预览视频效果，如图7-41所示。

图7-40　设置"中心拆分"转场效果

图7-41　预览视频效果

7.2.3　制作渐变擦除转场

"渐变擦除"转场效果是将第二个镜头的画面以渐变的方式逐渐取代第一个镜头的转场效果。下面介绍具体操作方法。

步骤/01 在Premiere Pro 2020工作界面中，按【Ctrl+O】组合键，打开项目文件"素材\第7章\梦幻特效.prproj"，如图7-42所示。

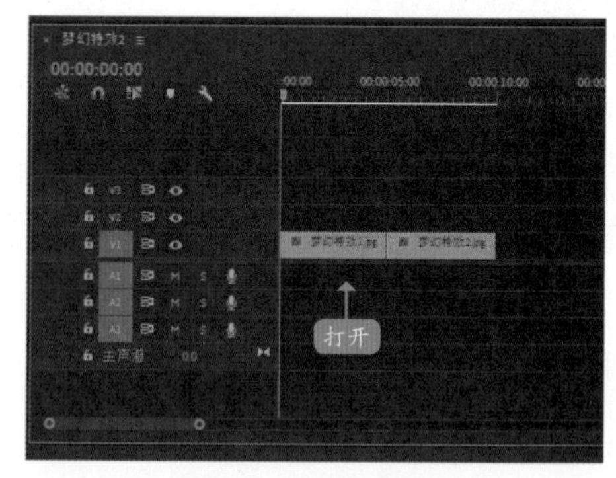

图7-42　打开项目文件

步骤/02 打开项目文件后，在"节目监视器"面板中，单击"播放-停止切换"按钮▶，可以查看素材画面，如图7-43所示。

图7-43　查看素材画面

步骤/03 在“效果”面板中，❶依次展开“视频过渡”|“擦除”选项；❷在其中选择“渐变擦除”过渡转场，如图7-44所示。

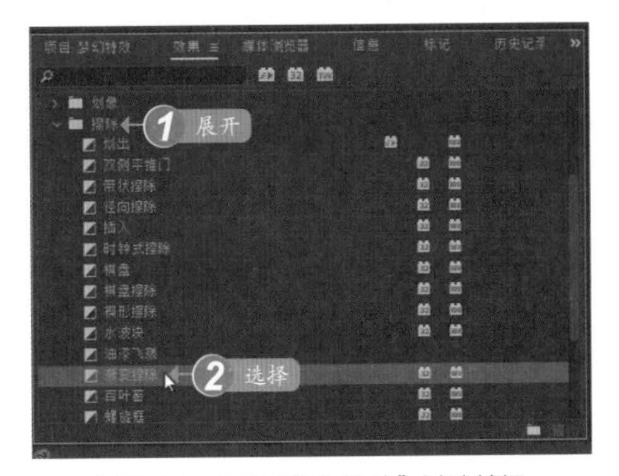

图7-44　选择“渐变擦除”过渡转场

步骤/04 将“渐变擦除”过渡转场拖曳到“时间轴”面板中相应的两个素材文件之间，如图7-45所示。

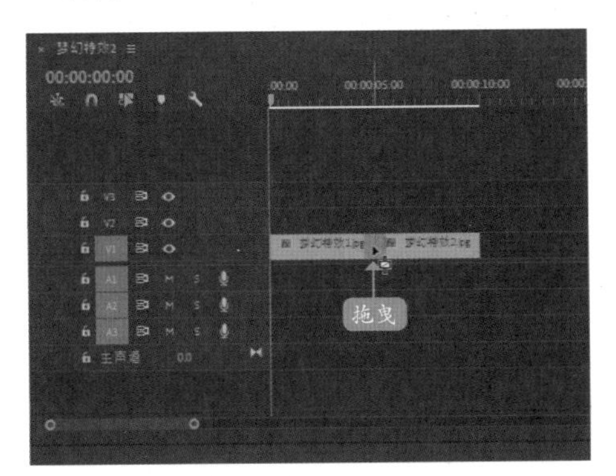

图7-45　拖曳过渡转场

步骤/05 释放鼠标左键，弹出“渐变擦除设置”对话框，设置“柔和度”为0，如图7-46所示。

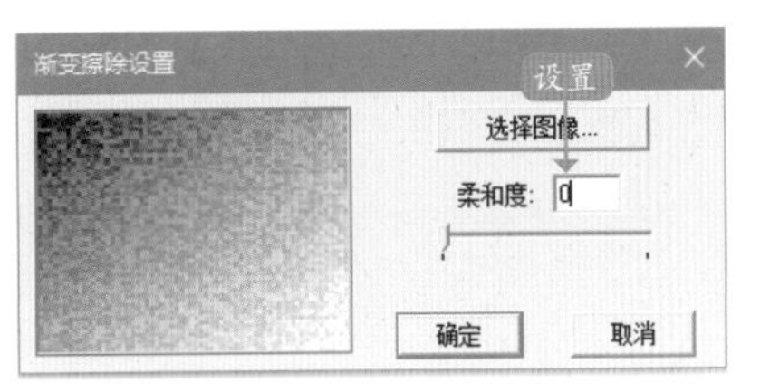

图7-46　设置“柔和度”

步骤/06 单击“确定”按钮，即可设置“渐变擦除”转场效果，如图7-47所示。

图7-47　设置“渐变擦除”转场效果

步骤/07 单击“播放-停止切换”按钮▶，预览视频效果，如图7-48所示。

图7-48　预览视频效果

7.2.4　制作带状内滑转场

“带状内滑”转场效果能够将第二个镜头画面从预览窗口中的左右两边以带状形式向中间滑动拼接并显示出来。下面介绍具体操作方法。

步骤/01 按【Ctrl+O】组合键，打开项目文件“素材\第7章\水墨小镇.prproj”，如图7-49所示。

步骤/02 打开项目文件后，在“节目监视器”面板中可以查看素材画面，如图7-50所示。

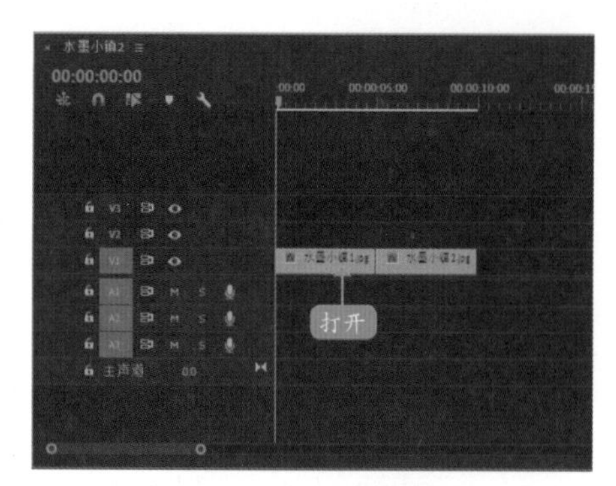

图7-49　打开项目文件

图7-50　查看素材画面

步骤/03 在“效果”面板中，❶依次展开“视频过渡”|“内滑”选项；❷在其中选择“带状内滑”过渡转场，如图7-51所示。

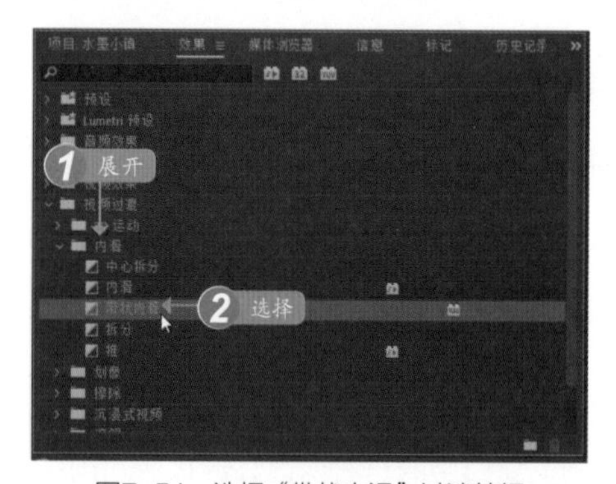

图7-51　选择“带状内滑”过渡转场

步骤/04 将“带状内滑”过渡转场拖曳到“时间轴”面板中相应的两个素材文件之间，如图7-52所示。

步骤/05 在添加的过渡转场上单击鼠标右键，在弹出的快捷菜单中选择“设置过渡持续时间”命令，如图7-53所示。

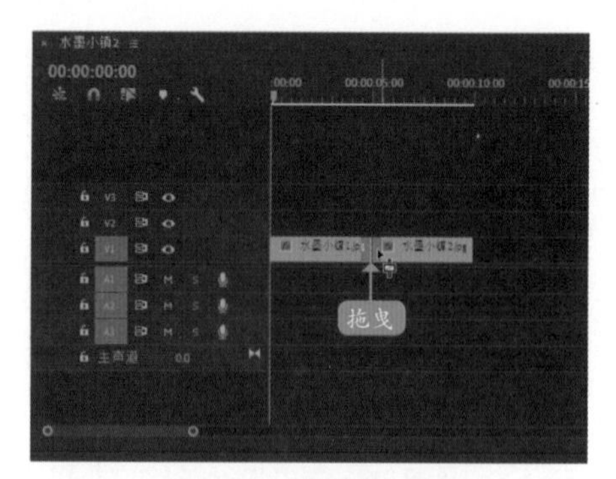

图7-52　拖曳过渡转场

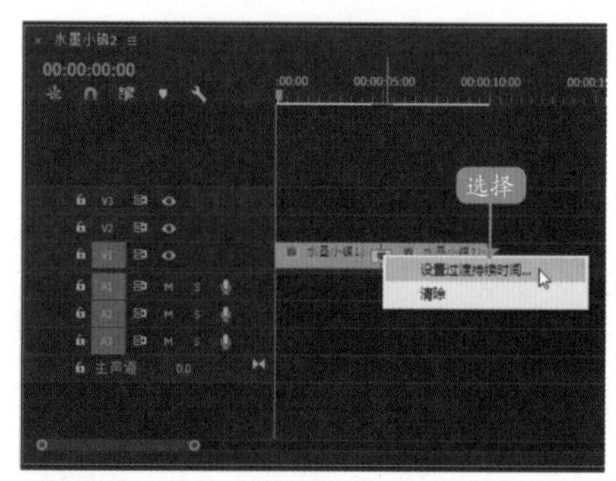

图7-53　选择“设置过渡持续时间”命令

步骤/06 在弹出的“设置过渡持续时间”对话框中，设置“持续时间”为00:00:03:00，如图7-54所示。

图7-54　设置过渡持续时间

步骤/07 单击“确定”按钮，设置完成过渡持续时间后的效果，如图7-55所示。

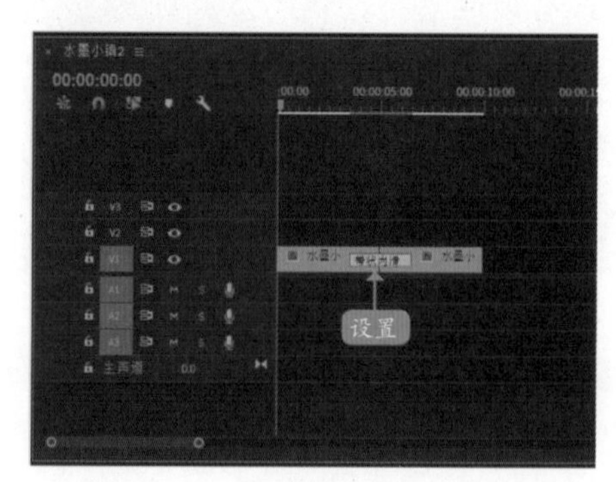

图7-55　设置完成过渡持续时间

步骤/08 执行上述操作后，即可设置“带状内滑”转场效果，如图7-56所示。

步骤/09 在“节目监视器”面板中，单击“播放-停止切换”按钮▶，预览添加转场后的视频效果，如图7-57所示。

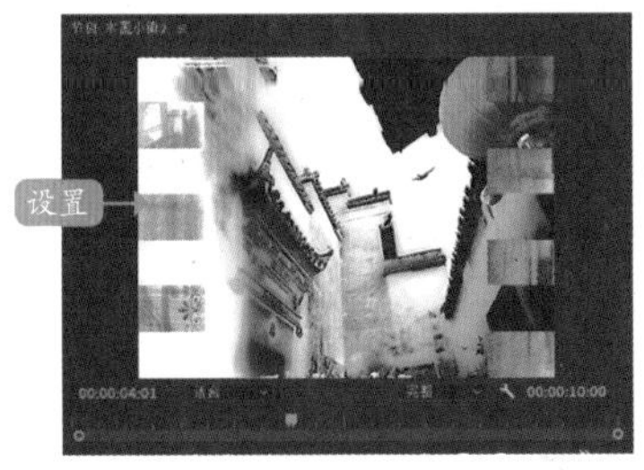

图7-56　设置“带状内滑”转场效果

图7-57　预览视频效果

7.3 制作视频滤镜特效

Premiere Pro 2020根据视频效果的作用，将提供的130多种视频效果分为“变换”“图像控制”“实用程序”“扭曲”“时间”“杂色与颗粒”“模糊与锐化”“沉浸式视频”“生成”“视频”“调整”“过时”“过渡”“透视”“通道”“键控”“颜色校正”以及“风格化”18个文件夹，放置在“效果”面板的“视频效果”文件夹中，如图7-58所示。为了可以更好地应用这些绚丽的效果，用户首先需要掌握视频效果的基本操作方法。

已添加视频效果的素材右侧的“不透明度”按钮fx都会变成紫色fx，以便于用户区分素材是否添加了视频效果，在“不透明度”按钮fx上单击鼠标右键，即可在弹出的列表框中查看添加的视频效果，如图7-59所示。

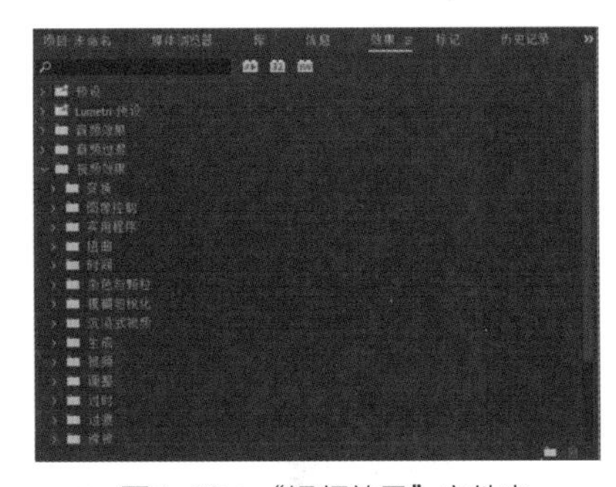

图7-58　“视频效果”文件夹

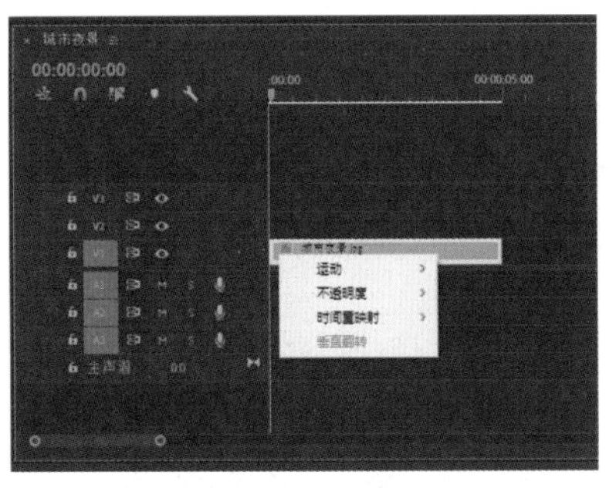

图7-59　查看添加的视频效果

7.3.1　制作水平翻转特效

“水平翻转”视频效果用于将视频中的每一帧从左向右翻转，下面将介绍添加水平翻转效果的操作方法。

步骤/01 按【Ctrl+O】组合键，打开项目文件“素材\第7章\小猫炸毛.prproj”，如图7-60所示。

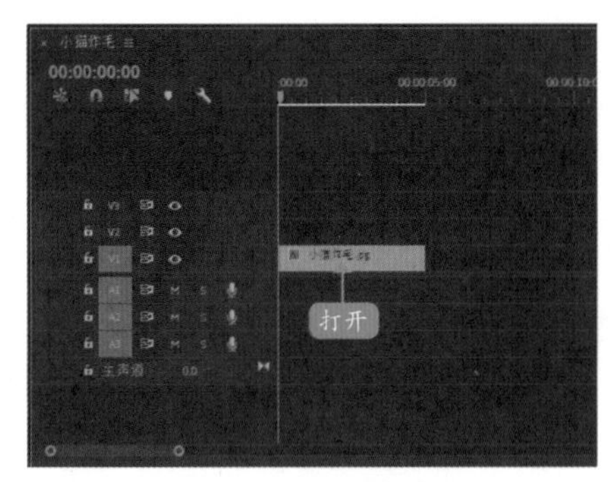

图7-60　打开项目文件

步骤/02 打开项目文件后，在“节目监视器”面板中可以查看素材画面，如图7-61所示。

图7-61　查看素材画面

步骤/03 在“效果”面板中，❶依次展开“视频效果”|“变换”选项；❷在其中选择“水平翻转”视频效果，如图7-62所示。

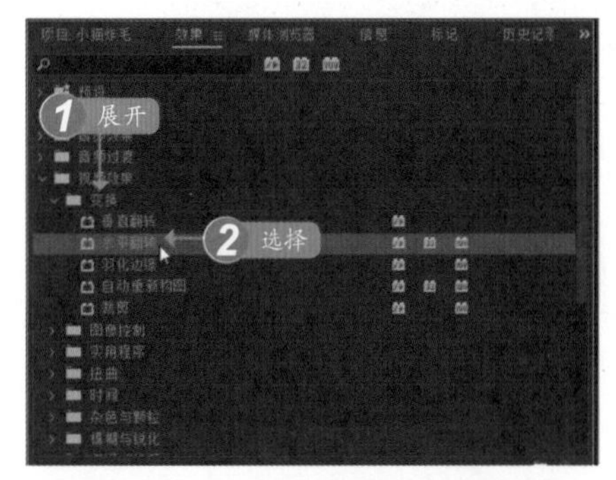

图7-62　选择“水平翻转”视频效果

步骤/04 将“水平翻转”特效拖曳至“时间轴”面板中的素材文件上，如图7-63所示。

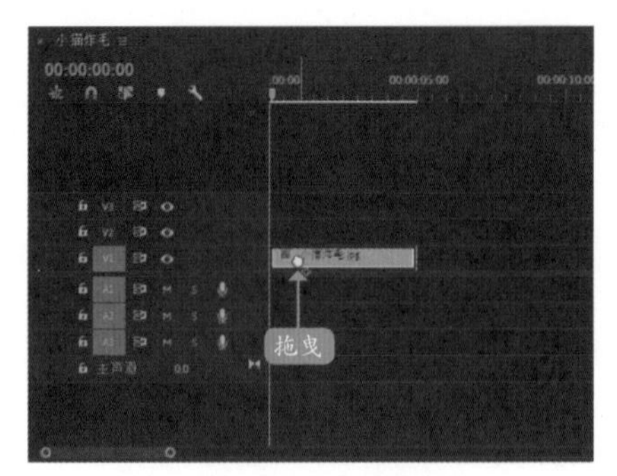

图7-63　拖曳“水平翻转”效果

步骤/05 在“节目监视器”面板中，单击“播放-停止切换”按钮▶，预览视频效果，如图7-64所示。

图7-64　添加水平翻转特效后的前后对比效果

7.3.2　制作镜头光晕特效

“镜头光晕”视频效果用于修改明暗分界点的差值，以产生模糊效果。下面介绍添加镜头光晕特效的操作步骤。

步骤/01 按【Ctrl+O】组合键，打开项目文件“素材\第7章\吐蕊绽放.prproj”，并预览项目效果，如图7-65所示。

图7-65　预览项目效果

步骤/02 在“效果”面板中，❶展开“视频效果”|“生成”选项；❷在其中选择“镜头光晕”视频效果，如图7-66所示。

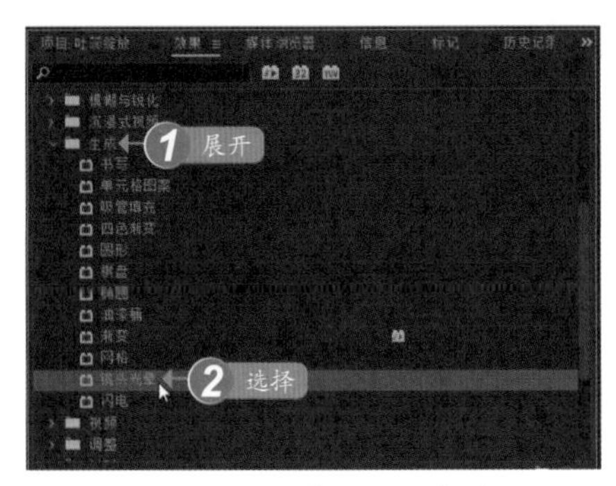

图7-66　选择“镜头光晕”选项

步骤/03 按住鼠标左键将其拖曳至V1轨道上，展开“效果控件”面板，设置“光晕中心”为（1385.0,70.0）、“光晕亮度”为136%，如图7-67所示。

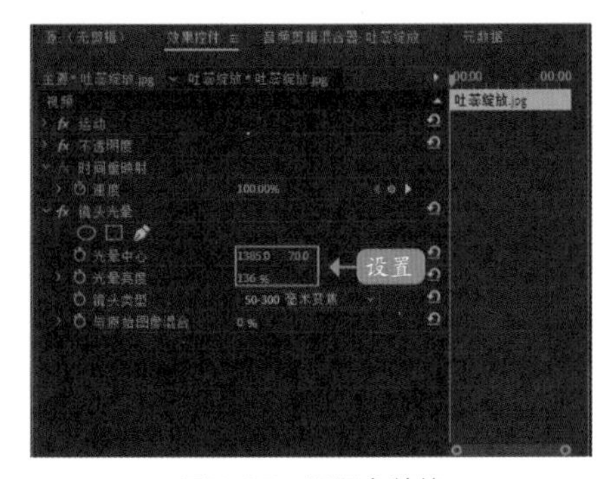

图7-67　设置参数值

步骤/04 执行操作后，即可添加“镜头光晕”视频效果。预览视频效果，如图7-68所示。

图7-68　预览视频效果

专家指点

在Premiere Pro 2020中，“生成”列表框中的视频效果主要用于在素材上创建有特色的图形或渐变颜色，并可以与素材合成。

7.3.3　制作彩色浮雕特效

“彩色浮雕”视频效果用于生成彩色的浮雕效果，视频中颜色对比越强烈，浮雕效果越明显。下面介绍具体的操作步骤。

步骤/01 按【Ctrl+O】组合键，打开项目文件“素材\第7章\含苞待放.prproj”，并预览项目效果，如图7-69所示。

图7-69　预览项目效果

步骤/02 在“效果”面板中，①依次展开“视频效果”|“风格化”选项；②在其中选择“彩色浮雕”选项，如图7-70所示。

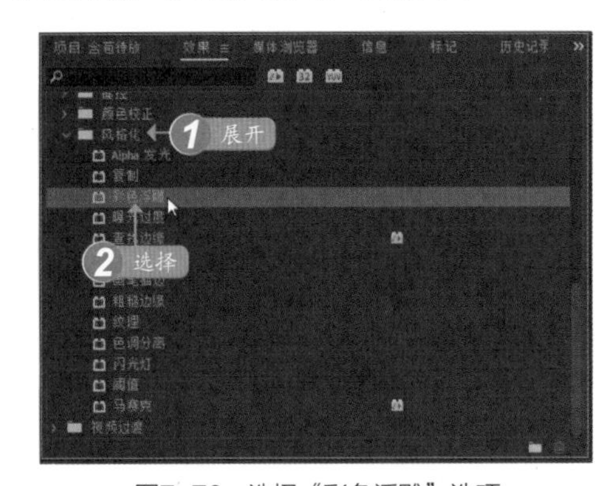

图7-70　选择“彩色浮雕”选项

步骤/03 将其拖曳至V1轨道上，展开“效果控件”面板，设置“起伏”为15.00，如图7-71所示。

步骤/04 执行操作后，即可添加“彩色浮雕”视频效果。单击“播放-停止切换”按钮，查看视频效果，如图7-72所示。

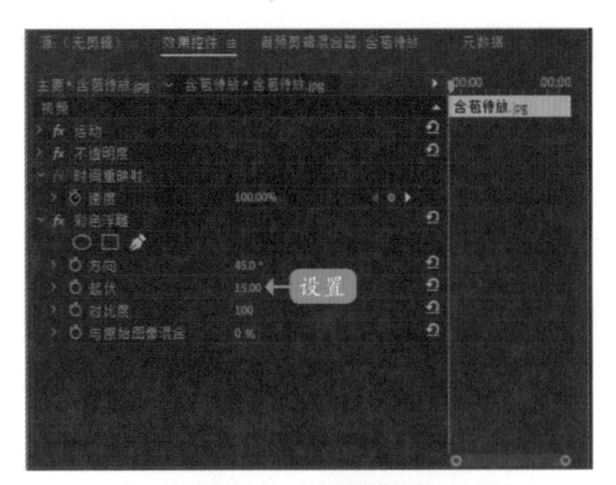

图7-71　设置参数值

图7-72　预览视频效果

7.3.4　制作3D透视特效

“透视”特效主要用于在视频画面上添加透视效果。下面介绍“透视”特效组中“基本3D”视频效果的添加方法。

步骤/01 按【Ctrl＋O】组合键，打开项目文件“素材\第7章\花儿绽放.prproj”，如图7-73所示。

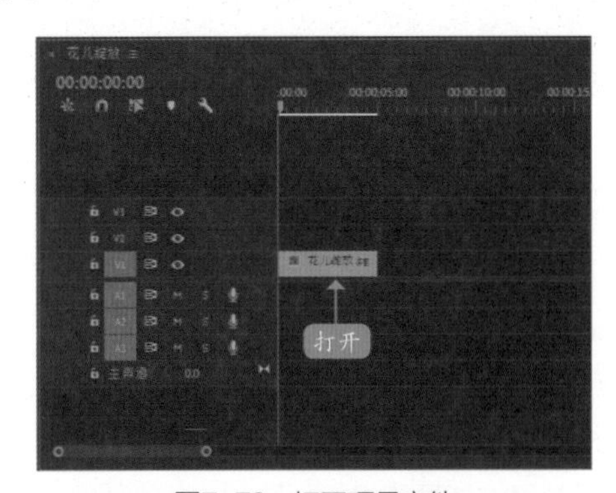

图7-73　打开项目文件

步骤/02 在“节目监视器”面板中可以查看素材画面，如图7-74所示。

图7-74　查看素材画面

步骤/03 在“效果”面板中，❶依次展开“视频效果”|“透视”选项；❷在其中选择“基本3D”视频效果，如图7-75所示。

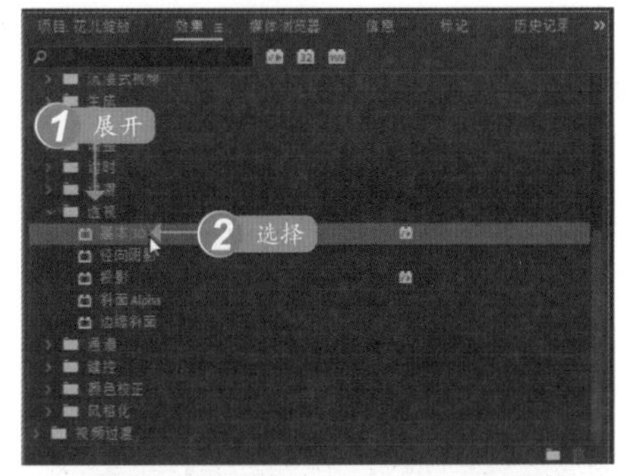

图7-75　选择“基本3D”视频效果

步骤/04 将“基本3D”视频特效拖曳至“时间轴”面板中的素材文件上，如图7-76所示。

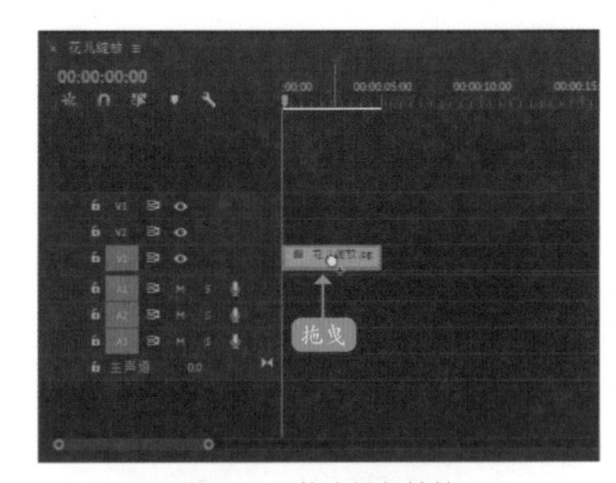

图7-76　拖曳视频特效

步骤/05 选择V1轨道上的素材，在“效果控件”面板中，展开“基本3D”选项，如图7-77所示。

步骤/06 ❶设置“旋转”为-100.0°；❷单击“旋转”选项左侧的“切换动画”按钮，如图7-78所示。

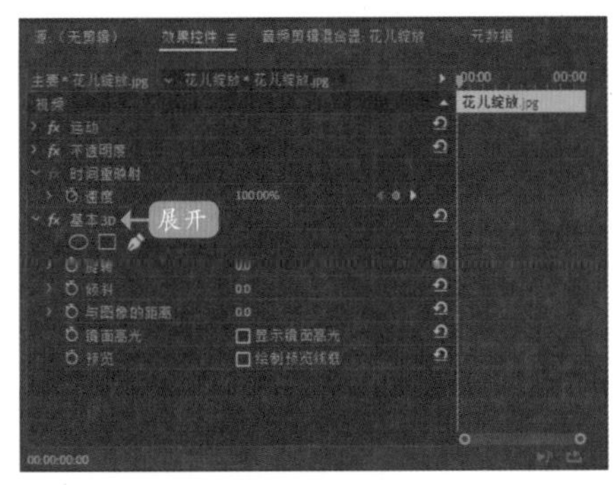

图7-77　展开“基本3D”选项

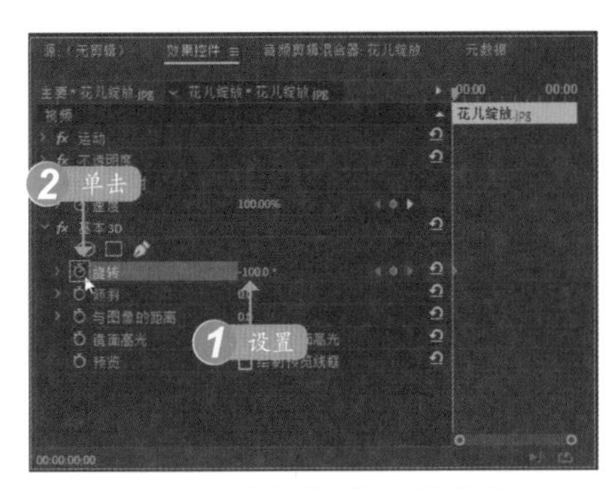

图7-78　单击“切换动画”按钮

步骤/07 ❶拖曳时间指示器至00:00:03:00的位置处；❷设置“旋转”为0.0°，如图7-79所示。

步骤/08 执行上述操作后，即可运用“基本3D”特效调整素材，如图7-80所示。

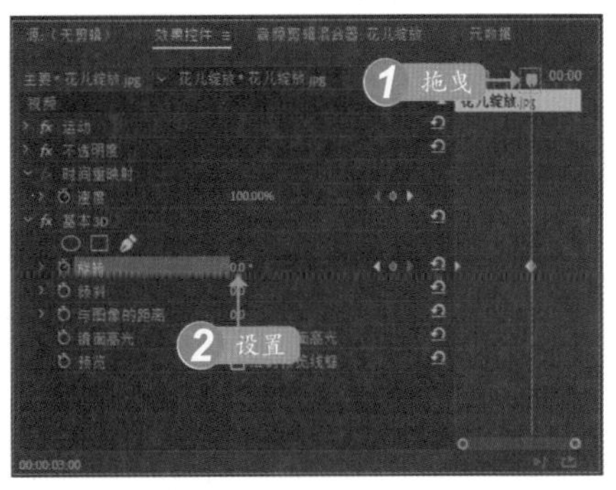

图7-79　设置“旋转”为0.0°

图7-80　运用“基本3D”特效调整视频

步骤/09 单击“播放-停止切换”按钮▶，预览视频效果，如图7-81所示。

图7-81　预览视频效果

第8章

运动效果：为素材添加关键帧特效

学前提示

动态效果是指在原有的视频画面中合成或创建移动、变形和缩放等运动效果。

在Premiere Pro 2020中，为静态素材加入适当的运动效果，可以让画面活动起来，显得更加逼真、生动。本章主要介绍影视运动效果的制作方法与技巧，让画面更为精彩。

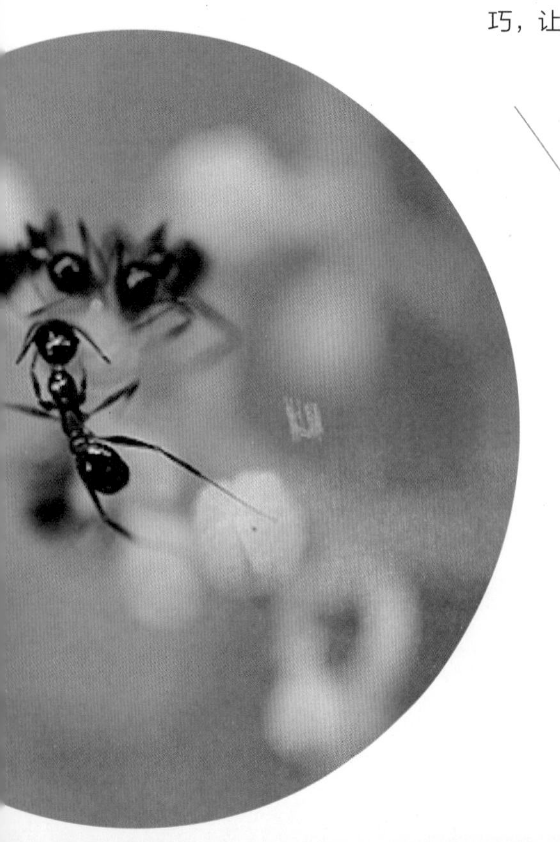

8.1 运动关键帧的设置

在Premiere Pro 2020中，关键帧可以帮助用户控制视频或音频特效的变化，并形成一个变化的过渡效果。

8.1.1　添加关键帧

在“效果控件”面板中，除了可以添加各种视频和音频特效外，还可以通过设置选项参数的方法创建关键帧。下面介绍具体操作方法。

步骤/01 按【Ctrl+O】组合键，打开项目文件“素材\第8章\红白相间.prproj”，并预览项目效果，如图8-1所示。

图8-1　预览项目效果

步骤/02 选择“时间轴”面板中的素材，①展开“效果控件”面板；②单击“旋转”选项左侧的“切换动画”按钮，如图8-2所示。

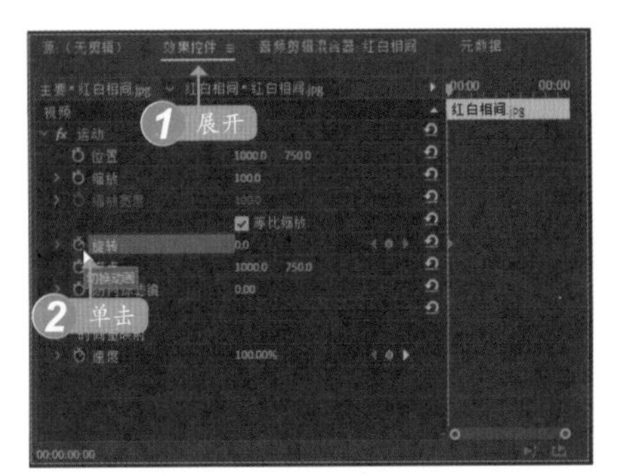

图8-2　单击“切换动画”按钮

步骤/03 ①拖曳时间指示器至合适位置；②设置“旋转”选项为30°；③即可添加对应选项的关键帧，如图8-3所示。

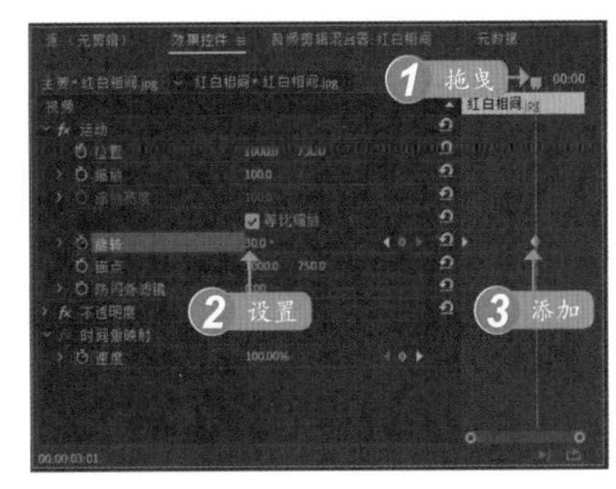

图8-3　添加关键帧

步骤/04 ①在“时间轴”面板中单击“时间轴显示设置”按钮；②在弹出的列表框中选择“显示视频关键帧”选项，如图8-4所示。

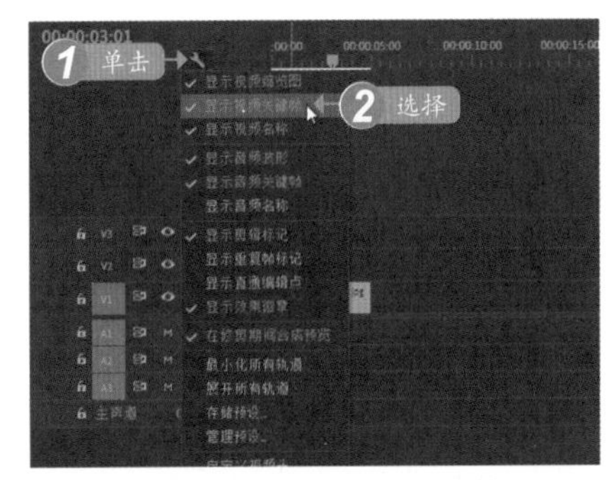

图8-4　选择“显示视频关键帧”选项

步骤/05 取消选择该选项，即可在时间轴中隐藏关键帧，效果如图8-5所示。

图8-5　隐藏关键帧与效果

8.1.2　调节关键帧

用户在添加完关键帧后，可以适当调节关键帧的位置和属性，这样可以使运动效果更加流畅。在Premiere Pro 2020中，调节关键帧同样可以通过“时间轴”和“效果控件”面板两种方法来完成。下面介绍具体操作方法。

步骤 01 按【Ctrl+O】组合键，打开项目文件“素材\第8章\花开并蒂.prproj”，并预览项目效果，如图8-6所示。

图8-6 预览项目效果

步骤 02 在“效果控件”面板中，选择需要调节的关键帧，如图8-7所示。

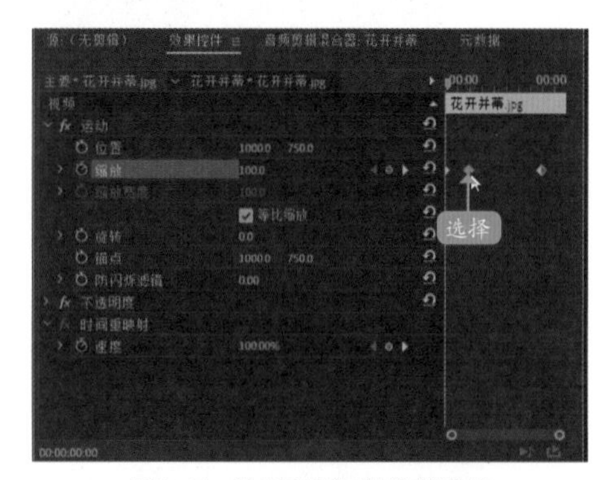

图8-7 选择需要调节的关键帧

在“时间轴”面板中，展开V1轨道，素材上关键帧的参数线默认状态为“不透明度”效果参数，用户可以在参数线上添加关键帧，通过拖曳关键帧调整关键帧位置处的“不透明度”参数值。

步骤 03 按住鼠标左键将其拖曳至合适位置，即可完成关键帧的调节，如图8-8所示。

步骤 04 在“节目监视器”面板中，将时间线移至关键帧位置处，可以查看素材画面效果，如图8-9所示。

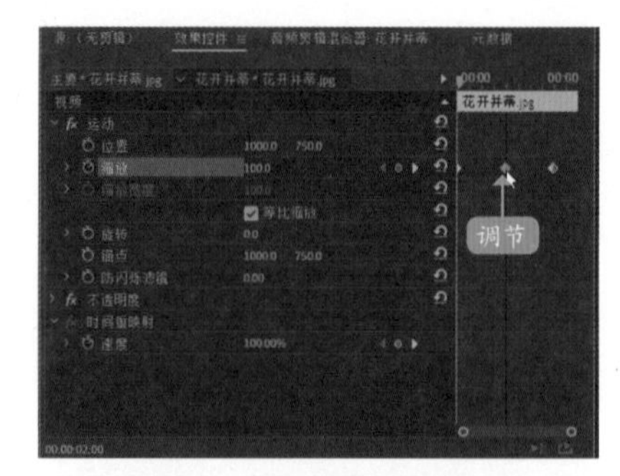

图8-8 调节关键帧及其效果

图8-9 查看素材画面效果

步骤 05 在“时间轴”面板中的轨道面板上双击鼠标左键，展开V1轨道。在轨道上调节关键帧时，不仅可以调整其位置，同时可以调节其参数的变化。向下拖曳关键帧的参数线，则对应参数将减少，效果如图8-10所示。

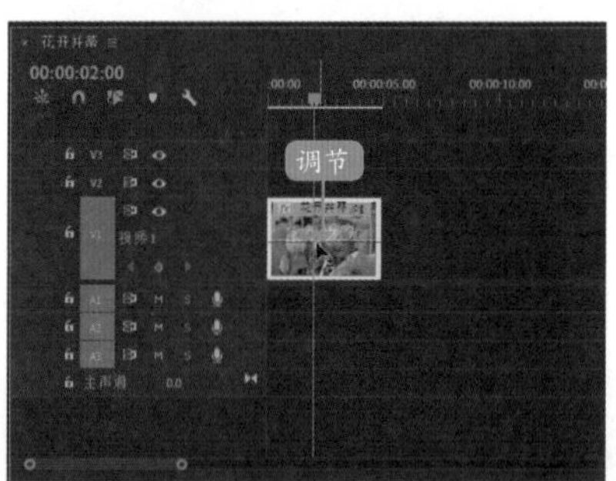

图8-10 向下调节关键帧参数线及其效果

步骤/06 向上拖曳关键帧的参数线，对应参数将增加，效果如图8-11所示。

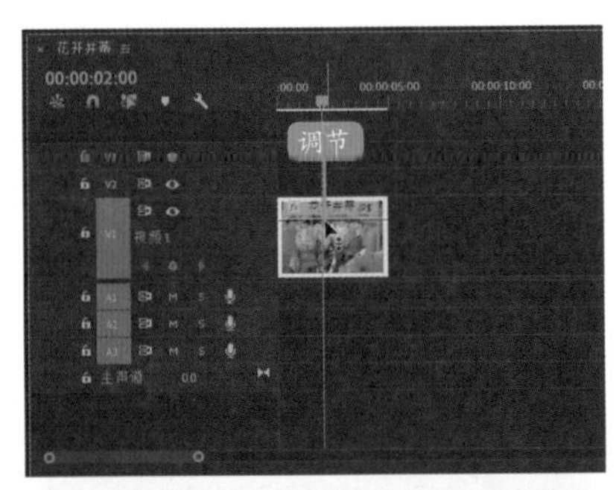

图8-11　向上调节关键帧参数线及其效果

8.1.3　复制粘贴关键帧

当用户需要创建多个相同参数的关键帧时，可以使用复制与粘贴关键帧的方法快速添加关键帧。下面介绍具体操作方法。

步骤/01 按【Ctrl+O】组合键，打开项目文件“素材\第8章\山河美景.prproj”，并预览项目效果，如图8-12所示。

图8-12　预览项目效果

步骤/02 ❶选择需要复制的关键帧；❷单击鼠标右键，在弹出的快捷菜单中，选择“复制”选项，如图8-13所示。

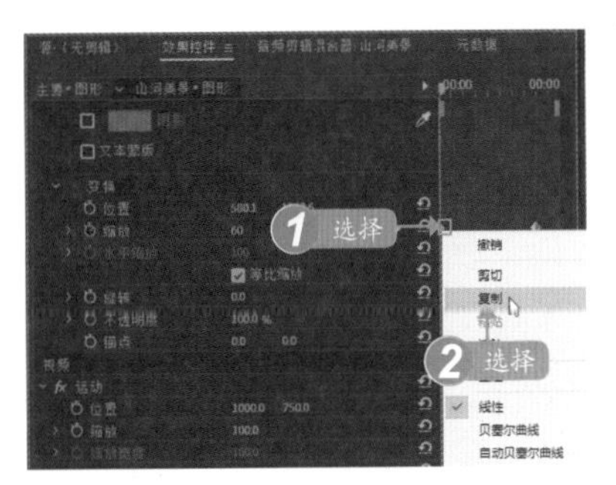

图8-13　选择“复制”选项

步骤/03 拖曳当前时间指示器至合适位置，如图8-14所示。

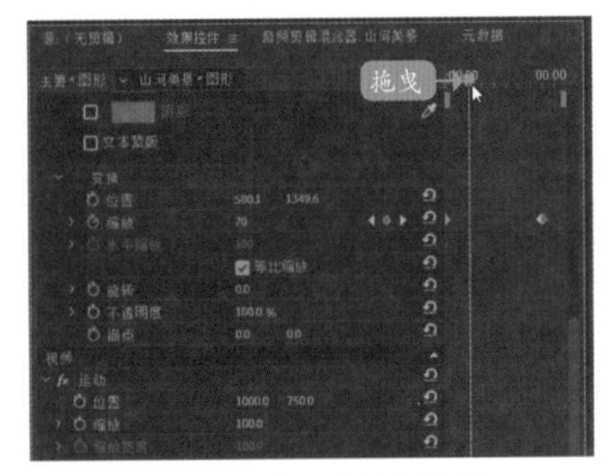

图8-14　拖曳至合适位置

步骤/04 在“效果控件”面板内单击鼠标右键，在弹出的快捷菜单中选择“粘贴”选项，如图8-15所示。执行操作后，即可复制一个相同的关键帧。

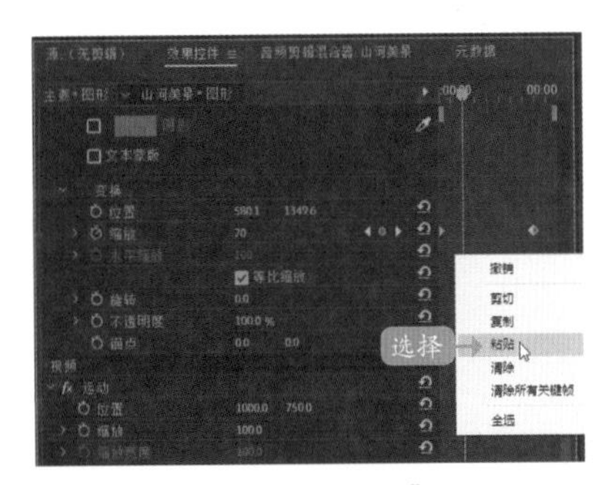

图8-15　选择“粘贴”选项

专家指点

在Premiere Pro 2020中，用户还可以通过以下方法复制和粘贴关键帧。

> 选择“编辑”|“复制”命令或者按【Ctrl+C】组合键，复制关键帧。

> 选择“编辑”|“粘贴”命令或者按【Ctrl+V】组合键，粘贴关键帧。

步骤/05 在“节目监视器”面板中，单击“播放-停止切换”按钮▶，查看制作的效果，如图8-16所示。

图8-16 查看制作的效果

8.1.4 切换关键帧

在Premiere Pro 2020中，用户可以在已添加的关键帧之间进行快速切换，下面介绍具体操作方法。

步骤/01 按【Ctrl＋O】组合键，打开项目文件“素材\第8章\白色天鹅.prproj”，如图8-17所示。

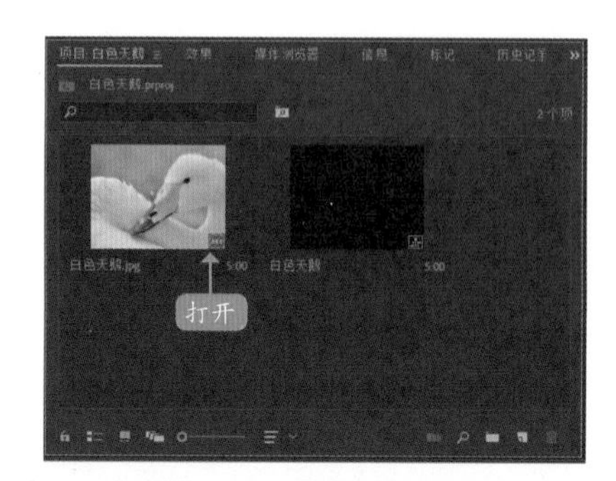

图8-17 打开项目文件

步骤/02 在“时间轴”面板中，选择已添加关键帧的素材，如图8-18所示。

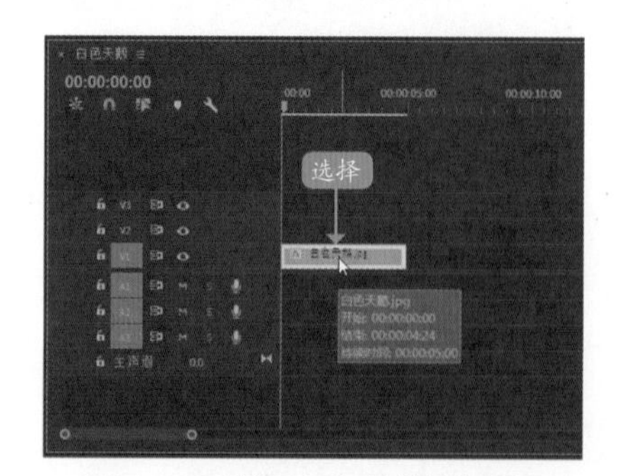

图8-18 选择已添加关键帧的素材

步骤/03 在“效果控件”面板中，①单击“转到下一关键帧”按钮▶；②即可快速切换至第二个关键帧，如图8-19所示。

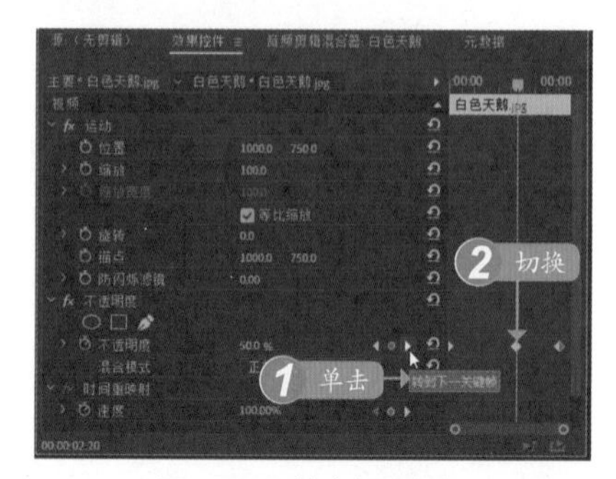

图8-19 单击相应按钮

步骤/04 在“节目监视器”面板中，可以查看转到下一关键帧的效果，如图8-20所示。

图8-20 查看转到下一关键帧效果

步骤/05 ①单击“转到上一关键帧”按钮；②即可切换至第一个关键帧，如图8-21所示。

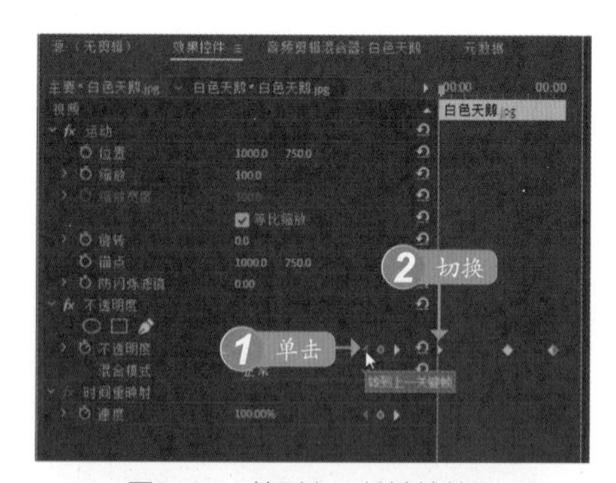

图8-21 转到上一关键帧效果

步骤/06 在“节目监视器”面板中，可以查看转到上一关键帧的效果，如图8-22所示。

图8-22　查看转到上一关键帧效果

8.2 制作视频运动特效

通过前文对关键帧的学习，大家已经了解运动效果的基本原理了。在本节内容中，大家可以从制作运动效果的一些基本操作开始学习，并逐渐熟练掌握各种运动特效的制作方法。

8.2.1　制作飞行运动特效

在制作运动特效的过程中，用户可以通过设置“位置”选项的参数得到一段镜头飞过的画面效果。下面介绍飞行运动特效的操作方法。

步骤/01 按【Ctrl+O】组合键，打开项目文件“素材\第8章\美丽动人.prproj”，如图8-23所示。

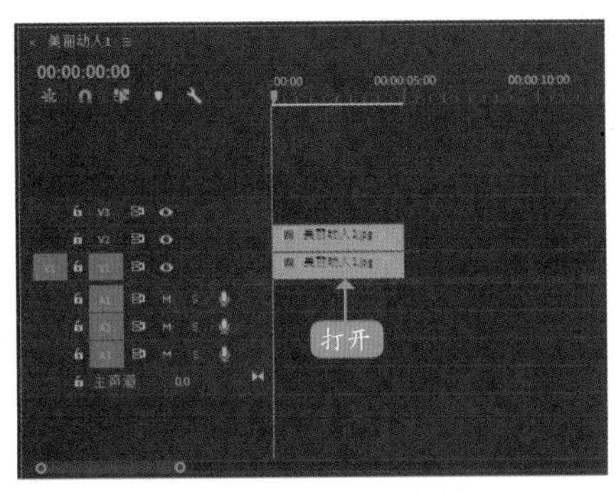

图8-23　打开项目文件

步骤/02 选择V2轨道上的素材文件，在“效果控件”面板中，①单击“位置”选项左侧的“切换动画”按钮；②设置“位置”为（400.0,400.0）、“缩放”为60.0，如图8-24所示。

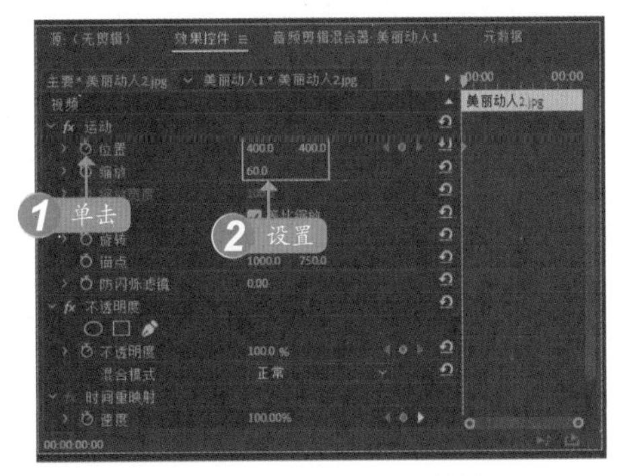

图8-24　添加第一个关键帧

专家指点

在Premiere Pro 2020中，经常会看到在一些镜头画面的上面飞过其他镜头，同时两个镜头的视频内容照常进行，这就是设置运动方向的效果。在Premiere Pro 2020中，视频的运动方向设置可以在“效果控件”面板的“运动”特效中得到实现，而“运动”特效是视频素材自带的特效，不需要在“效果”面板中选择特效即可进行应用。

步骤/03 ①拖曳时间指示器至00:00:02:00的位置；②在“效果控件”面板中设置“位置”为（155.0,250.0），如图8-25所示。

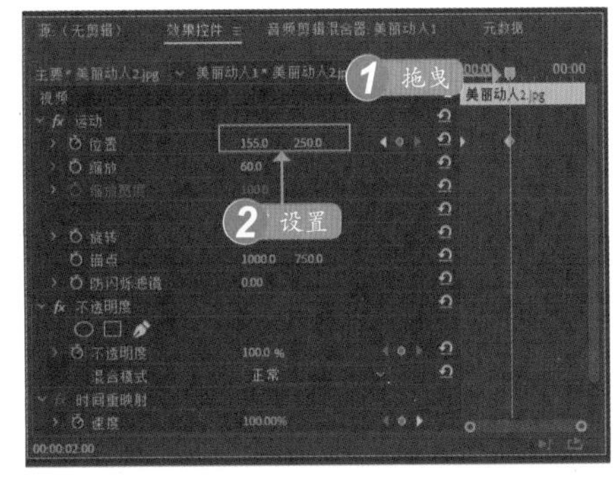

图8-25　设置“位置”参数

步骤/04 ①拖曳时间指示器至00:00:04:00的位置；②在“效果控件”面板中设置“位置”为（520.0,1135.0），添加第三个关键帧，如

图8-26所示。

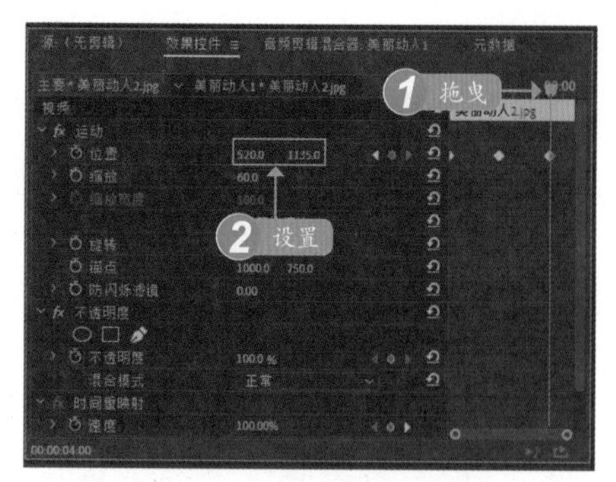

图8-26　添加第三个关键帧

步骤/05 执行操作后，即可得到飞行运动效果。将时间线移至素材的开始位置，在“节目监视器”面板中，单击“播放-停止切换”按钮▶，即可预览飞行运动效果，如图8-27所示。

图8-27　预览视频效果

8.2.2　制作缩放运动特效

缩放运动效果是指对象以从小到大或从大到小的形式展现在观众的眼前，下面介绍具体操作方法。

步骤/01 按【Ctrl+O】组合键，打开项目文件“素材\第8章\饮料广告.prproj”，并预览项目效果，如图8-28所示。

图8-28　预览项目效果

步骤/02 选择V1轨道上的素材文件，在“效果控件”面板中设置“缩放”为100.0，如图8-29所示。

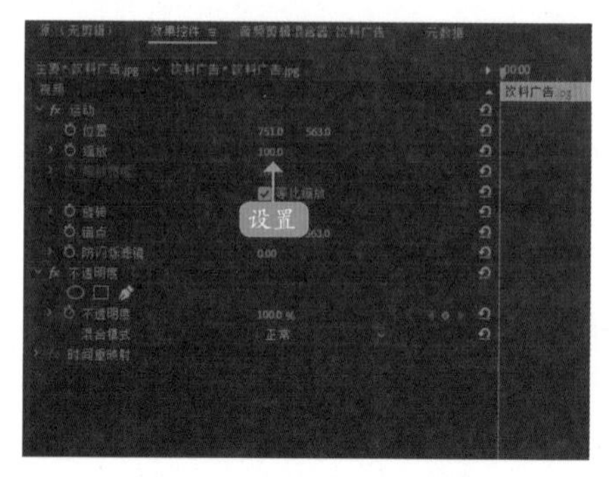

图8-29　设置“缩放”参数

专家指点

在Premiere Pro 2020中，缩放运动效果在影视节目中运用得比较频繁，该效果不仅操作简单，而且制作的画面对比效果强，表现力丰富。

在工作界面中，为影片素材制作缩放运动效果后，如果对效果不满意，可以展开“特效控制台”面板，在其中设置相应“缩放”参数，改变缩放运动效果。

步骤/03 设置视频缩放效果后，在“节目监视器”面板中可以查看素材画面，效果如图8-30所示。

图8-30　查看素材画面

步骤/04 选择V2轨道上的素材，在“效果控件”面板中，❶单击“位置”“缩放”以及“不透明度”选项左侧的“切换动画”按钮；❷设置“位置”为（360.0,288.0）、“缩放”为0.0、“不透明度”为0.0%；❸添加第一组关键帧，如图8-31所示。

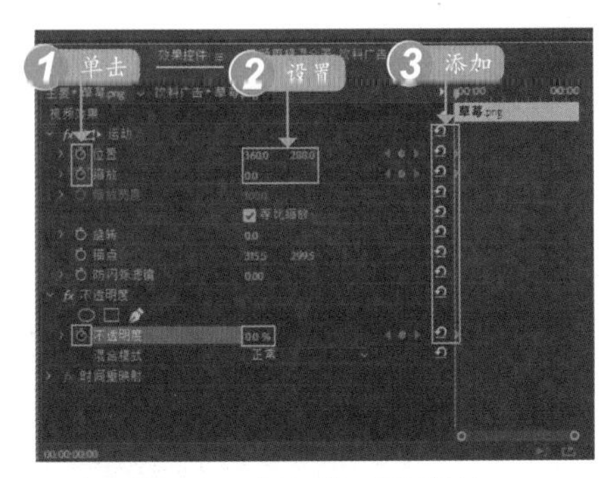

图8-31　添加第一组关键帧

步骤/05　❶拖曳时间指示器至00:00:02:00的位置；❷设置“缩放”为80.0；❸设置“不透明度”为100.0%；❹添加第二组关键帧，如图8-32所示。

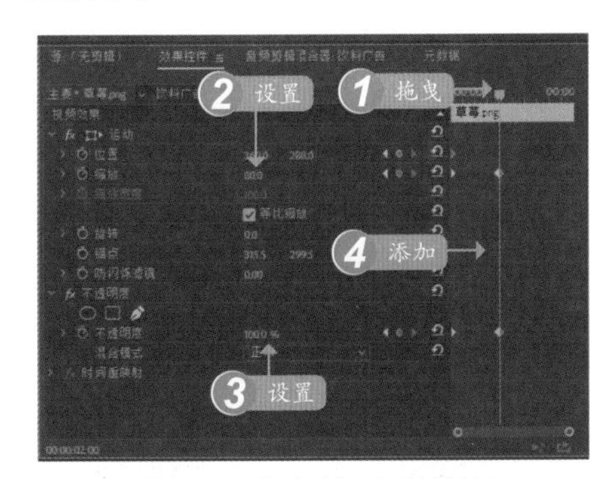

图8-32　添加第二组关键帧

步骤/06　❶单击“位置”选项右侧的“添加/移除关键帧”按钮；❷即可添加关键帧，如图8-33所示。

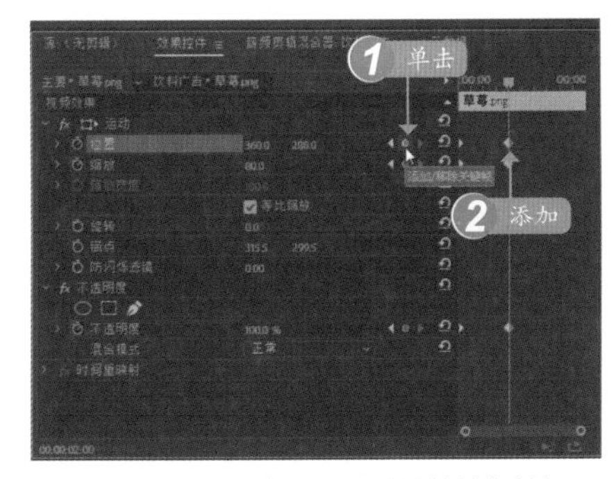

图8-33　单击“添加/移除关键帧”按钮

步骤/07　❶拖曳时间指示器至00:00:04:00的位置；❷选择“运动”选项，如图8-34所示。

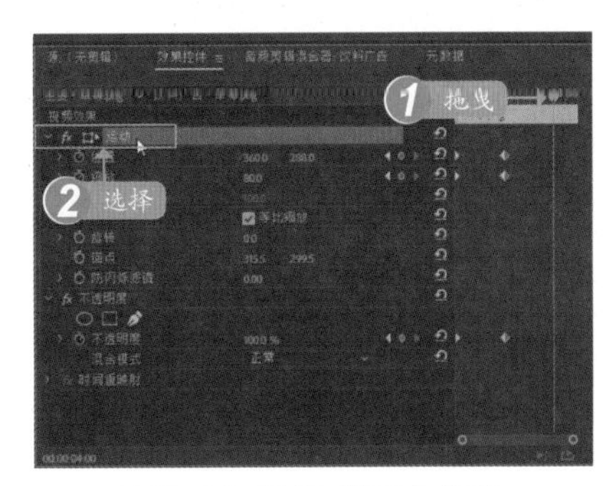

图8-34　选择“运动”选项

步骤/08　执行操作后，在“节目监视器”面板中显示运动控件，如图8-35所示。

图8-35　显示运动控件

步骤/09　在“节目监视器”面板中，单击运动控件的中心并拖曳，调整素材位置；拖曳素材四周的控制点，调整素材大小，如图8-36所示。

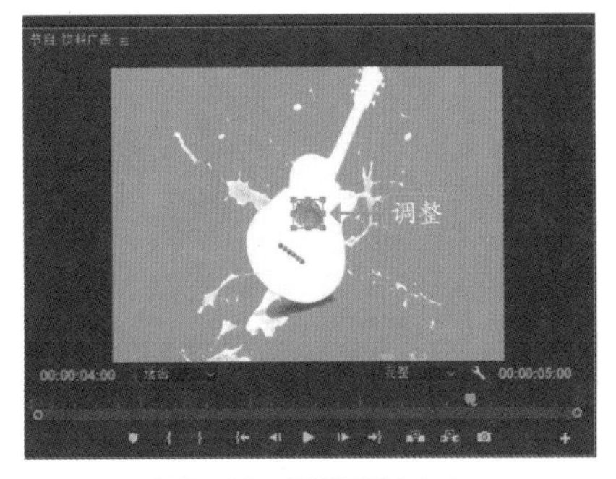

图8-36　调整素材大小

步骤/10　切换至“效果”面板，❶展开“视频效果”|“透视”选项；❷使用鼠标左键双

击“投影”选项，即可为选择的素材添加投影效果，如图8-37所示。

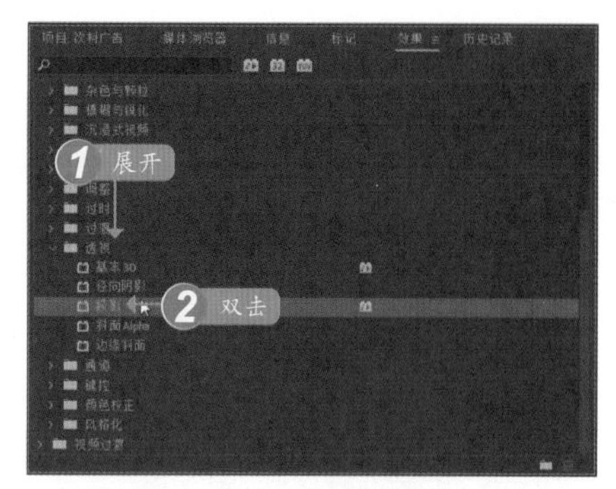

图8-37　双击“投影”选项

步骤/11 在“效果控件”面板中，①展开“投影”选项；②设置“距离”为20.0、“柔和度”为15.0，如图8-38所示。

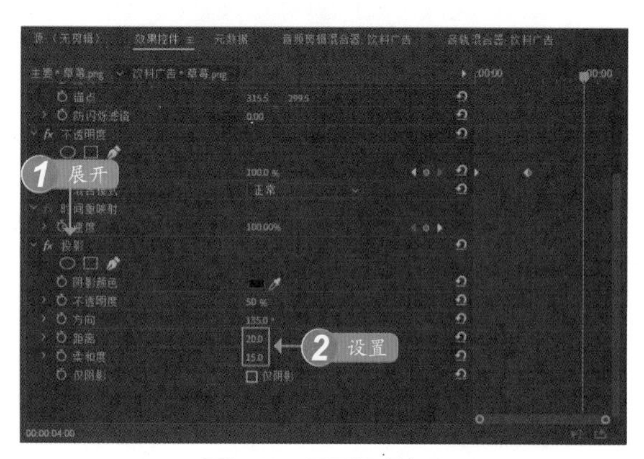

图8-38　设置相应选项

步骤/12 单击“播放-停止切换”按钮，预览视频缩放效果，如图8-39所示。

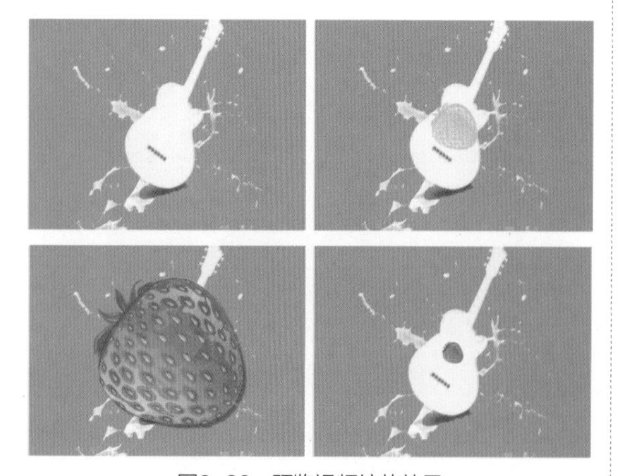

图8-39　预览视频缩放效果

8.2.3　制作旋转降落特效

在Premiere Pro 2020中，旋转运动效果可以将素材围绕指定的轴进行旋转，下面介绍具体操作方法。

步骤/01 按【Ctrl+O】组合键，打开项目文件“素材\第8章\可爱小猪.prproj”，如图8-40所示。

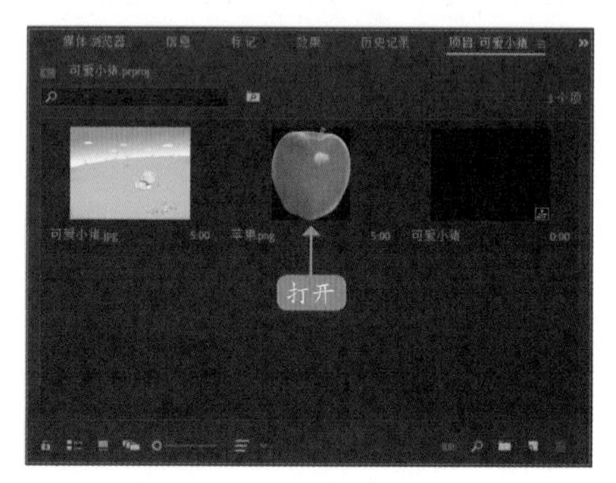

图8-40　打开项目文件

步骤/02 在“项目”面板中选择素材文件，分别添加到“时间轴”面板中的V1与V2轨道上，如图8-41所示。

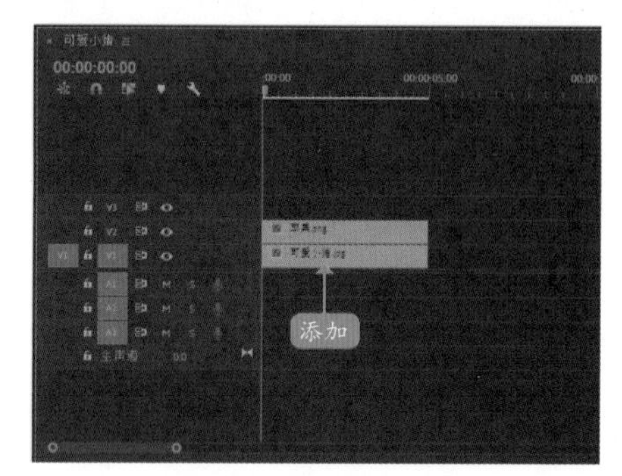

图8-41　添加素材文件

专家指点

在“效果控件”面板中，“旋转”选项是指以对象的轴心为基准对对象进行旋转，用户可对对象进行任意角度的旋转。

步骤/03 选择V2轨道上的素材文件，切换至“效果控件”面板，①设置“位置”为（360.0,-30.0）、“缩放”为9.5；②单击

“位置”与“旋转”选项左侧的“切换动画”按钮；③添加关键帧，如图8-42所示。

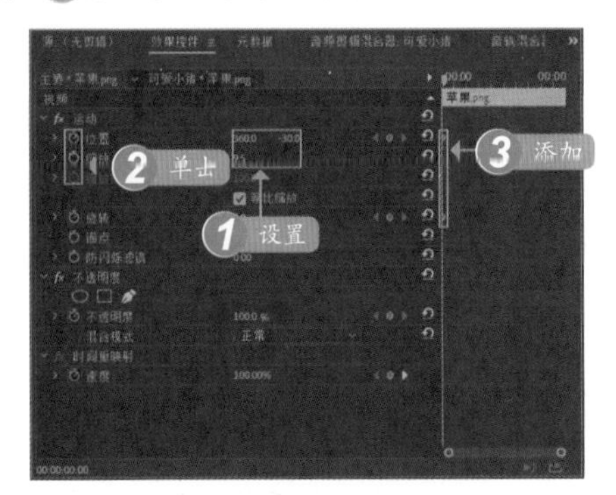

图8-42　添加第一组关键帧

步骤/04 ①拖曳时间指示器至00:00:00:13的位置；②设置“位置”为（360.0,50.0）；③设置“旋转”为-180.0°；④添加第二组关键帧，如图8-43所示。

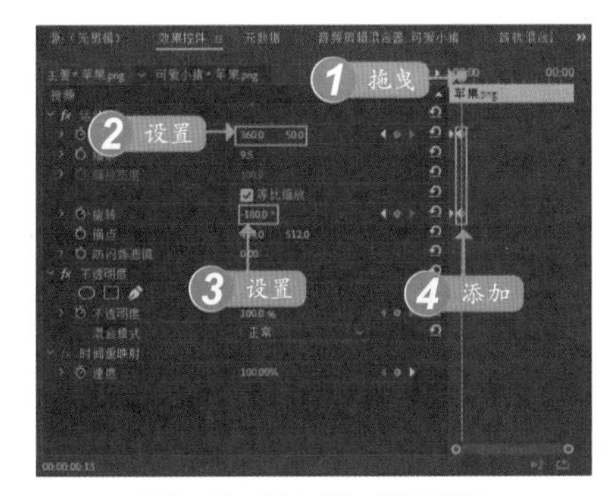

图8-43　添加第二组关键帧

步骤/05 ①拖曳时间指示器至00:00:03:00的位置；②在“效果控件”面板中设置“位置”为（700.0,500.0）；③设置“旋转”为2.0°；④添加第三组关键帧，如图8-44所示。

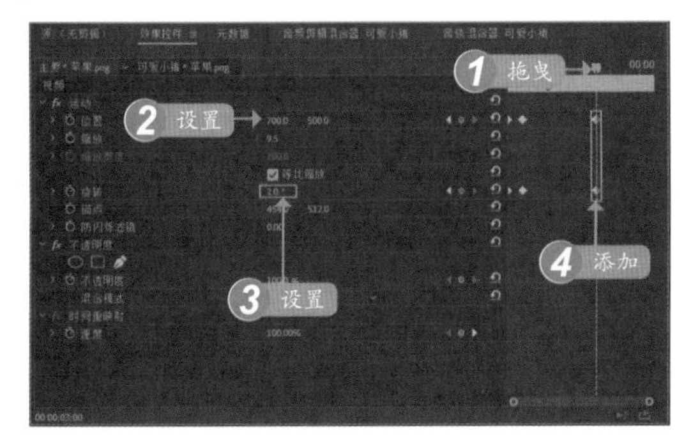

图8-44　添加第三组关键帧

步骤/06 单击“播放-停止切换”按钮▶，预览视频效果，如图8-45所示。

图8-45　预览视频效果

8.2.4　制作镜头推拉特效

在视频节目中，制作镜头的推拉特效可以增加画面的视觉效果，下面介绍如何制作镜头的推拉效果。

步骤/01 按【Ctrl＋O】组合键，打开项目文件“素材\第8章\对角建筑.prproj”，在“项目”面板中可以查看打开的项目，如图8-46所示。

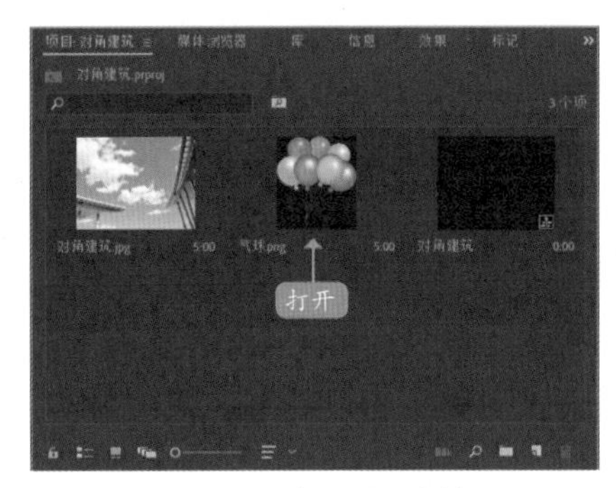

图8-46　打开项目文件

步骤/02 在“项目”面板中选择“对角建筑.jpg”素材文件，并将其添加到“时间轴”面板中的V1轨道上，如图8-47所示。

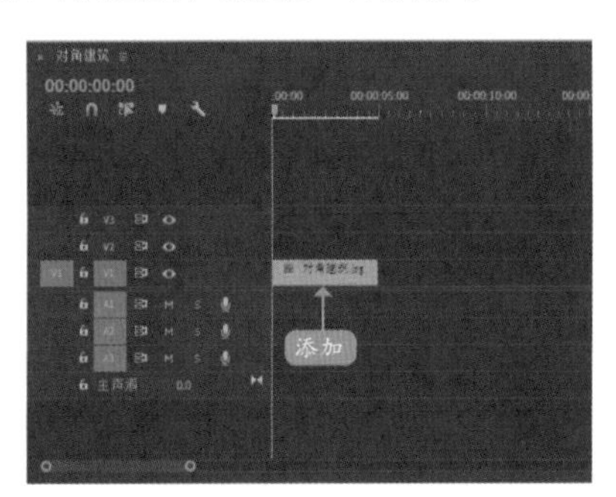

图8-47　添加素材文件

步骤/03 选择V1轨道上的素材文件，在“效果控件”面板中设置“缩放”为110.0，如图8-48所示。

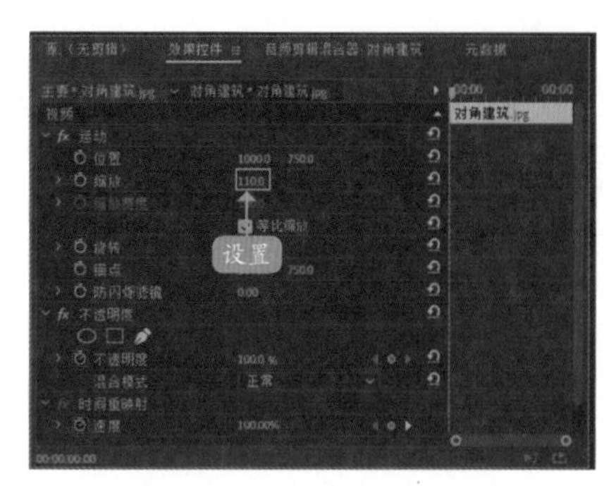

图8-48 设置“缩放”选项

步骤/04 将“气球.png”素材文件添加到“时间轴”面板中的V2轨道上，如图8-49所示。

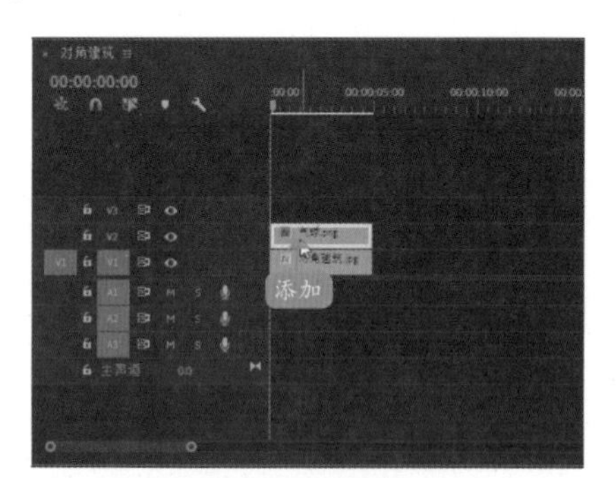

图8-49 添加素材文件

步骤/05 选择V2轨道上的素材，在“效果控件”面板中，❶单击“位置”与“缩放”选项左侧的“切换动画”按钮；❷设置“位置”为（111.0,90.0）、“缩放”为11.0；❸添加第一组关键帧，如图8-50所示。

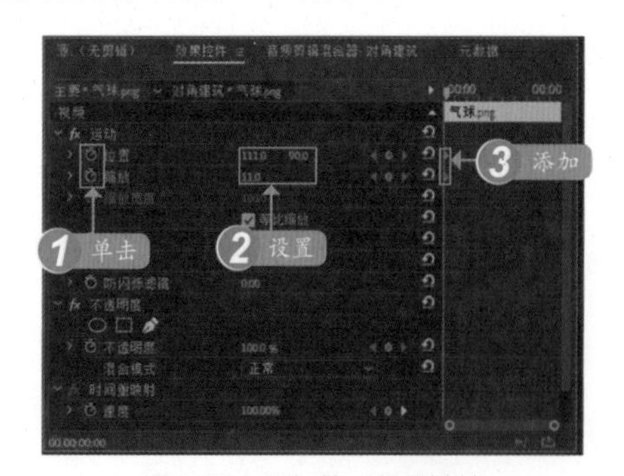

图8-50 添加第一组关键帧

步骤/06 ❶拖曳时间指示器至00:00:02:00的位置；❷设置“位置”为（600.0,250.0）、“缩放”为90.0；❸添加第二组关键帧，如图8-51所示。

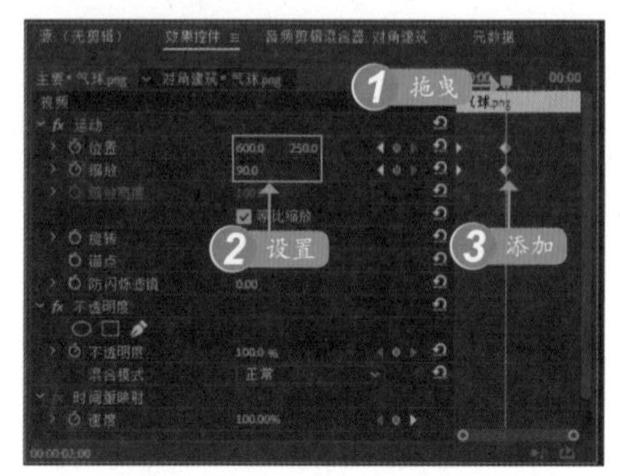

图8-51 添加第二组关键帧

步骤/07 ❶拖曳时间指示器至00:00:04:00的位置；❷设置“位置”为（1080.0,665.0）、“缩放”为150.0；❸添加第三组关键帧，如图8-52所示。

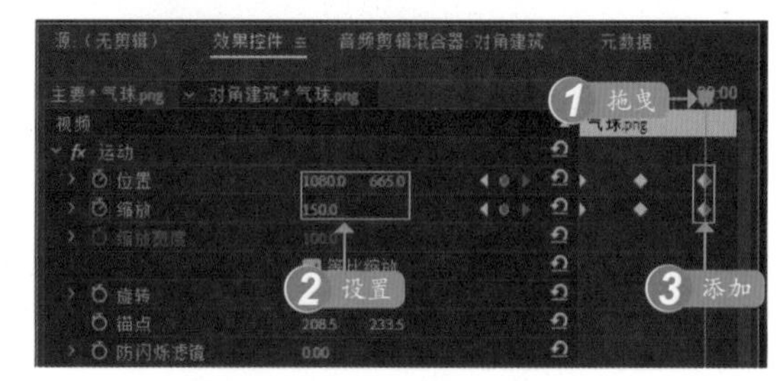

图8-52 添加第三组关键帧

步骤/08 单击“播放-停止切换”按钮，预览视频效果，如图8-53所示。

图8-53 预览视频效果

8.2.5 制作画中画特效

画中画效果是在影视节目中常用的技巧之一，是利用数字技术，在同一屏幕上显示两个画面。

本节将详细介绍画中画的相关基础知识以及在Premiere Pro 2020中的制作方法，以供读者掌握。

步骤/01 按【Ctrl＋O】组合键，打开项目文件“素材\第8章\美食素材.prproj”，并预览项目效果，如图8-54所示。

图8-54　打开项目文件

步骤/02 在“时间轴”面板上，❶将导入的素材分别添加至V1和V2轨道上；❷拖曳控制条调整视图，如图8-55所示。

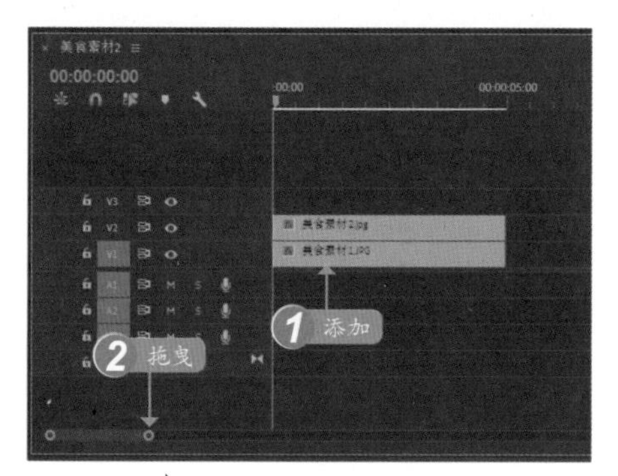

图8-55　添加素材图像

步骤/03 将时间线移至00:00:06:00的位置，将V2轨道上的素材向右拖曳至6秒处，设置素材时长，如图8-56所示。

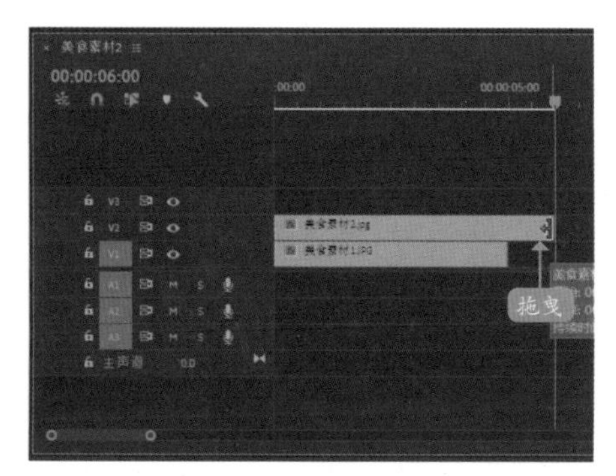

图8-56　设置素材时长

步骤/04 将时间线移至素材的开始位置，选择V1轨道上的素材，如图8-57所示。

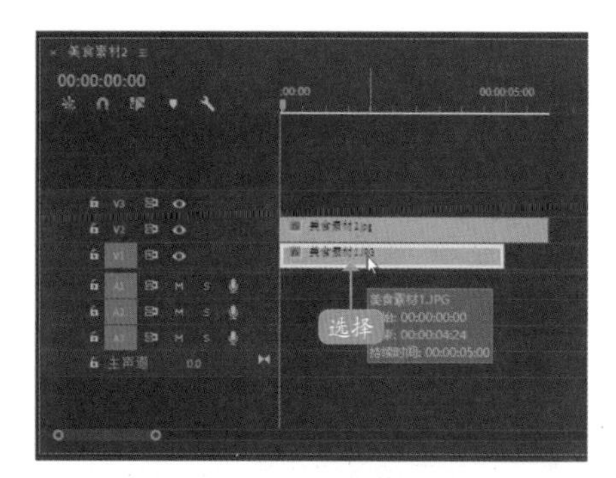

图8-57　选择素材

步骤/05 在“效果控件”面板中，❶单击“位置”和“缩放”左侧的“切换动画”按钮；❷添加一组关键帧，如图8-58所示。

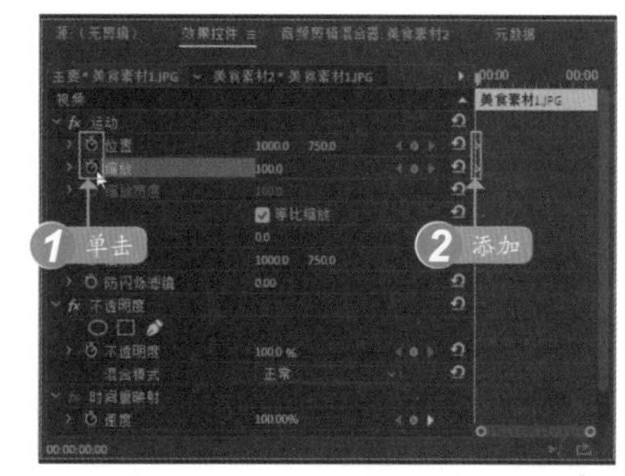

图8-58　添加关键帧（1）

画中画效果，其实就是画里有画，增加视频画面的层次感、深度以及内涵，让人记忆犹新、深有感触。

步骤/06 关键帧添加完成后，选择V2轨道上的素材文件，设置“缩放”为50.0，如图8-59所示。

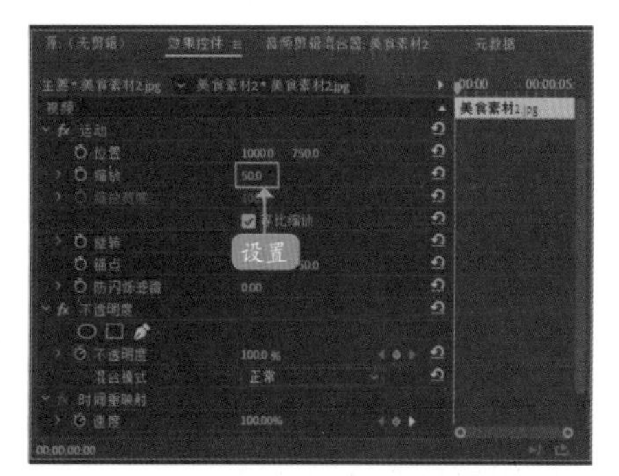

图8-59　设置“缩放”参数

步骤/07 在“节目监视器”面板中，将选择的素材拖曳至面板左上角，①单击“位置”和“缩放”左侧前的“切换动画”按钮；②添加关键帧，如图8-60所示。

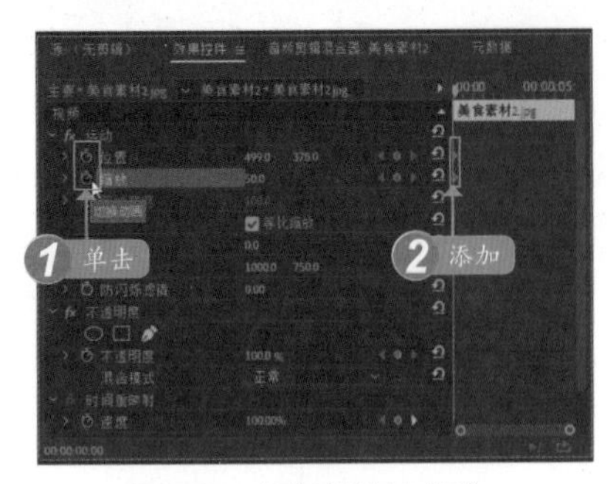

图8-60 添加关键帧（2）

步骤/08 将时间线移至00:00:00:20的位置，选择V2轨道中的素材，在“节目监视器”面板中沿水平方向向右拖曳素材，系统会自动添加一个关键帧，如图8-61所示。

图8-61 水平方向向右拖曳素材

步骤/09 将时间线移至00:00:01:00的位置，选择V2轨道中的素材，在“节目监视器”面板中垂直向下方向拖曳素材，系统会自动添加一个关键帧，如图8-62所示。

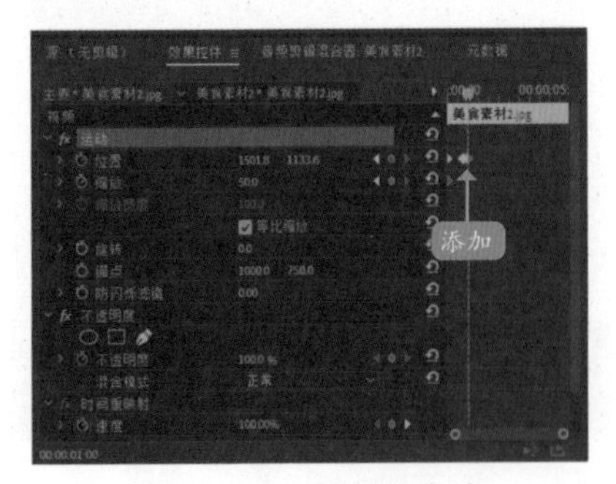

图8-62 添加关键帧（3）

步骤/10 将“美食素材1.jpg”素材图像添加至V3轨道00:00:01:00的位置处，如图8-63所示。

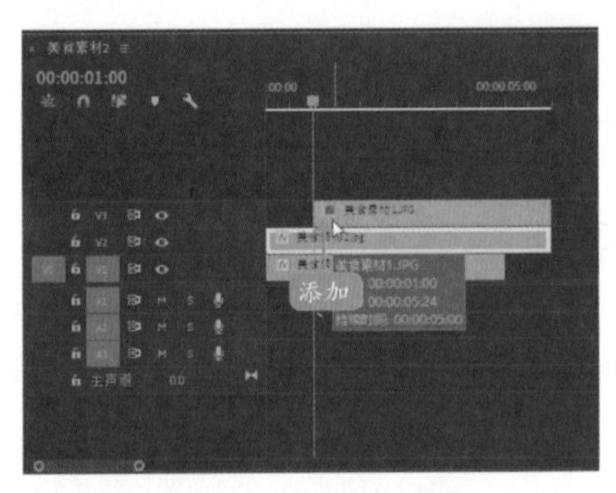

图8-63 添加素材图像

步骤/11 选择V3轨道上的素材，将时间线移至00:00:01:05的位置，如图8-64所示。

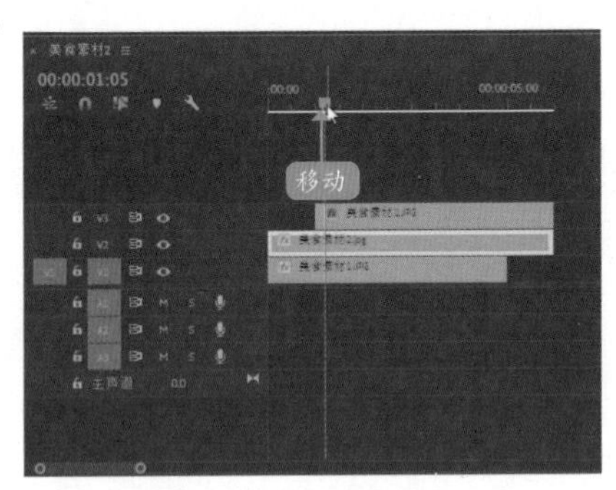

图8-64 时间线移至相应位置

步骤/12 在“效果控件”面板中，展开“运动”选项，①设置“缩放”为40.0；②在“节目监视器”面板中向右上角拖曳素材；③在“效果控件”面板中，单击“位置”和“缩放”左侧的“切换动画”按钮；④添加一组关键帧，如图8-65所示。

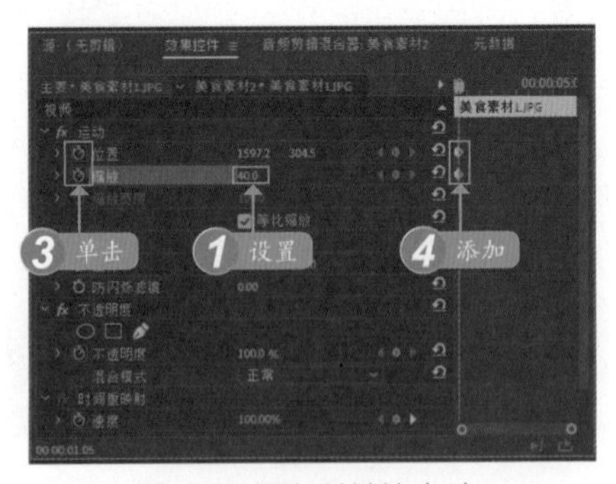

图8-65 添加关键帧（4）

图8-65　添加关键帧（4）（续）

步骤/13 单击“播放-停止切换”按钮预览视频效果，如图8-66所示。

图8-66　预览画中画效果

8.3 制作字幕运动特效

在各种影视画面中，字幕是不可缺少的一个重要组成部分，起着解释画面、补充内容的作用，有画龙点睛之效。在Premiere Pro 2020中，字幕的运动也是通过关键帧实现的，为对象指定的关键帧越多，所产生的运动变化越复杂。

8.3.1 制作字幕淡入淡出

在Premiere Pro 2020中，通过设置“效果控件”面板中的“不透明度”选项参数，可以制作字幕的淡入淡出特效，下面介绍具体操作方法。

步骤/01 按【Ctrl+O】组合键，打开项目文件“素材\第8章\海湾美景.prproj”，并预览项目效果，如图8-67所示。

步骤/02 单击“时间轴”面板左侧“工具箱”面板中的“文字工具”按钮，如图8-68所示。

图8-67　预览项目效果

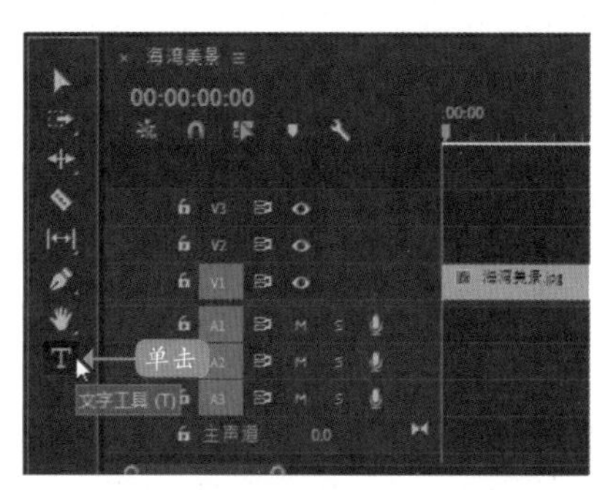

图8-68　单击“文字工具”按钮

专家指点

单击“文字工具”右侧的下三角按钮，在弹出的菜单中选择“垂直文字工具”选项，即可在“节目监视器”面板中创建竖排字幕。

步骤/03 在“节目监视器”面板中的合适位置处，按住鼠标左键拖动，在文本框中输入标题字幕，如图8-69所示。

图8-69　输入标题字幕

步骤/04 输入完成后，在“时间轴”面板的V2轨道中会显示一个字幕文件。选择V2轨道中的字幕文件，如图8-70所示。

步骤/05 ①切换至“效果控件”面板；

❷单击“源文本”左侧的下拉按钮，展开“源文本”选项面板；❸单击“字体”右侧的下拉按钮，如图8-71所示。

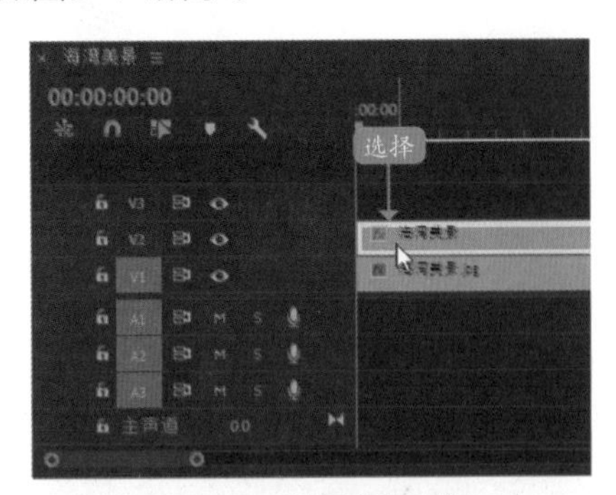

图8-70　选择字幕文件

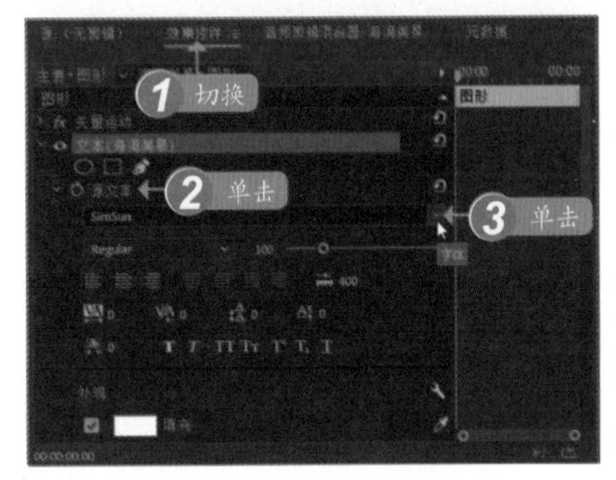

图8-71　单击下拉按钮

步骤/06 在弹出的下拉列表中，选择KaiTi选项，如图8-72所示。

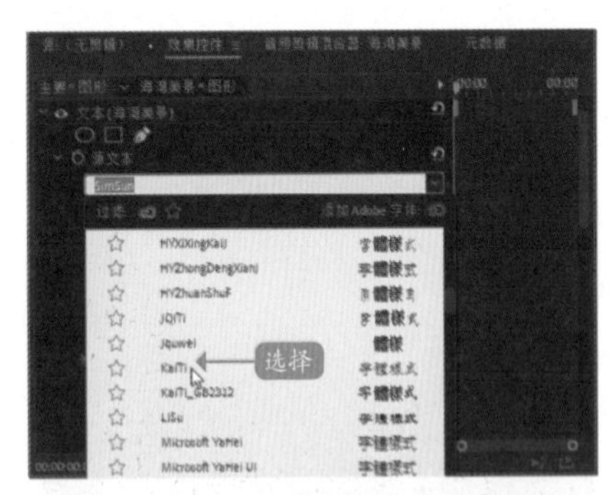

图8-72　选择相应选项

步骤/07 在下方拖曳“字体”滑块至145，或设置字体参数值为145，如图8-73所示。

步骤/08 在“外观”选项区中设置字幕的填充颜色，效果如图8-74所示。

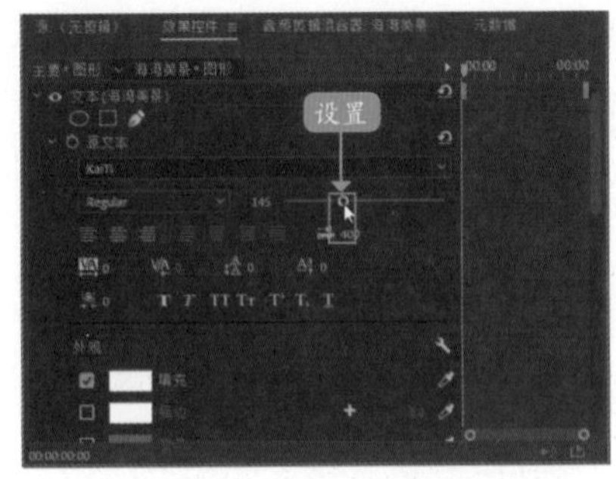

图8-73　设置文本参数值

图8-74　设置字幕字体后的效果

步骤/09 ❶切换至“效果控件”面板；❷在“不透明度”选项区中，单击“添加/移除关键帧”按钮；❸添加一个关键帧，如图8-75所示。

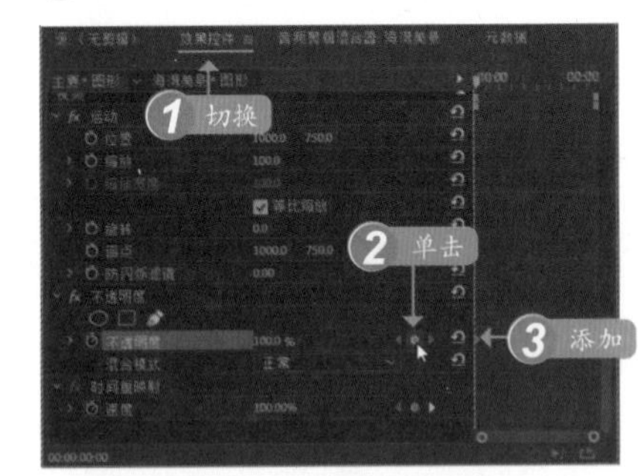

图8-75　添加一个关键帧

步骤/10 执行操作后，设置“不透明度”参数为0.0%，如图8-76所示。

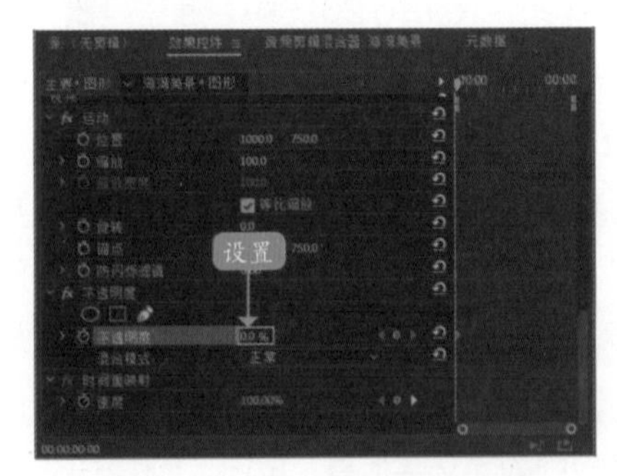

图8-76　设置“不透明度”参数

步骤/11 ❶将时间线拖曳至00:00:02:00位置处；❷设置“不透明度”参数为100.0%；❸再次添加一个关键帧，如图8-77所示。

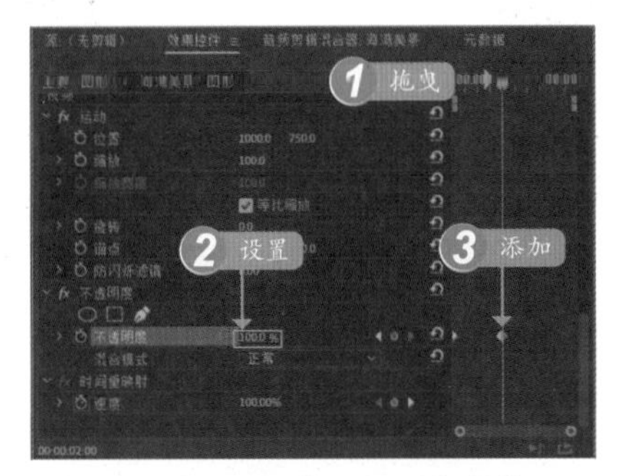

图8-77　设置“不透明度”参数

步骤/12 用同样的方法，❶在00:00:04:00位置处再次添加一个关键帧；❷设置“不透明度”选项参数为0.0%，如图8-78所示。

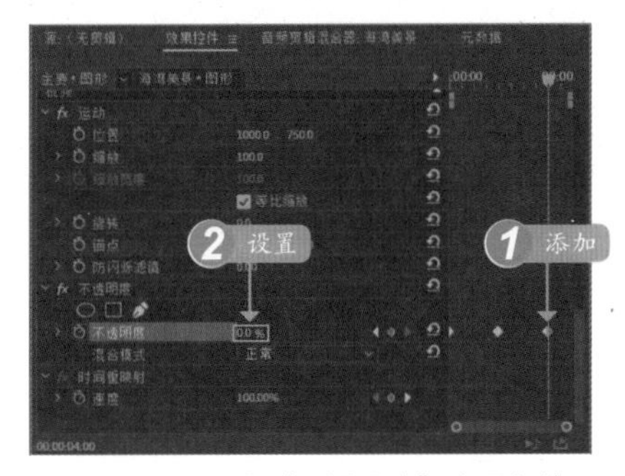

图8-78　设置“不透明度”选项参数

步骤/13 制作完成后，单击“节目监视器”面板中的“播放-停止切换”按钮▶，即可预览字幕淡入淡出特效，如图8-79所示。

图8-79　预览字幕淡入淡出特效

专家指点

如果用户不喜欢字幕的颜色，可以在“效果控件”面板中的“外观”选项区中，单击“填充”色块，设置字体颜色；选中“描边”复选框，还可以为字体设置描边边框。

8.3.2　制作字幕扭曲特效

扭曲特效字幕主要是运用了“扭曲”特效组中的特效，以及“效果控件”面板中的关键帧，使画面产生扭曲、变形的效果。下面介绍制作字幕扭曲变形特效的操作方法。

步骤/01 按【Ctrl+O】组合键，打开项目文件“素材\第8章\东江雾起.prproj”，并预览项目效果，如图8-80所示。

图8-80　预览项目效果

步骤/02 在“效果”面板中，❶展开“视频效果”|“扭曲”选项；❷选择“湍流置换”特效，如图8-81所示。

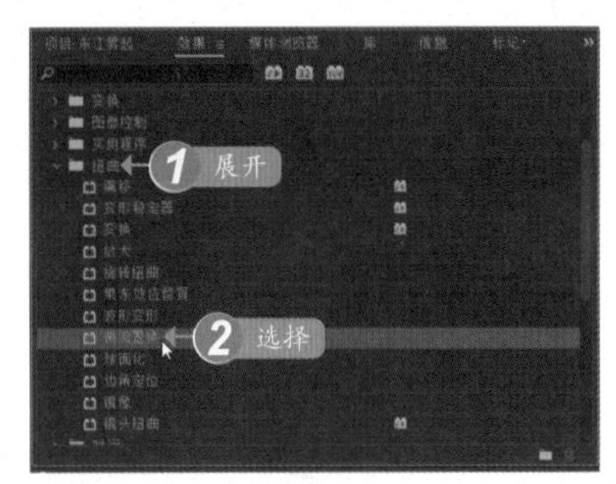

图8-81　选择“湍流置换”选项

步骤/03 按住鼠标左键将其拖曳至V2轨道的字幕文件上，添加扭曲特效，如图8-82所示。

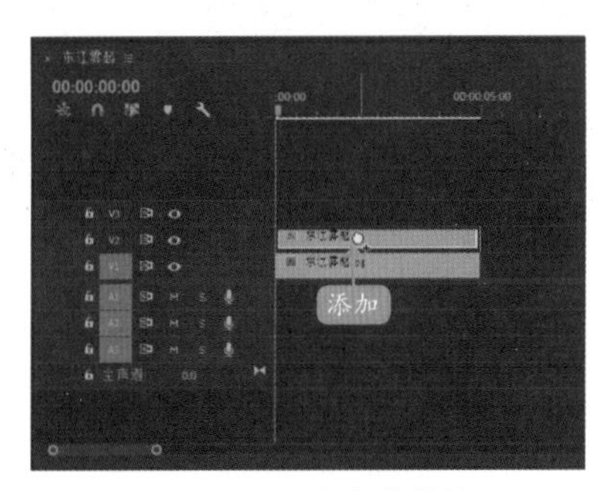

图8-82　添加扭曲特效

步骤/04 添加完成后，可以在“节目监视器”面板中预览画面效果，如图8-83所示。

图8-83　预览画面效果

步骤/05 在“效果控件”面板中，查看添加“湍流置换”特效的相应参数，如图8-84所示。

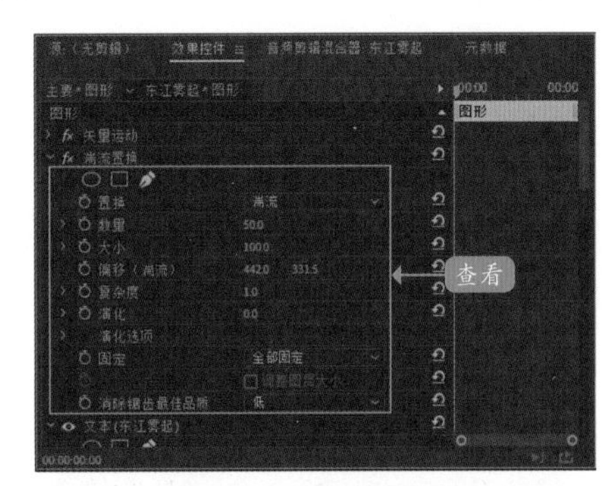

图8-84　查看特效参数

步骤/06 ❶单击“置换”左侧的“切换动画”按钮；❷添加关键帧，如图8-85所示。

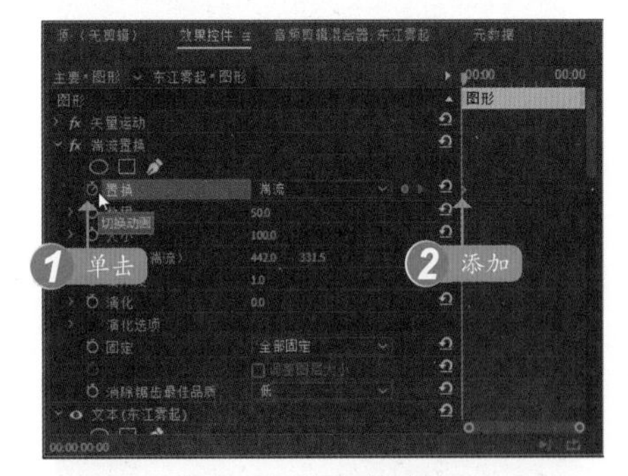

图8-85　添加关键帧

步骤/07 将时间线切换至00:00:04:00位置处，如图8-86所示。

步骤/08 设置“置换”为“凸出”，如图8-87所示。

图8-86　切换时间线

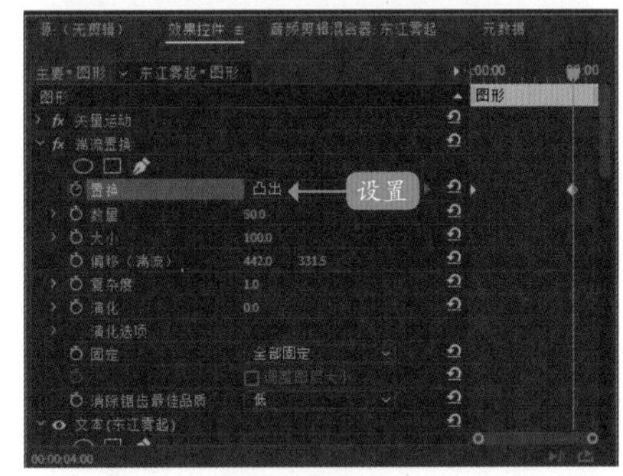

图8-87　设置“置换”为“凸出”

步骤/09 添加关键帧后，即可制作字幕扭曲效果，如图8-88所示。

图8-88　字幕扭曲效果

8.3.3　制作逐字输出特效

在Premiere Pro 2020中，用户可以通过“裁剪”特效制作字幕逐字输出效果。下面介绍制作字幕逐字输出效果的操作方法。

步骤/01 按【Ctrl＋O】组合键，打开项目文件“素材\第8章\采菊东篱.prproj”，如图8-89所示。

步骤/02 在“项目”面板中选择素材文

件，并将其添加到“时间轴”面板中的V1轨道上，如图8-90所示。

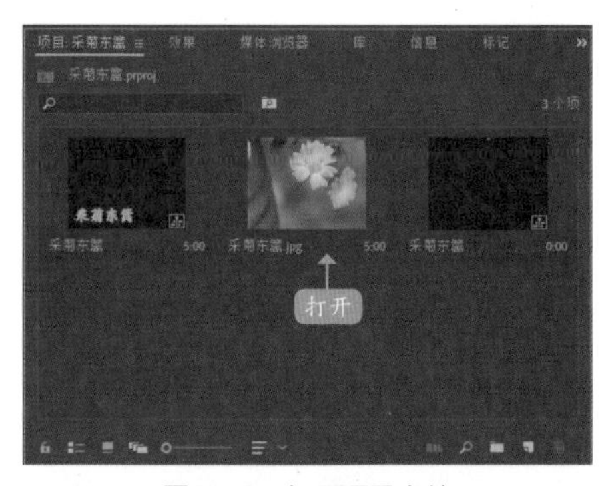

图8-89 打开项目文件

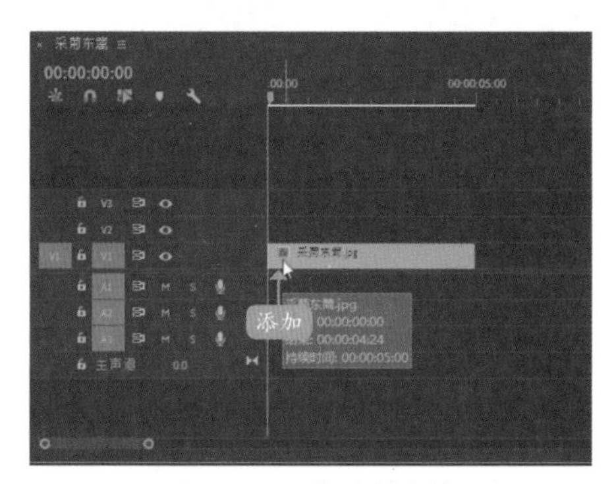

图8-90 添加素材文件

步骤/03 选择V1轨道上的素材文件，在“效果控件”面板中设置“缩放”为110.0，如图8-91所示。

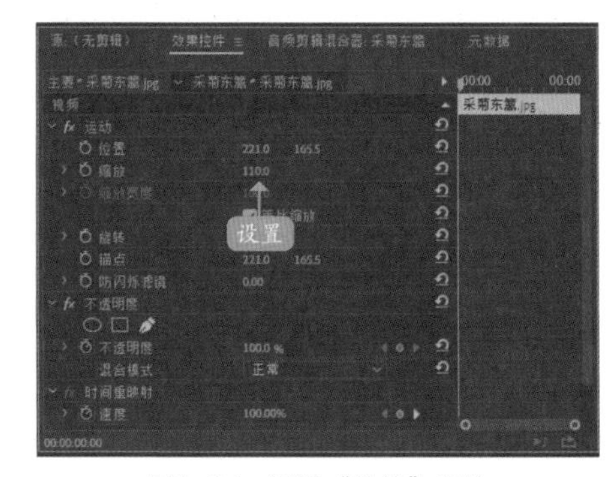

图8-91 设置“缩放”参数

步骤/04 将“采菊东篱”字幕文件添加到“时间轴”面板中的V2轨道上，选择V2轨道中的素材文件，如图8-92所示。

步骤/05 切换至“效果”面板，❶展开“视频效果”|“变换”选项；❷使用鼠标左键双击“裁剪”选项，即可为选择的素材添加裁剪效果，如图8-93所示。

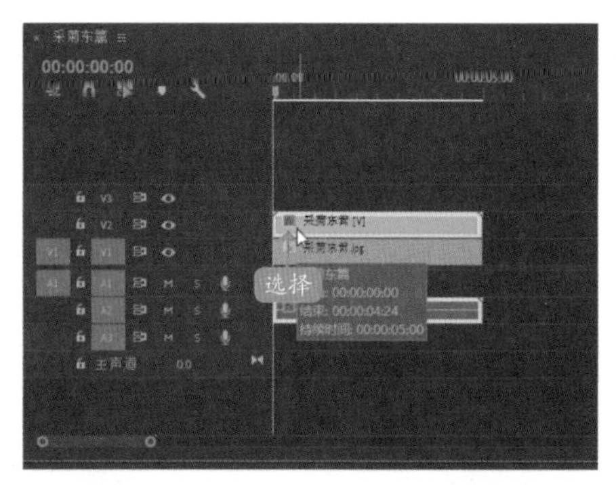

图8-92 选择V2轨道中的素材文件

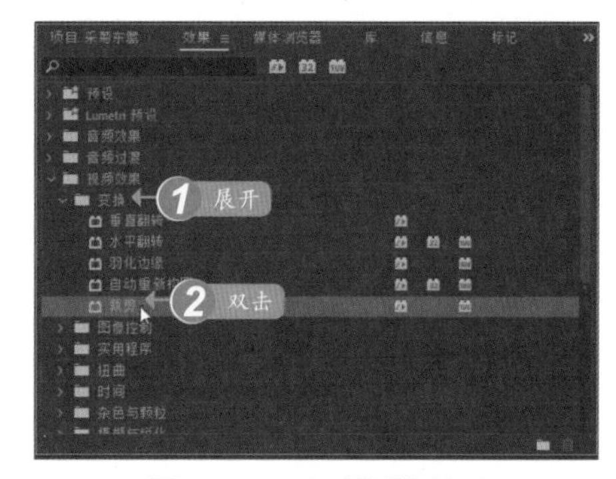

图8-93 双击“裁剪”选项

步骤/06 在“效果控件”面板中展开“裁剪”选项，❶拖曳时间指示器至00:00:00:15的位置；❷单击“右侧”与“底部”选项左侧的“切换动画”按钮；❸设置“右侧”为100.0%、“底部”为81.0%；❹添加第一组关键帧，如图8-94所示。

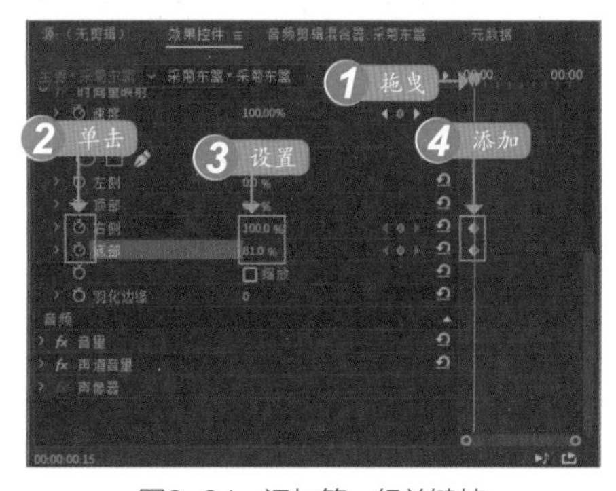

图8-94 添加第一组关键帧

专家指点

在Premiere Pro 2020中，“裁剪”效果中的其他功能也可以应用，例如“左侧”和“顶部”，用户可在“效果控件”面板的“裁剪”选项区中通过添加关键帧，并设置关键帧相关参数进行应用。

步骤/07 执行上述操作后，在“节目监视器”面板中可以查看素材画面，如图8-95所示。

图8-95 查看素材画面

步骤/08 ①拖曳时间指示器至00:00:01:00的位置；②设置“右侧”为81.0%、“底部”为5.0%；③添加第二组关键帧，如图8-96所示。

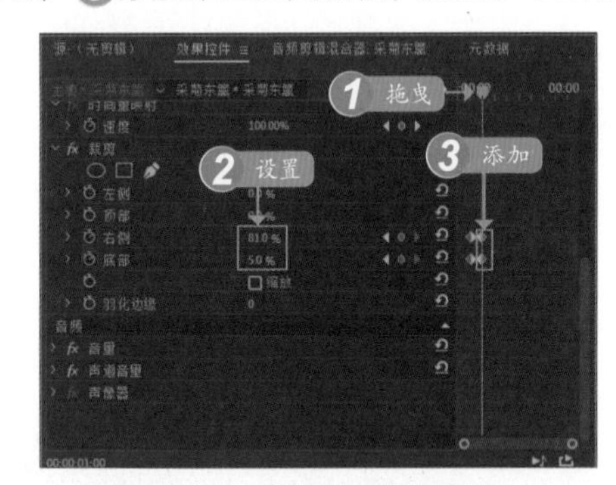

图8-96 添加第二组关键帧

步骤/09 ①拖曳时间指示器至00:00:02:00的位置；②设置“右侧”为68.0%、“底部”为5.0%；③添加第三组关键帧，如图8-97所示。

步骤/10 ①拖曳时间指示器至00:00:03:00的位置；②设置“右侧”为56.0%、“底部”为5.0%；③添加第四组关键帧，如图8-98所示。

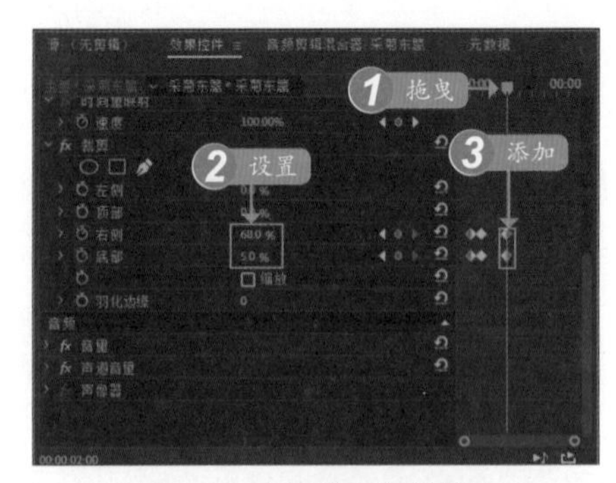

图8-97 添加第三组关键帧

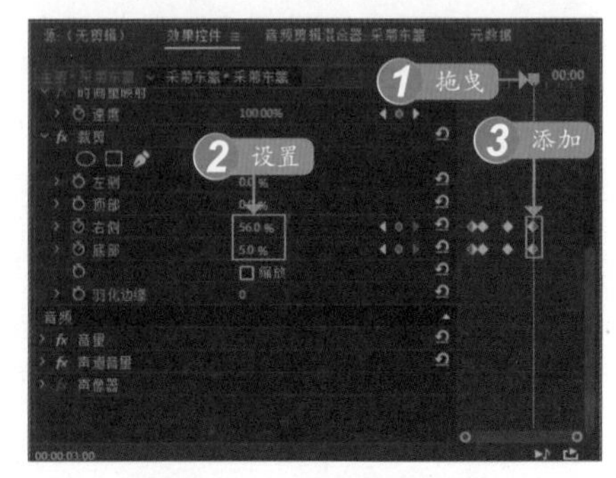

图8-98 添加第四组关键帧

步骤/11 ①拖曳时间指示器至00:00:04:00的位置；②设置“右侧”为50.0%、“底部”为5.0%；③添加第五组关键帧，如图8-99所示。

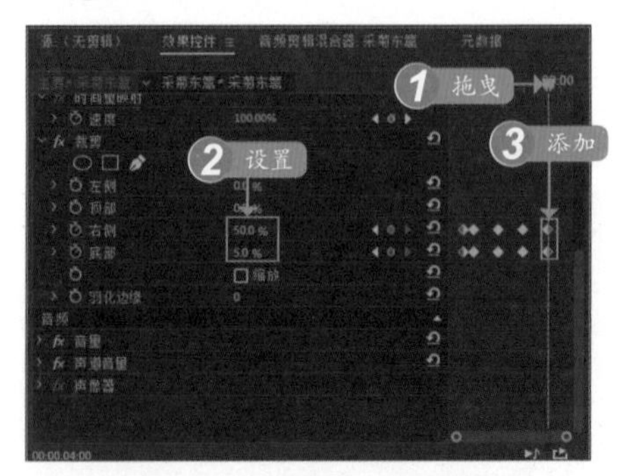

图8-99 添加第五组关键帧

步骤/12 ①拖曳时间指示器至00:00:04:20的位置；②设置“右侧”为0.0%、“底部”为5.0%；③添加第六组关键帧，如图8-100所示。

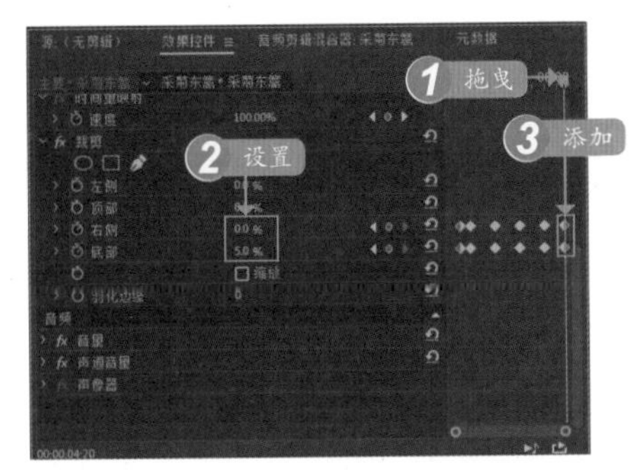

图8-100　添加第六组关键帧

步骤/13　单击“播放-停止切换”按钮▶，预览视频效果，如图8-101所示。

图8-101　预览视频效果

8.3.4　制作立体旋转字幕

在Premiere Pro 2020中，用户可以通过“基本3D”特效制作字幕立体旋转效果，下面介绍制作字幕立体旋转效果的操作方法。

步骤/01　按【Ctrl＋O】组合键，打开项目文件“素材\第8章\蚂蚁上树.prproj”，如图8-102所示。

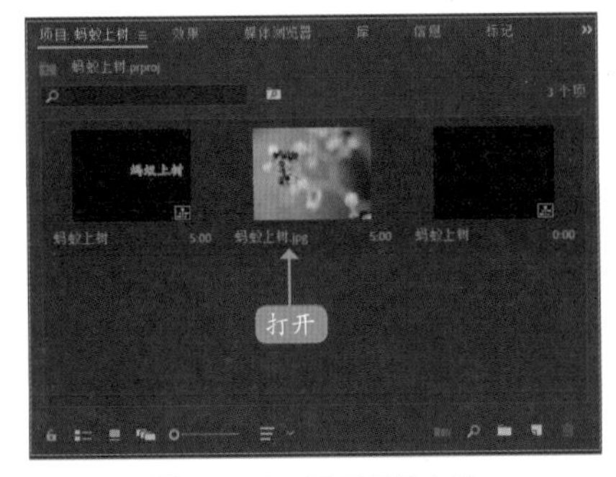

图8-102　打开项目文件

步骤/02　在“项目”面板中选择“蚂蚁上树.jpg”素材文件，并将其添加到“时间轴”面板中的V1轨道上，如图8-103所示。

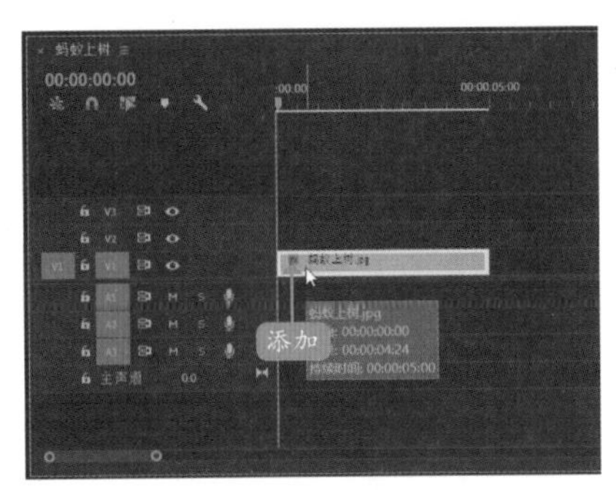

图8-103　添加素材文件

步骤/03　用同样的方法，将“项目”面板中的字幕文件添加到“时间轴”面板中的V2轨道上，如图8-104所示。

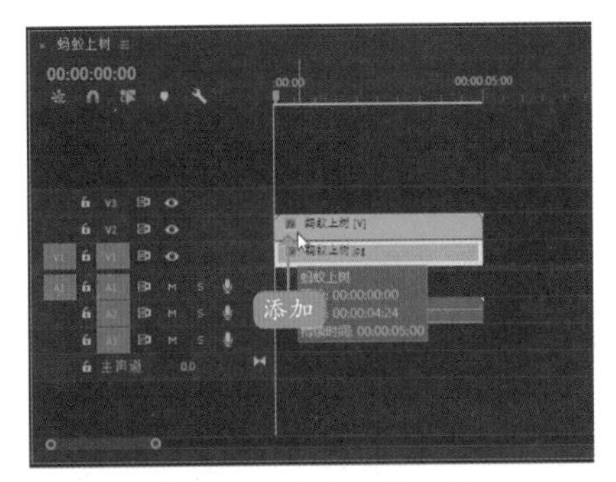

图8-104　添加字幕文件

步骤/04　切换至“效果”面板，❶展开“视频效果”|“透视”选项；❷使用鼠标左键双击“基本3D”选项，即可为选择的素材添加“基本3D”效果，如图8-105所示。

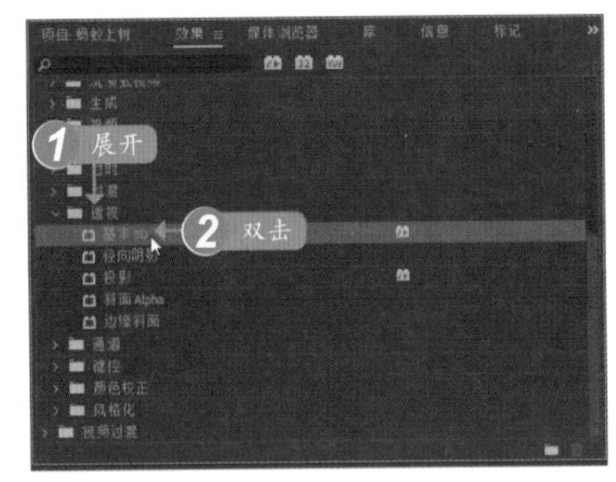

图8-105　双击“基本3D”选项

步骤/05　在“效果控件”面板中展开“基本3D”选项，❶单击“旋转”“倾斜”以及“与图像的距离”选项左侧的“切换动画”按钮⏱；❷设置“旋转”为0.0°、“倾斜”为

0.0°、“与图像的距离”为100.0；③添加第一组关键帧，如图8-106所示。

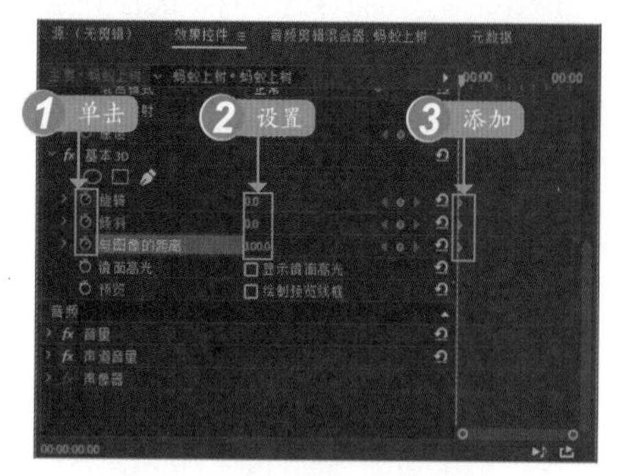

图8-106　添加第一组关键帧

步骤/06 ①拖曳时间指示器至00:00:01:00的位置；②设置“旋转”为100.0°、“倾斜”为0.0°、“与图像的距离”为200.0；③添加第二组关键帧，如图8-107所示。

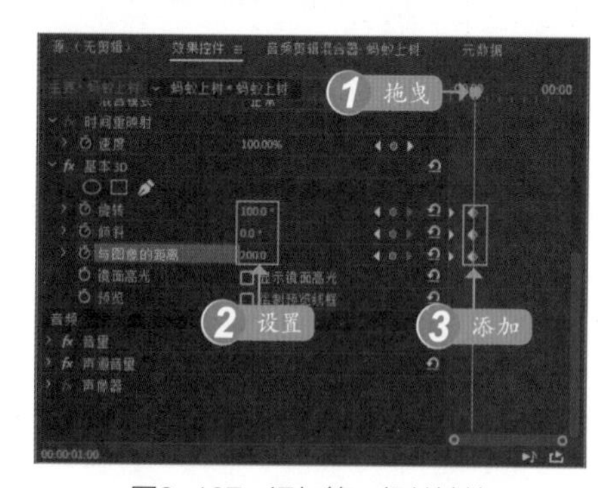

图8-107　添加第二组关键帧

步骤/07 ①拖曳时间指示器至00:00:02:00的位置；②设置“旋转”为100.0°、“倾斜”为100.0°、“与图像的距离”为100.0；③添加第三组关键帧，如图8-108所示。

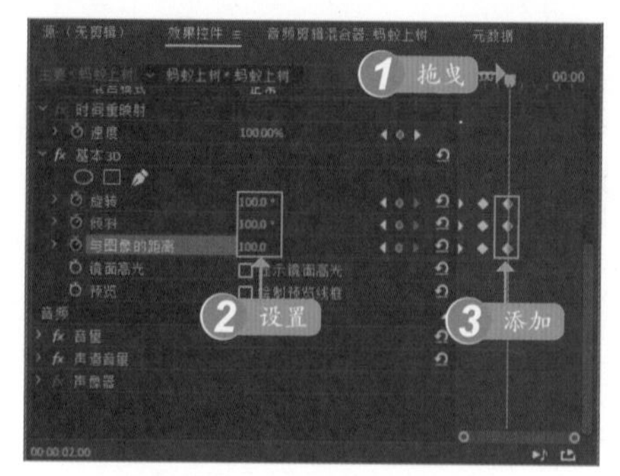

图8-108　添加第三组关键帧

步骤/08 ①拖曳时间指示器至00:00:03:00的位置；②设置“旋转”为2.0°、“倾斜”为2.0°、“与图像的距离”为0.0；③添加第4组关键帧，如图8-109所示。

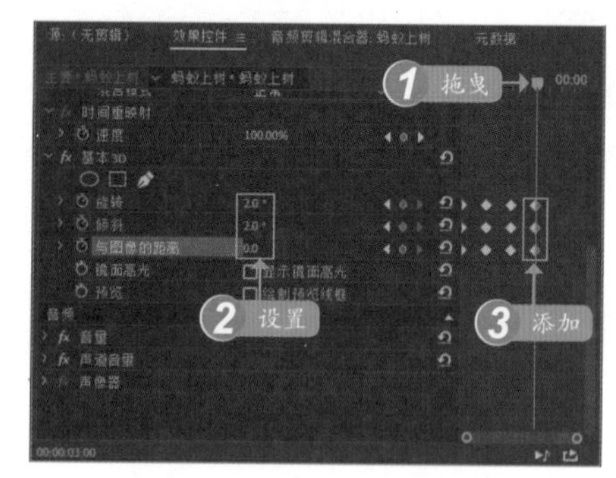

图8-109　添加第四组关键帧

步骤/09 单击“播放-停止切换”按钮▶，预览字幕立体旋转视频效果，如图8-110所示。

图8-110　预览字幕立体旋转视频效果

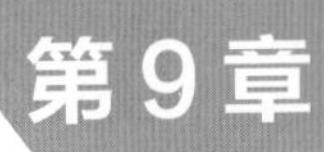

合成技术：制作遮罩叠加视频特效

学前提示

在Premiere Pro 2020中，所谓覆叠特效，是Premiere Pro 2020提供的一种视频编辑方法，它将视频素材添加到视频轨道中之后，然后对视频素材的大小、位置以及不透明度等属性进行调节，从而产生视频画面叠加效果。本章主要介绍影视覆叠特效的制作方法与技巧。

9.1 制作字幕遮罩特效

随着动态视频的发展，动态字幕的应用也越来越频繁了，这些精美的字幕特效不仅能够点明影视视频的主题，让影片更加生动，具有感染力，还能够为观众传递一种艺术信息。在Premiere Pro 2020中，通过蒙版工具可以创建字幕的遮罩动画效果。本节主要介绍字幕遮罩动画的制作方法。

9.1.1 制作椭圆形蒙版特效

在Premiere Pro 2020中使用“创建椭圆形蒙版”工具，可以为字幕创建椭圆形遮罩动画效果，下面介绍具体操作方法。

步骤/01 按【Ctrl+O】组合键，打开项目文件“素材\第9章\花卉摄影.prproj”，如图9-1所示。

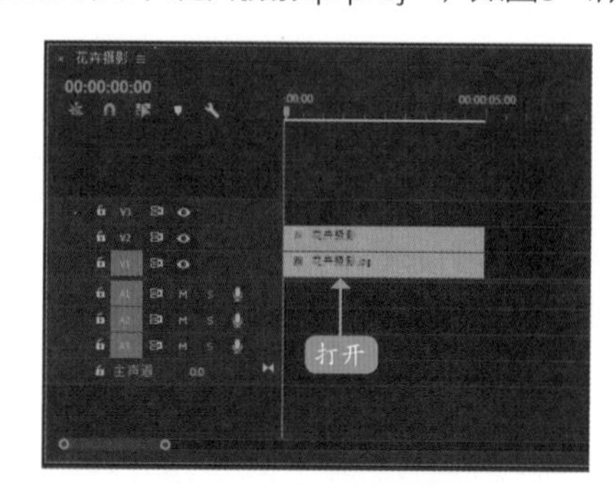

图9-1 打开项目文件

步骤/02 在“节目监视器”面板中可以查看素材画面，如图9-2所示。

图9-2 查看素材画面

步骤/03 在“时间轴”面板中，选择字幕文件，如图9-3所示。

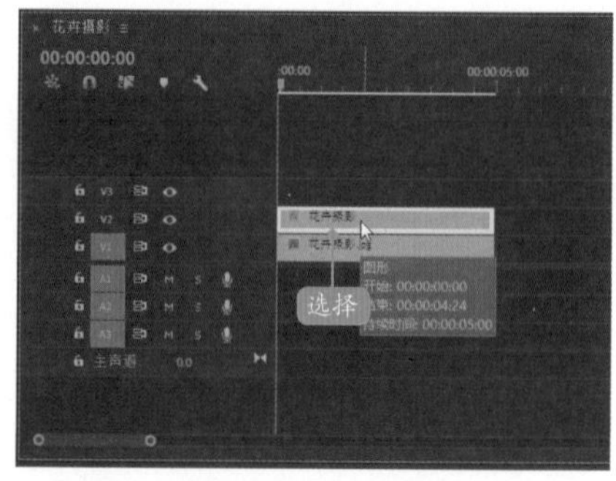

图9-3 选择字幕文件

步骤/04 ①切换至“效果控件”面板；②在“文本”选项区下方单击“创建椭圆形蒙版”按钮，如图9-4所示。

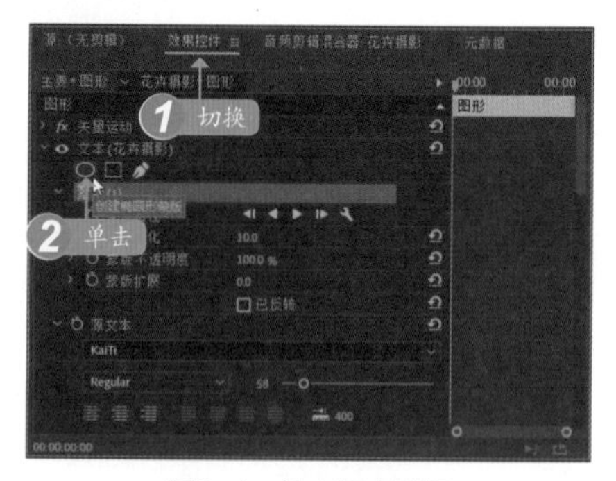

图9-4 单击相应按钮

步骤/05 执行上述操作后，在“节目监视器”面板中的画面上会出现一个椭圆图形，如图9-5所示。

图9-5 出现一个椭圆图形

步骤/06 按住鼠标左键并拖曳图形至字幕文件位置，如图9-6所示。

图9-6　拖曳图形至字幕文件位置

步骤/07 在“效果控件”面板中的“文本”选项区下方，①单击“蒙版扩展”左侧的“切换动画”按钮；②在视频的开始处添加一个关键帧，如图9-7所示。

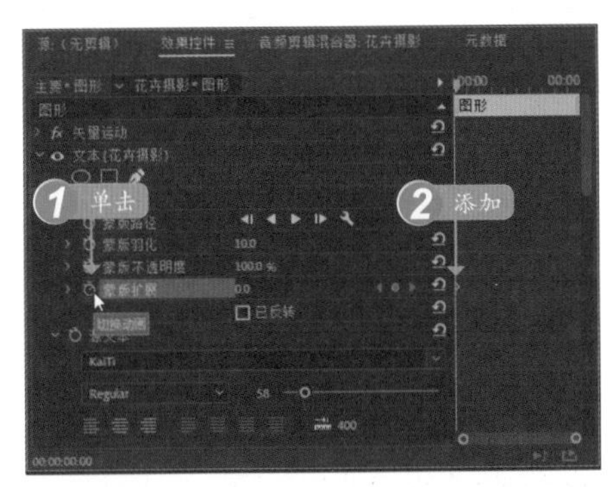

图9-7　单击“切换动画”按钮

步骤/08 添加完成后，设置“蒙版扩展”参数为-100，如图9-8所示。

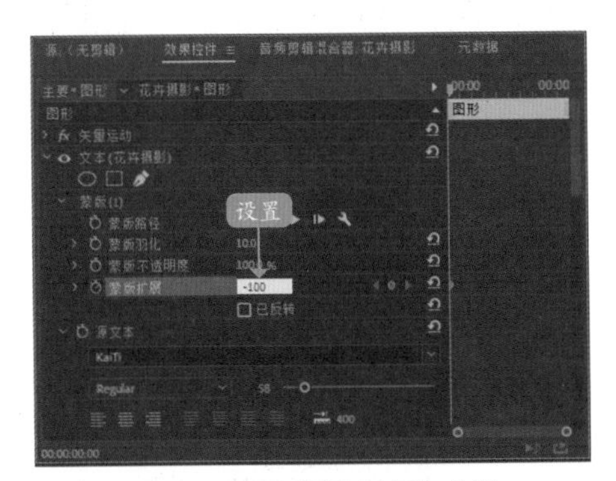

图9-8　设置“蒙版扩展”参数

步骤/09 设置完成后，将时间线切换至00:00:04:00的位置处，如图9-9所示。

图9-9　切换时间线

步骤/10 在“蒙版扩展”右侧，①单击“添加/移除关键帧”按钮；②再次添加一个关键帧，如图9-10所示。

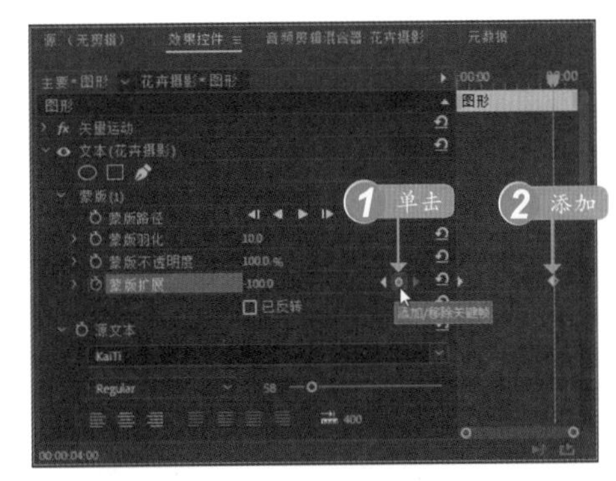

图9-10　单击“添加/移除关键帧”按钮

步骤/11 添加完成后，设置“蒙版扩展”参数为50，如图9-11所示。

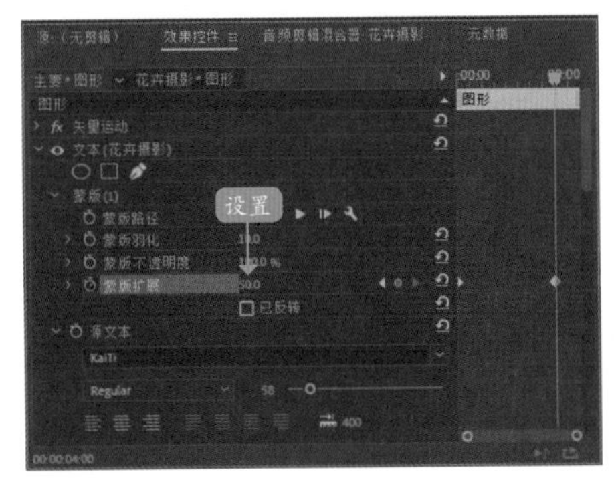

图9-11　设置相应参数

步骤/12 执行上述操作后，即可完成椭圆形蒙版动画的设置，效果如图9-12所示。

图9-12　完成椭圆形蒙版动画的设置

专家指点

在“蒙版扩展”下方选中“已反转”复选框，即可反转设置的蒙版效果。

步骤/13 在“节目监视器”面板中单击“播放-停止切换”按钮▶，可以查看素材画面效果，如图9-13所示。

图9-13　查看素材画面效果

9.1.2　制作4点多边形蒙版特效

用户在了解如何创建椭圆形蒙版动画后，创建4点多边形蒙版动画就变得十分简单了。下面将介绍创建4点多边形蒙版动画的操作方法。

步骤/01 按【Ctrl+O】组合键，打开项目文件“素材\第9章\新春嫩芽.prproj”，如图9-14所示。

步骤/02 在“节目监视器”面板中可以查看素材画面，如图9-15所示。

步骤/03 在“时间轴”面板中，选择字幕文件，如图9-16所示。

步骤/04 ❶切换至“效果控件”面板；❷在“文本”选项区下方单击“创建4点多边形蒙版”按钮■，如图9-17所示。

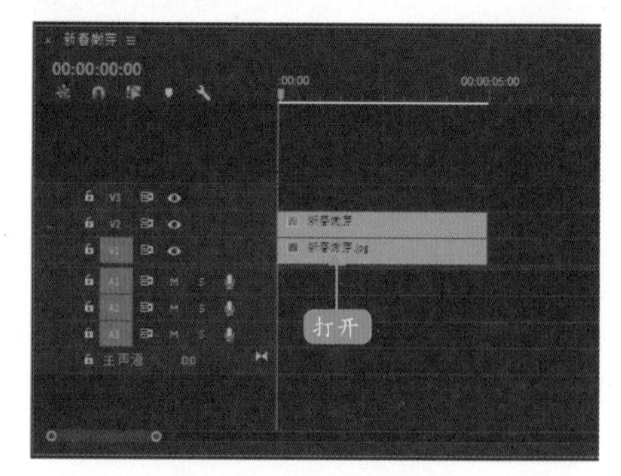

图9-14　打开项目文件

图9-15　查看素材画面

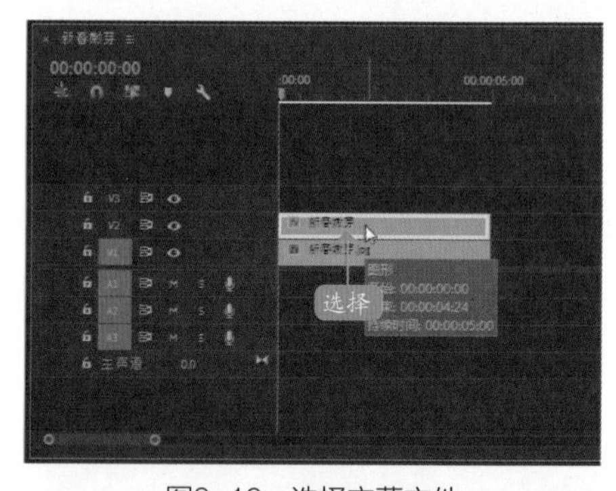

图9-16　选择字幕文件

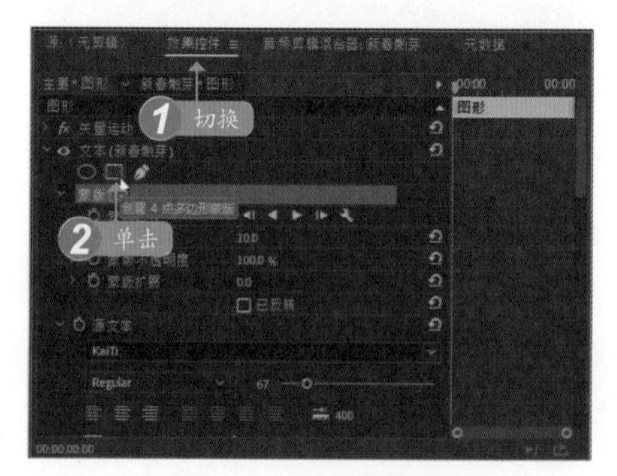

图9-17　单击相应按钮

步骤/05 执行上述操作后，在“节目监视器”面板中的画面上会出现一个矩形图形，如图9-18所示。

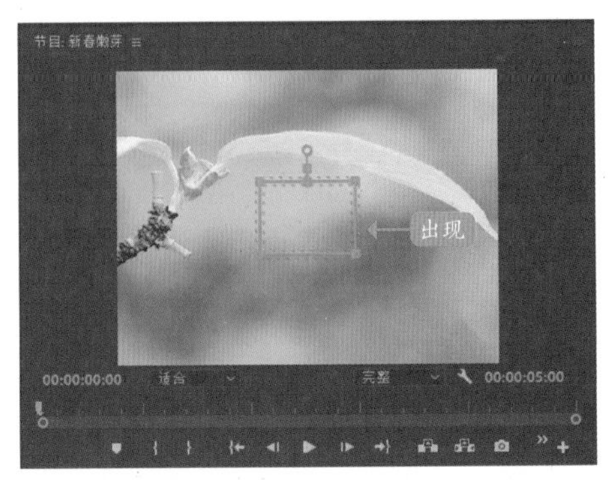

图9-18　“节目监视器”面板

步骤/06 按住鼠标左键并拖曳图形至字幕位置，如图9-19所示。

图9-19　拖曳图形至字幕位置

步骤/07 在“效果控件”面板中的“文本”选项区下方，①单击“蒙版扩展”左侧的“切换动画”按钮；②在视频的开始处添加一个关键帧，如图9-20所示。

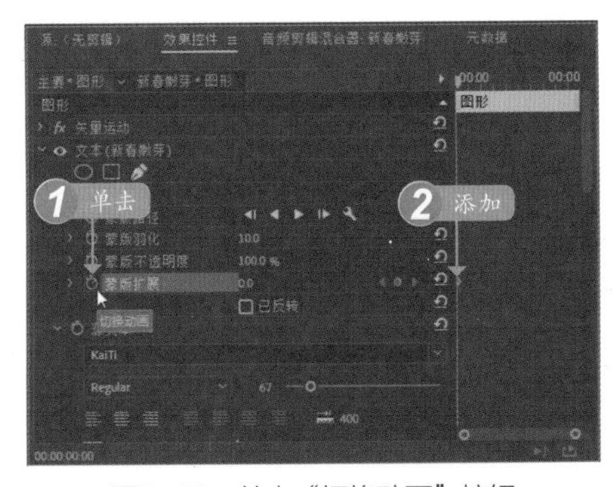

图9-20　单击“切换动画”按钮

步骤/08 添加完成后，在“蒙版扩展”右侧的文本框中，设置参数为180，如图9-21所示。

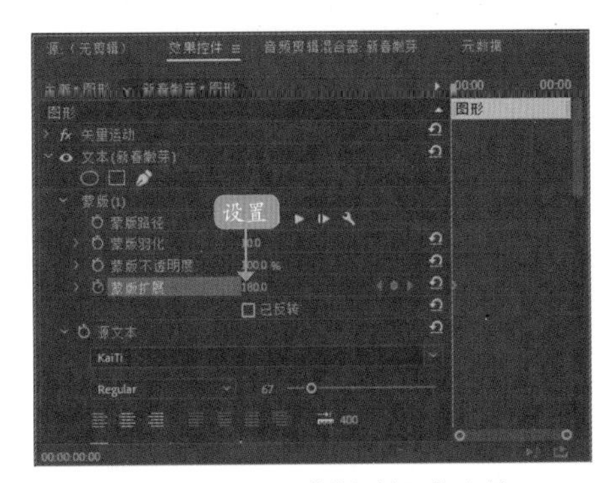

图9-21　设置“蒙版扩展”参数

步骤/09 设置完成后，将时间线切换至00:00:02:00位置处，如图9-22所示。

图9-22　切换时间线

步骤/10 在“蒙版扩展”右侧，①单击“添加/移除关键帧”按钮，②再次添加一个关键帧，如图9-23所示。

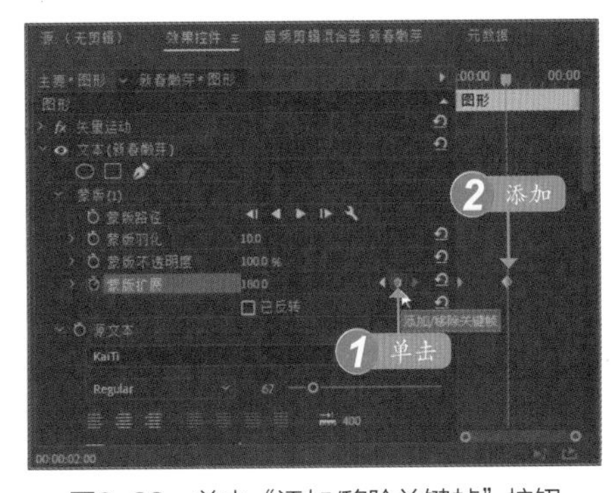

图9-23　单击“添加/移除关键帧”按钮

步骤/11 添加完成后，设置“蒙版扩展”

参数值为-50，如图9-24所示。

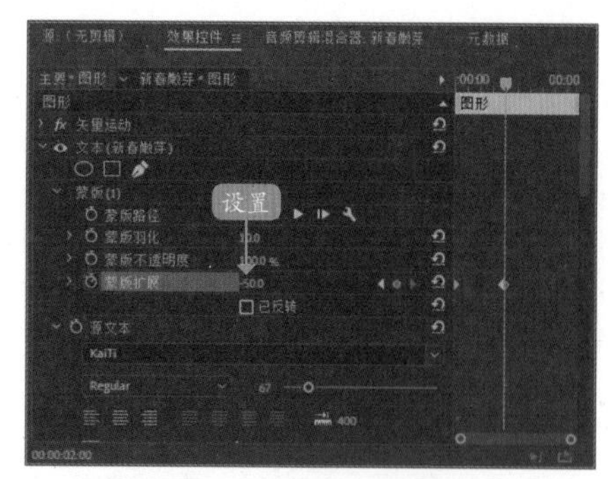

图9-24　设置相应参数

步骤/12 用相同的方法，①在00:00:04:00的位置处再次添加一个关键帧；②设置“蒙版扩展”参数为180，完成4点多边形蒙版动画的设置，如图9-25所示。

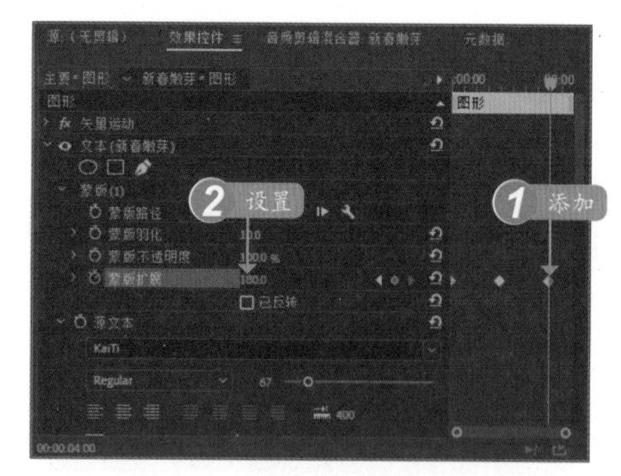

图9-25　设置“蒙版扩展”参数

步骤/13 在“节目监视器”面板中单击“播放-停止切换”按钮▶，可以查看素材画面，如图9-26所示。

图9-26　查看素材画面

9.1.3　制作自由曲线蒙版特效

在Premiere Pro 2020中，除了可以创建椭圆形蒙版动画和4点多边形蒙版动画外，还可以创建自由曲线蒙版动画，使影视文件内容更加丰富。

步骤/01 按【Ctrl+O】组合键，打开项目文件“素材\第9章\携手一生.prproj”，如图9-27所示。

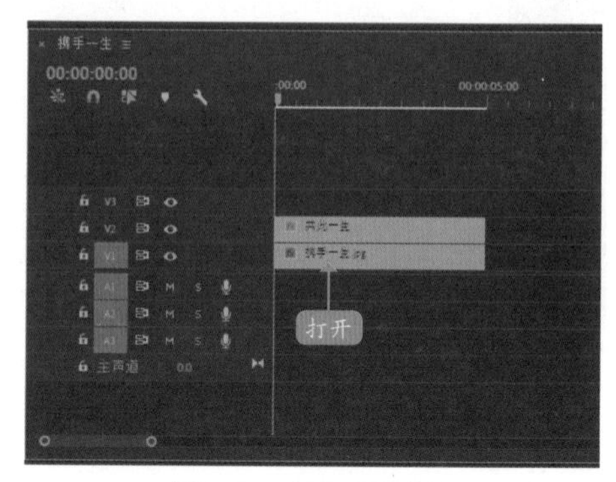

图9-27　打开项目文件

步骤/02 在“节目监视器”面板中可以查看素材画面，如图9-28所示。

图9-28　查看素材画面

步骤/03 在“时间轴”面板中，选择字幕文件，如图9-29所示。

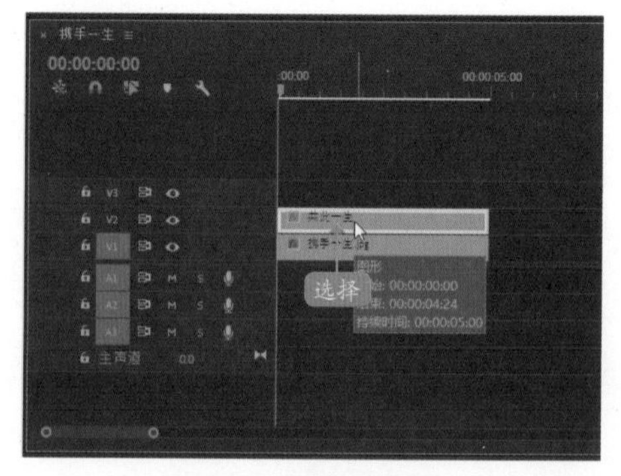

图9-29　选择字幕文件

步骤/04 ❶切换至“效果控件”面板；❷在“文本（共此一生）”选项区下方单击“自由绘制贝塞尔曲线”按钮，如图9-30所示。

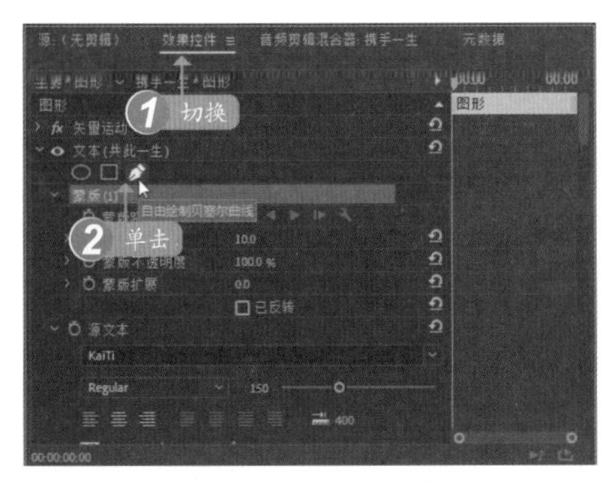

图9-30　单击相应按钮

步骤/05 执行上述操作后，在“节目监视器”面板中的字幕四周单击鼠标左键，画面中会出现点线相连的曲线，如图9-31所示。

图9-31　出现点线相连的曲线

步骤/06 围绕字幕四周继续单击鼠标左键，完成自由曲线蒙版的绘制，如图9-32所示。

图9-32　完成自由曲线蒙版的绘制

步骤/07 在“效果控件”面板中的“蒙版（1）”选项区下方，❶单击“蒙版扩展”左侧的“切换动画”按钮；❷在视频的开始处添加一个关键帧，如图9-33所示。

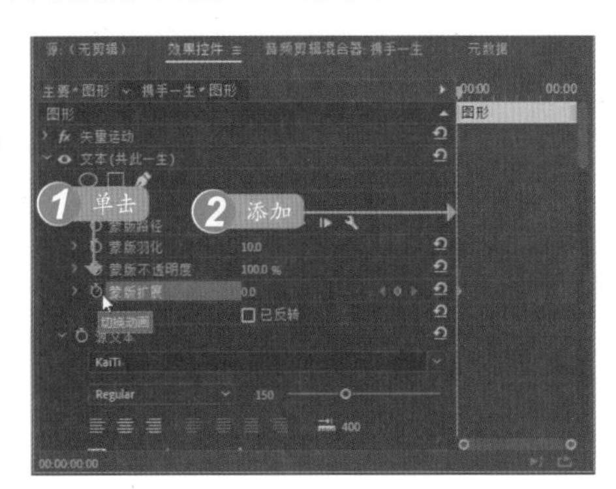

图9-33　单击“切换动画”按钮

步骤/08 添加完成后，在“蒙版扩展”数值框中设置参数为-150.0，如图9-34所示。

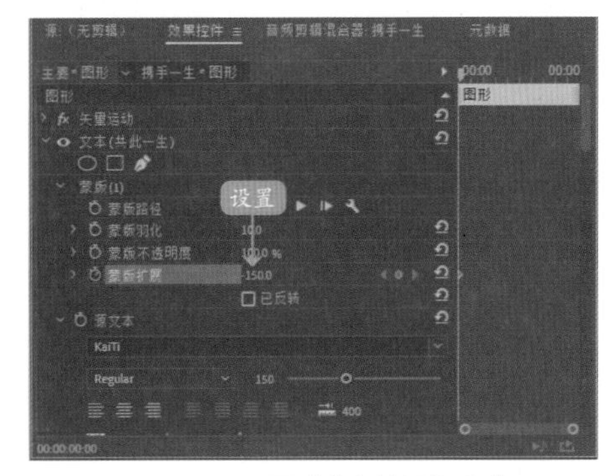

图9-34　设置“蒙版扩展”参数

步骤/09 设置完成后，将时间线调整至00:00:04:00的位置处，如图9-35所示。

图9-35　切换时间线至相应位置处

步骤/10 在“蒙版扩展”右侧，①单击“添加/移除关键帧”按钮；②再次添加一个关键帧，如图9-36所示。

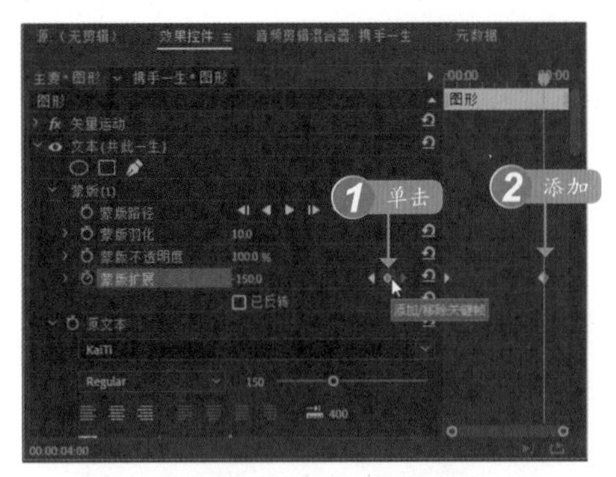

图9-36 单击“添加/移除关键帧”按钮

步骤/11 添加完成后，设置“蒙版扩展”参数为0，如图9-37所示。

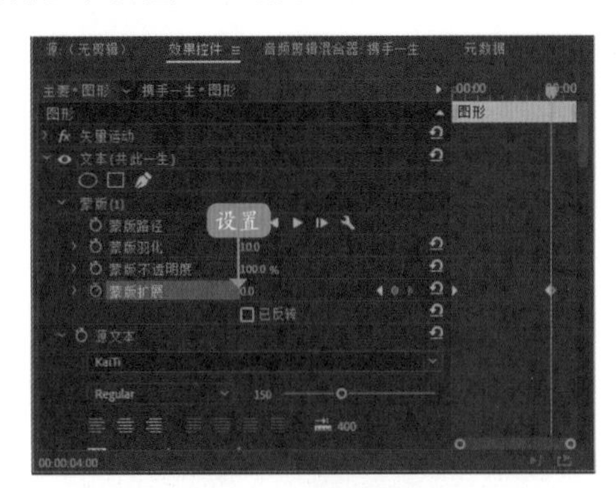

图9-37 设置相应参数

步骤/12 选择“蒙版（1）”选项，单击鼠标右键，在弹出的快捷菜单中选择“复制”命令，如图9-38所示。

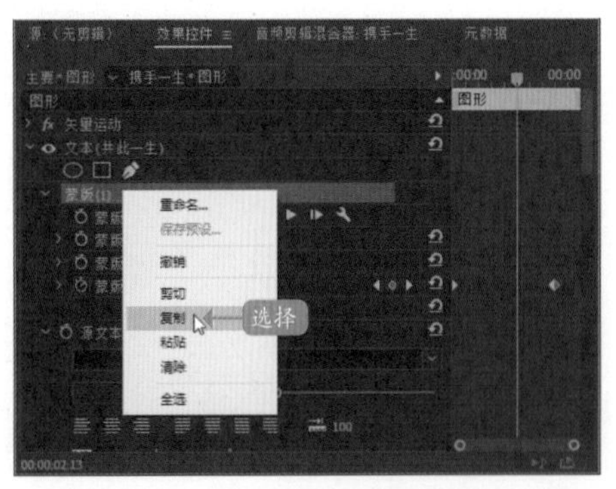

图9-38 选择“复制”命令

步骤/13 ①在下方展开“文本（携子之手）”选项；②单击“自由绘制贝塞尔曲线”按钮；③在“蒙版（1）”选项右侧单击鼠标右键，弹出快捷菜单，选择“粘贴”命令，如图9-39所示。

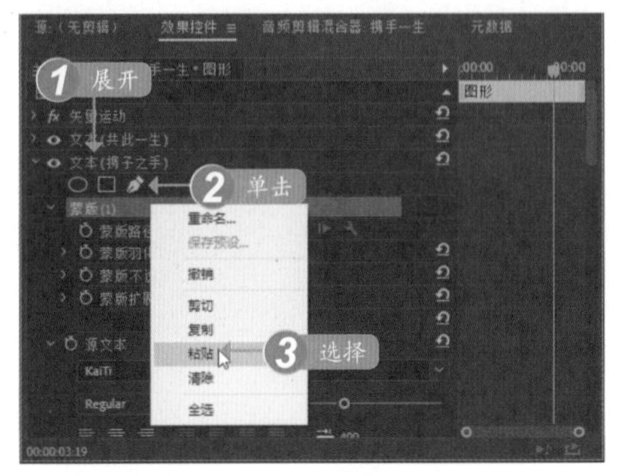

图9-39 选择“粘贴”命令

步骤/14 执行操作后，即可在面板下方添加一个蒙版，如图9-40所示。

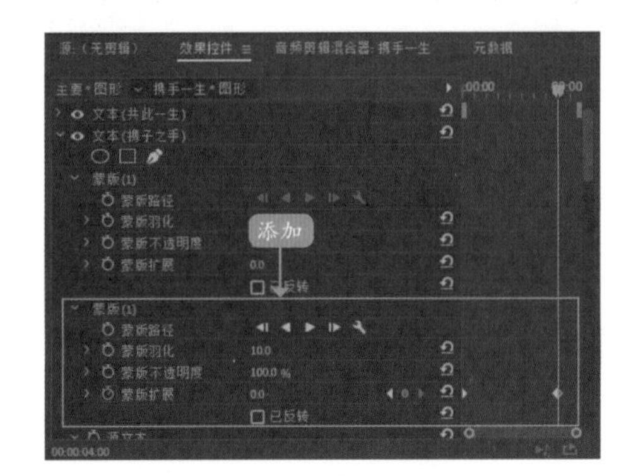

图9-40 添加一个蒙版

步骤/15 删除上方没有关键帧的蒙版，在“节目监视器”面板中单击“播放-停止切换”按钮，可以查看素材画面，如图9-41所示。

图9-41 查看素材画面

9.2 制作透明叠加特效

在Premiere Pro 2020中，可以通过对素材透明度的设置，制作出各种透明混合叠加的效果。透明度叠加是将一个素材的部分显示在另一个素材画面上，利用半透明的画面来呈现下一张画面。本节主要介绍运用透明叠加的基本操作方法。

9.2.1　制作透明度叠加特效

在Premiere Pro 2020中，用户可以直接在“效果控件”面板中降低或提高素材的透明度，这样可以让两个轨道的素材同时显示在画面中，下面具体介绍操作方法。

步骤/01 按【Ctrl+O】组合键，打开项目文件“素材\第9章\操场跑道.prproj”，并查看项目效果，如图9-42所示。

图9-42　查看项目效果

步骤/02 在V2轨道上，选择素材文件，如图9-43所示。

步骤/03 在“效果控件”面板中，❶展开“不透明度”选项；❷单击“不透明度”选项右侧的“添加/移除关键帧”按钮；❸添加关键帧，如图9-44所示。

步骤/04 ❶将时间线移至00:00:01:00的位置；❷设置“不透明度”为50.0%；❸添加关键帧，如图9-45所示。

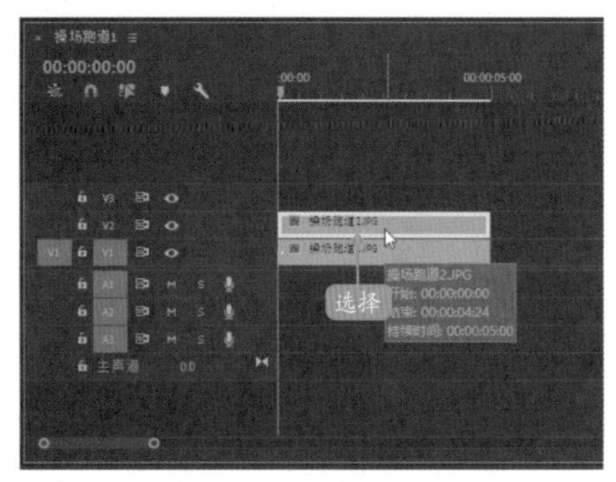

图9-43　选择素材文件

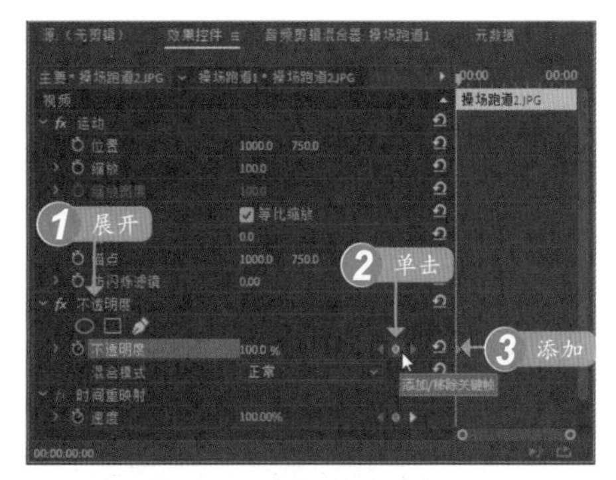

图9-44　添加关键帧（1）

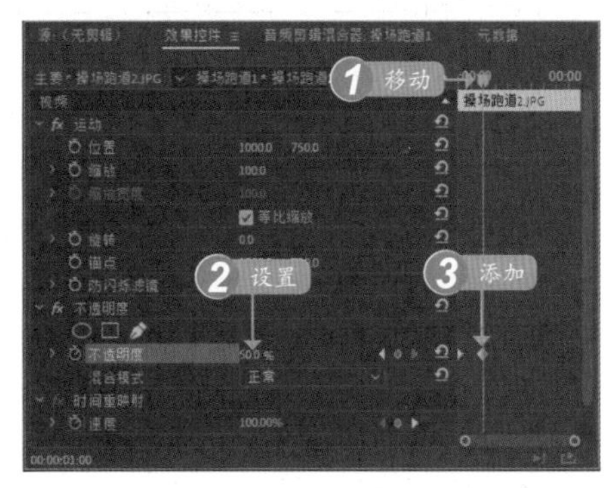

图9-45　添加关键帧（2）

步骤/05 用同样的方法，分别在00:00:02:00、00:00:03:00和00:00:04:00位置为素材添加关键帧，并分别设置“不透明度”为10.0%、40.0%和80.0%。设置完成后，将时间线移至素材的开始位置，在“节目监视器”面板中，单击“播放-停止切换”按钮▶，预览透明度叠加效果，如图9-46所示。

图9-46　预览透明度叠加效果

9.2.2　制作非红色键叠加特效

“非红色键”特效可以将图像上的背景变成透明色，下面介绍运用非红色键叠加素材的操作方法。

步骤/01 按【Ctrl+O】组合键，打开项目文件“素材\第9章\北京大学.prproj”，预览项目效果，如图9-47所示。

图9-47　预览项目效果

步骤/02 在“效果”面板中，选择“键控”|“非红色键”选项，如图9-48所示。

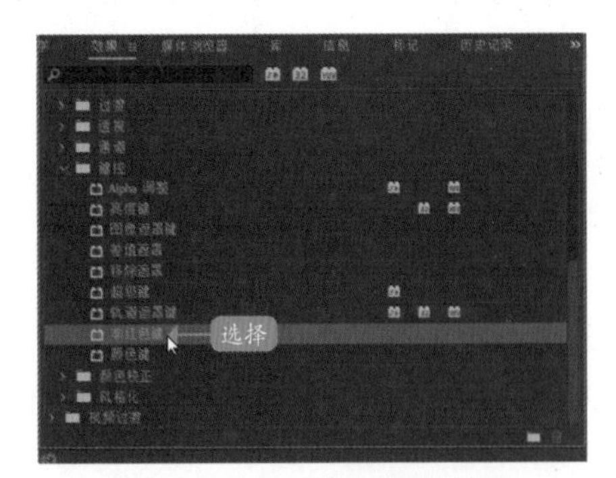

图9-48　选择“非红色键”选项

步骤/03 按住鼠标左键将其拖曳至V2轨道的视频素材上，如图9-49所示。

步骤/04 在“效果控件”面板中，设置“阈值”为0.0%、“屏蔽度”为15.0%，即可运用非红色键叠加素材，效果如图9-50所示。

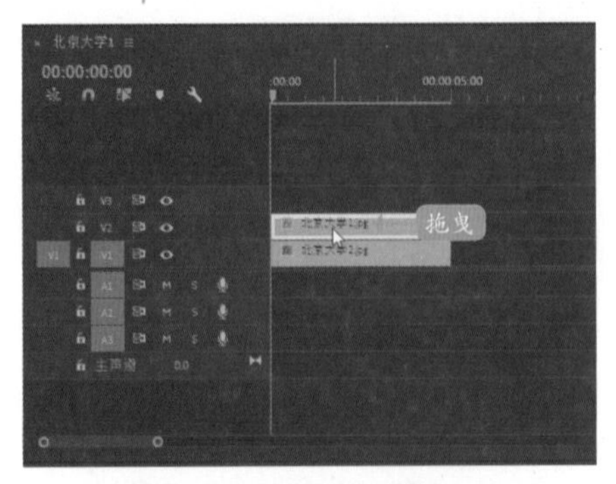

图9-49　拖曳至视频素材上

图9-50　运用非红色键叠加素材

9.2.3　制作颜色键透明叠加特效

在Premiere Pro 2020中，用户可以运用“颜色键”特效制作出一些比较特别的叠加效果。下面介绍如何使用颜色键来制作特殊效果。

步骤/01 按【Ctrl+O】组合键，打开项目文件“素材\第9章\花花草草.prproj”，并预览项目效果，如图9-51所示。

图9-51　预览项目效果

步骤/02 在“效果”面板中，选择“键

控”|“颜色键”选项，如图9-52所示。

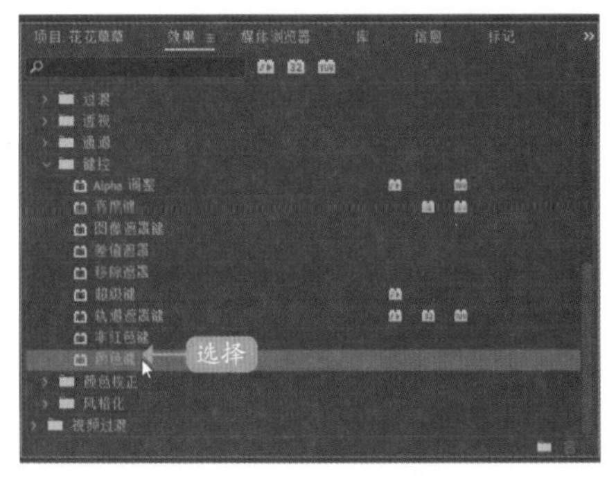

图9-52　选择“颜色键”选项

步骤 03 按住鼠标左键将其拖曳至V2轨道的素材图像上，添加视频效果，如图9-53所示。

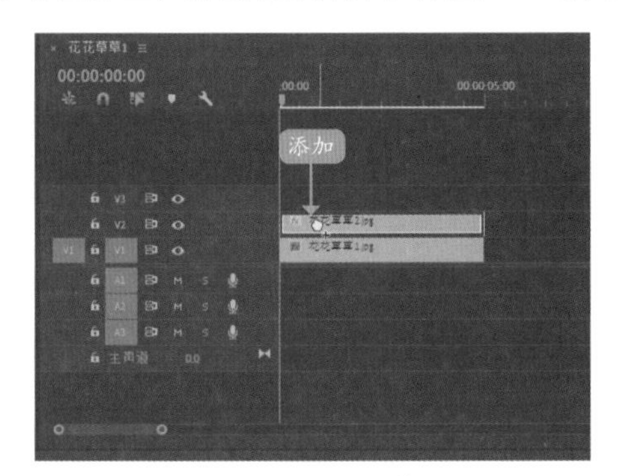

图9-53　添加视频效果

步骤 04 在“效果控件”面板中，设置“主要颜色”为红色（RGB参数值为168、15、17）、“颜色容差”为90，如图9-54所示。

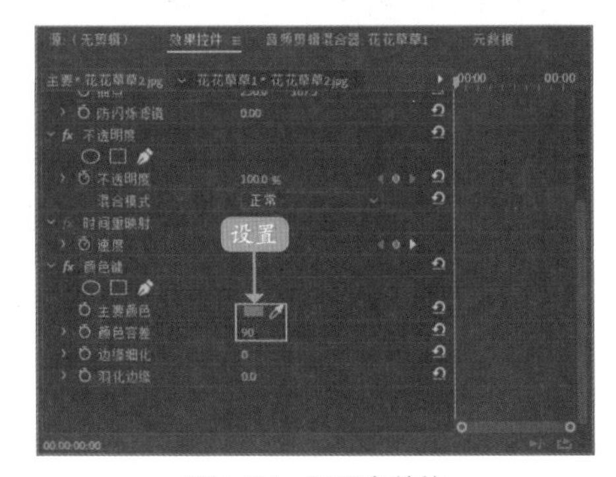

图9-54　设置参数值

步骤 05 执行上述操作后，即可运用颜色键叠加素材，效果如图9-55所示。

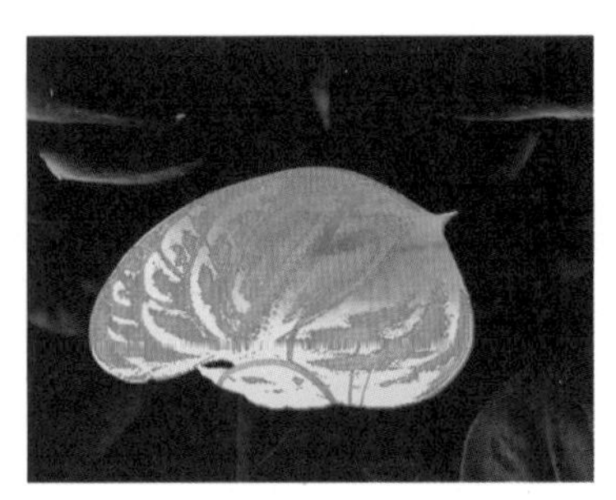

图9-55　运用颜色键叠加素材效果

9.2.4　制作亮度键透明叠加特效

在Premiere Pro 2020中，亮度键用来抠出图层中指定明亮度或亮度的所有区域。下面将介绍如何添加“亮度键”特效去除背景中的黑色区域。

步骤 01 以上一个效果为例，在“效果”面板中，依次展开“键控”|“亮度键”选项，如图9-56所示。

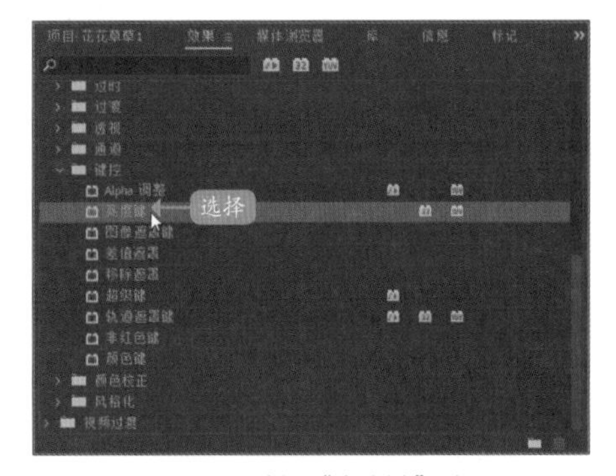

图9-56　选择“亮度键”选项

步骤 02 按住鼠标左键将其拖曳至V2轨道的素材上，添加视频效果，如图9-57所示。

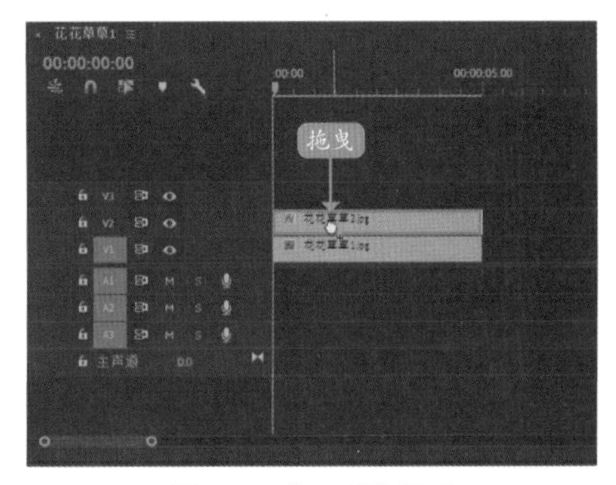

图9-57　添加视频效果

步骤/03 在“效果控件”面板中，设置“阈值”“屏蔽度”均为50.0%，如图9-58所示。

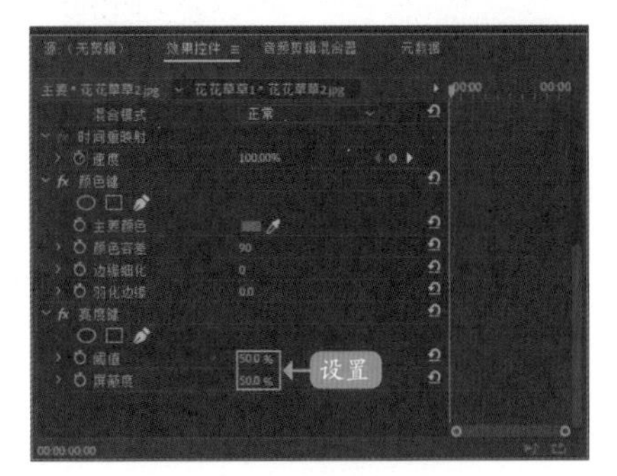

图9-58 设置相应的参数

步骤/04 执行上述操作后，即可运用“亮度键”叠加素材，效果如图9-59所示。

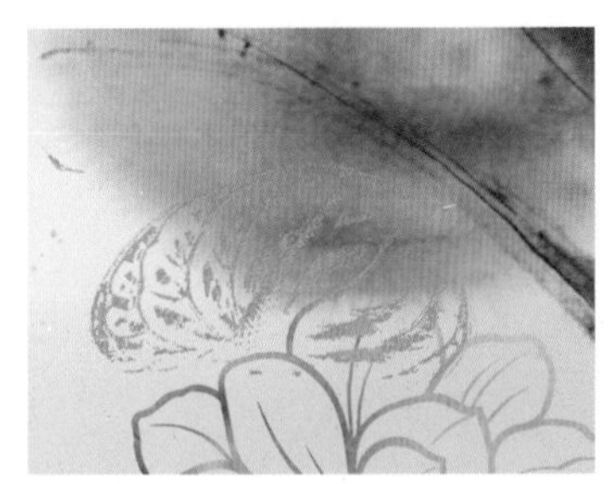

图9-59 预览视频效果

9.3 制作其他叠加特效

在Premiere Pro 2020中，除了上一节介绍的叠加方式外，还有“字幕”叠加方式、“淡入淡出”叠加方式以及“RGB差值键”叠加方式等，这些叠加方式都是相当实用的。本节主要介绍运用这些叠加方式的基本操作方法。

9.3.1 通过Alpha通道制作叠加特效

在Premiere Pro 2020中，一般情况下，利用通道进行视频叠加的方法很简单，用户可以根据需要运用Alpha通道进行视频叠加。Alpha通道信息都是静止的图像信息，因此需要运用Photoshop这一类图像编辑软件来生成带有通道信息的图像文件。

在创建完带有通道信息的图像文件后，接下来只需要将带有Alpha通道信息的文件拖入到Premiere Pro 2020“时间轴”面板的视频轨道上，视频轨道中编号较低的内容将自动透过Alpha通道显示出来。下面介绍具体操作方法。

步骤/01 按【Ctrl+O】组合键，打开项目文件“素材\第9章\古韵美人.prproj”，并预览项目效果，如图9-60所示。

图9-60 预览项目效果

步骤/02 在“项目”面板中将素材分别添加至V1和V2轨道上，拖动控制条调整视图。选择V2轨道上的素材，❶在“效果控件”面板中展开“运动”选项；❷设置“缩放”为356.0，如图9-61所示。

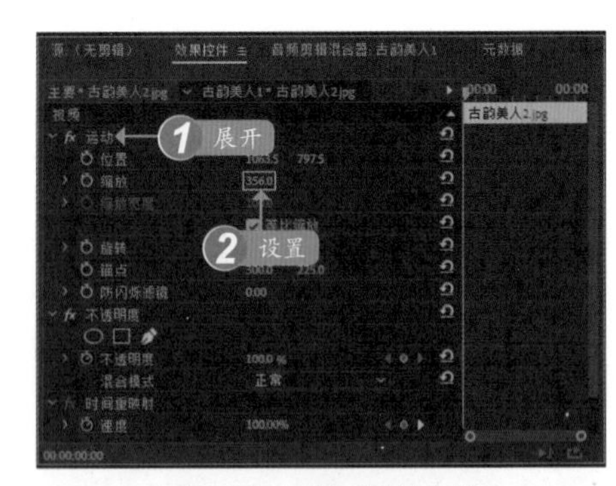

图9-61 设置“缩放”值

步骤/03 ❶在“效果”面板中，展开“视频效果”|“键控”选项；❷选择“Alpha调整”视频效果，如图9-62所示。按住鼠标左键将其拖曳至V2轨道的素材上，释放鼠标左键，即可添加Alpha调整视频效果。

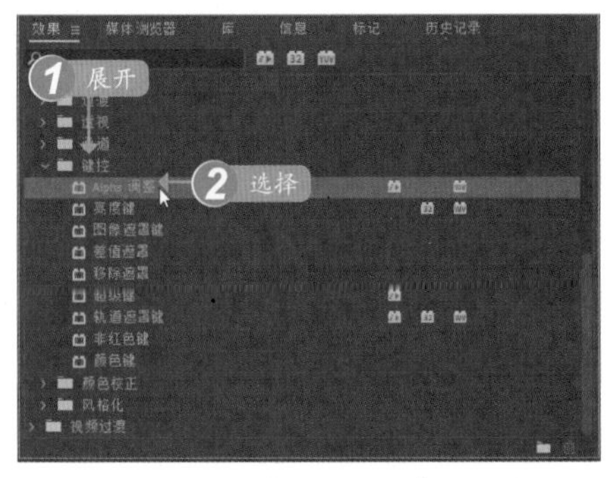

图9-62　选择“Alpha调整”视频效果

步骤/04 将时间线移至素材的开始位置，在“效果控件”面板中展开“Alpha调整”选项，单击“不透明度”“反转Alpha”和“仅蒙版”3个选项左侧的“切换动画”按钮，如图9-63所示。

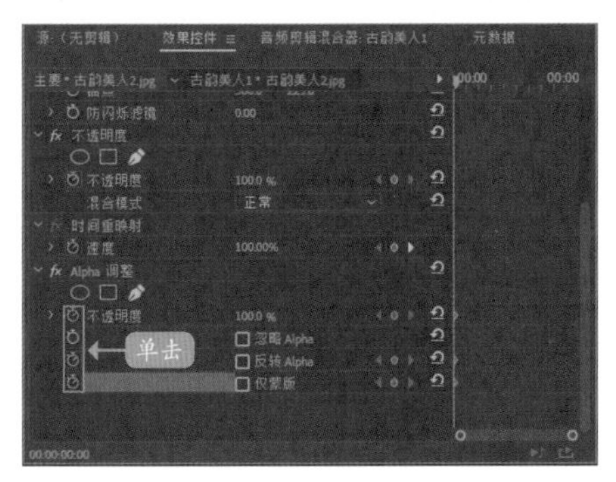

图9-63　单击“切换动画”按钮

步骤/05 ❶将当前时间指示器拖曳至00:00:02:00的位置；❷设置“不透明度”为20.0%；❸添加关键帧，如图9-64所示。

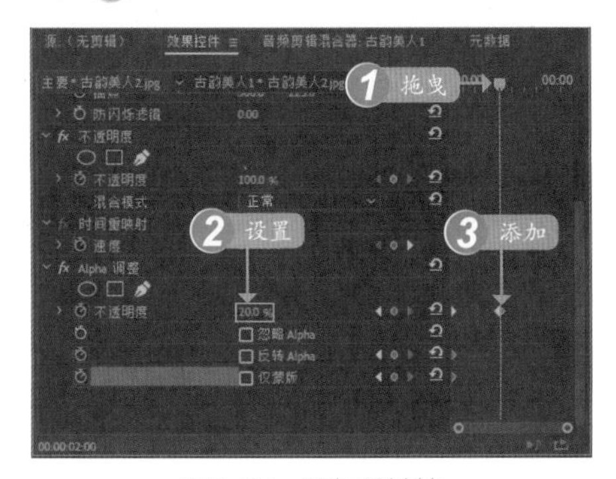

图9-64　添加关键帧

步骤/06 设置完成后，将时间线移至素材的开始位置，在“节目监视器”面板中单击“播放-停止切换”按钮▶，即可预览视频叠加后的效果，如图9-65所示。

图9-65　预览视频叠加后的效果

9.3.2　制作字幕叠加特效

在Premiere Pro 2020中，华丽的字幕效果往往会让整个影视素材更加耀眼。下面介绍运用字幕叠加的操作方法。

步骤/01 按【Ctrl＋O】组合键，打开项目文件“素材\第9章\背景花纹.prproj”，并预览项目效果，如图9-66所示。

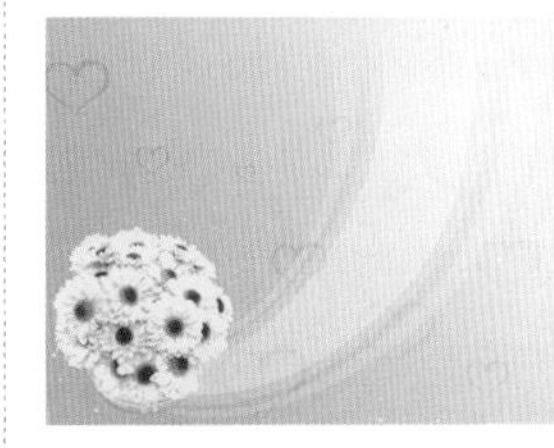

图9-66　预览项目效果

> **专家指点**
>
> 在创建字幕的时候，Premiere Pro 2020中会自动加上Alpha通道，所以也能带来透明叠加的效果：在需要进行视频叠加的时候，利用字幕创建工具制作出文字或者图形的可叠加视频内容，然后再利用“时间轴”面板进行编辑即可。

步骤/02 在“效果控件”面板中，设置V1轨道素材的“缩放”为105.0，如图9-67所示。

步骤/03 按【Ctrl＋T】组合键，在“节目监视器”面板中会出现“新建文本图层”文本框，如图9-68所示。

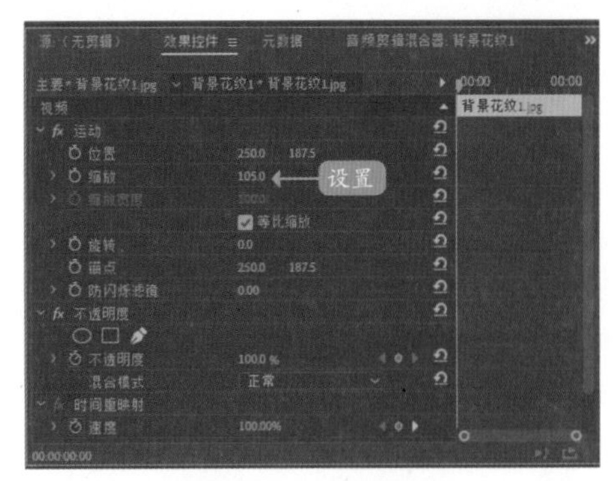

图9-67 设置相应选项

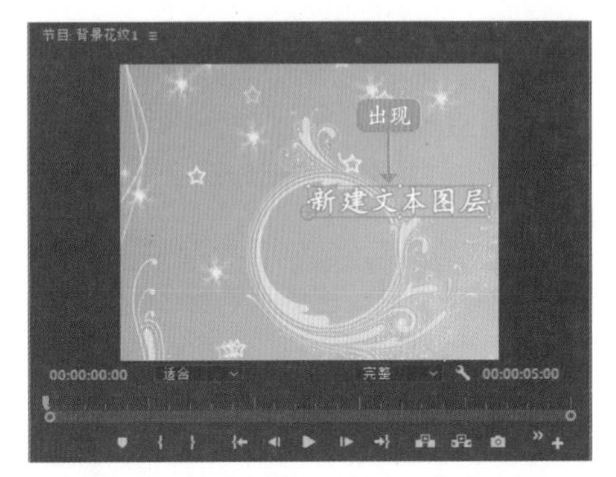

图9-68 出现“新建文本图层”文本框

步骤/04 在文本框中输入需要的字幕文字，并调整字幕位置，如图9-69所示。

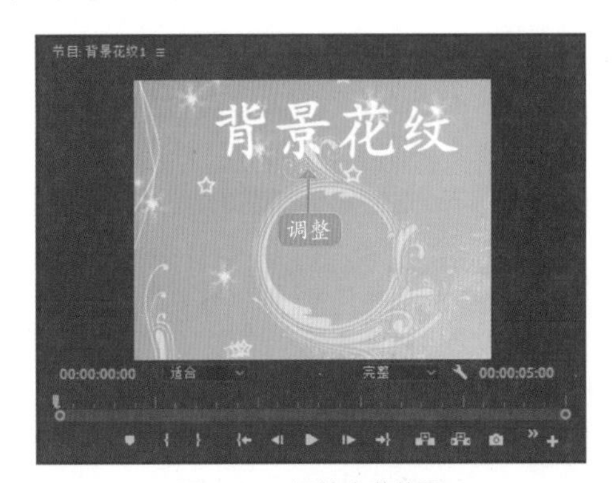

图9-69 调整字幕位置

步骤/05 输入完成后，在“效果控件”面板中设置文本字体属性，如图9-70所示。

步骤/06 选择V2轨道中的素材，❶在“效果”面板中展开“视频效果”|“键控”选项；❷选择“轨道遮罩键”视频效果，如图9-71所示。

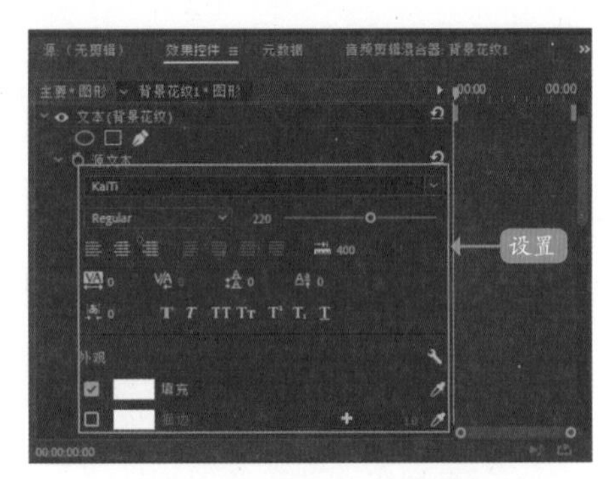

图9-70 设置文本字体属性

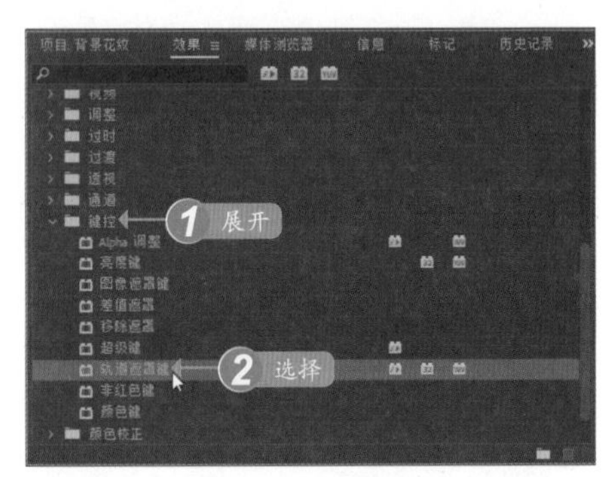

图9-71 选择“轨道遮罩键”视频效果

步骤/07 按住鼠标左键将其拖曳至V2轨道中的素材上，在“效果控件”面板中展开“轨道遮罩键”选项，设置“遮罩”为“视频3”，如图9-72所示。

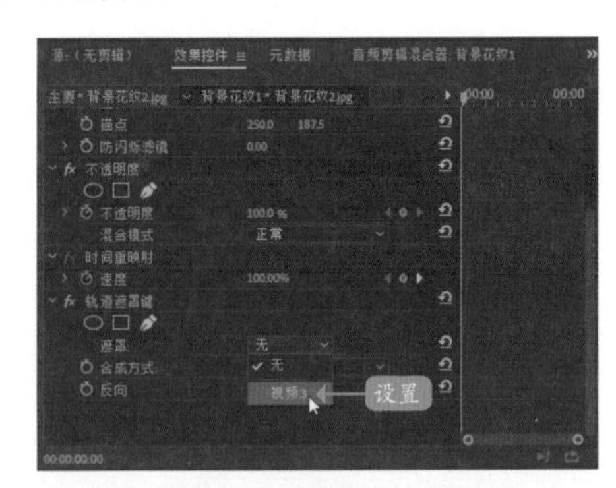

图9-72 设置“遮罩”为“视频3”

步骤/08 在“效果控件”面板中展开“运动”选项，设置“缩放”为85.0、“位置”为（289.0,170.0），如图9-73所示。

步骤/09 执行上述操作后，即可完成字幕叠加的制作，在“节目监视器”面板中可以查看最终效果，如图9-74所示。

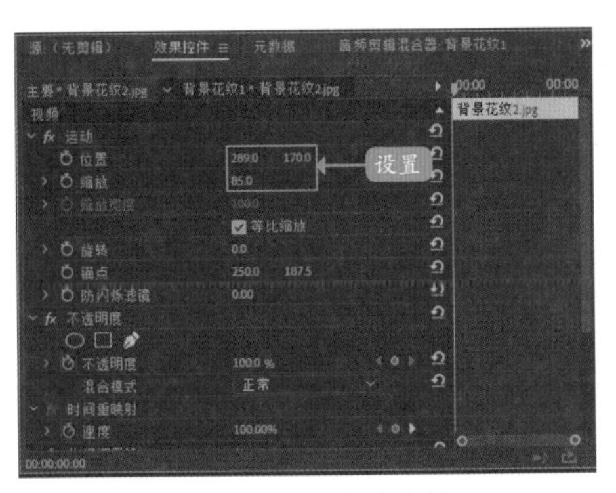

图9-73　设置相应参数

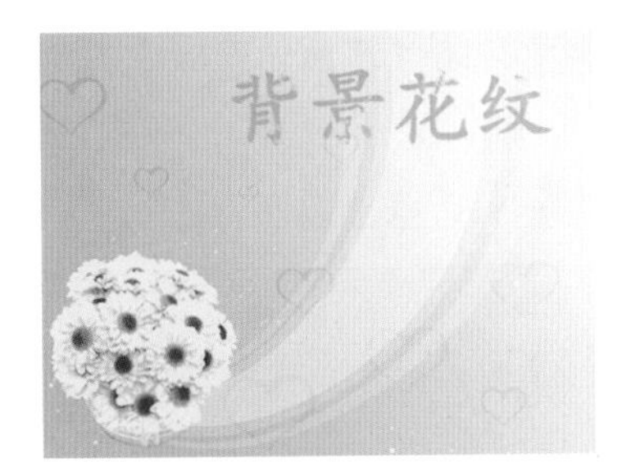

图9-74　查看最终效果

9.3.3　制作颜色透明叠加特效

在Premiere Pro 2020中，“超级键”特效主要用于将视频素材中的一种颜色做透明处理。下面介绍运用超级键的操作方法。

步骤/01 按【Ctrl+O】组合键，打开项目文件“素材\第9章\展翅飞翔.prproj”，并查看打开的项目效果，如图9-75所示。

图9-75　查看项目文件

步骤/02 将“项目”面板中的两个图像素材分别添加至“时间轴”面板的V1和V2轨道中，如图9-76所示。

步骤/03 选择V2轨道中的素材文件，在“效果控件”面板中，设置“缩放”参数为110.0，如图9-77所示。

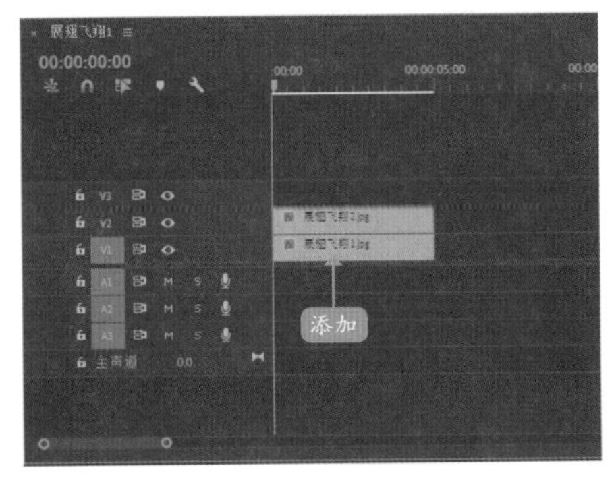

图9-76　添加图像素材

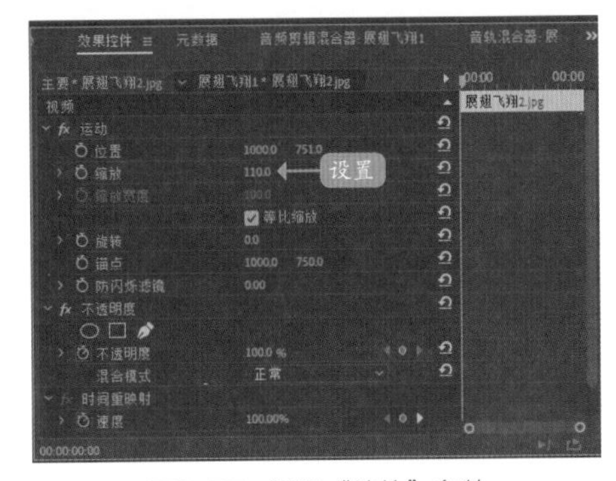

图9-77　设置“缩放”参数

步骤/04 ❶在“效果”面板中，展开“视频效果”|“键控”选项；❷选择“超级键”视频效果，如图9-78所示。

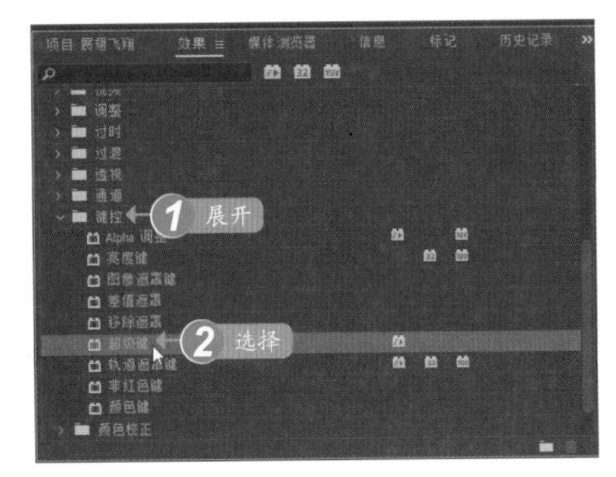

图9-78　选择“超级键”视频效果

步骤/05 按住鼠标左键将其拖曳至V2轨道的素材上，释放鼠标左键即可添加视频效果，如图9-79所示。

步骤/06 在“效果控件”面板中，展开“超级键”选项，设置“颜色”为墨绿色（RGB

参数值为44、72、40），如图9-80所示。

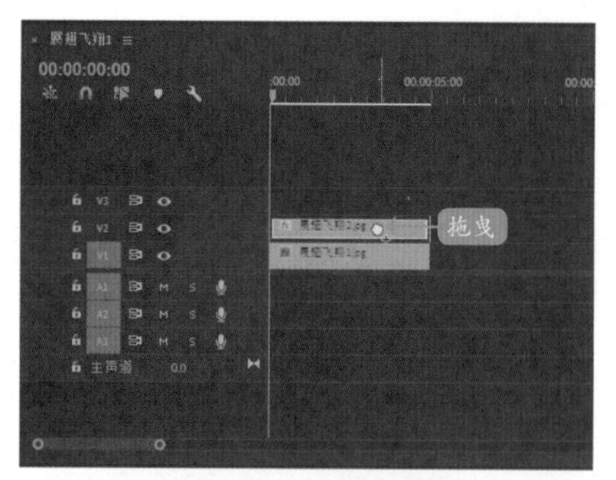

图9-79 拖曳视频效果

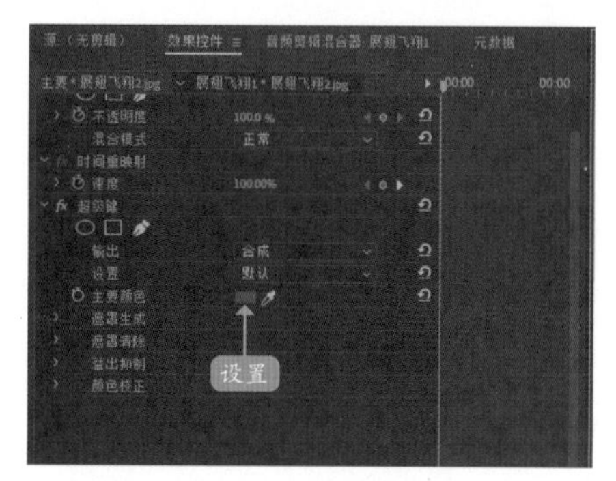

图9-80 设置相应参数

步骤/07 执行上述操作后，即可运用“超级键”制作叠加效果，在“节目监视器”面板中可以预览其效果，如图9-81所示。

图9-81 预览制作效果

9.3.4 制作淡入淡出叠加特效

在Premiere Pro 2020中，淡入淡出叠加效果通过对两个或两个以上的素材文件添加“不透明度”特效，并为素材添加关键帧实现素材之间的叠加转换。下面介绍运用淡入淡出叠加的操作方法。

步骤/01 按【Ctrl+O】组合键，打开项目文件“素材\第9章\梅开一季.prproj”，并查看项目效果，如图9-82所示。

图9-82 查看项目效果

步骤/02 将“项目”面板中的两个图像素材添加至“时间轴”面板中的V1和V2轨道中，如图9-83所示。

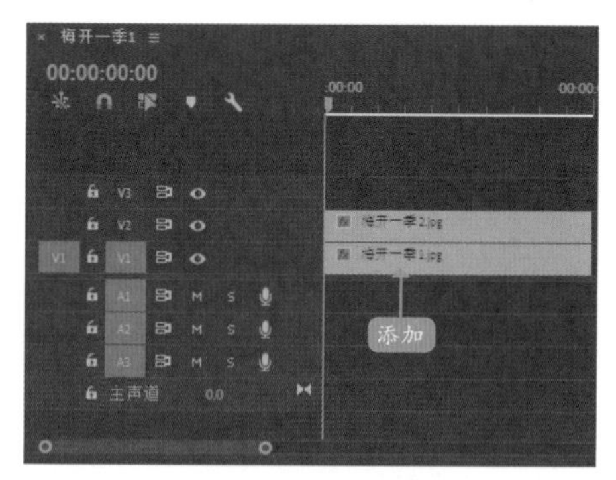

图9-83 添加图像素材

步骤/03 选择V2轨道中的素材，①在“效果控件”面板中展开“不透明度”选项；②设置“不透明度”为0.0%；③添加关键帧，如图9-84所示。

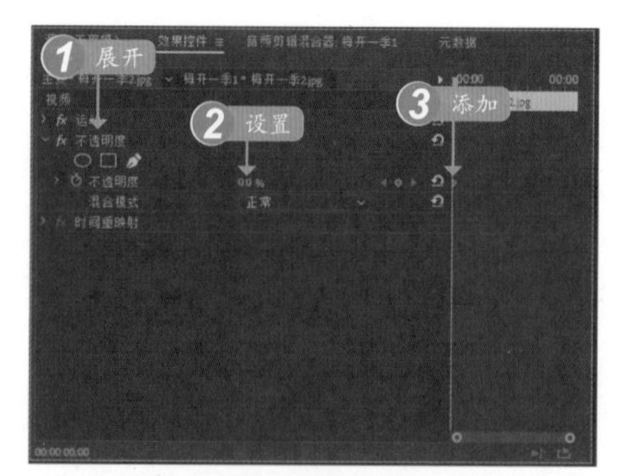

图9-84 添加关键帧（1）

步骤/04 ①将当前时间指示器拖曳至00:00:02:00的位置；②设置“不透明度”为

100.0%；❸添加关键帧，如图9-85所示。

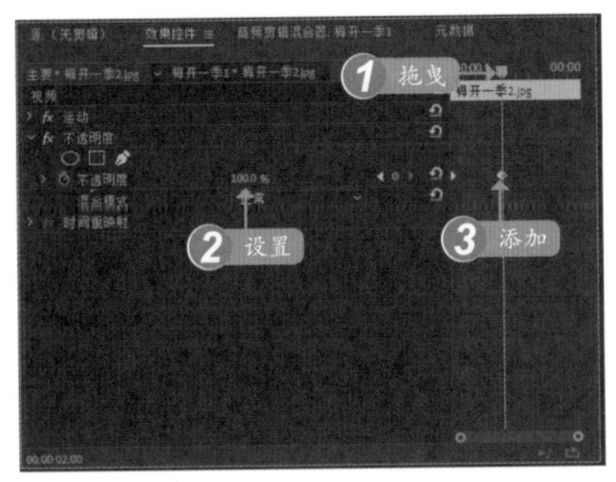

图9-85　添加关键帧（2）

步骤/05　❶将当前时间指示器拖曳至00:00:04:00的位置；❷设置“不透明度”为0.0%；❸添加关键帧，如图9-86所示。

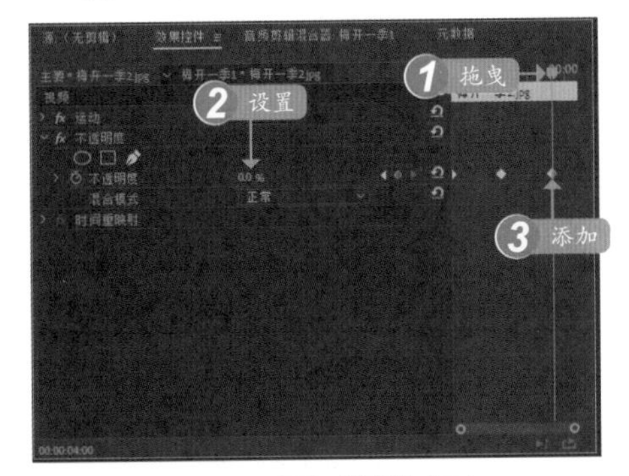

图9-86　添加关键帧（3）

专家指点

在Premiere Pro 2020中，淡出就是一段视频剪辑结束时由亮变暗的过程，淡入是指一段视频剪辑开始时由暗变亮的过程。淡入淡出叠加效果会增加影视内容本身的主观气氛，而不像无技巧剪接那么生硬。另外，Premiere Pro 2020中的淡入淡出在影视转场特效中也被称为溶入溶出，或者渐隐与渐显。用户在制作时如果出现参数错误的情况，可以单击“重置参数”按钮重新设置参数。

步骤/06　执行上述操作后，将时间线移至素材的开始位置，在“节目监视器”面板中单击“播放-停止切换”按钮，即可预览淡入淡出叠加效果，如图9-87所示。

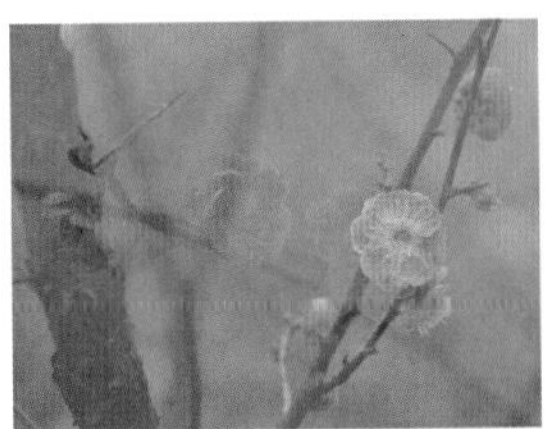

图9-87　预览淡入淡出叠加效果

9.3.5　制作差值遮罩叠加特效

在Premiere Pro 2020中，“差值遮罩”特效的作用是将两幅图像素材进行差异值对比，可以将两幅图像素材相同的区域进行叠加并去除，留下有差异值的部分。下面对“差值遮罩”特效的制作方法进行介绍。

步骤/01　按【Ctrl＋O】组合键，打开项目文件“素材\第9章\微距摄影.prproj”，并查看项目效果，如图9-88所示。

图9-88　查看项目效果

步骤/02　将“项目”面板中的两个图像素材添加至“时间轴”面板中的V1和V2轨道上，如图9-89所示。

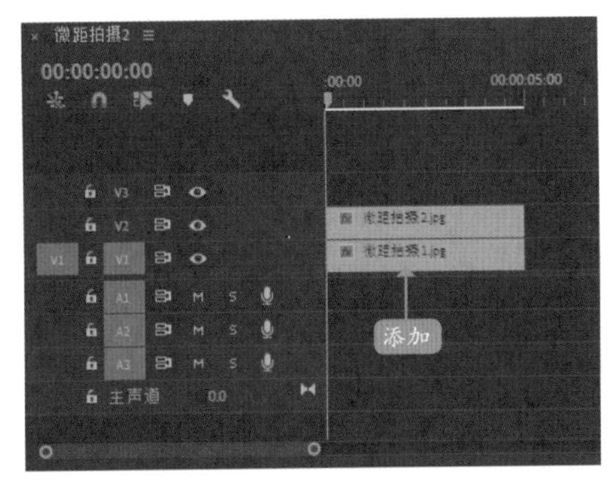

图9-89　添加图像素材

步骤/03 选择V2轨道中的图像素材，在“效果控件”面板中，设置“缩放”为105.0，如图9-90所示。

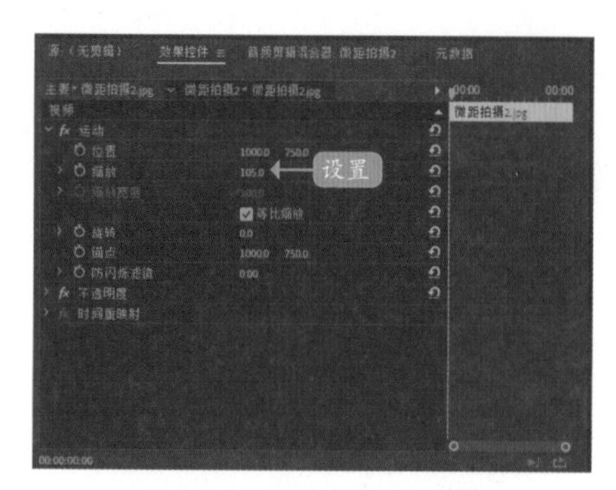

图9-90 设置“缩放”参数

步骤/04 ❶在“效果”面板中，展开“视频效果”|“键控”选项；❷选择“差值遮罩”视频效果，如图9-91所示。

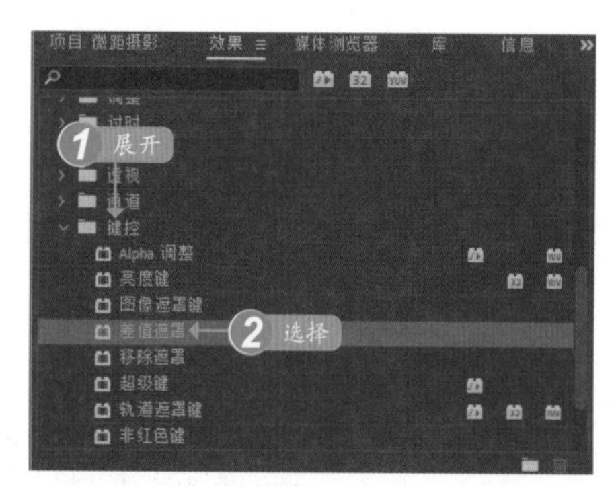

图9-91 选择“差值遮罩”视频效果

步骤/05 按住鼠标左键将其拖曳至V2轨道的素材上，释放鼠标左键即可添加视频效果，如图9-92所示。

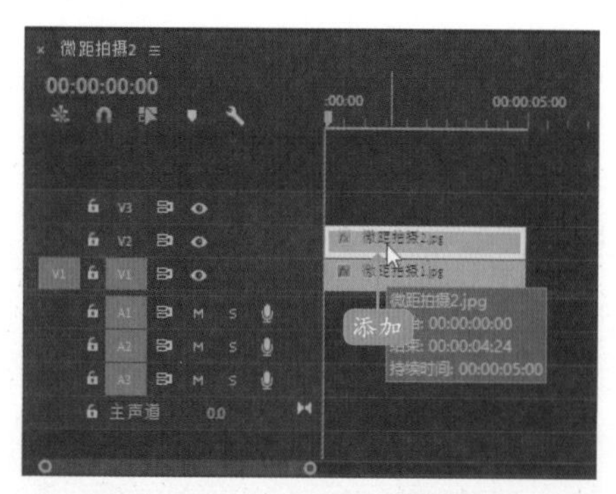

图9-92 添加视频效果

步骤/06 在“效果控件”面板中，❶展开“差值遮罩”选项；❷设置“差值图层”为“视频1”，如图9-93所示。

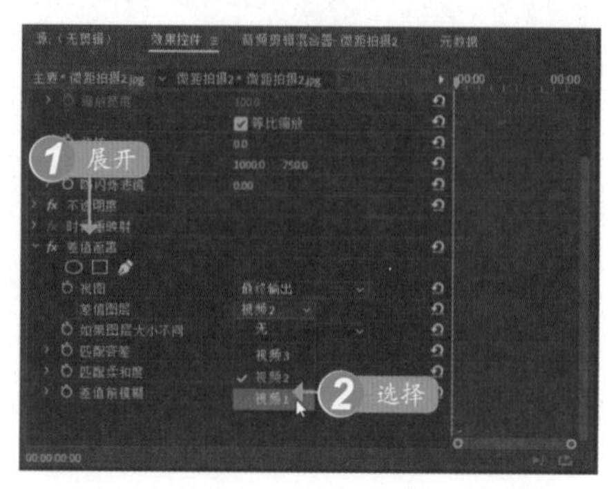

图9-93 设置“差值图层”为“视频1”

步骤/07 ❶单击“匹配容差”和“匹配柔和度”左侧的“切换动画”按钮；❷添加关键帧；❸设置“匹配容差”参数为0.0%，效果如图9-94所示。

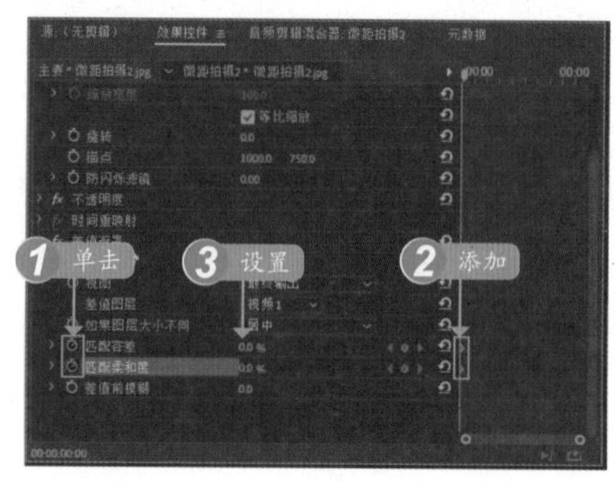

图9-94 设置“匹配容差”参数

步骤/08 执行上述操作后，设置“如果图层大小不同”为“伸缩以适合”，如图9-95所示。

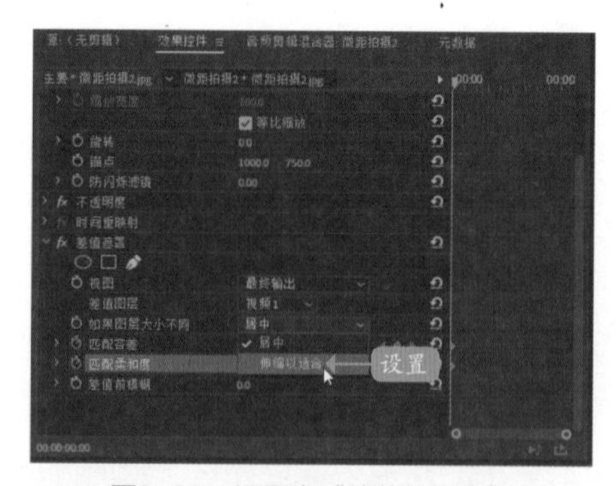

图9-95 设置为“伸缩以适合”

步骤/09 ❶将时间线移至00:00:02:00的位置；❷设置“匹配容差”为20.0%、“匹配柔和度”为10.0%；③再次添加关键帧，如图9-96所示。

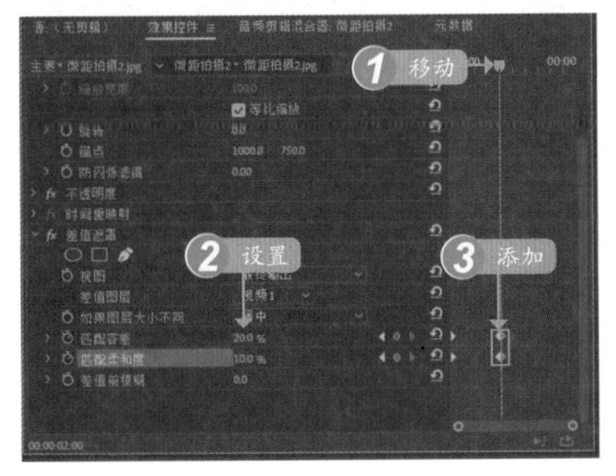

图9-96　再次添加关键帧

步骤/10 设置完成后，在“节目监视器”面板中，单击“播放-停止切换”按钮▶，即可预览制作的叠加效果，如图9-97所示。

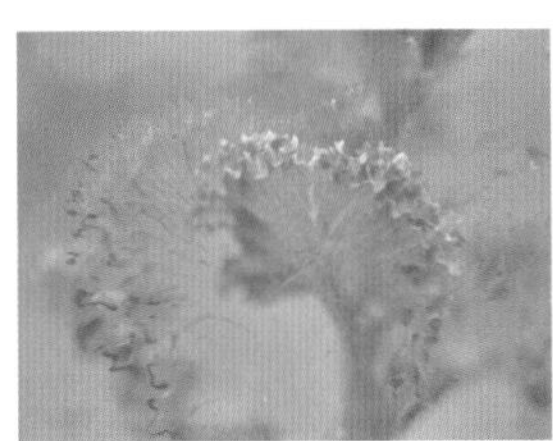

图9-97　预览制作的叠加效果

9.3.6　制作局部马赛克遮罩特效

在Premiere Pro 2020中，“马赛克”视频效果通常用于遮盖人物脸部，下面介绍制作局部马赛克遮罩效果的方法。

步骤/01 按【Ctrl+O】组合键，打开项目文件“素材\第9章\青春靓丽.prproj”，并查看项目效果，如图9-98所示。

图9-98　查看项目效果

步骤/02 在“效果”面板中，展开“视频效果”|“风格化”选项，选择“马赛克”视频效果，如图9-99所示。

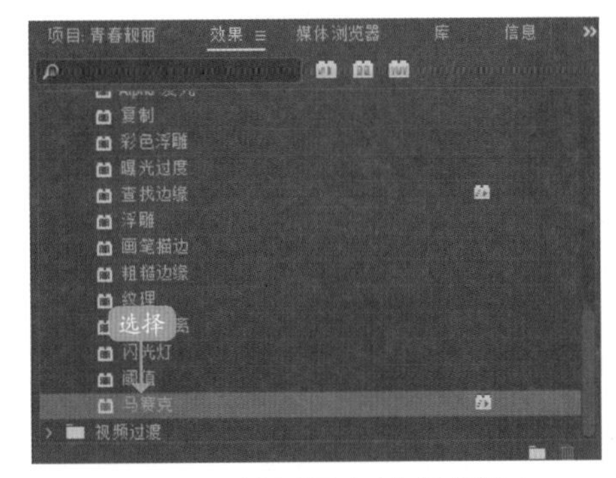

图9-99　选择“马赛克”视频效果

步骤/03 按住鼠标左键将其拖曳至“时间轴”面板中V1轨道的图像素材上，释放鼠标左键即可添加视频效果，如图9-100所示。

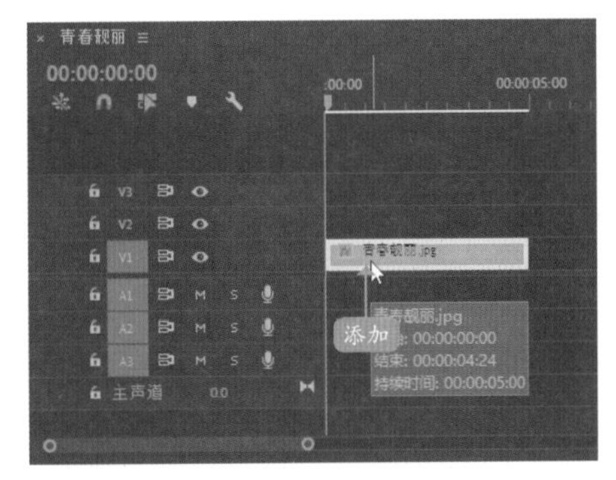

图9-100　添加视频效果

步骤/04 在“效果控件”面板中，①展开“马赛克”选项；②在其中单击“创建椭圆形蒙版”按钮⬭，如图9-101所示。

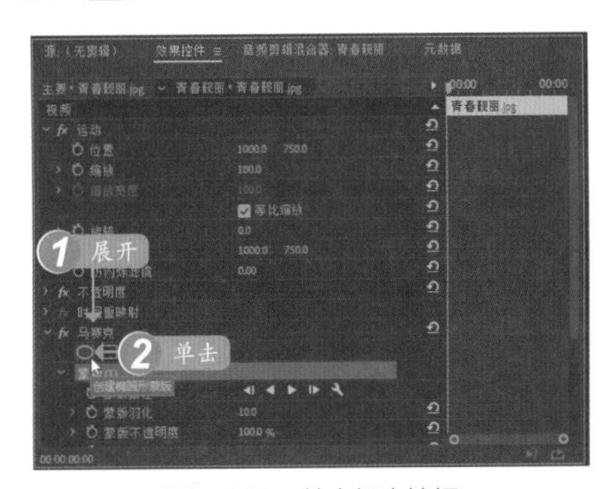

图9-101　单击相应按钮

步骤/05 在“节目监视器”面板中的图像素材上调整椭圆形蒙版的遮罩大小与位置，如图9-102所示。

图9-102 调整遮罩大小和位置

步骤/06 调整完成后，在“效果控件”面板中，设置“水平块”和“垂直块”都为50，如图9-103所示。

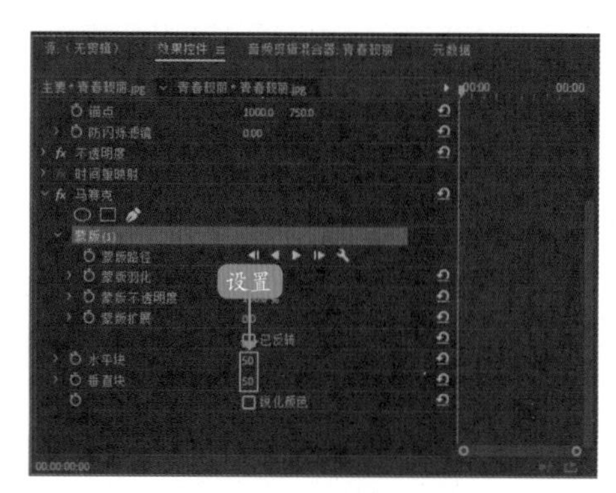

图9-103 设置相应参数

专家指点

当用户为动态视频素材制作“马赛克”视频效果时，可以单击“蒙版路径”右侧的“向前跟踪”按钮，跟踪局部遮罩的马赛克区域。

步骤/07 执行上述操作后，将时间线移至素材的开始位置，如图9-104所示。

步骤/08 在“节目监视器”面板中单击“播放-停止切换”按钮▶，即可预览局部马赛克遮罩效果，如图9-105所示。

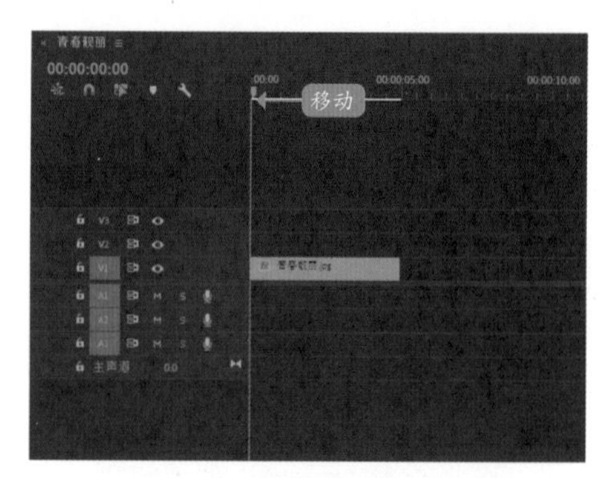

图9-104 将时间线移至开始位置

图9-105 预览马赛克视频效果

9.3.7 制作设置遮罩叠加特效

在Premiere Pro 2020中，“设置遮罩”效果可以通过图层、颜色通道制作遮罩叠加效果，下面介绍运用“设置遮罩”效果的方法。

步骤/01 按【Ctrl+O】组合键，打开项目文件“素材\第9章\人物摄影.prproj”，并查看项目效果，如图9-106所示。

图9-106 查看项目效果

步骤/02 在“项目”面板中，选择两幅图像素材，如图9-107所示。

步骤/03 将选择的素材依次拖曳至“时间轴”面板中的V1和V2轨道上，如图9-108所示。

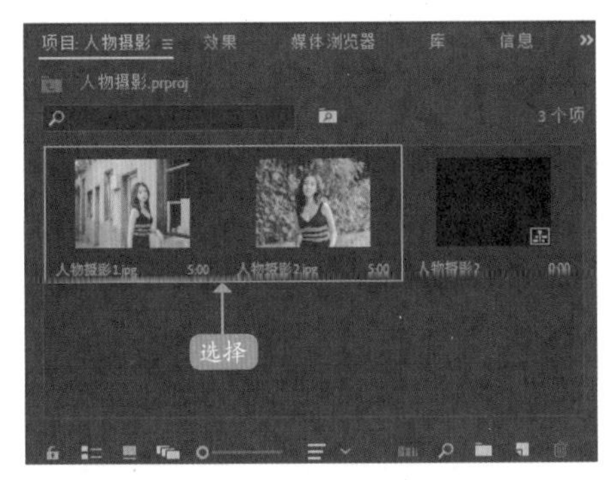

图9-107　选择图像素材

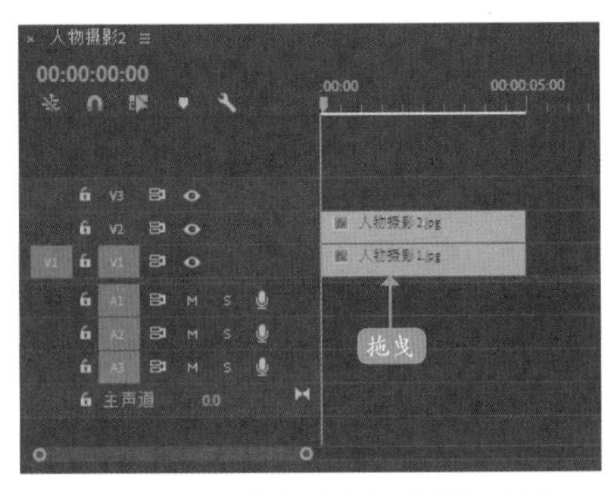

图9-108　拖曳素材至“时间轴”面板

步骤/04 ①在“效果”面板中，展开“视频效果”|“通道”选项；②选择“设置遮罩”视频效果，如图9-109所示。

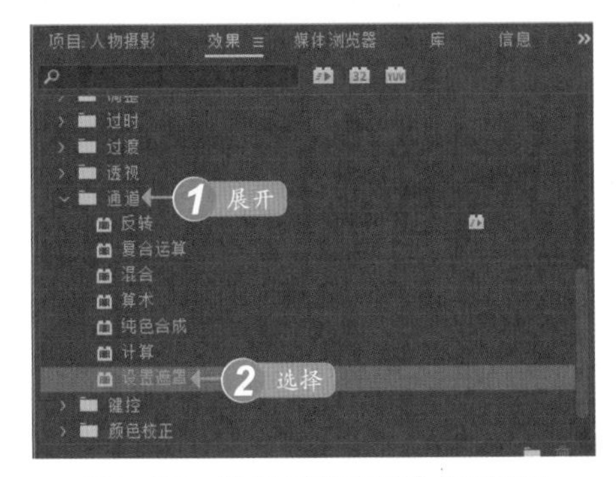

图9-109　选择“设置遮罩”视频效果

步骤/05 按住鼠标左键将其拖曳至V2轨道的素材上，释放鼠标左键即可添加视频效果，如图9-110所示。

步骤/06 在“效果控件”面板中，展开“设置遮罩”选项，如图9-111所示。

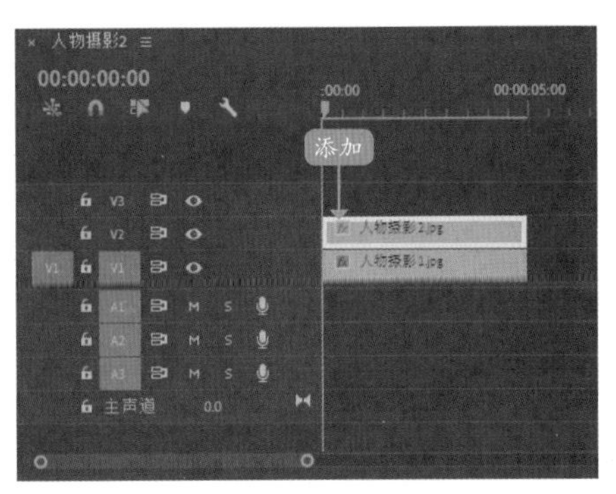

图9-110　添加视频效果

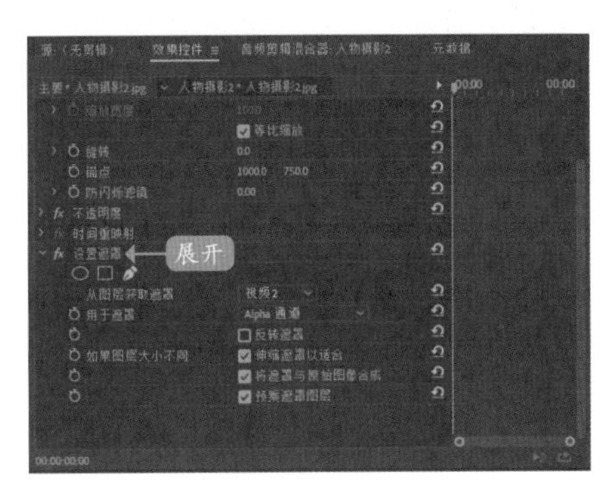

图9-111　展开“设置遮罩”选项

步骤/07 ①单击“用于遮罩”左侧的“切换动画”按钮；②添加一个关键帧，如图9-112所示。

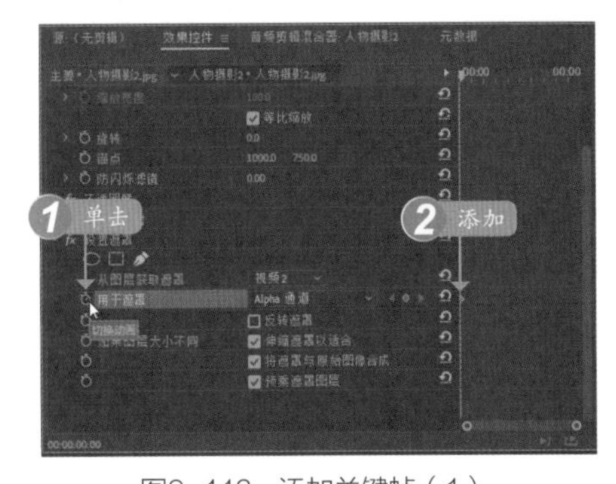

图9-112　添加关键帧（1）

步骤/08 执行上述操作后，将时间线移至00:00:02:00的位置处，如图9-113所示。

步骤/09 ①设置“用于遮罩”为“红色通道”；②再次添加关键帧，如图9-114所示。

图9-113 移动时间线至相应位置

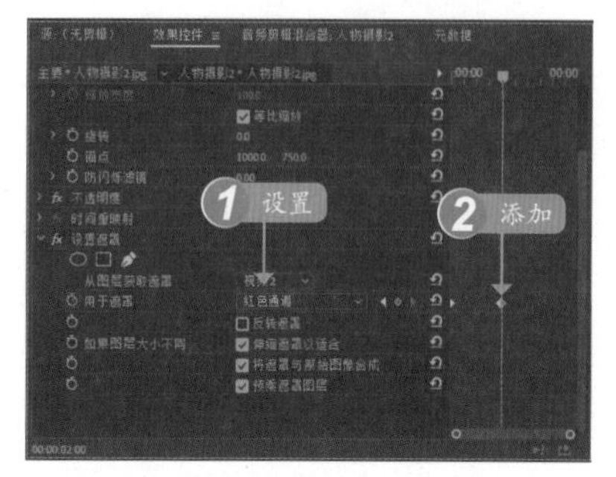

图9-114 添加关键帧（2）

步骤/10 用同样的方法，将时间线移至00:00:04:00的位置处，如图9-115所示。

图9-115 移动时间线

步骤/11 ①设置“用于遮罩”为“蓝色通道”；②添加关键帧，如图9-116所示。

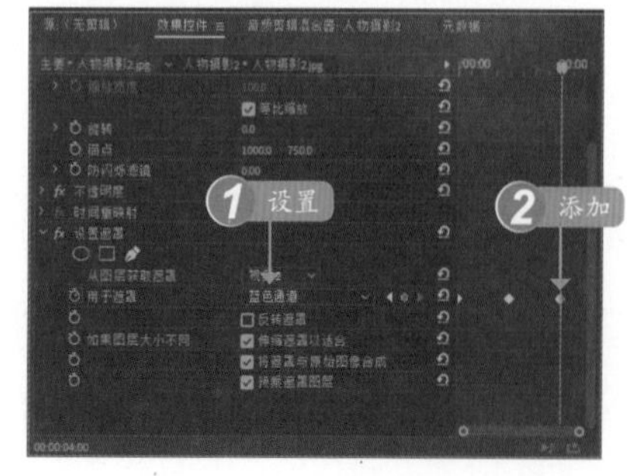

图9-116 添加关键帧（3）

步骤/12 设置完成后，在“节目监视器”面板中，单击“播放-停止切换”按钮▶，即可预览制作的叠加效果，如图9-117所示。

图9-117 预览制作的叠加效果

专家指点

在Premiere Pro 2020的“节目监视器”面板中，可以将图像素材的画面放大或缩小查看效果，如图9-118所示。

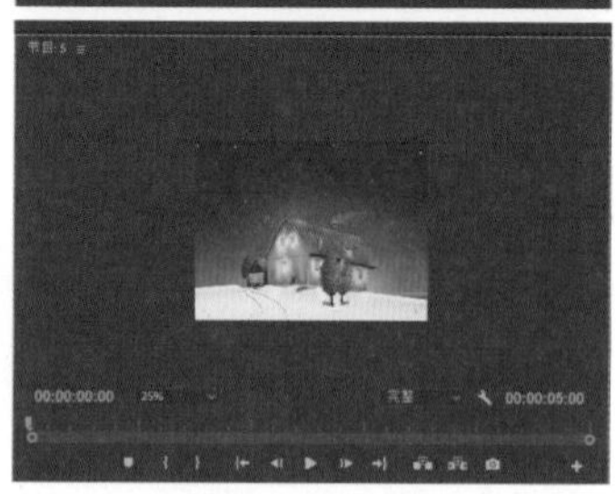
图9-118 素材画面放大或缩小效果

在“节目监视器”面板下方单击“选择缩放级别”下拉按钮，如图9-119所示。在弹出的下拉列表中，选择相应的素材缩放比例，即可查看相应比例的素材画面效果。

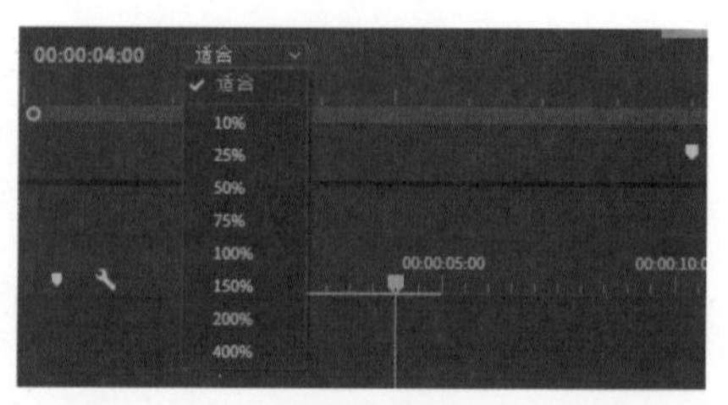

图9-119 “选择缩放级别”下拉列表

第10章

抖音案例：制作婚纱相册短视频

婚纱是结婚仪式及婚宴时新娘穿着的西式服饰，现代新人结婚之前，都会拍摄很多漂亮的婚纱照，用来纪念这最重要的时刻，将这些婚纱照制作成影像视频，可以永久地保存起来。本章主要介绍在Premiere Pro 2020中婚纱影像视频的制作方法。

10.1 效果欣赏

在Premiere Pro 2020中，用户可以将摄影师拍摄的各种婚纱照片巧妙地组合在一起，并为其添加各种摇动效果、转场效果、字幕效果、背景音乐，还可为其制作画中画特效。在制作婚纱相册视频之前，首先要预览项目效果，并掌握项目技术提炼等内容。

10.1.1 效果预览

在制作婚纱纪念相册之前，首先带领读者预览婚纱纪念相册视频的画面效果，如图10-1所示。

图10-1 婚纱相册案例效果

10.1.2 技术提炼

首先进入Premiere Pro 2020中，在其中导入需要的婚纱素材，制作婚纱相册的片头动画以及婚纱背景画面，然后制作视频画中画合成特效，并为叠加素材添加字幕内容，制作素材动态效果、片尾效果以及编辑与输出视频后期等，这样可以帮助用户更好地学习纪念相册的制作方法。

10.2 视频制作过程

本节主要介绍婚纱相册的制作过程，如添加素材图像、制作婚纱相册片头特效、制作婚纱相册动态效果、制作婚纱相册片尾效果以及渲染输出视频后期效果等内容，希望读者熟练掌握婚纱相册的制作方法。

10.2.1 制作婚纱相册片头效果

随着数码科技的不断发展和数码相机进一步的普及，人们逐渐开始为婚纱相册制作绚丽的片头，让原本单调的婚纱效果变得更加丰富。下面介绍制作婚纱片头效果的操作方法。

步骤/01 按【Ctrl+O】组合键，打开项目文件“素材\第10章\婚纱相册.prproj”，如图10-2所示。

图10-2 打开项目文件

步骤/02 在“项目”面板中将“视频1.mpg”素材文件拖曳至V1轨道中，单击鼠标右键，弹出快捷菜单，选择“取消链接”命令，断开视频与音频的链接，将音频删除后，设置视频“持续时长”为00:00:10:00，如图10-3所示。

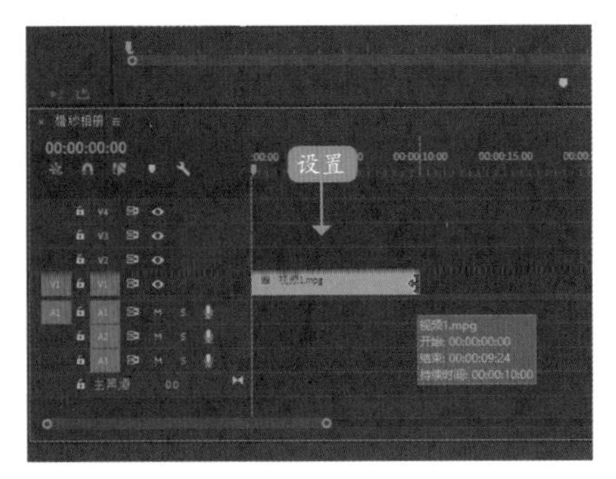

图10-3　设置视频“持续时长”

步骤/03 单击“文字工具”按钮T，在“节目监视器”面板中单击鼠标左键，即可新建一个字幕文本框，在其中输入视频主题“《喜 结 良 缘》”，如图10-4所示。

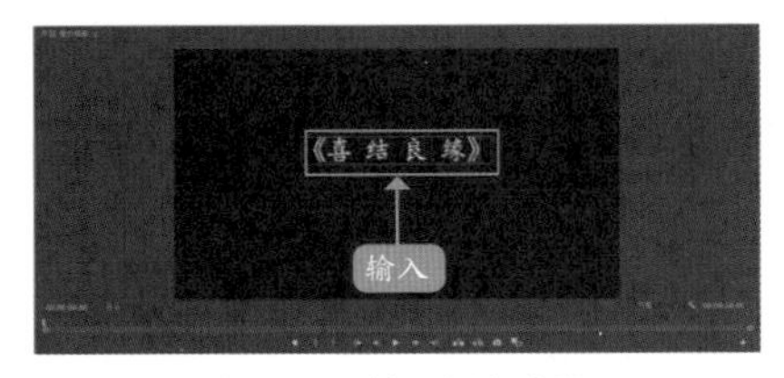

图10-4　输入视频主题

步骤/04 在“效果控件”面板中，①设置字幕文件的“字体”为KaiTi；②设置“字体大小”为85，如图10-5所示。

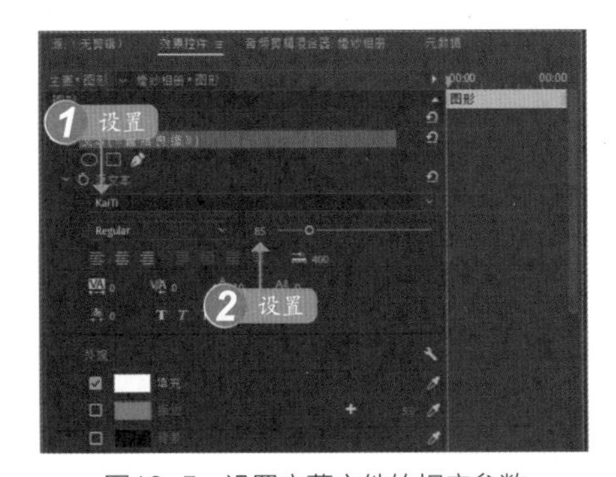

图10-5　设置字幕文件的相应参数

步骤/05 在“外观”选项区中，①单击“填充”颜色色块，在弹出的“拾色器”对话框中设置RGB为（246，237，6），单击“确定”按钮；②选中“描边”复选框；③单击颜色色块，在弹出的“拾色器”对话框中设置RGB为（238，20，20），单击“确定”按钮；④设置“描边宽度”为2.0；⑤选中“阴影”复选框；⑥在“阴影”下方的选项区中，设置“距离”为7.0，如图10-6所示。

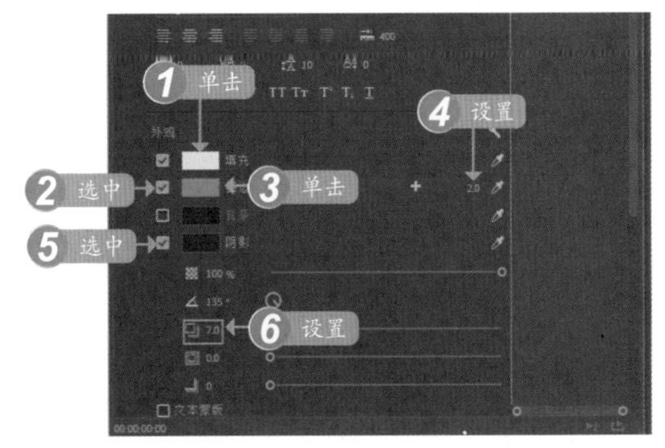

图10-6　设置字幕文件的“外观”参数

步骤/06 在“变换”选项区中，设置“位置”为（146.7,311.1），如图10-7所示。

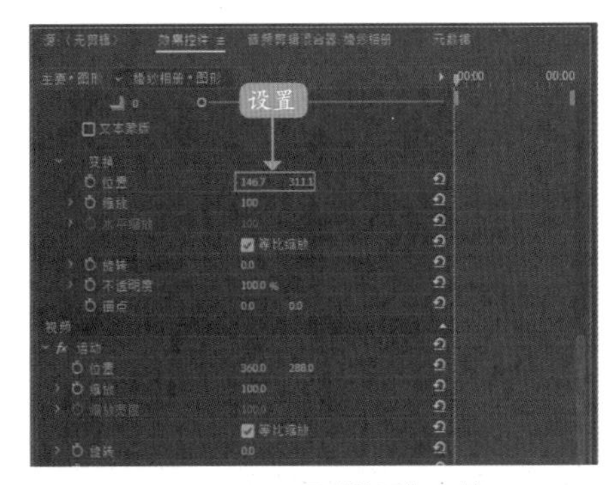

图10-7　设置“位置”参数

步骤/07 在“效果”面板中，①展开“视频效果”|“变换”面板；②选择“裁剪”选项，双击鼠标左键，即可为字幕文件添加“裁剪”特效，如图10-8所示。

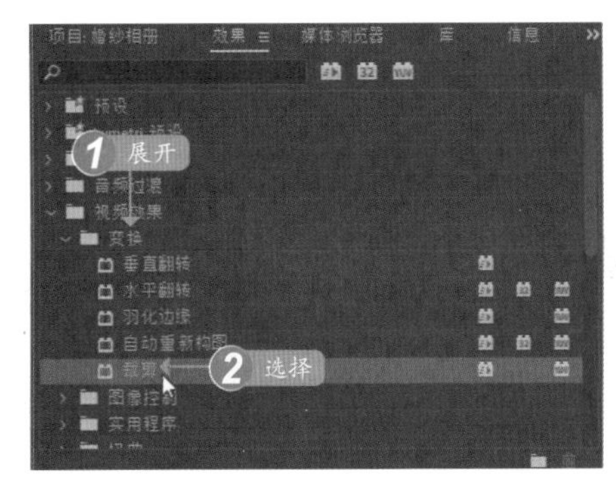

图10-8　选择“裁剪”选项

步骤/08 在“效果控件”面板中的“裁剪”选项区中，❶单击“右侧”和“底部”左侧的“切换动画”按钮；❷设置“右侧”和“底部”参数都为100.0%；❸添加第一组关键帧，如图10-9所示。

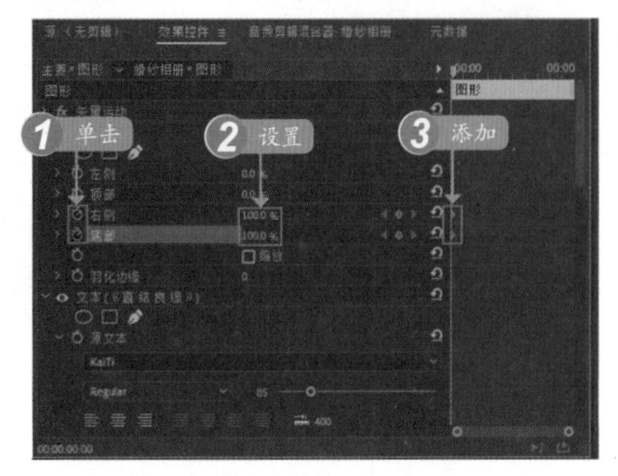

图10-9 添加第一组关键帧

步骤/09 ❶将时间线调整至00:00:04:00位置处；❷设置“右侧”参数为20.0%、“底部”参数为10.0%；❸添加第二组关键帧，如图10-10所示。

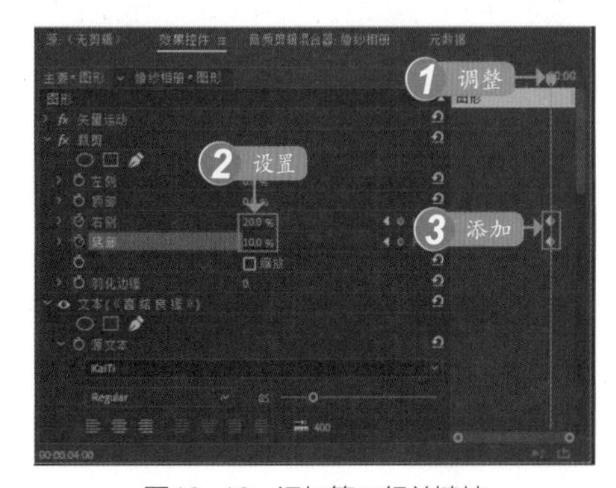

图10-10 添加第二组关键帧

步骤/10 在“节目监视器”面板中，单击“播放-停止切换”按钮，即可预览婚纱相册片头效果，如图10-11所示。

图10-11 预览片头效果

10.2.2 制作婚纱相册动态效果

婚纱相册是以照片预览为主的视频动画，因此用户需要准备大量的婚纱照片素材，并为照片添加相应动态效果。下面介绍制作婚纱相册动态效果的操作方法。

步骤/01 在“项目”面板中，选择并拖曳“视频2.mpg”素材文件至V1轨道中的合适位置处，添加背景素材，断开视频与音频的链接，删除链接的音频，并设置时长为00:00:44:13，如图10-12所示。

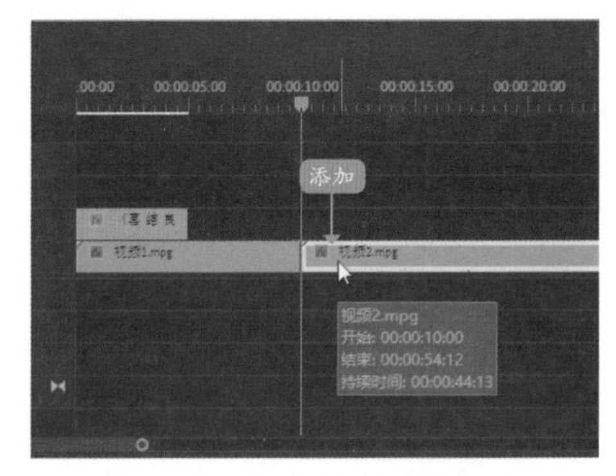

图10-12 添加背景素材

步骤/02 在“项目”面板中，选择并拖曳“1.jpg”素材文件至V2轨道中的合适位置处，设置“持续时长”为00:00:04:00，选择添加的素材文件，如图10-13所示。

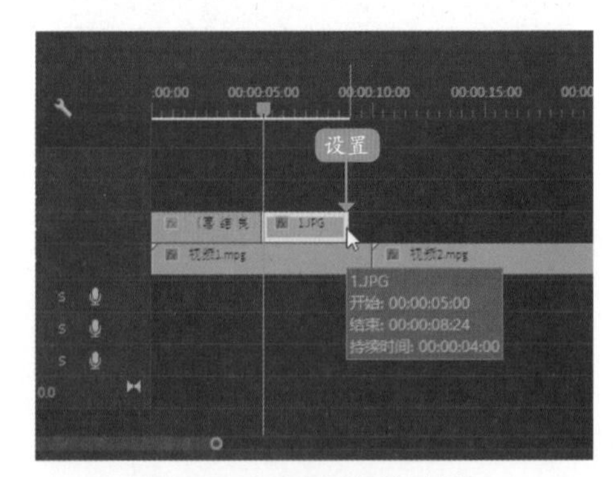

图10-13 设置“持续时长”

步骤/03 ❶调整时间线至00:00:05:00位置处；❷在“效果控件”面板中，单击“位置”和“缩放”左侧的“切换动画”按钮；❸设置“位置”为（360.0,288.0）、“缩放”为60.0；❹添加第一组关键帧，如图10-14所示。

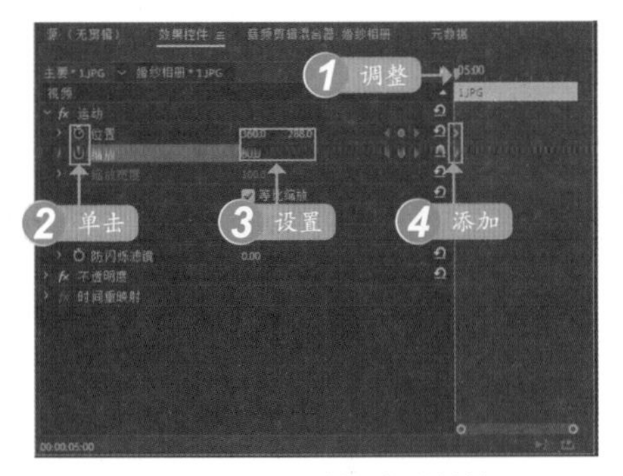

图10-14　添加第一组关键帧

步骤/04 ❶调整时间线至00:00:07:13位置处；❷设置“位置”为（360.0,320.0）、“缩放”为54.0；❸添加第二组关键帧，如图10-15所示。

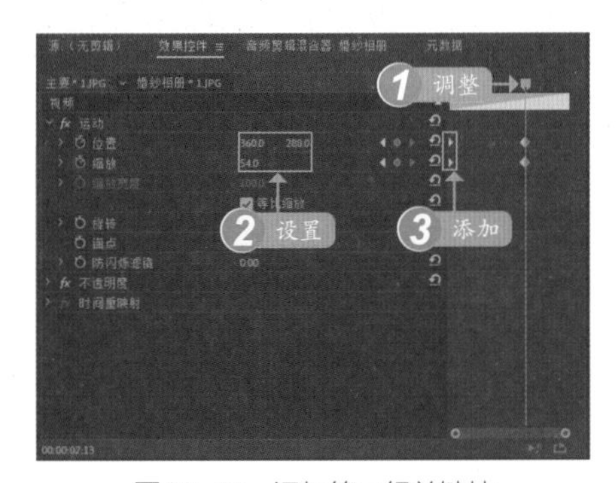

图10-15　添加第二组关键帧

步骤/05 ❶在“效果”面板中展开“视频过渡”|“溶解”选项；❷选择“交叉溶解”特效，如图10-16所示。

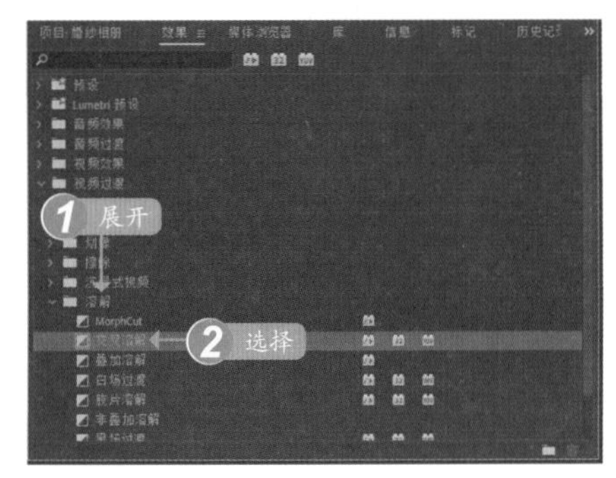

图10-16　选择“交叉溶解”特效

步骤/06 拖曳“交叉溶解”特效至V2轨道中的“1.jpg”素材上，并设置时长与图像素材一致，如图10-17所示。

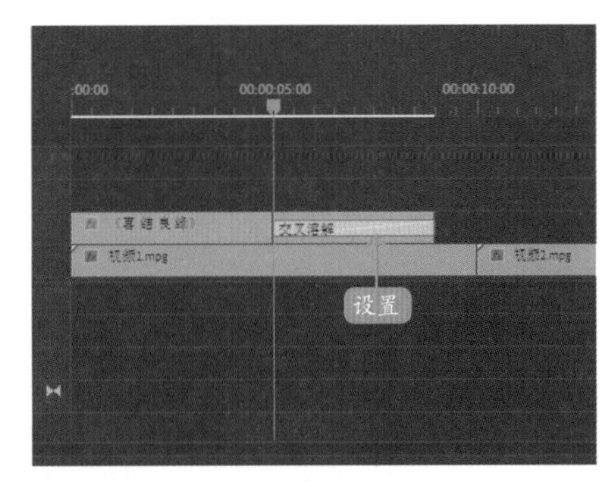

图10-17　设置时长与图像素材一致

步骤/07 单击“文字工具”按钮T，在“节目监视器”面板中单击鼠标左键，新建一个字幕文本框，在其中输入标题字幕“美丽优雅”。在“时间轴”面板中选择添加的字幕文件，调整至合适位置并设置时长与“1.jpg”一致，如图10-18所示。

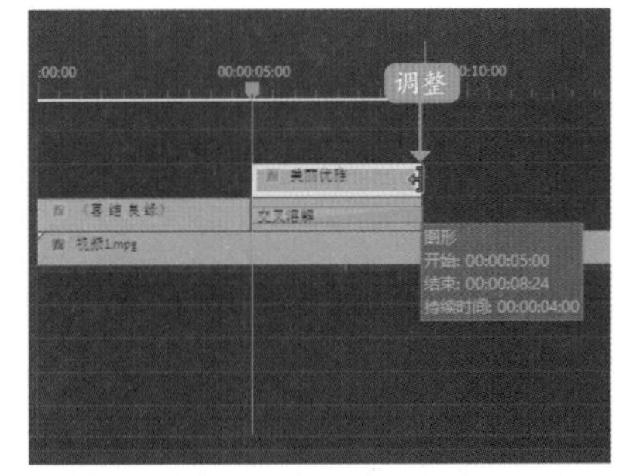

图10-18　调整字幕文件位置与时长

步骤/08 在“效果控件”面板中，❶设置字幕文件的“字体”为KaiTi；❷设置“字体大小”为71，如图10-19所示。

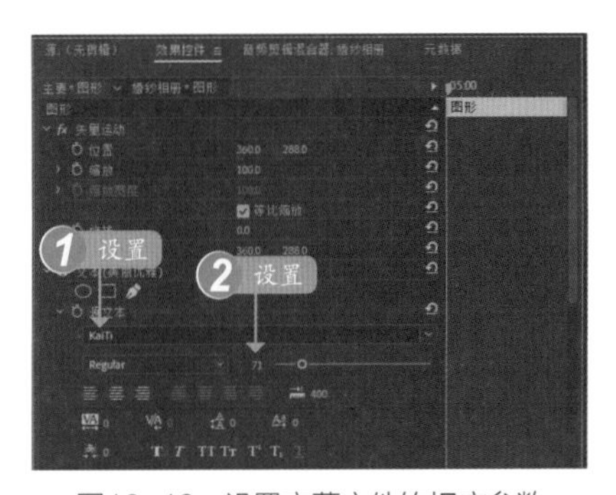

图10-19　设置字幕文件的相应参数

步骤/09 在“外观”选项区中，①设置“填充”颜色为白色；②选中“描边”复选框；③单击颜色色块，在弹出的“拾色器”对话框中设置RGB为（238，20，20），单击“确定”按钮；④设置“描边宽度”为5.0；⑤选中“阴影”复选框；⑥在“阴影”下方的选项区中，设置“距离”为7.0，如图10-20所示。

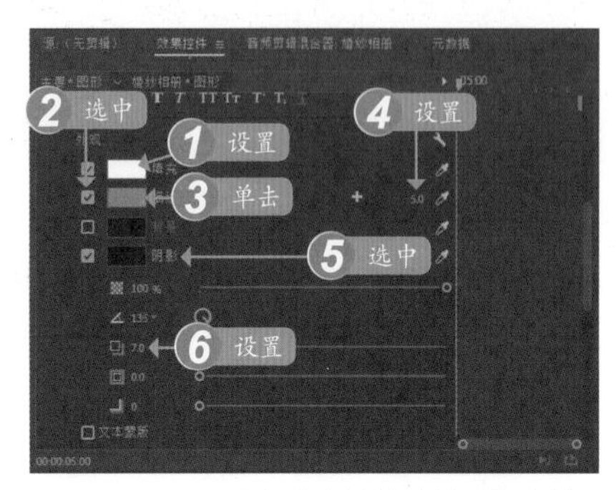

图10-20　设置字幕文件的“外观”参数

步骤/10 在“变换”选项区中，①单击“位置”和“不透明度”左侧的“切换动画”按钮；②设置“位置”参数为（1100.0,50.0）、“不透明度”参数为0.0%；③添加第一组关键帧，如图10-21所示。

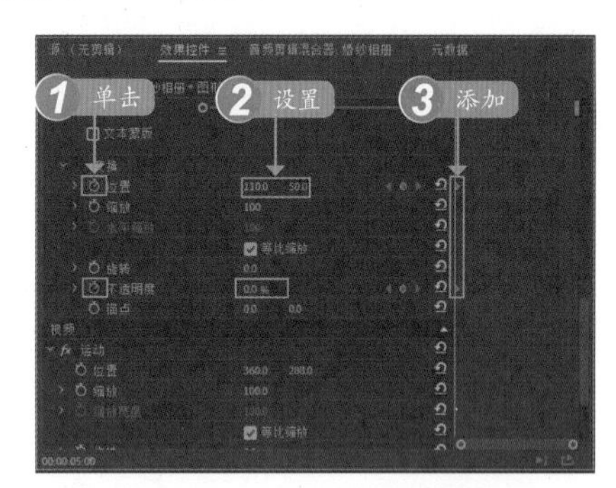

图10-21　添加第一组关键帧

步骤/11 ①将时间线调整至00:00:07:13位置处；②设置“位置”参数为（1100.0,70.0）、“不透明度”参数为100.0%；③添加第二组关键帧，如图10-22所示。

步骤/12 用同样的方法，在“项目”面板中依次选择“2.jpg”~“10.jpg”图像素材，并拖曳至V2轨道中的合适位置处，设置运动效果，再添加“交叉溶解”特效以及字幕文件，“时间轴”面板效果如图10-23所示。

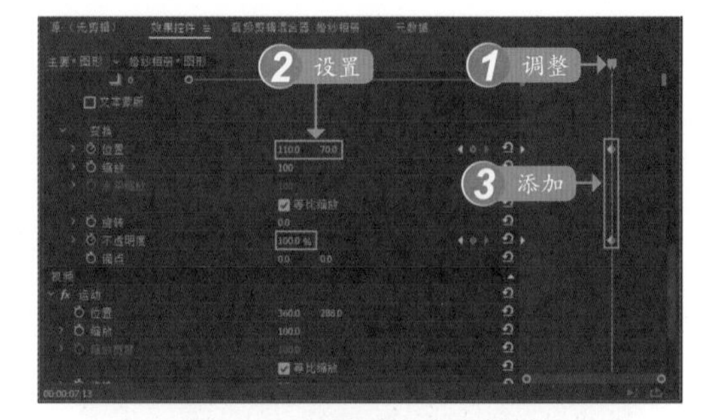

图10-22　添加第二组关键帧

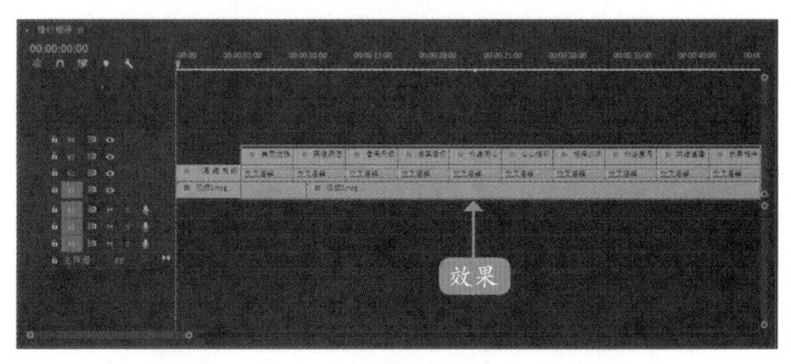

图10-23　“时间轴”面板效果

步骤/13 在“节目监视器”面板中，单击“播放-停止切换”按钮，即可预览婚纱相册动态效果，如图10-24所示。

图10-24　预览婚纱相册动态效果

10.2.3　制作婚纱相册片尾效果

在Premiere Pro 2020中，当相册的基本编辑接近尾声时，用户便可以开始制作相册视频的片尾了。下面主要为婚纱相册视频的片尾添加字幕效果，再次点明视频的主题。

步骤/01 单击“文字工具”按钮，在“节目监视器”面板中单击鼠标左键，新建一个字幕文本框，在其中输入片尾字幕，在“时间轴”面板中选择添加的字幕文件，调整至合适位置并设置时长为00:00:09:13，如图10-25所示。

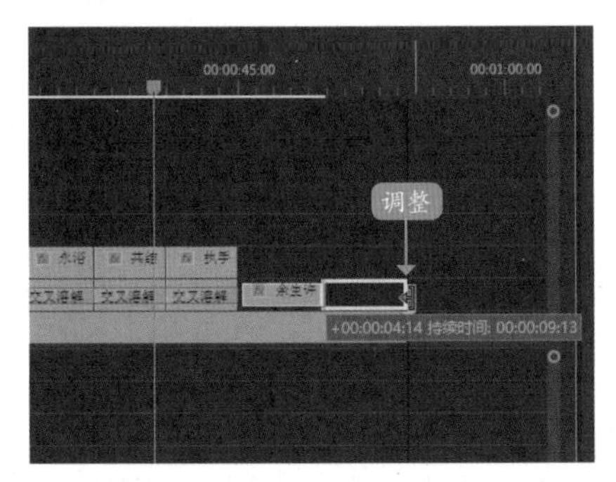

图10-25　调整字幕文件位置与时长

步骤/02 在“效果控件”面板中，❶设置字幕文件的“字体”为KatTi；❷设置“字体大小”为60，如图10-26所示。

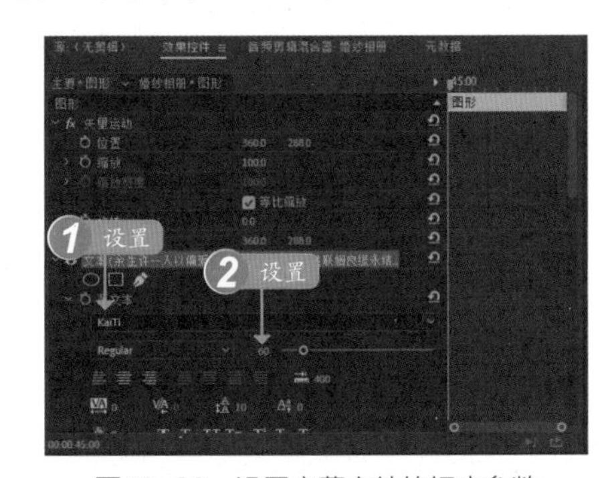

图10-26　设置字幕文件的相应参数

步骤/03 在“外观”选项区中，❶设置“填充”颜色为白色；❷选中“描边”复选框；❸单击颜色色块，在弹出的“拾色器”对话框中设置RGB为（238，20，20），单击“确定”按钮；❹设置“描边宽度”为5.0；❺选中“阴影”复选框；❻在“阴影”下方的选项区中，设置“距离”为7.0，如图10-27所示。

步骤/04 将时间线调整至00:00:45:00位置处，在“变换”选项区中，❶单击“位置”左侧的“切换动画”按钮；❷设置“位置”参数为（210.0,650.0）；❸添加第一组关键帧，如图10-28所示。

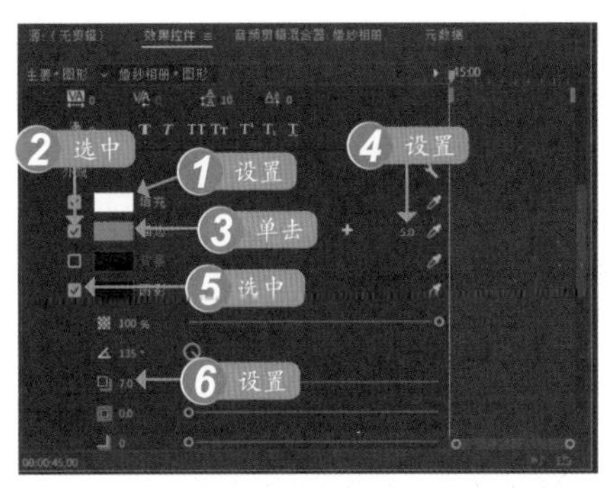

图10-27　设置字幕文件的“外观”参数

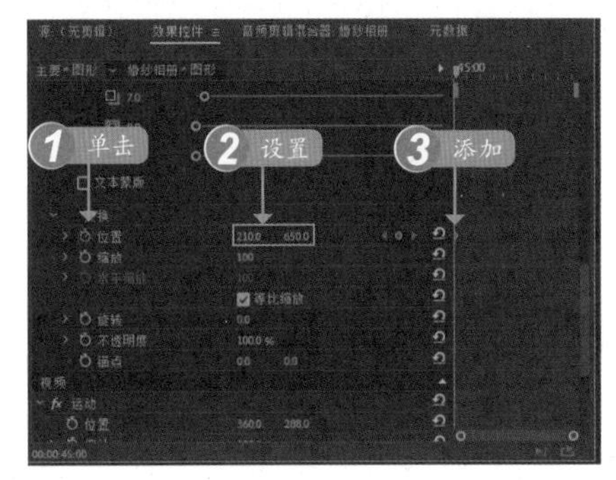

图10-28　添加第一组关键帧

专家指点

在Premiere Pro 2020中，当两组关键帧的参数值一致时，直接复制前一组关键帧，在相应位置处粘贴即可添加下一组关键帧。

步骤/05 将时间线调整至00:00:48:00位置处；❶设置“位置”参数为（210.0,140.0）；❷添加第二组关键帧；❸在00:00:51:00位置处，设置相同的参数，添加第三组关键帧，如图10-29所示。

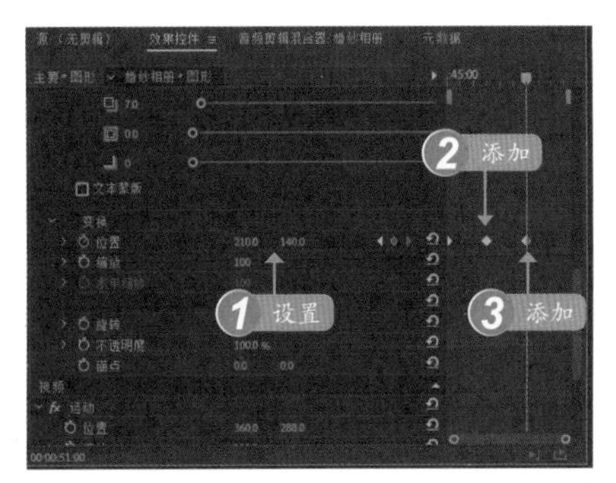

图10-29　添加第三组关键帧

步骤/06 ❶将时间线调整至00:00:54:11位置处；❷设置“位置”参数为（210.0,-350.0）；❸添加第四组关键帧，如图10-30所示。

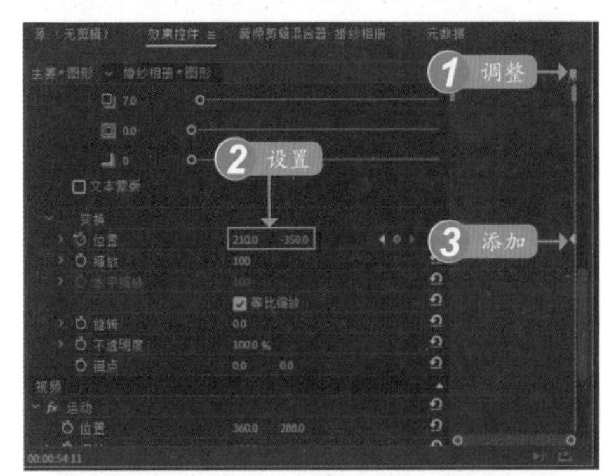

图10-30　添加第四组关键帧

步骤/07 在“节目监视器”面板中，单击“播放-停止切换”按钮，即可预览婚纱相册片尾效果，如图10-31所示。

图10-31　预览婚纱相册片尾效果

10.2.4 渲染输出视频后期效果

相册的背景画面与主体字幕动画制作完成后，接下来向读者介绍视频后期的背景音乐编辑与视频的输出操作。

步骤/01 将时间线调整至开始位置处，在“项目”面板中选择音乐素材，按住鼠标左键将其拖曳至A1轨道中，调整音乐的时间长度，如图10-32所示。

步骤/02 在“效果”面板中，❶展开“音频过渡”|“交叉淡化”选项；❷选择“恒定功率”特效，如图10-33所示。

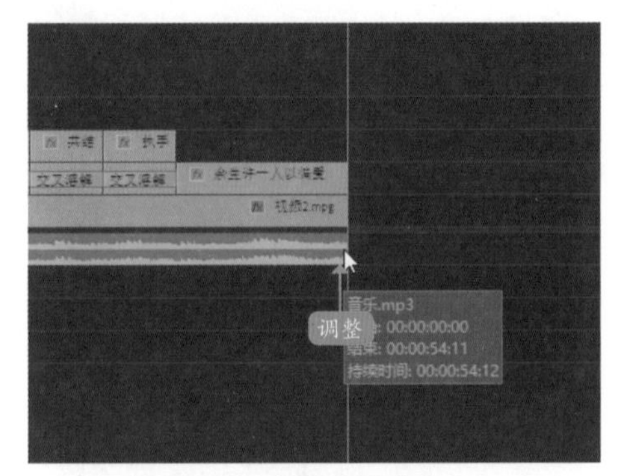

图10-32　调整时间长度

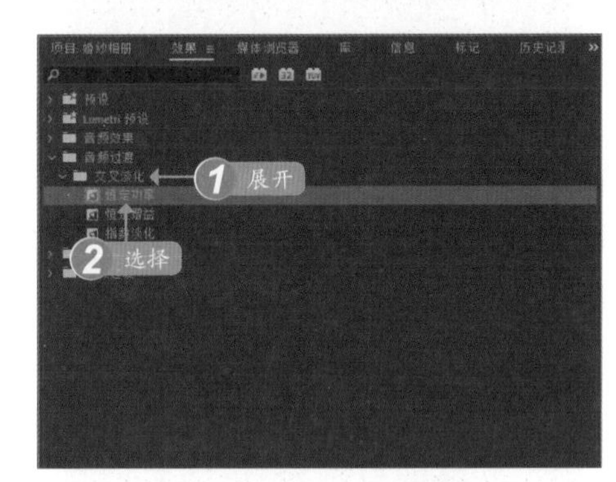

图10-33　添加音频过渡特效

步骤/03 按住鼠标左键将其拖曳至音乐素材的起始点与结束点之间，添加音频过渡特效，如图10-34所示。

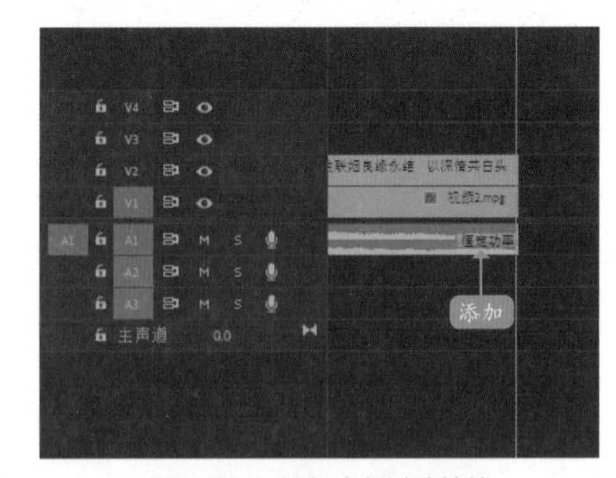

图10-34　添加音频过渡特效

步骤/04 按【Ctrl+M】组合键，弹出“导出设置”对话框，单击“输出名称”右侧的“婚纱相册.avi”超链接，如图10-35所示。

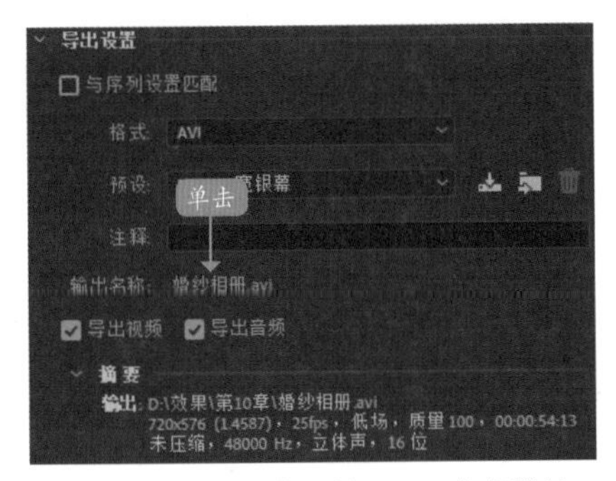

图10-35　单击"婚纱相册.avi"超链接

步骤/05 弹出"另存为"对话框，在其中设置视频文件的保存位置和相应文件名，单击"保存"按钮，返回"导出设置"对话框，单击对话框右下角的"导出"按钮，弹出"渲染所需音频文件"对话框，进行音频渲染后，进入"编码 婚纱相册"对话框，开始导出编码文件，并显示导出进度，稍后即可导出婚纱纪念视频，如图10-36所示。

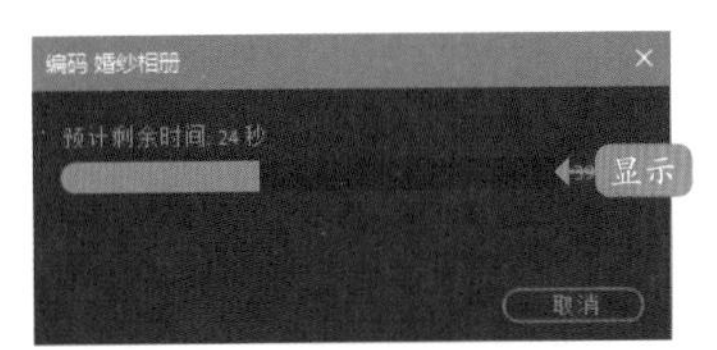

图10-36　显示导出进度

第11章

一级调色：用达芬奇粗调视频图像

学前提示

达芬奇是一款专业的影视调色剪辑软件，它的英文名称为DaVinci Resolve，集视频调色、剪辑、合成、音频、字幕于一身，是常用的视频编辑软件之一。本章将带领读者学习DaVinci Resolve 16的功能及各种调色技巧等内容。

11.1 掌握软件的基本操作

本节主要介绍中文版DaVinci Resolve 16的基本功能，包括达芬奇的工作界面、创建项目文件、打开项目文件、导入视频素材、分割视频素材以及更改视频素材的时长等内容。

11.1.1　认识达芬奇的工作界面

DaVinci Resolve是一款Mac和Windows都适用的双操作系统软件。DaVinci Resolve于2019年更新至DaVinci Resolve 16版本，虽然对系统的配置要求较高，但DaVinci Resolve 16有着强大的兼容性，还提供了多种操作工具，将剪辑、调色、特效、字幕、音频等实用功能集于一身，是许多剪辑师、调色师都十分青睐的影视后期剪辑软件之一。本节主要介绍DaVinci Resolve 16的工作界面。图11-1所示为DaVinci Resolve 16的“剪辑”工作界面。

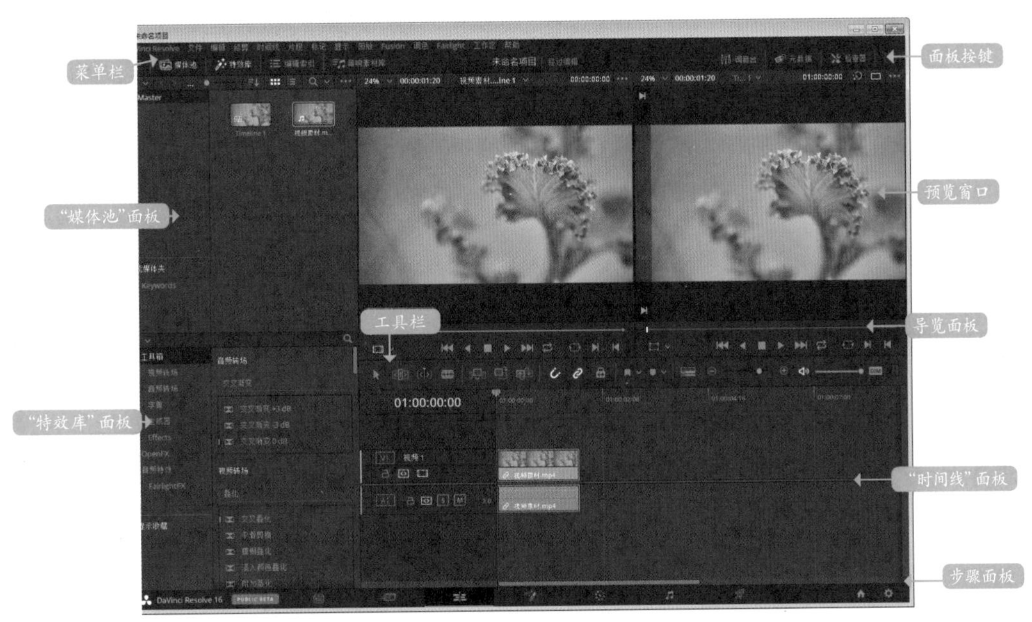

图11-1　DaVinci Resolve 16的“剪辑”工作界面

在DaVinci Resolve 16中，一共有7个步骤面板，分别为媒体、Cut、剪辑、Fusion、调色、Fairlight以及交付，单击相应标签，即可切换至相应的步骤面板，如图11-2所示。

图11-2　步骤面板

1.　“媒体”步骤面板

在达芬奇界面下方单击“媒体”按钮，即可切换至“媒体”步骤面板，在其中可以导入、管理、克隆媒体素材文件，并查看媒体素材的属性信息等。

2. Cut步骤面板

单击Cut按钮，即可切换至Cut步骤面板。Cut步骤面板是DaVinci Resolve 16新增的一个剪切步骤面板，跟“剪辑”步骤面板功能有些类似，用户可以在其中进行编辑、修剪以及添加过渡转场等操作，适用于笔记本用户快速编辑剪片。

3. “剪辑”步骤面板

“剪辑”步骤面板是达芬奇默认打开的工作界面，在其中可以导入媒体素材、创建时间线、剪辑素材、制作字幕、添加滤镜、添加转场、标记素材入点和出点，以及双屏显示素材画面等。

4. Fusion步骤面板

在DaVinci Resolve 16中，Fusion步骤面板主要用于动画效果的处理，包括合成、绘图、粒子以及字幕动画等，还可以制作出电影级视觉特效和动态图形动画。

5. “调色”步骤面板

DaVinci Resolve 16中的调色系统，是该软件的特色功能。在DaVinci Resolve 16工作界面下方的步骤面板中，单击“调色”按钮，即可切换至“调色”工作界面。在“调色”工作界面中，提供了Camera Raw、色彩匹配、色轮、RGB混合器、运动特效、曲线、限定器、窗口、跟踪器、模糊、关键帧和示波器等功能面板，用户可以在相应面板中对素材进行色彩调整、一级调色、二级调色和降噪等操作，最大限度地满足用户对影视素材的调色需求。

6. Fairlight步骤面板

单击Fairlight按钮，即可切换至Fairlight（音频）步骤面板，在其中用户可以根据需要调整音频效果，包括音调匀速校正和变速调整、音频正常化、3D声像移位、混响、嗡嗡声移除、人声通道和齿音消除等。

7. “交付”步骤面板

影片编辑完成后，在“交付”面板中可以进行渲染输出设置，将制作的项目文件输出为MP4、MOV、EXR、IMF等格式文件。

11.1.2 创建一个新的项目文件

启动DaVinci Resolve 16后，会弹出一个“项目管理器”面板，单击“新建项目”按钮，即可新建一个项目文件，如图11-3所示。

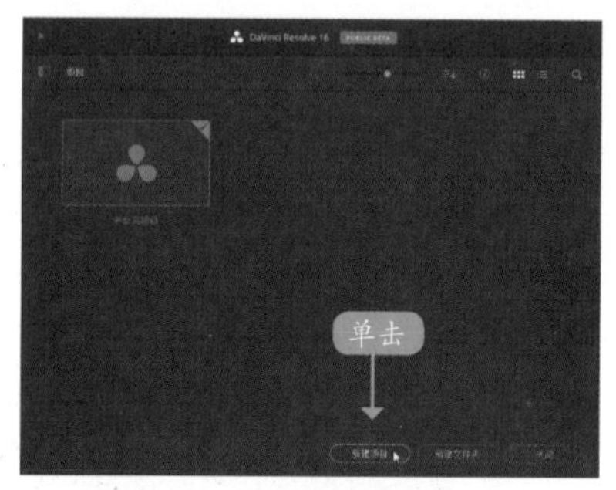

图11-3 “项目管理器”面板

此外，用户还可以在项目文件已创建的情况下，通过“新建项目”命令，创建一个工作项目，下面介绍具体操作步骤。

步骤/01 进入“剪辑”步骤面板，在菜单栏中选择“文件”|“新建项目”命令，如图11-4所示。

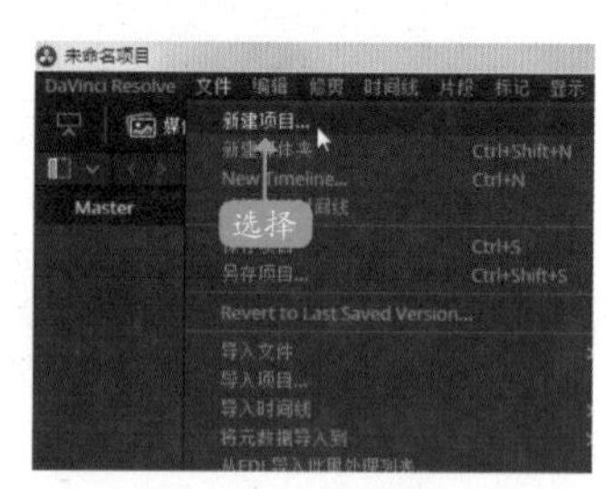

图11-4 选择“新建项目”命令

步骤/02 弹出“新建项目”对话框，❶在文本框中输入项目名称；❷单击“创建”按钮，如图11-5所示。

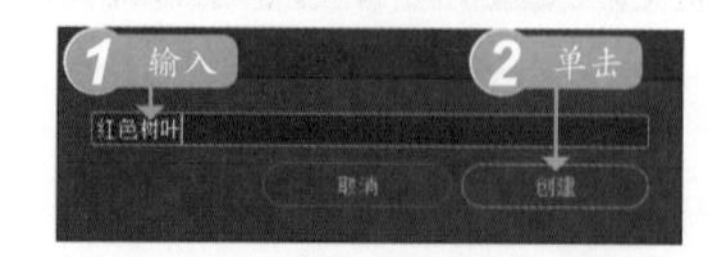

图11-5 单击“创建”按钮

步骤/03 选择需要的素材文件“素材\第11章\红色树叶.mp4”，并将其拖曳至“时间线”面板中，添加素材文件，如图11-6所示。

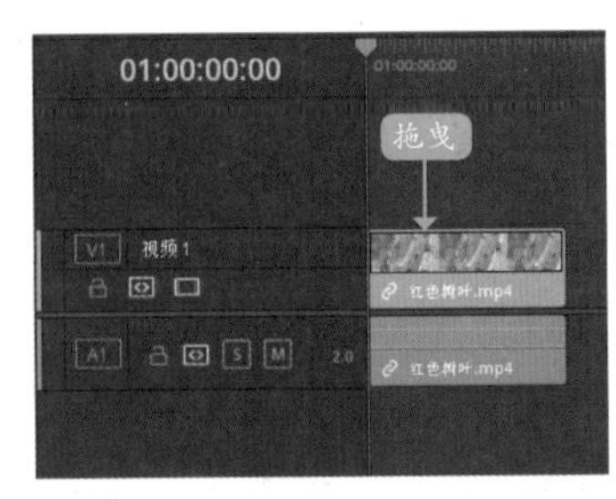

图11-6　拖曳至“时间线”面板中

步骤/04 执行操作后，即可自动添加视频轨和音频轨，并在“媒体池”面板中显示添加的媒体素材。在预览窗口中，可以预览添加的素材画面，如图11-7所示。

图11-7　预览素材画面

> **专家指点**
>
> 当用户正在编辑的文件没有进行保存操作时，在新建项目的过程中，会弹出信息提示框，提示用户当前编辑项目未被保存。单击“保存”按钮，即可保存项目文件；单击“不保存”按钮，将不保存项目文件；单击“取消”按钮，将取消项目文件的新建操作。
>
> 另外，当用户需要对项目文件进行保存时，选择“文件”|“保存项目”或“另存项目”命令即可将正在编辑的项目文件保存。

11.1.3　打开使用过的项目文件

在DaVinci Resolve 16中，当用户需要打开使用过的项目文件时，可以通过“项目管理器”面板打开项目，下面介绍具体操作步骤。

步骤/01 在工作界面的右下角，单击“项目管理器”按钮，如图11-8所示。

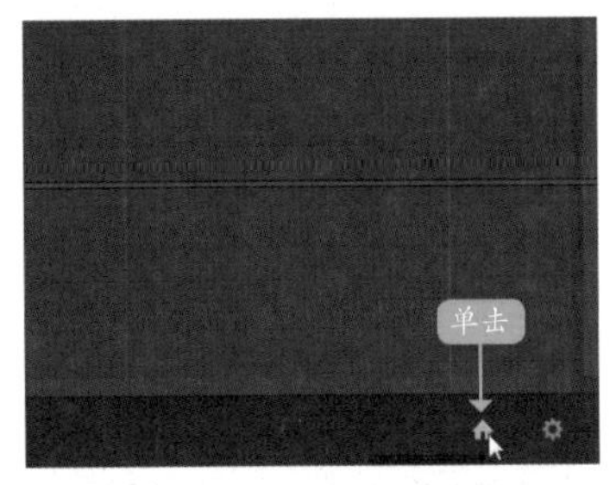

图11-8　单击“项目管理器”按钮

步骤/02 弹出“项目管理器”面板，❶选中“美丽烟花”项目图标；❷双击鼠标左键或单击鼠标右键，在弹出的快捷菜单中选择“打开”命令，如图11-9所示。

图11-9　选择“打开”命令

步骤/03 即可打开使用过的项目文件，在预览窗口中，可以查看打开的项目效果，如图11-10所示。

图11-10　查看打开的项目效果

> **专家指点**
>
> 当用户将项目文件编辑完成后，在不退出软件的情况下，可以在“项目管理器”面板中选中打开的项目，单击鼠标右键，在弹出的快捷菜单中选择“关闭”命令，关闭项目文件。

11.1.4　导入一段媒体视频素材

在DaVinci Resolve 16中，用户可以将视频素材导入到“媒体池”面板中，并将视频素材添加到“时间线”面板中，下面介绍具体操作方法。

步骤/01 新建一个项目文件，在“媒体池”面板中单击鼠标右键，在弹出的快捷菜单中选择“导入媒体”命令，如图11-11所示。

图11-11　选择“导入媒体”命令

步骤/02 弹出“导入媒体”对话框，选择需要导入的视频素材“素材\第11章\夜幕降临.mp4”，如图11-12所示。

图11-12　选择视频素材

步骤/03 双击鼠标左键或单击“打开”按钮，即可将视频素材导入到“媒体池”面板中，如图11-13所示。

图11-13　导入视频素材

步骤/04 选择“媒体池”面板中的视频素材，按住鼠标左键将其拖曳至“时间线”面板中的视频轨上，如图11-14所示。

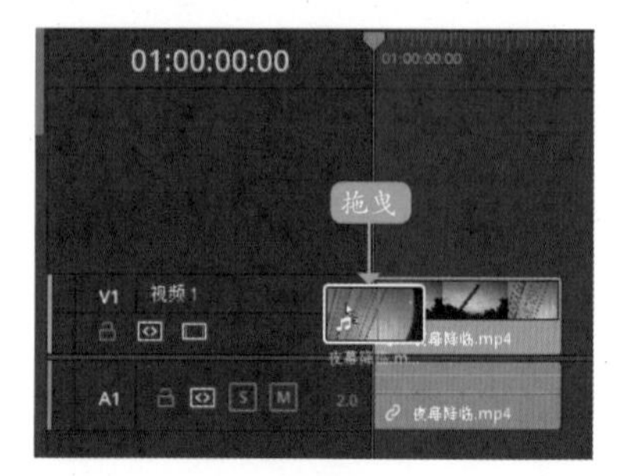

图11-14　拖曳视频至“时间线”面板

步骤/05 执行上述操作后，按空格键即可在预览窗口中预览添加的视频素材，效果如图11-15所示。

图11-15　预览视频素材效果

11.1.5　替换所选择的视频片段

在达芬奇“剪辑”步骤面板中编辑视频时，用户可以根据需要对素材文件进行替换操作，使制作的视频更加符合用户的需求。下面介绍替换素材文件的操作方法。

步骤/01 打开项目文件“素材\第11章\红色甲虫.drp”，如图11-16所示。

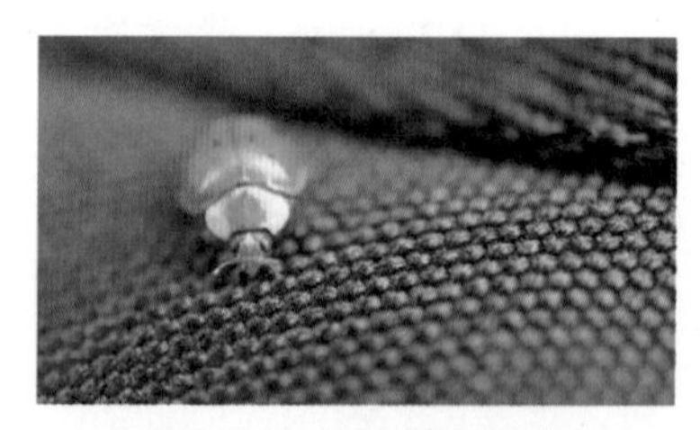
图11-16　打开项目文件

步骤/02 在“媒体池”面板中，选择需要替换的素材文件“红色甲虫1.mp4”，如图11-17所示。

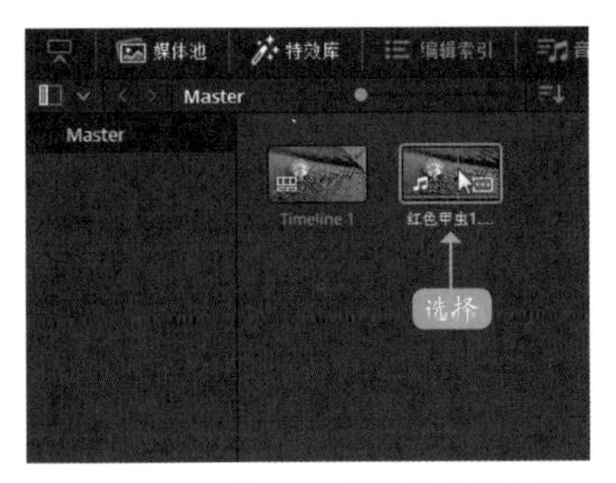

图11-17　选择需要替换的素材文件

步骤/03 单击鼠标右键，弹出快捷菜单，选择“替换所选片段”命令，如图11-18所示。

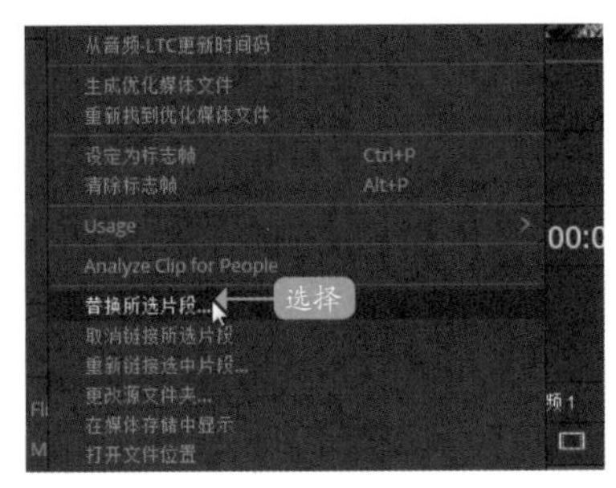

图11-18　选择“替换所选片段”命令

步骤/04 弹出“替换所选片段”对话框，选中需要替换的视频素材“素材\第11章\红色甲虫2.mp4”，如图11-19所示。

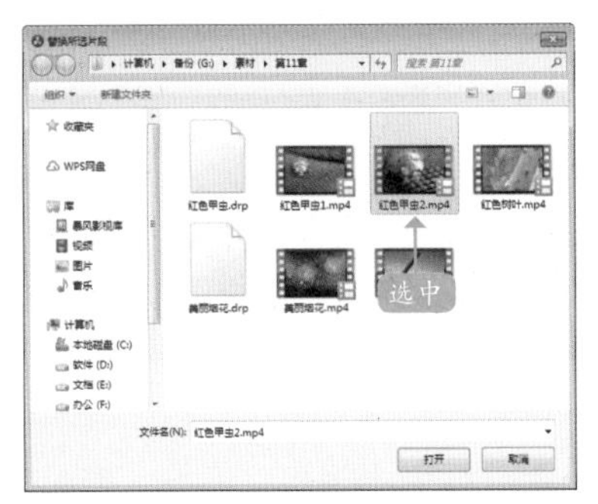

图11-19　选中需要替换的视频素材

专家指点

用户还可以在“时间线”面板中选中视频素材，在“媒体池”面板中导入需要替换的素材文件，然后在菜单栏中选择“编辑”|“替换”命令，替换“时间线”面板中的视频素材。

步骤/05 双击鼠标左键或单击“打开”按钮，即可替换“时间线”面板中的视频文件，如图11-20所示。

图11-20　替换视频文件

步骤/06 在预览窗口中，可以预览替换的素材画面效果，如图11-21所示。

图11-21　预览替换的素材画面效果

11.1.6　使用刀片分割视频片段

在“时间线”面板中，用工具栏中的刀片工具，即可将素材分割成多个素材片段，下面介绍具体的操作方法。

步骤/01 打开项目文件“素材\第11章\雨后草地.drp”，进入达芬奇“剪辑”步骤面板，如图11-22所示。

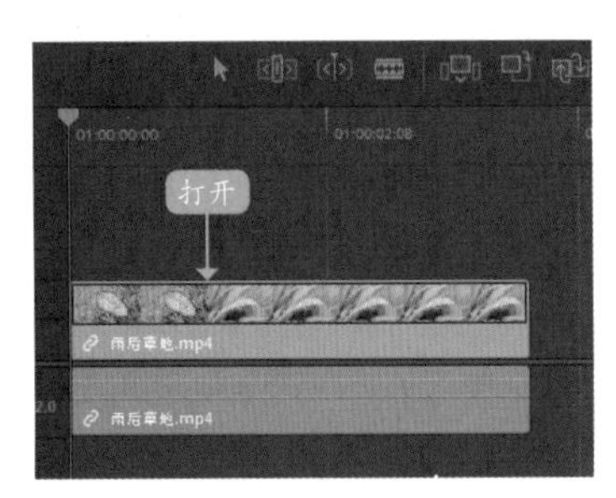

图11-22　打开项目文件

步骤/02 在“时间线”面板中，单击“刀片编辑模式”按钮，如图11-23所示。此时鼠标指针变成了刀片工具图标。

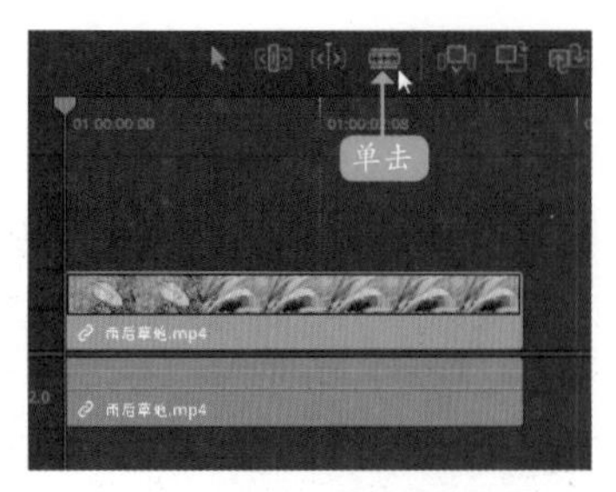

图11-23　单击“刀片编辑模式”按钮

步骤/03 在视频轨中，应用刀片工具，在视频素材上的合适位置处单击，即可将视频素材分割成两段，如图11-24所示。

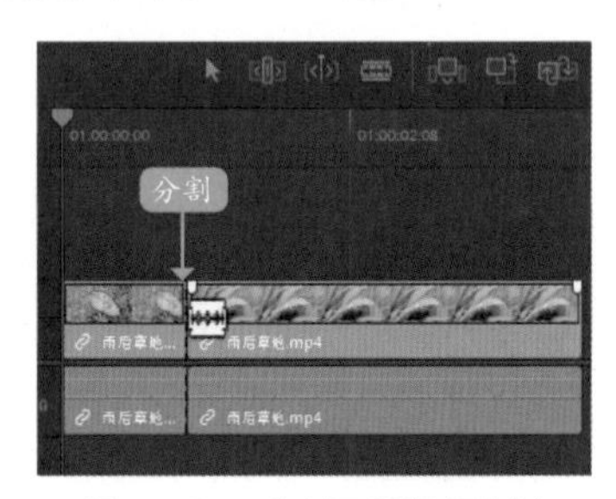

图11-24　分割两段视频素材

步骤/04 再次在其他合适的位置处单击鼠标左键，即可将视频素材分割成多个视频片段，如图11-25所示。

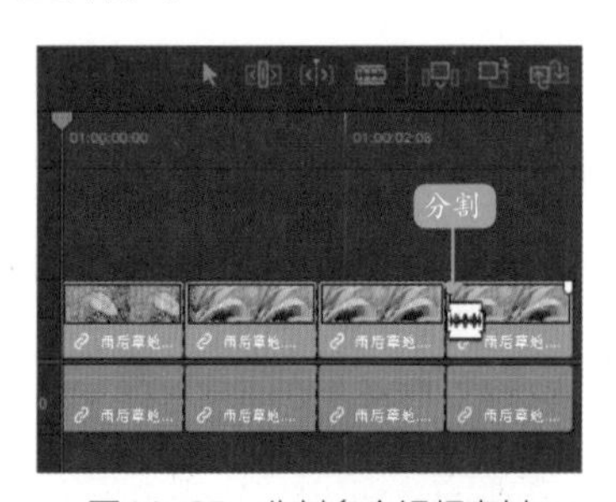

图11-25　分割多个视频素材

步骤/05 删除第2段和第4段片段，将时间指示器移动至视频轨的开始位置处，在预览窗口中，单击“正放”按钮，查看视频效果，如图11-26所示。

图11-26　查看视频效果

11.1.7　更改视频素材持续时长

在DaVinci Resolve 16中编辑视频素材时，用户可以调整视频素材的区间长短，使调整后的视频素材可以更好地适用于所编辑的项目，下面介绍具体的操作方法。

步骤/01 打开项目文件“素材\第11章\海上落日.drp”，进入达芬奇“剪辑”步骤面板，如图11-27所示。

图11-27　打开项目文件

步骤/02 在“时间线”面板中，选中素材文件，单击鼠标右键，弹出快捷菜单，选择“更改片段时长”命令，如图11-28所示。

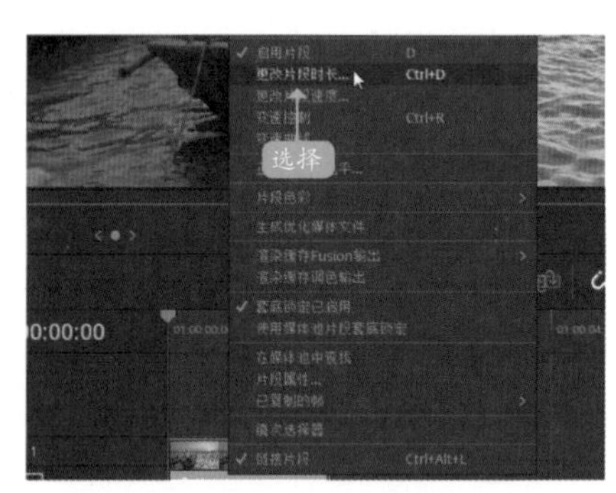

图11-28　选择“更改片段时长”命令

步骤/03 弹出相应对话框，在“时长”文本框中显示了素材原来的区间时长，如图11-29所示。

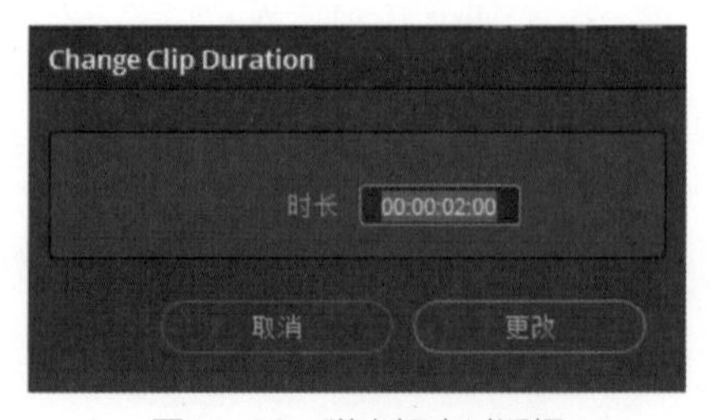

图11-29　弹出相应对话框

步骤/04 在“时长”文本框中修改时长为00:00:01:00，如图11-30所示。

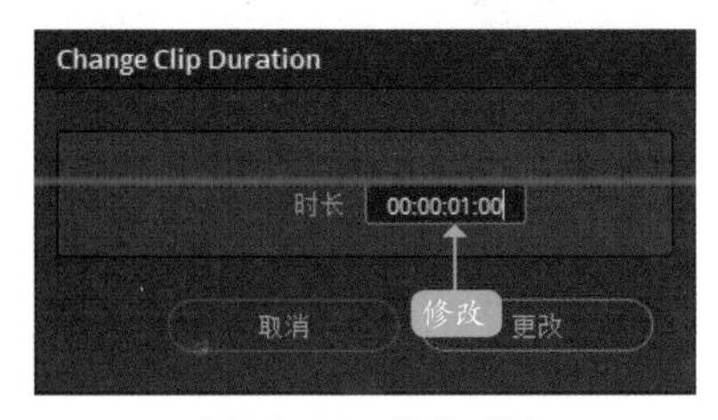

图11-30 修改时长

步骤/05 单击“更改”按钮，即可在“时间线”面板中查看修改时长后的素材效果，如图11-31所示。

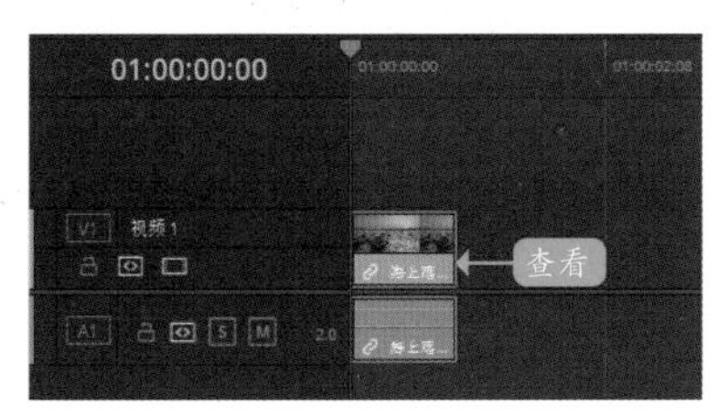

图11-31 查看修改时长后的素材效果

11.2 对画面进行色彩校正

色彩在影视视频的编辑中是必不可少的一个重要元素，合理的色彩搭配加上靓丽的色彩感总能为视频增添几分亮点。素材在拍摄和采集的过程中，常会遇到一些很难控制的环境光照，使拍摄出来的源素材色感欠缺、层次不明。因此，需要用户通过后期调色来调整前期拍摄的不足。下面主要向大家介绍在DaVinci Resolve 16中进行影视调色的基本操作。

11.2.1 调整视频色彩饱和度

饱和度是指色彩的鲜艳程度，由颜色的波长来决定。简单来讲，色彩的亮度越高，颜色就越淡；反之，亮度越低，颜色就越重，并最终表现为黑色。从色彩的成分来讲，饱和度取决于色彩中含色成分与消色成分之间的比例。含色成分越多，饱和度越高；反之，消色成分越多，则饱和度越低。下面介绍调整画面饱和度的操作方法。

步骤/01 进入“剪辑”步骤面板，在“时间线”面板中插入视频素材“素材\第11章\手指拈花.mp4”，如图11-32所示。

图11-32 插入视频素材

步骤/02 在预览窗口中可以预览插入的素材画面效果，如图11-33所示。

图11-33 预览画面效果

步骤/03 切换至“调色”步骤面板，展开“色轮”面板，在“饱和度”数值框中，输入参数80.00，如图11-34所示。

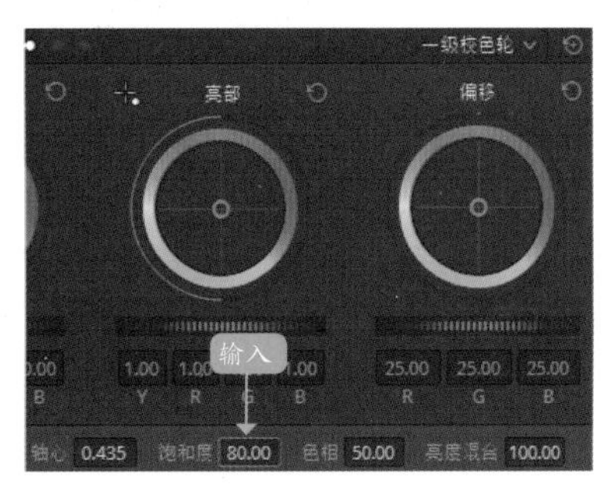

图11-34 输入参数

步骤/04 在预览窗口中，即可预览调整饱和度后的画面效果，如图11-35所示。

图11-35　调整饱和度后的画面效果

11.2.2　调整视频明暗对比

对比度是指图像中阴暗区域最亮的白与最暗的黑之间不同亮度范围的差异。下面介绍调整画面对比度的操作方法。

步骤/01 进入“剪辑”步骤面板，在“时间线”面板中插入视频素材“素材\第11章\景区栈道.mp4”，如图11-36所示。

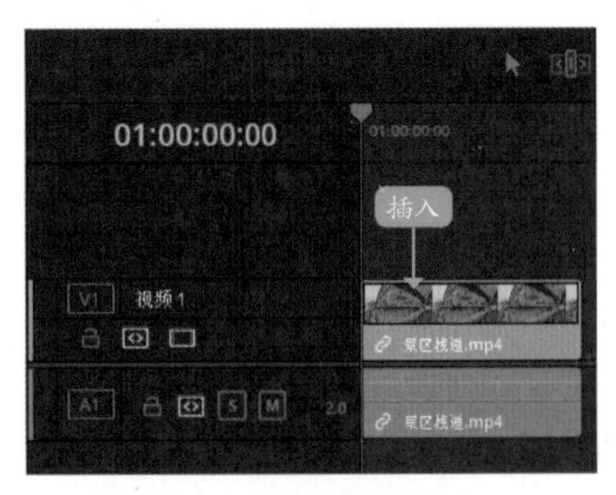

图11-36　插入视频素材

步骤/02 在预览窗口中可以预览插入的素材画面效果，如图11-37所示。

图11-37　预览画面效果

步骤/03 切换至“调色”步骤面板，展开“色轮”面板，在“对比度”数值框中，输入参数1.500，如图11-38所示。

图11-38　输入参数

步骤/04 执行上述操作后，即可在预览窗口中预览调整对比度后的画面效果，如图11-39所示。

图11-39　调整对比度后的画面效果

11.2.3　镜头匹配视频效果

达芬奇拥有镜头自动匹配功能，对两个片段进行色调分析，自动匹配效果较好的视频片段。镜头匹配是每一个调色师的必学基础课，也是一个调色师经常会遇到的难题。对一个单独的视频镜头调色可能还算容易，但要对整个视频色调进行统一调色就相对较难了，这需要用到镜头匹配功能进行辅助调色。下面介绍具体的操作方法。

步骤/01 打开项目文件“素材\第11章\湖上乘舟.drp”，如图11-40所示。

图11-40　打开项目文件

步骤/02 在预览窗口中，可以查看打开的项目效果，其中，第一个视频素材画面色彩已经调整完成，可以将其作为要匹配的目标片段，如图11-41所示。

图11-41　查看打开的项目效果

步骤/03　切换至“调色”步骤面板，在“片段”面板中，选择需要进行镜头匹配的第二个视频片段，如图11-42所示。

图11-42　选择第二个视频片段

步骤/04　然后在第一个视频片段上，单击鼠标右键，弹出快捷菜单，选择“与此片段进行镜头匹配”命令，如图11-43所示。

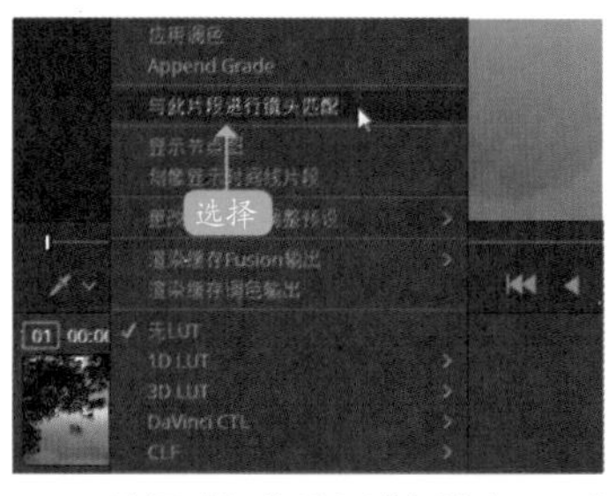

图11-43　选择“与此片段进行镜头匹配”命令

步骤/05　执行上述操作后，即可在预览窗口中，预览第二段视频镜头匹配后的画面效果，如图11-44所示。

图11-44　预览镜头匹配后的画面效果

11.2.4　应用运动特效降噪

我们在拍摄照片或者视频时，会发现画面上有颗粒感的情况，这个就是噪点，通常感光度过高、锐化参数过大、相机温度过高以及曝光时间太长等都会导致拍摄的素材画面出现噪点。下面介绍降噪的方法。

步骤/01　进入“剪辑”步骤面板，在“时间线”面板中插入视频素材“素材\第11章\荷花盛开.mp4”，如图11-45所示。

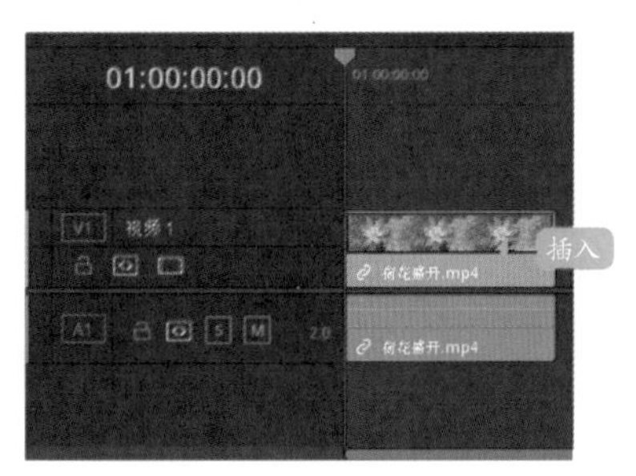

图11-45　插入视频素材

步骤/02　在预览窗口中可以预览插入的素材画面效果，如图11-46所示。

图11-46　预览画面效果

步骤/03　切换至“调色”步骤面板，展开“运动特效”面板，在“空域阈值”选项区下方的“亮度”和“色度”数值框中，均输入参数100.00，如图11-47所示。

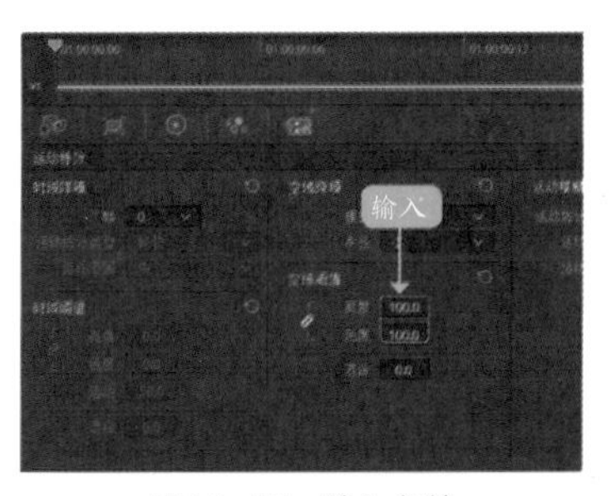

图11-47　输入参数

步骤/04 在预览窗口中，即可预览降噪后的画面效果，如图11-48所示。

图11-48 降噪后的画面效果

11.3 应用色轮的调色技巧

在达芬奇“调色”步骤面板的“色轮”面板中，有3个模式面板供用户调色，分别是一级校色轮、一级校色条以及Log模式，下面介绍这3种调色技巧。

11.3.1 应用一级校色轮调色

在达芬奇“色轮”面板的“一级校色轮”选项面板中，一共有4个色轮通道，如图11-49所示。

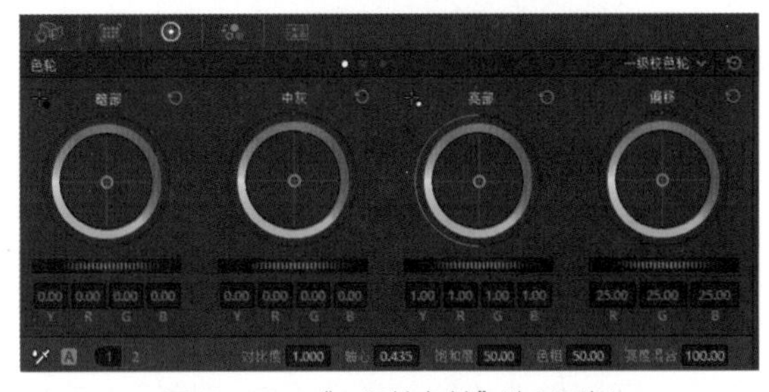

图11-49 “一级校色轮”选项面板

从左往右分别是暗部、中灰、亮部以及偏移，顾名思义，分别用来调整图像画面的阴影部分、中间灰色部分、高亮部分以及色彩偏移部分。

每个色轮都是按YRGB来分区块，往上为红色，往下为绿色，往左为黄色，往右为蓝色。用户可以通过两种方式进行调整操作：一种是拖曳色轮中间的白色圆圈，往需要的色块方向进行调节；另一种是左右拖曳色轮下方的轮盘进行调节。两种方法都可以配合示波器或者查看预览窗口中的图像画面来确认色调是否合适，调整完成后释放鼠标即可。下面通过实例介绍具体操作方法。

步骤/01 打开项目文件“素材\第11章\东江湖.drp”，如图11-50所示。

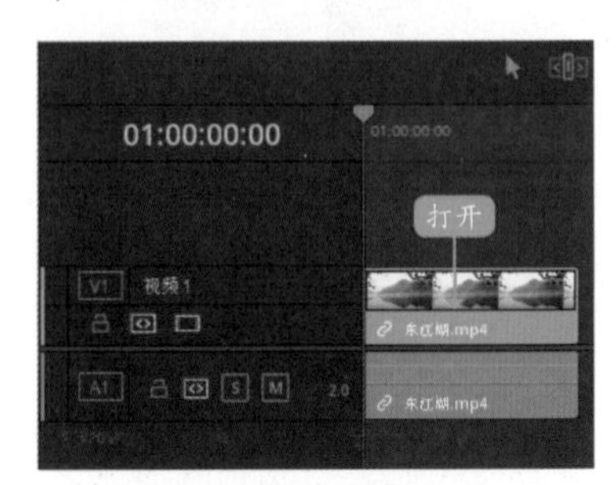

图11-50 打开项目文件

步骤/02 在预览窗口中，可以查看打开的项目效果，需要将画面中的暗部调亮，并调整整体色调偏蓝，如图11-51所示。

图11-51 查看打开的项目效果

步骤/03 切换至“调色”步骤面板，展开“色轮”|“一级校色轮”面板，将鼠标指针移至“暗部”色轮下方的轮盘上，按住鼠标左键并向右拖曳，直至色轮下方的YRGB参数均显示为0.05，如图11-52所示。

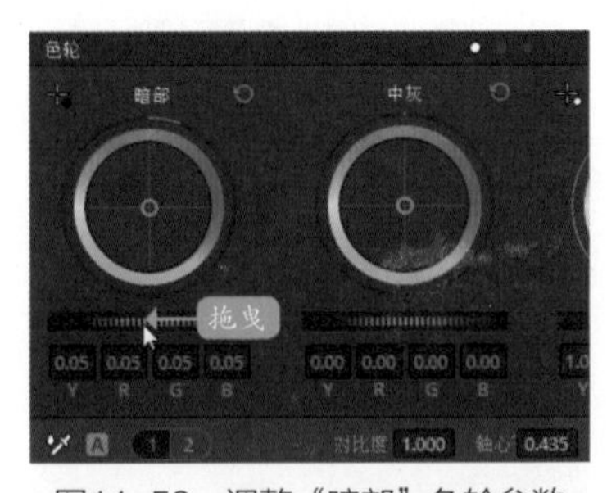

图11-52 调整“暗部”色轮参数

步骤/04 单击“偏移”色轮中间的圆圈，按住鼠标左键并向右边的蓝色区块拖曳，至合适位置后释放鼠标左键，调整偏移参数，如图11-53所示。

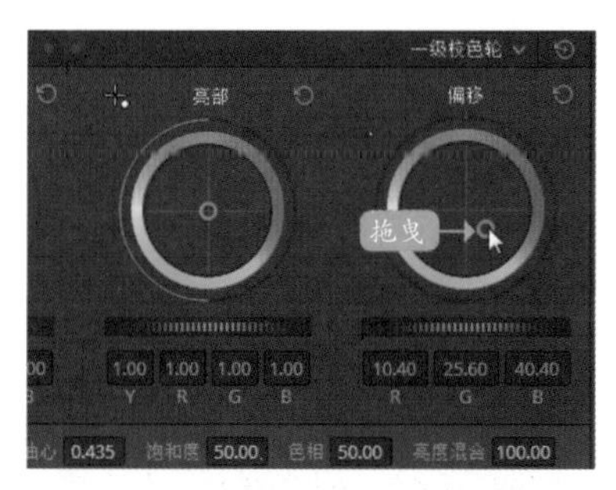

图11-53　调整“偏移”色轮参数

步骤/05 执行操作后，即可在预览窗口中查看最终效果，如图11-54所示。

图11-54　查看最终效果

11.3.2　应用一级校色条调色

在达芬奇“色轮”面板的“一级校色条”选项面板中，一共有4组色条通道，如图11-55所示。

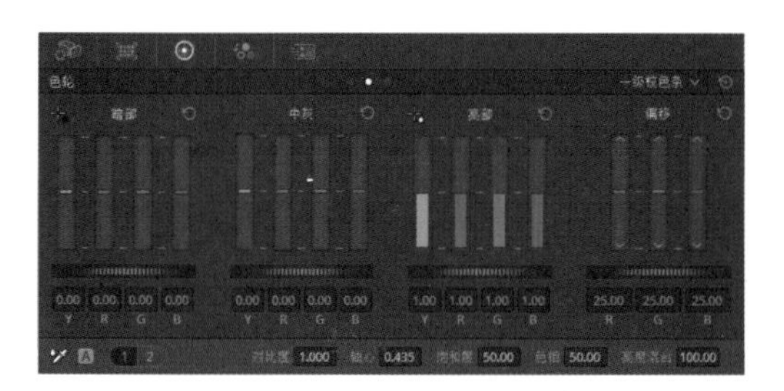

图11-55　“一级校色条”选项面板

其作用与“一级校色轮”选项面板中的色轮是一样的，并且与色轮是联动关系，当用户调整色轮中的参数时，色条参数也会随之改变；反过来也是一样，当用户调整色条参数时，色轮下方的YRGB参数也会随之改变。

色条有单独的YRGB参数通道，可以通过色条下方的轮盘整体调整，也可以单独调整YRGB通道中某一条通道的参数。相对来说，通过色条进行色彩校正会更加准确，配合示波器可以帮助用户快速校正色彩。下面通过实例介绍具体操作方法。

步骤/01 打开项目文件“素材\第11章\天空云彩.drp”，如图11-56所示。

图11-56　打开项目文件

步骤/02 在预览窗口中，可以查看打开的项目效果，需要将画面中的冷色调调整为暖色调，如图11-57所示。

图11-57　查看打开的项目效果

步骤/03 切换至“调色”步骤面板，在“色轮”面板中，单击面板右上角的下拉按钮，在弹出的下拉列表中，选择“一级校色条”选项，如图11-58所示。

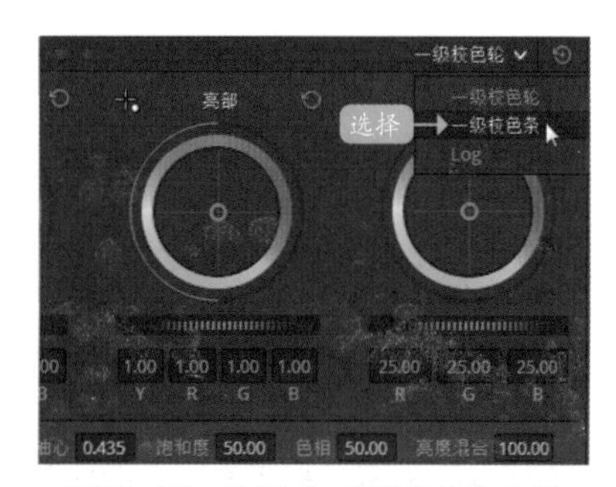

图11-58　选择“一级校色条”选项

步骤/04 将鼠标指针移至“暗部”色条下方的轮盘上，按住鼠标左键并向右拖曳，直至下方的

YRGB参数均显示为0.04，如图11-59所示。

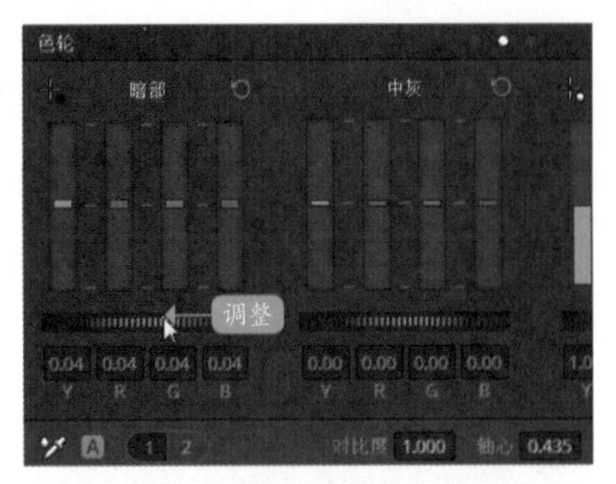

图11-59　调整“暗部”色条参数

专家指点

用户在切换“一级校色条”选项面板时，除了通过“色轮”面板右上角的下拉列表外，还可以单击“色轮”面板上方中间位置的第二个圆圈进行切换。

步骤/05　将鼠标指针移至“亮部”色条中的R通道上，按住鼠标左键并往上拖曳，直至参数显示为1.40，如图11-60所示。

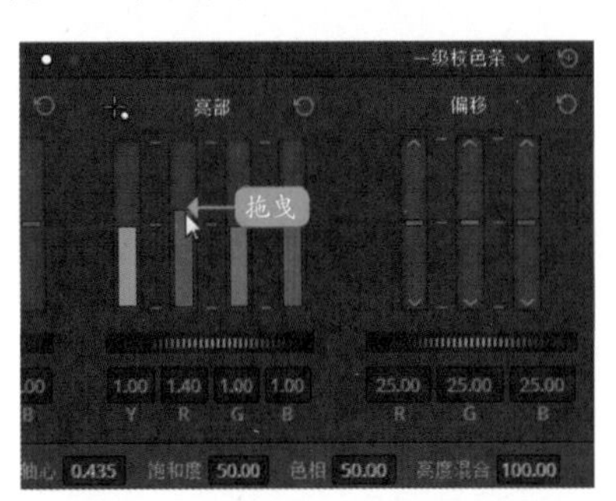

图11-60　调整“亮部”色条R通道参数

步骤/06　用同样的方法，调整G通道参数为1.25、B通道参数为1.60，如图11-61所示。

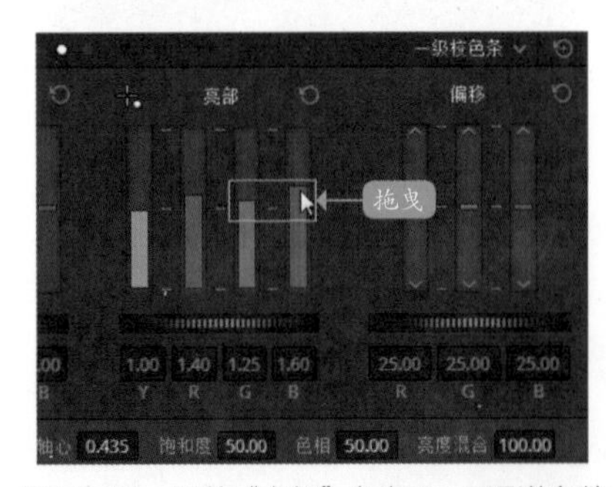

图11-61　调整“亮部”色条G、B通道参数

专家指点

用户在调整参数时，如需恢复数据重新调整，可以单击每组色条（或色轮）右上角的恢复重置按钮，快速恢复素材的原始参数。

步骤/07　用同样的方法，调整“偏移”色条中的R通道参数为29.40，如图11-62所示。

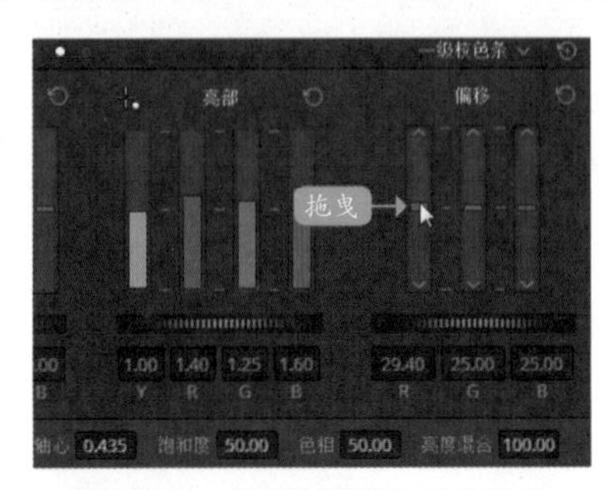

图11-62　调整“偏移”色条参数

步骤/08　执行操作后，即可在预览窗口中查看最终效果，如图11-63所示。

图11-63　查看最终效果

11.3.3　应用Log模式调色

Log模式可以保留图像画面中暗部和亮部的细节，为用户后期调色提供了很大的空间。在达芬奇“色轮”面板的Log选项面板中，一共有4个色轮，分别是阴影、中间调、高光以及偏移，如图11-64所示。

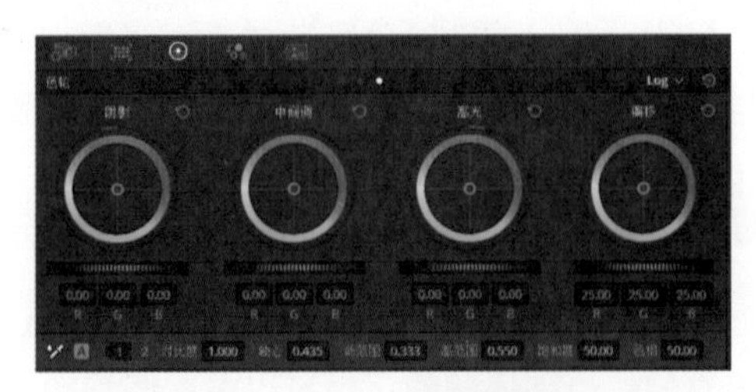

图11-64　Log选项面板

用户在应用Log模式调色时，可以展开示波器面板查看图像波形状况，配合示波器对图像素材进行调色处理。下面通过实例介绍应用Log模式调色的操作方法。

步骤/01 打开项目文件“素材\第11章\万里星空.drp”，如图11-65所示。

图11-65　打开项目文件

步骤/02 在预览窗口中，可以查看打开的项目效果，如图11-66所示。

图11-66　查看打开的项目效果

步骤/03 切换至“调色”步骤面板，展开“分量图”示波器面板，在其中可以查看图像RGB波形状况，可以看到蓝色波形偏高，如图11-67所示。

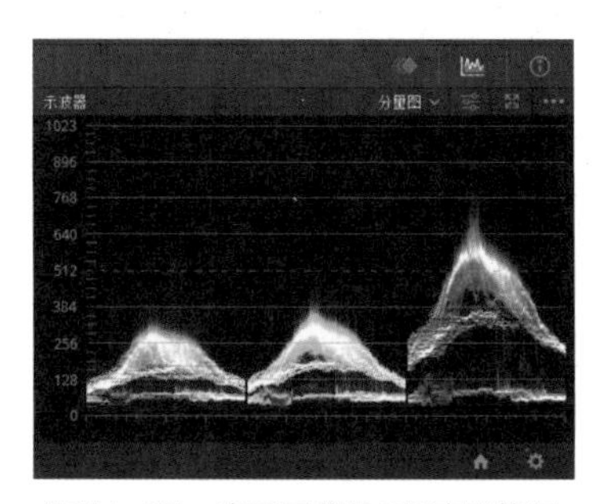

图11-67　查看图像RGB波形状况

步骤/04 在“色轮”面板中，单击面板右上角的下拉按钮，在弹出的下拉列表中，选择Log选项，如图11-68所示。

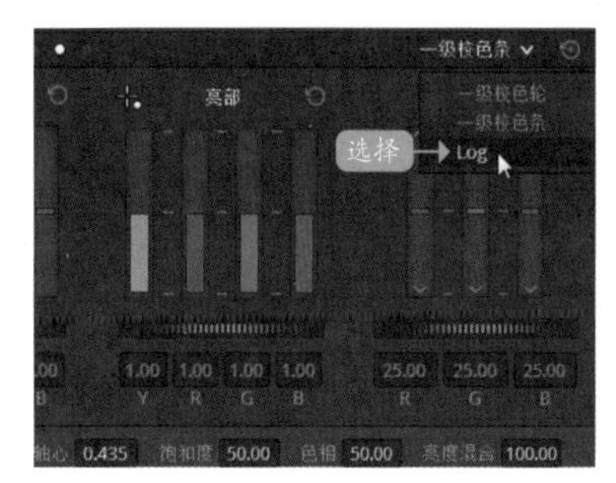

图11-68　选择Log选项

步骤/05 切换至Log选项面板，首先将素材的阴影部分降低，将鼠标指针移至“阴影”色轮下方的轮盘上，按住鼠标左键并向左拖曳，直至色轮下方的RGB参数均显示为-0.04，如图11-69所示。

图11-69　调整“阴影”参数

步骤/06 然后调整高光部分的光线。将“高光”色轮中心的圆圈往红色区块方向拖曳，直至RGB参数分别显示为2.46、-0.57、-1.00，释放鼠标左键，提高红色亮度，使画面中的光线呈红色调，如图11-70所示。

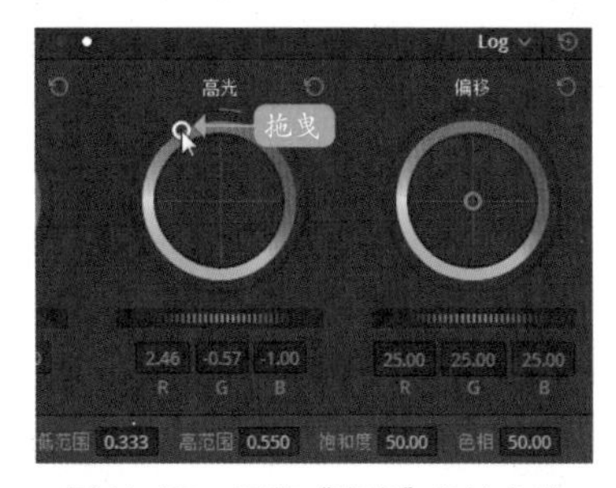

图11-70　调整“高光”色轮参数

步骤/07 向右拖曳“中间调”色轮下方的轮盘，直至RGB参数均显示为0.15，如图11-71所示。

图11-71 调整“中间调”色轮参数

步骤/08 执行上述操作后，拖曳“偏移”色轮中间的圆圈，直至RGB参数显示为31.45、23.61、19.07，如图11-72所示。

图11-72 调整“偏移”色轮参数

步骤/09 执行上述操作后，示波器中的蓝色波形明显降低了，如图11-73所示。

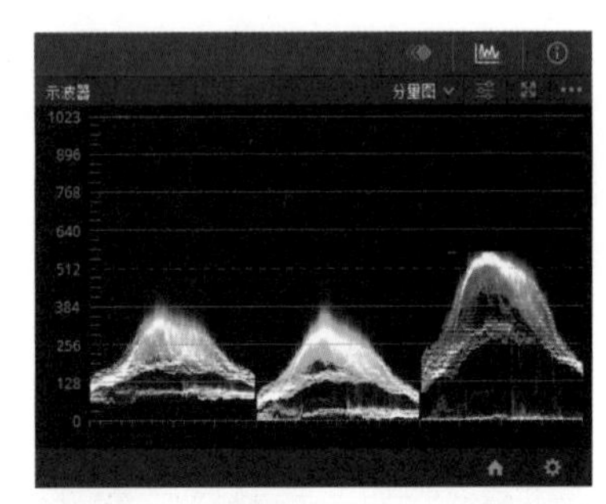

图11-73 查看调整后显示的波形状况

步骤/10 在预览窗口中，可以查看调整后的视频画面效果，如图11-74所示。

图11-74 查看调整后的视频画面效果

11.4 应用RGB混合器来调色

在“调色”步骤面板中，RGB混合器非常实用。在RGB混合器面板中，有红色输出、绿色输出、蓝色输出3组颜色通道，每组颜色通道都有R、G、B3个滑块控制条，可以帮助用户针对图像画面中的某一个颜色进行准确调节且不影响画面中的其他颜色。RGB混合器还具有为黑白单色图像调整RGB比例参数的功能，并且在默认状态下，会自动开启“保留亮度”功能，调节颜色通道时保持亮度值不变，为用户后期调色提供了很大的创作空间。

11.4.1 应用红色输出颜色通道

在RGB混合器中，红色输出颜色通道的3个滑块控制条的默认比例为R1：G0：B0，当增加R滑块控制条时，面板中G和B滑块控制条的参数并不会发生变化，但用户可以在示波器中看到G、B的波形会等比例混合下降。下面通过实例介绍红色输出颜色通道的操作方法。

步骤/01 打开项目文件“素材\第11章\酒店餐厅.drp”，如图11-75所示。

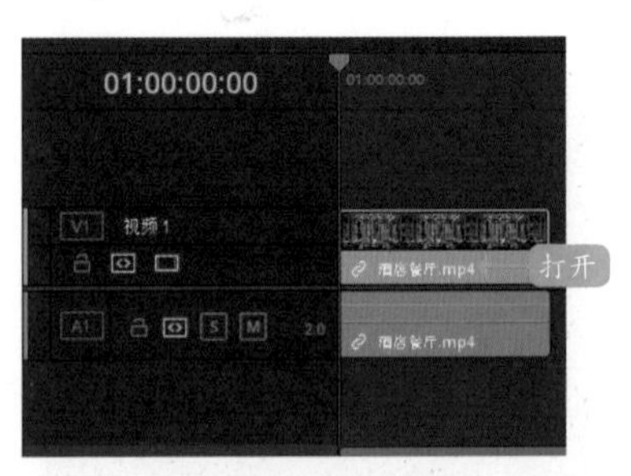

图11-75 打开项目文件

步骤/02 在预览窗口中，可以查看打开的项目效果，画面中的餐厅色调偏冷，需要加重图像画面中的红色色调，使整体的画面感偏暖一些，如图11-76所示。

图11-76　查看打开的项目效果

步骤/03 切换至“调色”步骤面板，在示波器中查看图像RGB波形状况，可以看到绿色和蓝色波形的波峰要高过红色波形，如图11-77所示。

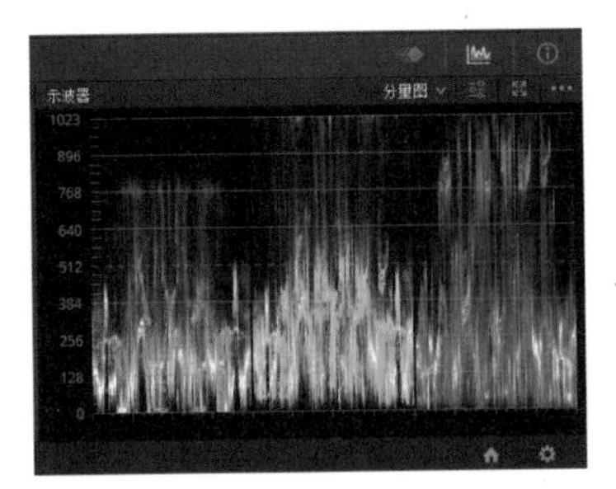

图11-77　查看图像RGB波形状况

步骤/04 单击“RGB混合器”按钮，切换至“RGB混合器”面板，如图11-78所示。

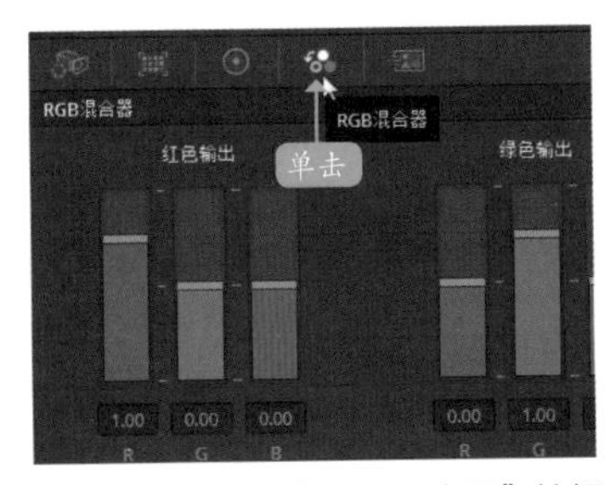

图11-78　单击“RGB混合器”按钮

步骤/05 将鼠标指针移至“红色输出”颜色通道R控制条的滑块上，按住鼠标左键并向上拖曳，直至R参数显示为1.54，如图11-79所示。

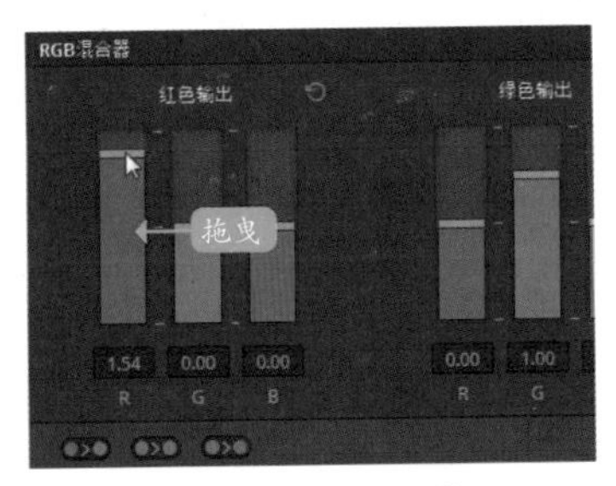

图11-79　拖曳滑块

步骤/06 在示波器中可以看到红色波形波峰上升后，已经超过了绿色和蓝色波形，如图11-80所示。

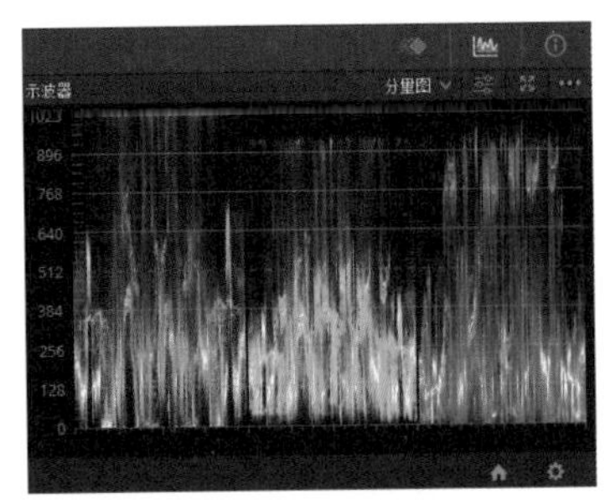

图11-80　示波器波形状况

步骤/07 执行操作后，即可在预览窗口中查看制作的视频效果，如图11-81所示。

图11-81　查看制作的视频效果

11.4.2　应用绿色输出颜色通道

在RGB混合器中，绿色输出颜色通道的3个滑块控制条的默认比例为R0：G1：B0，当图像画面中的绿色成分过多或需要在画面中增加绿色色彩时，便可以通过RGB混合器中的绿色输出通道调节图像画面色彩。下面通过实例介绍绿色输出颜色通道的操作方法。

步骤/01 打开项目文件“素材\第11章\蝶恋花.drp”，如图11-82所示。

图11-82　打开项目文件

步骤/02 在预览窗口中，可以查看打开的项目效果，图像画面中绿色的成分过多，需要降低绿色输出，如图11-83所示。

图11-83 查看打开的项目效果

步骤/03 切换至“调色”步骤面板，在示波器中查看图像RGB波形状况，可以看到红色与蓝色波形的波峰基本持平，绿色波形整体比较集中，且绿色波峰最高，如图11-84所示。

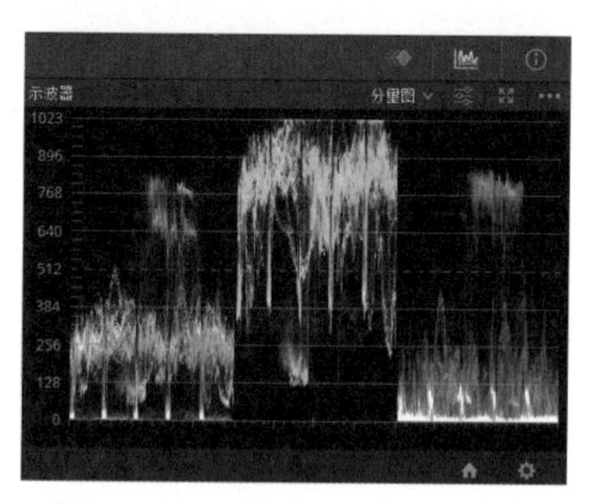

图11-84 查看图像RGB波形状况

步骤/04 切换至“RGB混合器”面板，将鼠标指针移至“绿色输出”颜色通道G控制条的滑块上，按住鼠标左键并向下拖曳，直至G参数显示为0.77，如图11-85所示。

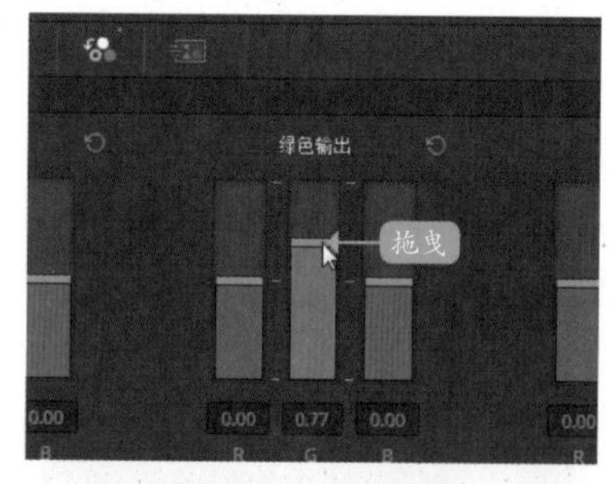

图11-85 拖曳滑块

步骤/05 执行上述操作后，在示波器中，可以看到在降低绿色值后，红色和蓝色波形明显增高，红、绿、蓝三色波形的波峰基本持平，如图11-86所示。

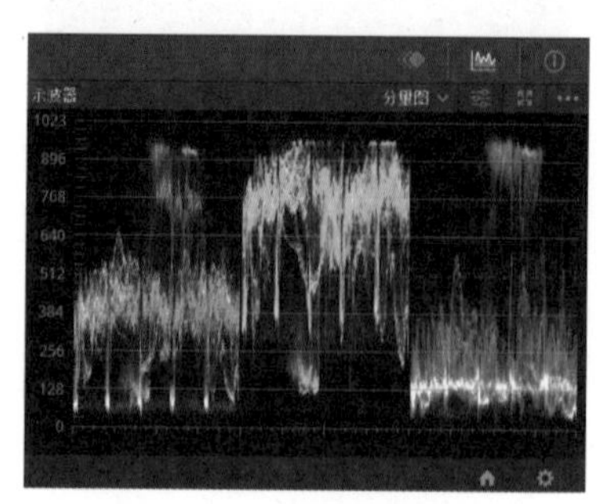

图11-86 示波器波形状况

步骤/06 在预览窗口中查看制作的视频效果，如图11-87所示。

图11-87 查看制作的视频效果

11.4.3 应用蓝色输出颜色通道

在RGB混合器中，蓝色输出颜色通道的3个滑块控制条的默认比例为R0：G0：B1。红绿蓝三色，不同的颜色搭配可以调配出多种自然色彩，例如红绿搭配会变成黄色，若想降低黄色浓度，可以适当提高蓝色色调混合整体色调。下面通过实例介绍蓝色输出颜色通道的操作方法。

步骤/01 打开项目文件“素材\第11章\桥上风景.drp”，如图11-88所示。

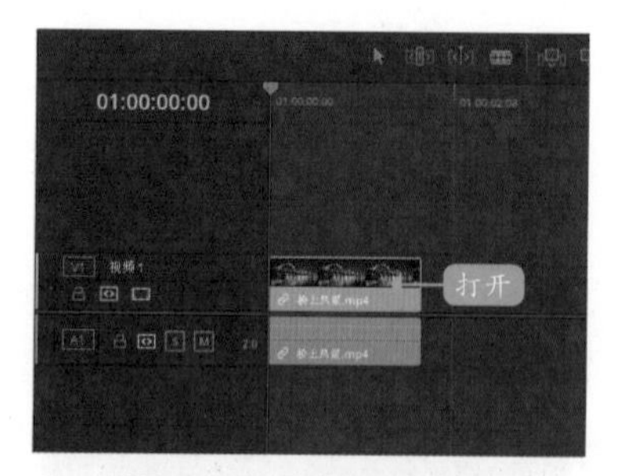

图11-88 打开项目文件

步骤/02 在预览窗口中，可以查看打开的项目效果，如图11-89所示，图像画面有点偏黄，需要提高蓝色输出平衡图像画面色彩。

图11-89　查看打开的项目效果

步骤/03 切换至“调色”步骤面板，在示波器中查看图像RGB波形状况，可以看到红色波形与绿色波形基本持平，而蓝色波形的阴影部分与前面两道波形基本一致，但是蓝色高光部分明显比红绿两道波形要低，如图11-90所示。

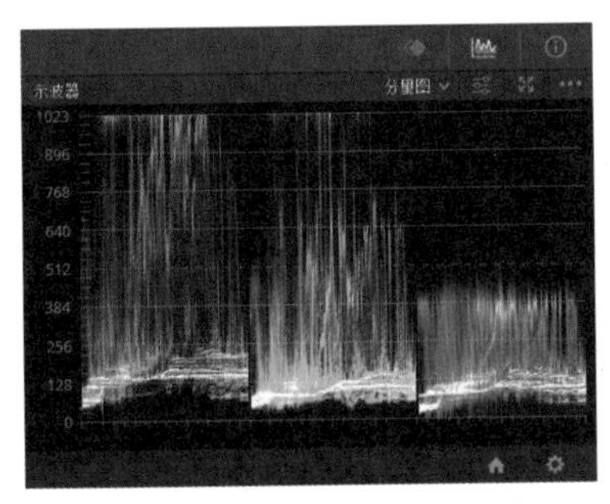

图11-90　查看图像RGB波形状况

步骤/04 切换至“RGB混合器”面板，将鼠标指针移至“蓝色输出”颜色通道控制条的滑块上，按住鼠标左键并向上拖曳，直至通道下方的RGB参数分别显示为0.26、0.26、2.00，如图11-91所示。

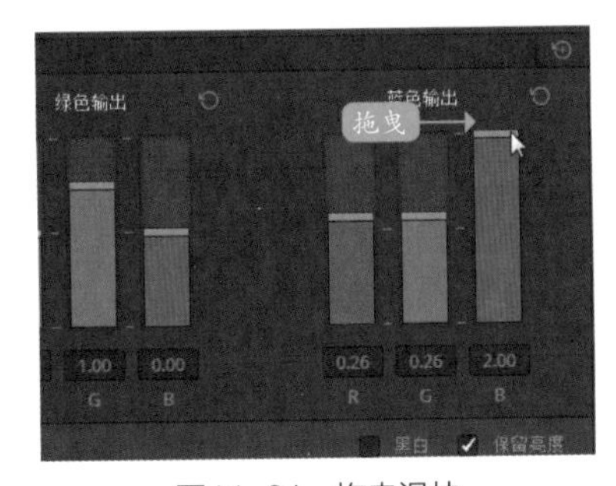

图11-91　拖曳滑块

步骤/05 执行操作的同时，在示波器中可以查看蓝色波形的涨幅状况，如图11-92所示。

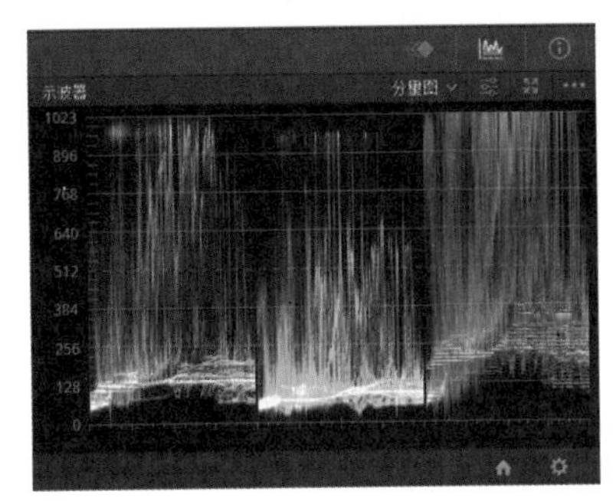

图11-92　示波器波形状况

步骤/06 在预览窗口中查看制作的视频效果，如图11-93所示。

图11-93　查看制作的视频效果

11.4.4　制作黑白图像视频效果

制作黑白图像效果，即对画面进行去色或单色处理，主要是将素材画面转换为灰度图像。下面介绍对画面去色、一键将画面转换为黑白色的操作方法。

步骤/01 进入“剪辑”步骤面板，在“时间线”面板中插入视频素材“素材\第11章\冷酷女孩.mp4”，如图11-94所示。

图11-94　插入视频素材

步骤/02 在预览窗口中可以预览插入的素材画面效果，如图11-95所示。

图11-95　预览画面效果

步骤/03 切换至“调色”步骤面板，进入“RGB混合器”面板，在面板下方选中“黑白”复选框，如图11-96所示。

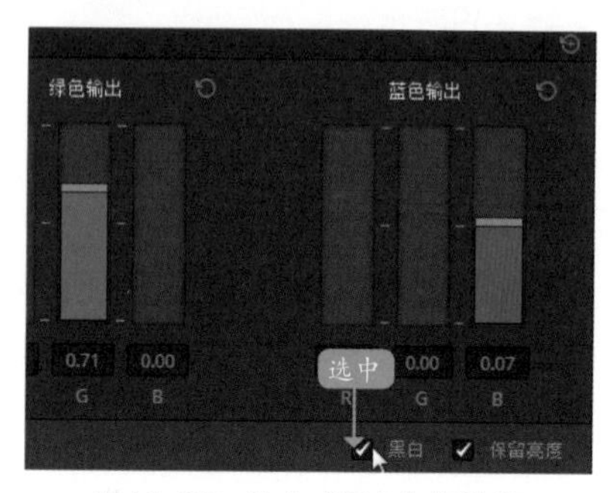

图11-96　选中“黑白”复选框

步骤/04 执行上述操作后，在预览窗口中，即可预览制作的黑白图像画面效果，如图11-97所示。

图11-97　预览图像效果

第12章

二级调色：局部细调视频图像画面

学前提示

每种颜色所包含的意义和向观众传达的情感都是不一样的，只有对颜色有所了解，才能更好地使用达芬奇进行后期调色。本章主要介绍如何对素材图像的局部画面进行二级调色，相对一级调色来说，二级调色更注重画面中的细节处理。

12.1 应用映射曲线调色

在DaVinci Resolve 16中，“曲线”面板中共有6种调色操作模式，如图12-1所示。其中自定义模式可以在图像色调的基础上进行调节，而另外5种曲线调色模式则主要通过色相、饱和度以及亮度3种元素来进行调节。下面介绍应用曲线功能调色的操作方法。

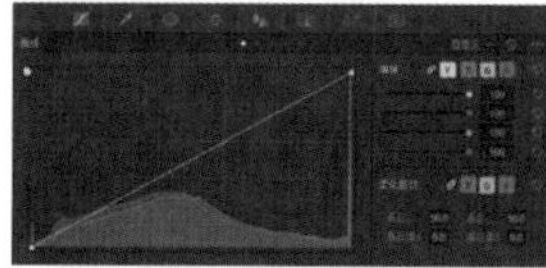
自定义模式面板

色相vs色相模式面板

色相vs饱和度模式面板

色相vs亮度模式面板

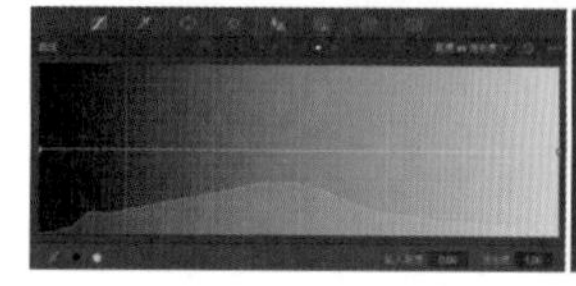
亮度vs饱和度模式面板

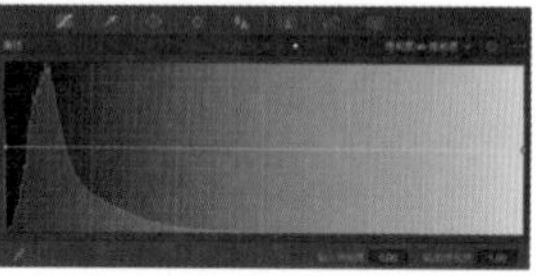
饱和度vs饱和度模式面板

图12-1　曲线调色模式

12.1.1　应用自定义曲线调色

自定义模式面板主要由两个板块组成：

➢ 左边是曲线编辑器。横坐标轴表示图像的明暗亮度，最左边为暗（黑色），最右边为明（白色），纵坐标轴表示色调。编辑器中有一根对角白线，在白线上单击鼠标左键可以添加控制点，以此线为界线，往左上范围拖曳添加的控制点，可以提高图像画面的亮度；往右下范围拖曳控制点，可以降低图像画面的亮度，用户可以理解为左上为明，右下为暗。当用户需要删除控制点时，在控制点上单击鼠标右键即可。

➢ 右边是曲线参数控制器。在曲线参数控制器中，有YRGB4个颜色按钮，分别对应按钮下方的4个曲线调节通道，用户可以通过拖曳YRGB通道上的圆点滑块调整色彩参数。在面板中有一个联动按钮，默认状态下该按钮是开启状态，当用户拖曳任意一个通道上的滑块时，会同时调整其他3个通道的参数；用户只有将联动按钮关闭，才可以在面板中单独选择某一个通道进行调整操作。在下方的“柔化裁切”区，用户可以通过输入参数值或单击参数文本框后，向左拖曳降低数值或向右拖曳提高数值，调节RGB柔化高低。

在“曲线”面板中拖曳控制点，只会影响与控制点相邻的两个控制点之间的那段曲线，用户通过调节曲线位置，便可以调整图像画面中的色彩浓度和明暗对比度。下面通过实例介绍应用自定义曲线编辑器的操作方法。

步骤 01 打开项目文件“素材\第12章\山中禅寺.drp”，如图12-2所示。

图12-2　打开项目文件

步骤 02 在预览窗口中查看打开的项目效果，如图12-3所示。

图12-3　查看打开的项目效果

步骤/03 切换至“调色”步骤面板，❶在左上角单击LUT按钮 LUT，展开LUT面板；❷在下方的选项面板中，展开Blackmagic Design选项卡；❸选择一个预设样式，如图12-4所示。

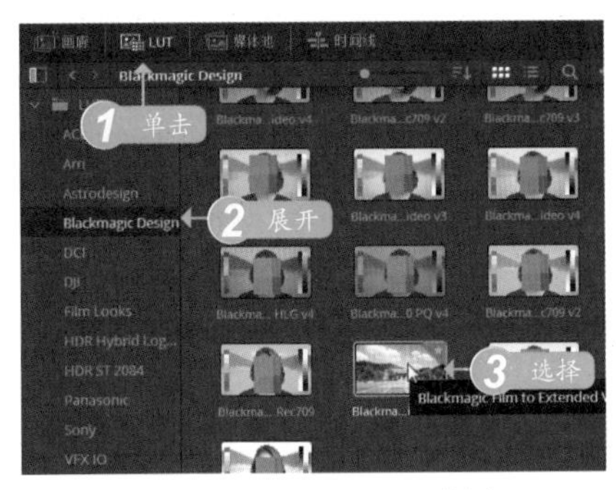

图12-4　选择一个预设样式

步骤/04 按住鼠标左键将其拖曳至预览窗口的图像画面上，释放鼠标左键，即可将选择的模型样式添加至视频素材上，色彩校正效果如图12-5所示。图像画面校正后的色彩相对要鲜亮些，但天空中的颜色偏淡，需要将天空颜色调蓝的同时，对下方房屋场地部分不造成太大的影响。

图12-5　色彩校正效果

步骤/05 展开“曲线”面板，在自定义曲线编辑器中的合适位置处，单击鼠标左键添加一个控制点，如图12-6所示。

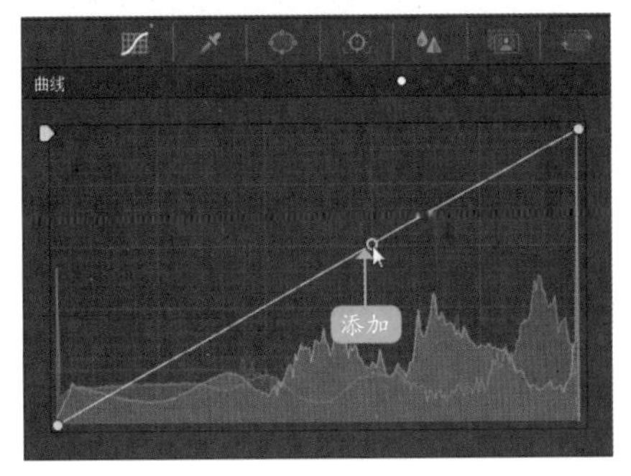

图12-6　添加一个控制点

步骤/06 按住鼠标左键向下拖曳，同时观察预览窗口中画面色彩的变化，至合适位置后释放鼠标左键，如图12-7所示。

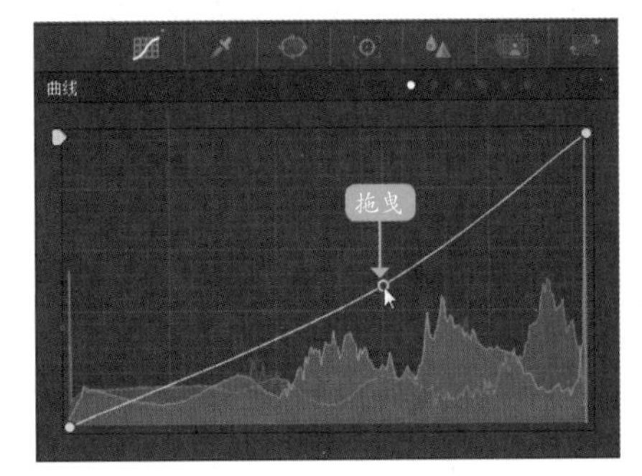

图12-7　向下拖曳控制点

步骤/07 执行操作后，预览窗口中的显示效果如图12-8所示。画面中上面的天空部分调蓝了，但是下面山林的部分变暗了，需要微调一下暗部的亮度。

图12-8　显示效果

步骤/08 在编辑器左边的合适位置处，继续添加一个控制点，并拖曳至合适位置处，如图12-9所示。

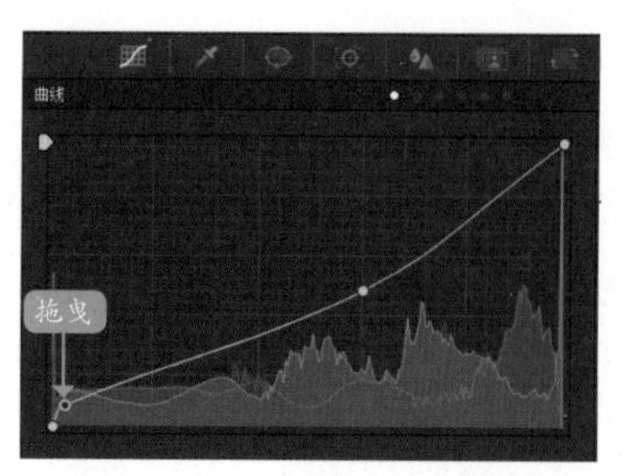

图12-9　添加第二个控制点

步骤/09 执行上述操作后，即可在预览窗口中查看最终效果，如图12-10所示。

图12-10　查看最终效果

12.1.2　应用色相vs色相调色

在“色相vs色相”面板中，曲线为横向水平线，从左到右的色彩范围为红、绿、蓝、红，曲线左右两端相连为同一色相，用户可以通过调节控制点，将素材图像画面中的色相改变成另一种色相，下面介绍具体的操作方法。

步骤/01 打开项目文件“素材\第12章\枝繁叶茂.drp”，如图12-11所示。

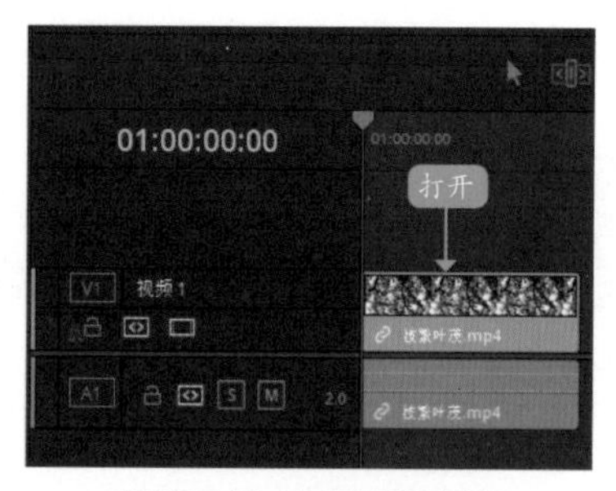

图12-11　打开项目文件

步骤/02 在预览窗口中，可以查看打开的项目效果，画面中的树叶绿意盎然。需要通过色相调节，将表示春天的绿色，改为秋天的黄色，如图12-12所示。

图12-12　查看打开的项目效果

步骤/03 切换至“调色”步骤面板，❶在“曲线”面板中单击右上角的下拉按钮；❷弹出列表框，选择“色相vs色相”选项，如图12-13所示。

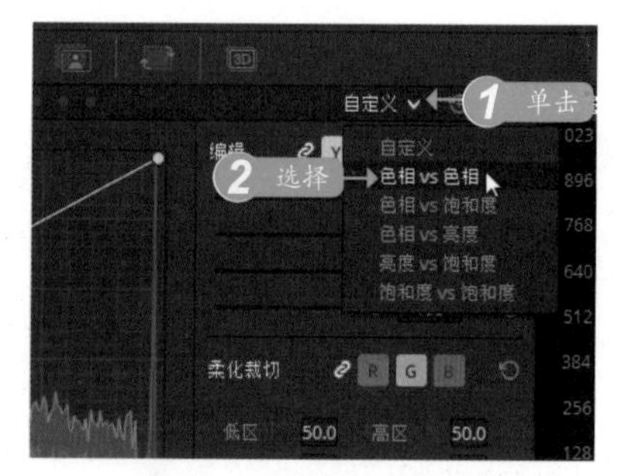

图12-13　选择相应选项

步骤/04 切换至“色相vs色相”面板，在面板下方单击绿色矢量色块，如图12-14所示。

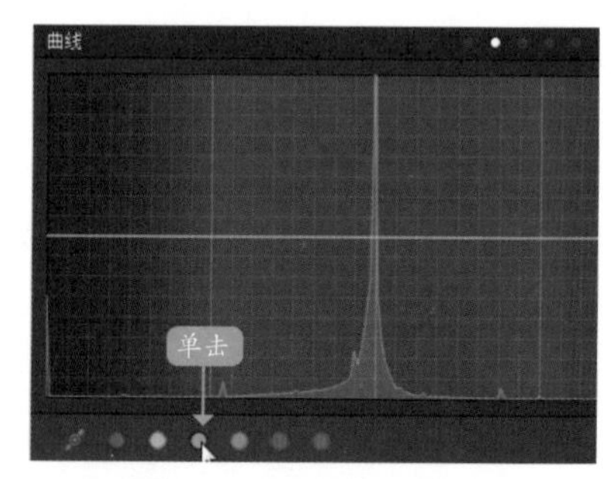

图12-14　单击绿色矢量色块

专家指点

在“色相vs色相”面板下方，有6个矢量色块，单击其中一个颜色色块，在曲线编辑器中的曲线上会自动在相应颜色色相范围内添加3个控制点，两端的两个控制点用来固定色相边界，中间的控制点用来调节。当然，两端的两个控制点也是可以调节的，用户可以根据需要调节相应控制点。

步骤/05 执行操作后，即可在编辑器中的曲线上添加3个控制点，选中左边第二个控制点，如图12-15所示。

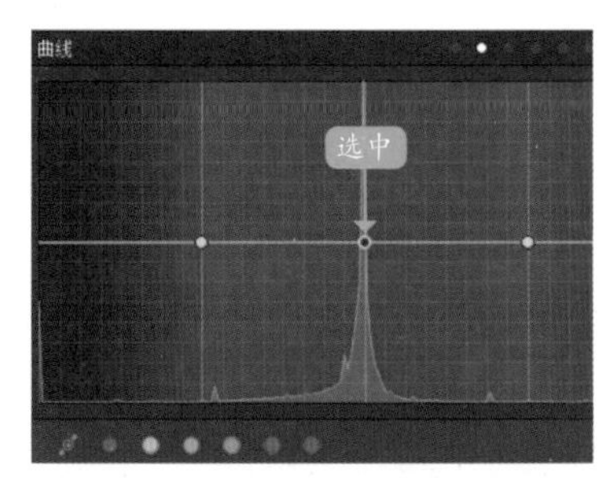

图12-15　选中左边第二个控制点

步骤/06 长按鼠标左键并向上拖曳选中的控制点，至合适位置后释放鼠标左键，如图12-16所示。

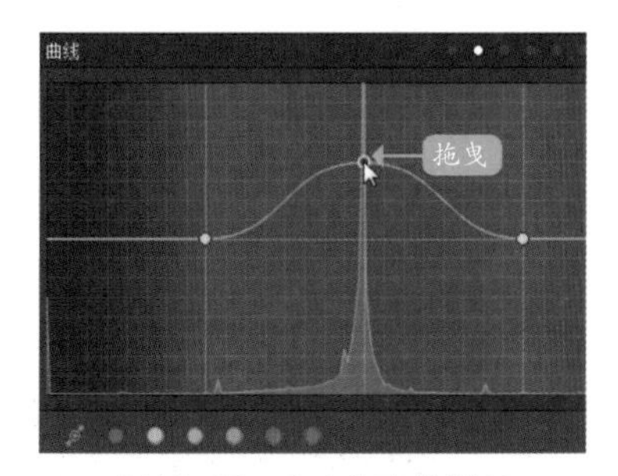

图12-16　向上拖曳控制点

步骤/07 执行上述操作后，即可改变图像画面中的色相，在预览窗口中，可以查看色相转变效果，如图12-17所示。

图12-17　查看色相转变效果

12.1.3　应用色相vs饱和度调色

“色相vs饱和度”曲线模式，其面板与“色相vs色相”曲线模式相差不大，但制作的效果却是不一样的。“色相vs饱和度”曲线模式可以校正图像画面中色相过度饱和或欠缺饱和的状况，下面介绍具体的操作方法。

步骤/01 打开项目文件“素材\第12章\秋收时节.drp”，如图12-18所示。

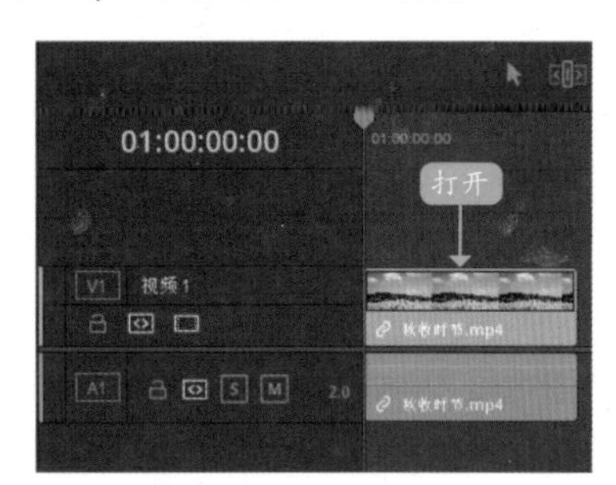

图12-18　打开项目文件

步骤/02 在预览窗口中，可以查看打开的项目效果，需要提高稻田的饱和度，并且不能影响图像画面中的其他色调，如图12-19所示。

图12-19　查看打开的项目效果

步骤/03 切换至“调色”步骤面板，①在“曲线”面板中单击右上角的下拉按钮；②弹出列表框，选择“色相vs饱和度”选项，如图12-20所示。

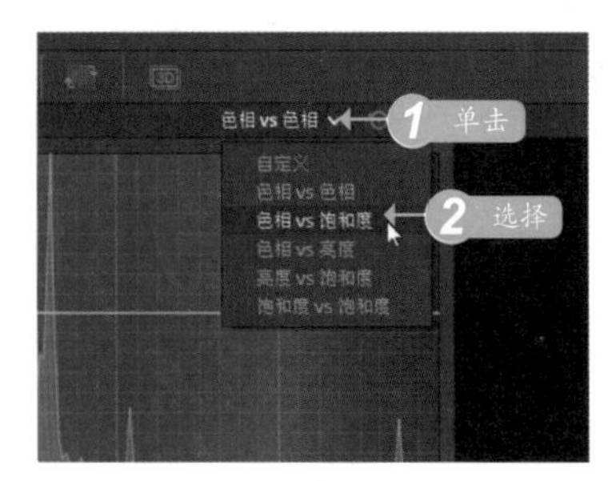

图12-20　选择相应选项

步骤/04 展开“色相vs饱和度”面板，在面板下方单击黄色矢量色块，如图12-21所示。

步骤/05 执行操作后，即可在编辑器中的曲线上添加3个控制点。选中中间的控制点，如图12-22所示。

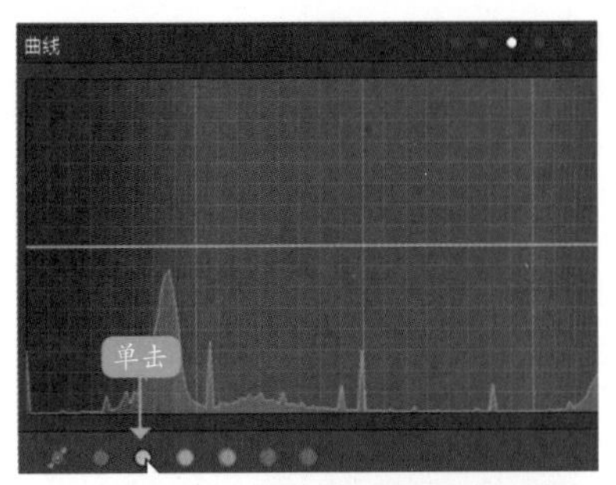

图12-21　单击黄色矢量色块

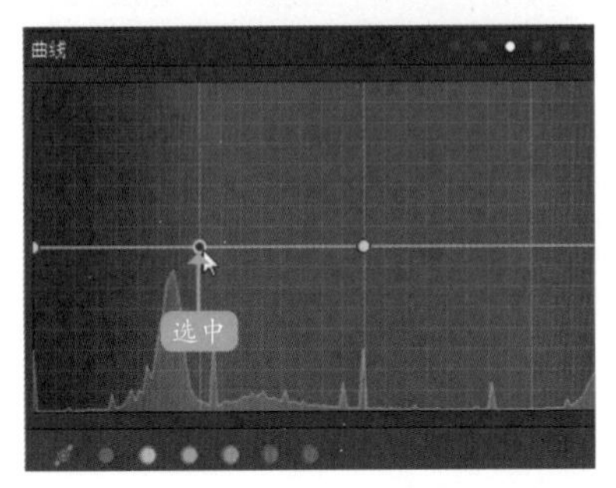

图12-22　选中控制点

步骤/06 长按鼠标左键并向上拖曳选中的控制点，至合适位置后释放鼠标左键，如图12-23所示。

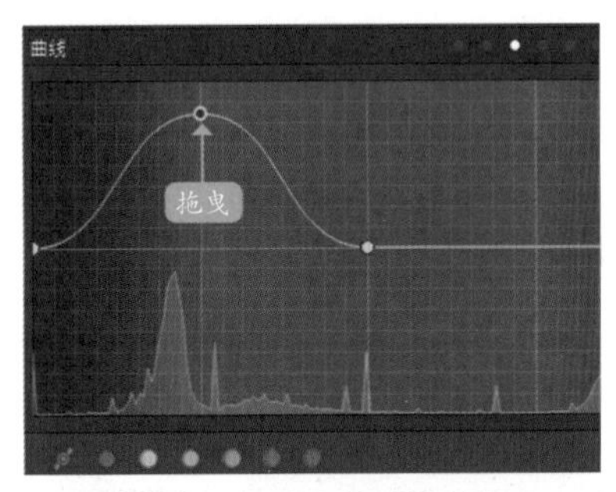

图12-23　向上拖曳控制点

步骤/07 执行上述操作后，即可在预览窗口中，查看校正色相、饱和度后的效果，如图12-24所示。

图12-24　查看校正色相、饱和度效果

12.1.4　应用色相vs亮度调色

使用"色相VS亮度"曲线模式调色，可以降低或提高指定色相范围元素的亮度，下面通过实例操作进行介绍。

步骤/01 打开项目文件"素材\第12章\路灯光线.drp"，如图12-25所示。

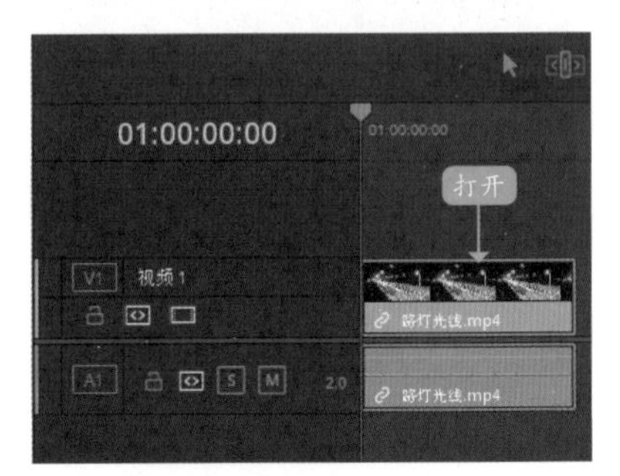

图12-25　打开项目文件

步骤/02 在预览窗口中，可以查看打开的项目效果。画面中显示的橙红色灯光，其色相范围处于红色元素和黄色元素之间，需要提高该色相范围元素的亮度，如图12-26所示。

图12-26　查看打开的项目效果

步骤/03 切换至"调色"步骤面板，❶在"曲线"面板中单击右上角的下拉按钮；❷弹出列表框，选择"色相vs亮度"选项，如图12-27所示。

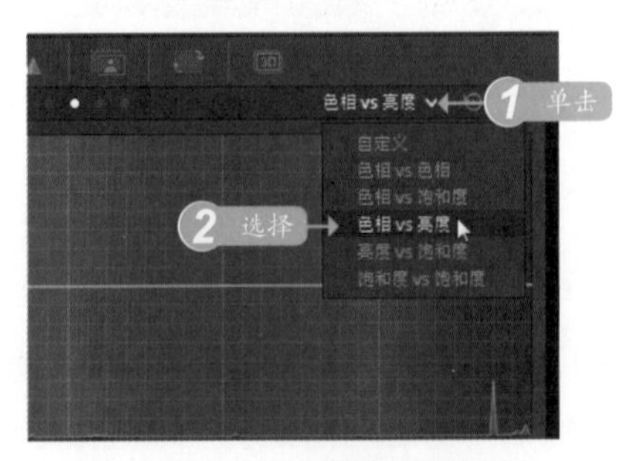

图12-27　选择相应选项

步骤/04 展开“色相vs亮度”面板，在面板下方单击黄色矢量色块，如图12-28所示。

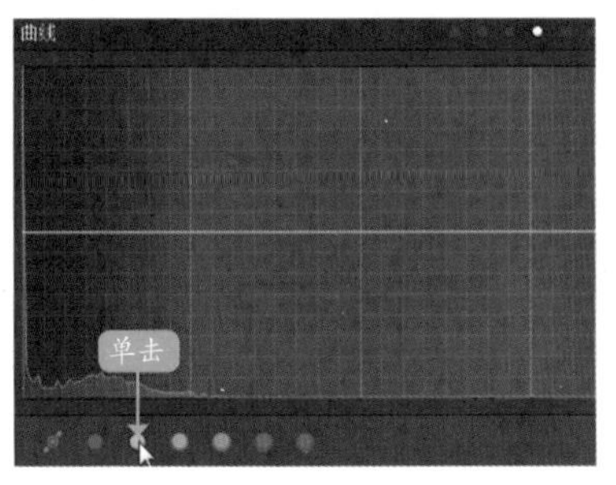

图12-28　单击黄色矢量色块

步骤/05 执行操作后，即可在编辑器中的曲线上添加3个控制点，移动鼠标指针至第三个控制点上，如图12-29所示。

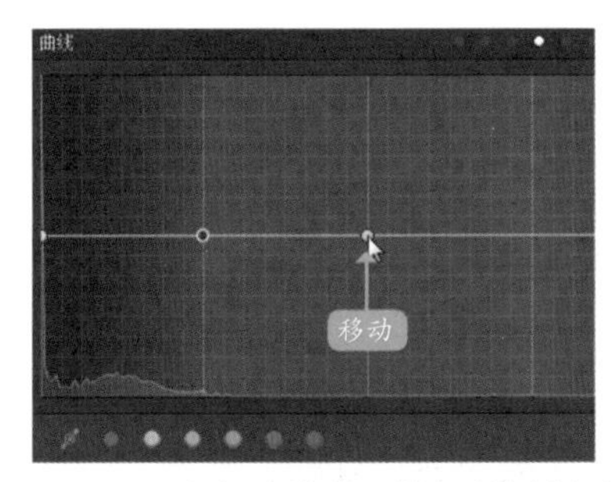

图12-29　移动鼠标指针至第三个控制点上

步骤/06 单击鼠标右键移除控制点。在两个控制点之间的曲线线段上，单击鼠标左键添加一个控制点，如图12-30所示。

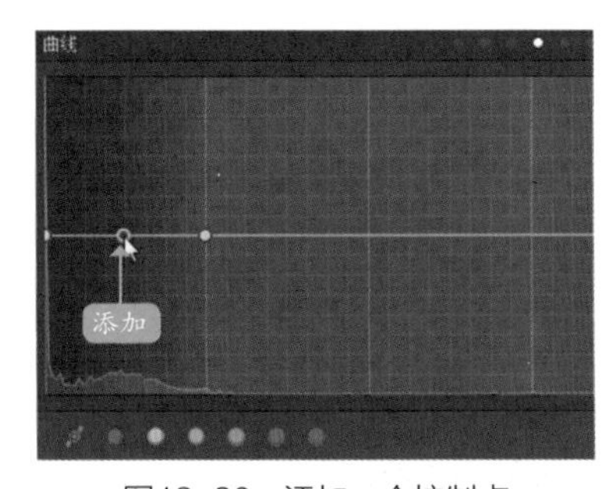

图12-30　添加一个控制点

步骤/07 选中添加的控制点并向上拖曳，直至下方面板中“输入色相”参数显示为285.36、“亮度增益”参数显示为1.42，如图12-31所示。

步骤/08 执行上述操作后，即可在预览窗口中，查看色相范围元素提亮后的效果，如图12-32所示。

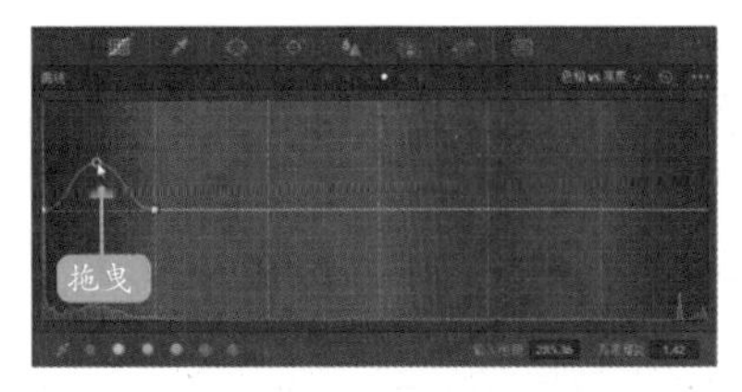

图12-31　向上拖曳控制点

图12-32　查看色相范围元素提亮后的效果

12.1.5　应用亮度vs饱和度调色

“亮度vs饱和度”曲线模式主要是在图像原本的色调基础上进行调整，而不是在色相范围的基础上调整。在“亮度vs饱和度”面板中，横轴的左边为黑色，表示图像画面的阴影部分；横轴的右边为白色，表示图像画面的高光位置；以水平曲线为界，向上下拖曳曲线上的控制点，可以降低或提高指定位置的饱和度。使用“亮度vs饱和度”曲线模式调色，可以根据需要在画面的阴影处或明亮处调整饱和度，下面通过实例操作进行介绍。

步骤/01 打开项目文件“素材\第12章\水上凉亭.drp”，如图12-33所示。

图12-33　打开项目文件

步骤/02 在预览窗口中，可以查看打开的项目效果，需要将画面中高光部分的饱和度提高，如图12-34所示。

图12-34　查看打开的项目效果

步骤/03 切换至“调色”步骤面板，展开“亮度vs饱和度”曲线面板，按住【Shift】键的同时，在水平曲线上单击鼠标左键添加一个控制点，如图12-35所示。

步骤/04 选中添加的控制点并向上拖曳，直至下方面板中“输入亮度”参数显示为0.75、“饱和度”参数显示为2.00，如图12-36所示。

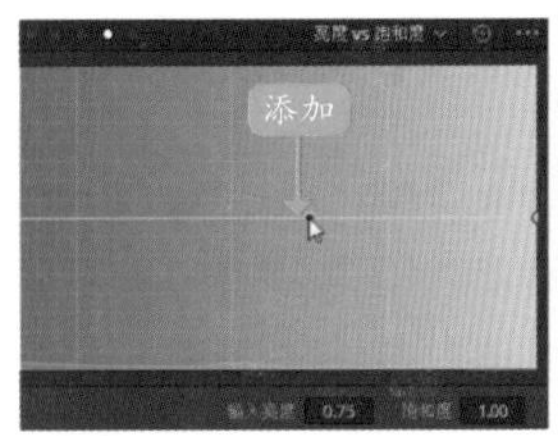

图12-35　添加一个控制点　图12-36　向上拖曳控制点

专家指点

在“曲线”面板中，添加控制点的同时按住【Shift】键，可以防止添加控制点时移动位置。

步骤/05 在预览窗口中，查看高光部分提高饱和度后的画面效果，如图12-37所示。

图12-37　查看高光部分提高饱和度后的效果

12.1.6　应用饱和度vs饱和度调色

“饱和度vs饱和度”曲线模式也是在图像原本的色调基础上进行调整，主要用于调节图像画面中过度饱和或者饱和度不够的区域。在“饱和度vs饱和度”面板中，横轴的左边为图像画面中低饱和区，横轴的右边为图像画面中高饱和区；以水平曲线为界，向上下拖曳曲线上的控制点，可以降低或提高指定区域的饱和度。

使用“饱和度vs饱和度”曲线模式调色，可以根据需要在画面的高饱和区或低饱和区调节饱和度，并且不会影响其他部分，下面通过实例操作进行介绍。

步骤/01 打开项目文件“素材\第12章\黄色花朵.drp”，如图12-38所示。

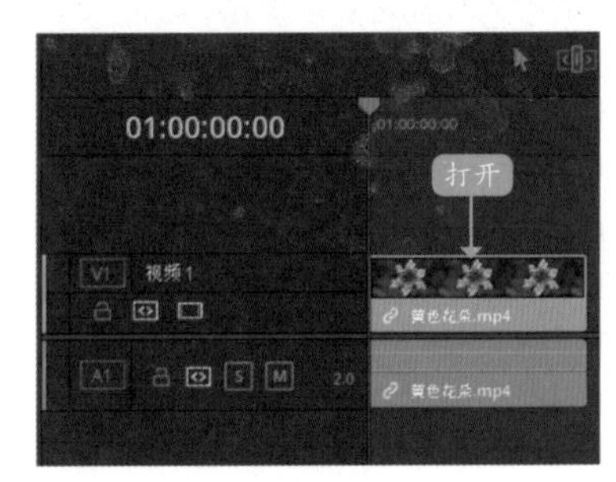

图12-38　打开项目文件

步骤/02 在预览窗口中，可以查看打开的项目效果，相对画面中的花茎和背景来说，花朵为高饱和状态，需要在不影响花朵的情况下，降低花茎及背景的饱和度，如图12-39所示。

图12-39　查看打开的项目效果

步骤/03 切换至“调色”步骤面板，展开“饱和度vs饱和度”曲线面板，按住【Shift】键的同时，在水平曲线的中间位置单击鼠标左键添加一个控制点。以此为分界点，左边为低饱和区，右边为高饱和区，如图12-40所示。

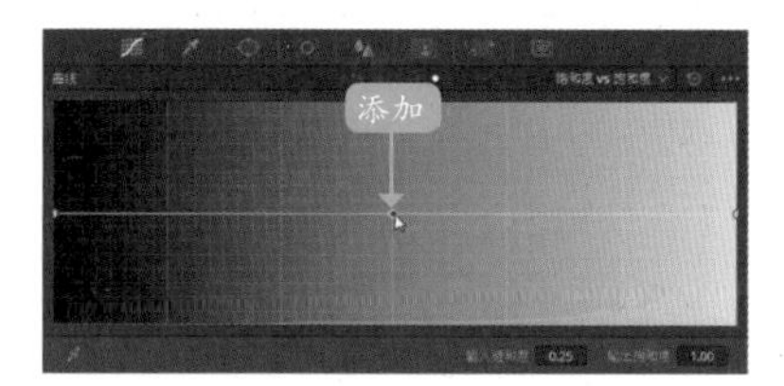

图12-40　添加一个控制点

专家指点

在“饱和度vs饱和度”面板的水平曲线上添加一个控制点作为分界点，这样用户在调节低饱和区时，不会影响高饱和区的曲线，反之亦然。

步骤/04 在低饱和区的曲线线段上单击鼠标左键，再次添加一个控制点，如图12-41所示。

步骤/05 选中添加的控制点并向下拖曳，直至下方面板中“输入饱和度”参数显示为0.08、“输出饱和度”参数显示为0.00，如图12-42所示。

图12-41　再次添加一个控制点

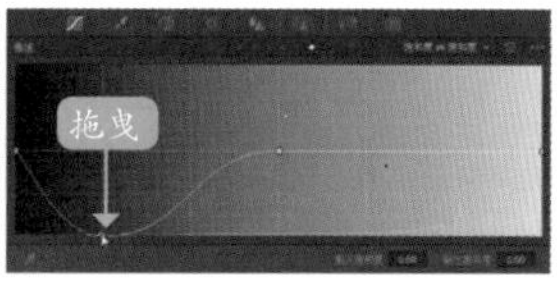

图12-42　向下拖曳控制点

步骤/06 执行上述操作后，即可在预览窗口中，查看图像画面饱和度调整后的效果，如图12-43所示。

图12-43　查看饱和度调整后的效果

12.2 创建选区抠像调色

对素材图形进行抠像调色，是二级调色必学的一个环节。DaVinci Resolve 16为用户提供了“限定器”功能面板和“窗口”功能面板。应用“限定器”功能面板中的拾色器工具可以为素材图像创建选区，把不同亮度、不同色调的部分画面分离出来，然后根据亮度、风格、色调等需求，对分离出来的部分画面进行有针对性的色彩调节；应用“窗口”功能面板中的蒙版工具可以在素材画面上创建蒙版选区，对素材图形进行局部调色。相对来说，蒙版调色更加方便用户对素材进行细节处理。

12.2.1　应用HSL限定器抠像调色

“限定器”功能面板中包含了4种抠像操作模式，分别是HSL限定器、RGB限定器、亮度限定器以及3D限定器，本节将以HSL限定器为例进行抠像调色。HSL限定器主要通过拾色器工具根据素材图像的色相、饱和度以及亮度来进行抠像。当用户使用拾色器工具在图像上进行色彩取样时，HSL限定器会自动对选取部分的色相、饱和度以及亮度进行综合分析。下面通过实例操作介绍使用HSL限定器创建选区并抠像调色的方法。

步骤/01 打开项目文件“素材\第12章\多肉植物.drp”，如图12-44所示。

图12-44　打开项目文件

步骤/02 在预览窗口中，可以查看打开的项目效果，需要在不改变画面中其他部分的情况下，将红色背景改成绿色背景，如图12-45所示。

图12-45　查看打开的项目效果

步骤/03 切换至“调色”步骤面板，单击“限定器”按钮，展开HSL限定器面板，如图12-46所示。

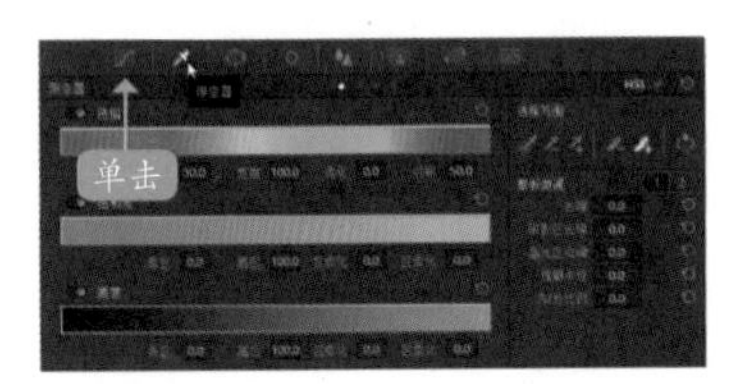

图12-46　单击“限定器”按钮

步骤/04 在“选择范围”选项区中，单击“拾色器”按钮，如图12-47所示。执行操作后，光标随即转换为滴管工具。

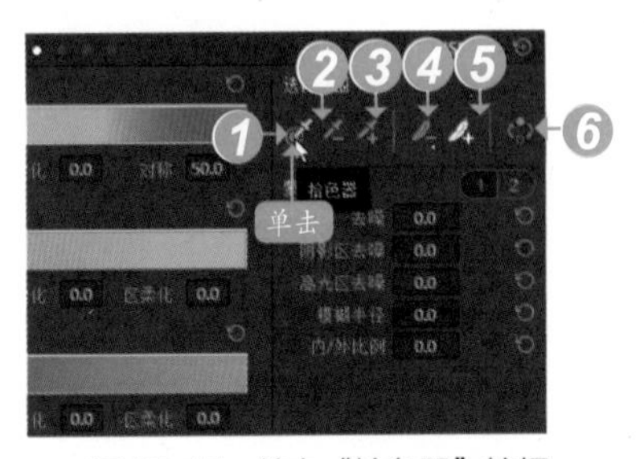

图12-47　单击“拾色器”按钮

步骤/05 移动光标至“检视器”面板，单击“突出显示”按钮，如图12-48所示。此按钮可以使被选取的抠像区域突出显示在画面中，未被选取的区域将会呈灰白色显示。

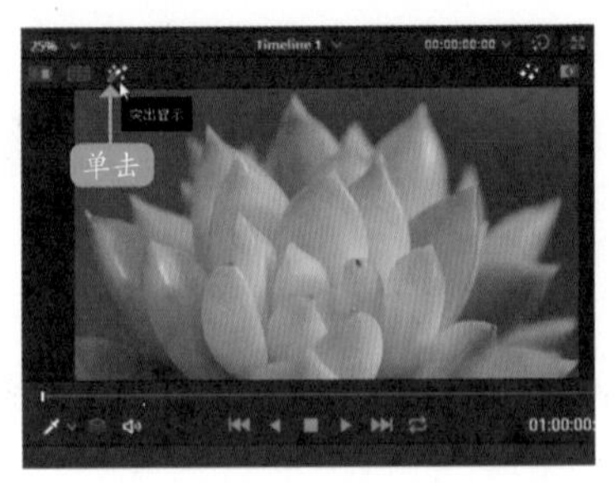

图12-48　单击“突出显示”按钮

专家指点

在“选择范围”选项区中共有6个工具按钮，其作用如下。

1. “拾色器”按钮：单击“拾色器”按钮，光标即可变为滴管工具，可以在预览窗口中的图像素材上单击鼠标左键或拖曳光标，对相同颜色进行取样抠像。
2. “减少色彩范围”按钮：其操作方法与拾色器工具一样，可以在预览窗口中的抠像上通过单击或拖曳光标减少抠像区域。
3. “增加色彩范围”按钮：其操作方法与拾色器工具一样，可以在预览窗口中的抠像上通过单击或拖曳光标增加抠像区域。
4. “减少柔化边缘”按钮：单击该按钮，可以在预览窗口中的抠像上，通过单击或拖曳光标减弱抠像区域的边缘。
5. “增强柔化边缘”按钮：单击该按钮，可以在预览窗口中的抠像上，通过单击或拖曳光标优化抠像区域的边缘。
6. “反转”按钮：单击该按钮，可以在预览窗口中反选未被选中的抠像区域。

步骤/06 在预览窗口中按住鼠标左键，拖曳光标选取红色区域，未被选取的区域画面呈灰白色显示，如图12-49所示。然后在“限定器”面板中设置“去噪”参数为43.0。

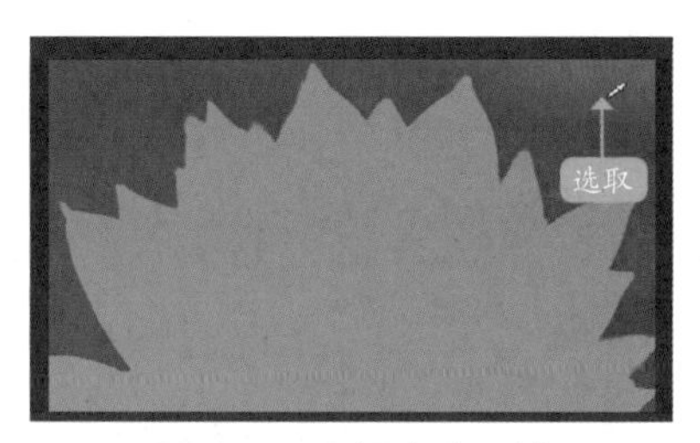

图12-49　选取红色区域

步骤/07 完成抠像后，切换至“色相VS色相”曲线面板，单击蓝色矢量色块，在曲线上添加3个控制点。选中左边第一个控制点，按住鼠标左键向下拖曳，直至“输入色相”参数显示为258.00、“色相旋转”参数显示为-180.00，如图12-50所示。

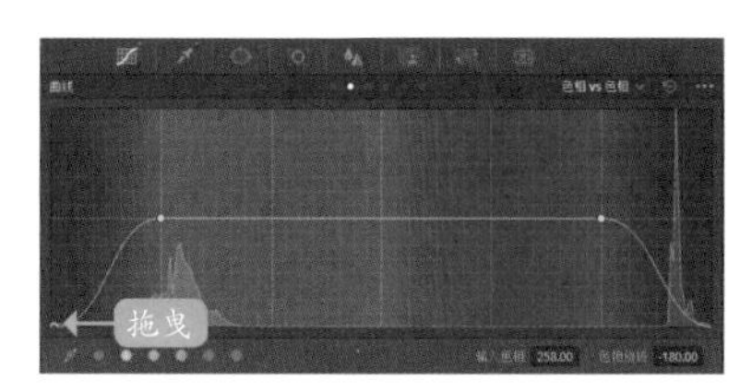

图12-50　拖曳控制点调整色相

步骤/08 执行上述操作后，即可将红色背景改为绿色背景。再次单击“突出显示”按钮，恢复未被选取的区域画面，查看最终效果，如图12-51所示。

图12-51　查看最终效果

12.2.2　控制窗口遮罩蒙版的形状

在达芬奇“调色”步骤面板中，“限定器”面板的右边就是“窗口”面板，如图12-52所示，用户可以使用四边形工具、圆形工具、多边形工具、曲线工具以及渐变工具在素材图像画面中绘制蒙版遮罩，对蒙版遮罩区域进行局部调色。

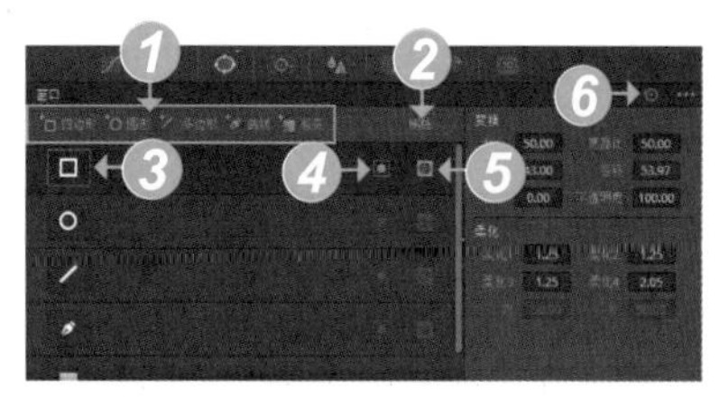

图12-52　“窗口”面板

在面板的右侧有两个选项区，分别是“变换”选项区和“柔化”选项区，当用户绘制蒙版遮罩时，可以在这两个选项区中，对遮罩大小、宽高比、边缘柔化等参数进行微调，使需要调色的遮罩画面更加精准。

在“窗口”面板中，用户需要了解以下几个按钮的作用。

❶ 形状工具按钮：在“窗口”预设面板上方，有四边形、圆形、多边形、曲线以及渐变5个形状工具按钮，单击任意一个形状工具按钮，即可在下方的“窗口”预设面板中新增一个相应的形状窗口。

❷ “删除”按钮：在“窗口”预设面板中选择新增的形状窗口，单击“删除”按钮，即可将形状窗口删除。

❸ “窗口激活”按钮：单击“窗口激活”按钮后，按钮四周会出现一个橘红色的边框，激活窗口后，即可在预览窗口中的图像画面上绘制蒙版遮罩；再次单击“窗口激活”按钮，即可关闭形状窗口。

❹ “反向”按钮：单击该按钮，可以反向选中素材图像上蒙版遮罩选区之外的画面区域。

❺ “遮罩”按钮：单击该按钮，可以将素材图像上的蒙版设置为遮罩，可以用于对多个蒙版窗口进行布尔计算。

❻ “全部重置”按钮：单击该按钮，可以将图像上绘制的形状窗口全部清除重置。

应用“窗口”面板中的形状工具在图像画面上绘制选区，用户可以根据需要调整默认的蒙版尺寸大小、位置和形状，下面通过实例操作进行介绍。

步骤/01 打开项目文件“素材\第12章\江上风景.drp”，如图12-53所示。

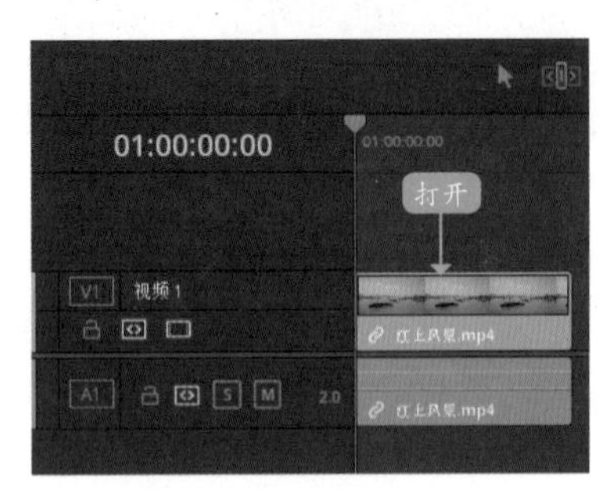

图12-53 打开项目文件

步骤/02 在预览窗口中，查看打开的项目效果。视频可以分为两个部分，一部分是江水，另一部分为天空；画面中天空的颜色比较淡，需要将天空区域的饱和度调浓些，如图12-54所示。

图12-54 查看打开的项目效果

步骤/03 切换至“调色”步骤面板，单击“窗口”按钮，切换至“窗口”面板，如图12-55所示。

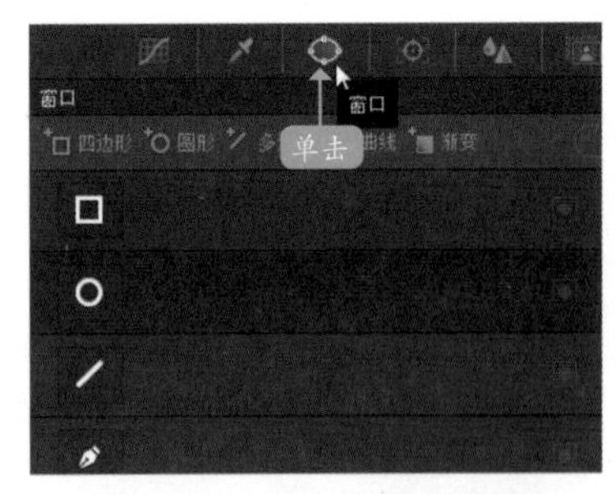

图12-55 单击“窗口”按钮

步骤/04 在“窗口”预设面板中，单击多边形“窗口激活”按钮，如图12-56所示。

图12-56 单击多边形“窗口激活”按钮

步骤/05 在预览窗口的图像上会出现一个矩形蒙版，如图12-57所示。

图12-57 出现一个矩形蒙版

步骤/06 拖曳蒙版四周的控制柄，调整蒙版位置和形状大小，如图12-58所示。

图12-58 调整蒙版位置和形状大小

专家指点

使用多边形工具后，在矩形蒙版方框线上单击鼠标左键，即可添加变形控制柄。

步骤/07 执行上述操作后，展开“色轮”面板，设置“饱和度”参数为80.00，如图12-59所示。

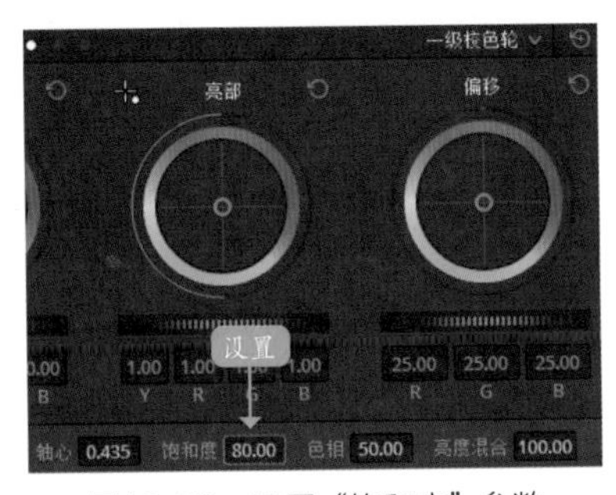

图12-59　设置“饱和度”参数

步骤/08 返回“剪辑”步骤面板，在预览窗口中查看蒙版遮罩调色效果，如图12-60所示。

图12-60　查看蒙版遮罩调色效果

12.2.3　跟踪局部对象的运动变化

在DaVinci Resolve 16“调色”步骤面板中，有一个“跟踪器”面板，该面板可以帮助用户锁定图像画面中的选区对象。

在“跟踪器”面板中，“跟踪”模式可以用来锁定跟踪对象的多种运动变化，它为用户提供了“平移”跟踪类型、“竖移”跟踪类型、“缩放”跟踪类型、“旋转”跟踪类型以及3D跟踪类型等多项分析功能，跟踪对象的运动路径会显示在面板中的曲线图上。“跟踪器”面板如图12-61所示。

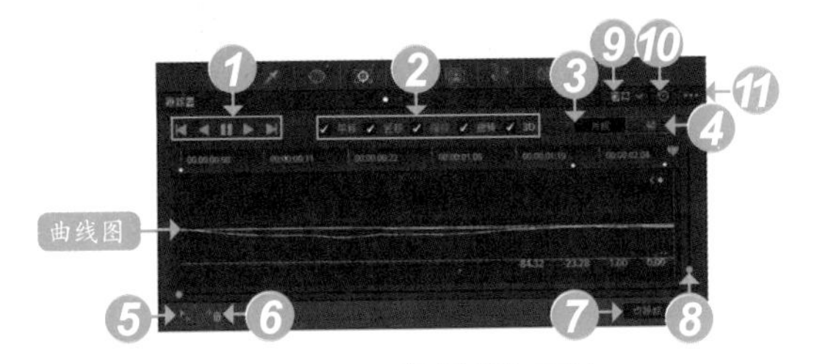

图12-61　“跟踪器”面板

“跟踪器”面板的按钮功能如下。

❶跟踪操作按钮：这组按钮与导览面板上的播放按钮虽然相似，但作用却是不一样的，从左到右分别是“向后跟踪一帧”、“反向跟踪”、“停止跟踪”、“正向跟踪”以及“向前跟踪一帧”，主要用于跟踪指定对象的运动画面。

❷ 跟踪类型：在“跟踪器”面板中，共有5个跟踪类型，分别是平移、竖移、缩放、旋转以及3D，选中相应类型前面的复选框，便可以开始跟踪指定对象，待跟踪完成后，会显示相应类型的曲线，根据这些曲线评估每个跟踪参数。

❸“片段”按钮：跟踪器默认状态为“片段”模式，方便对窗口蒙版进行整体移动。

❹“帧”按钮：单击该按钮，切换为“帧”模式，对窗口的位置和控制点进行关键帧制作。

❺“添加跟踪点”按钮：单击该按钮，可以在素材图像的指定位置或指定对象上添加一个或多个跟踪点。

❻“删除跟踪点”按钮：单击该按钮，可以删除图像上添加的跟踪点。

❼跟踪模式下拉按钮：单击该按钮，在弹出的下拉菜单中有两个选项：一个是“点跟踪”，另一个是“云跟踪”。“点跟踪”模式可以在图像上创建一个或多个十字架跟踪点，并且可以手动定位图像上比较特别的跟踪点；“云跟踪”模式可以自动跟踪图像上全部的跟踪点。

❽缩放滑块：在曲线图边缘，有两个缩放滑块，拖曳纵向的滑块可以缩放曲线之间的间隙，拖曳横向的滑块可以拉长或缩短曲线。

❾模式面板下拉按钮：单击该下拉按钮，在弹出的下拉菜单中有三个模式，分别是窗口、稳定和FX，系统默认为“窗口”模式。

❿“全部重置”按钮：单击该按钮，将重

置在“跟踪器”面板中的所有操作。

⑪设置按钮▪▪▪：单击该按钮，将弹出“跟踪器”面板的隐藏设置菜单。

下面通过实例介绍“窗口”模式跟踪器的使用方法。

步骤/01 打开项目文件“素材\第12章\雨后荷花.drp”，如图12-62所示。

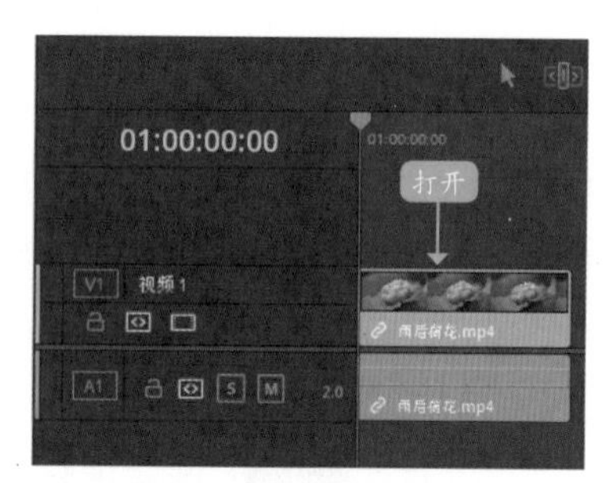

图12-62　打开项目文件

步骤/02 在预览窗口中，可以查看打开的项目效果，需要对图像中的荷花进行调色，如图12-63所示。

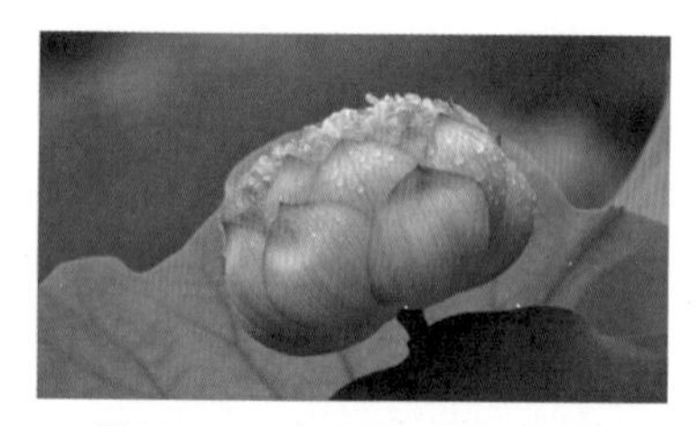

图12-63　查看打开的项目效果

步骤/03 切换至“调色”步骤面板，在“窗口”预设面板中，单击曲线“激活”按钮，如图12-64所示。

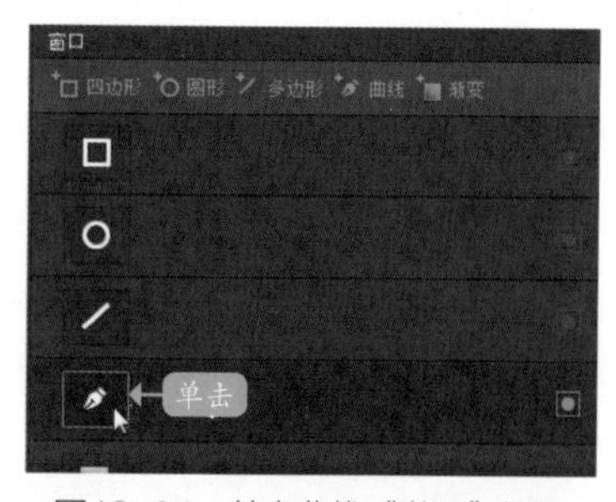

图12-64　单击曲线“激活”按钮

步骤/04 在预览窗口中的荷花上，沿边缘绘制一个蒙版遮罩，如图12-65所示。

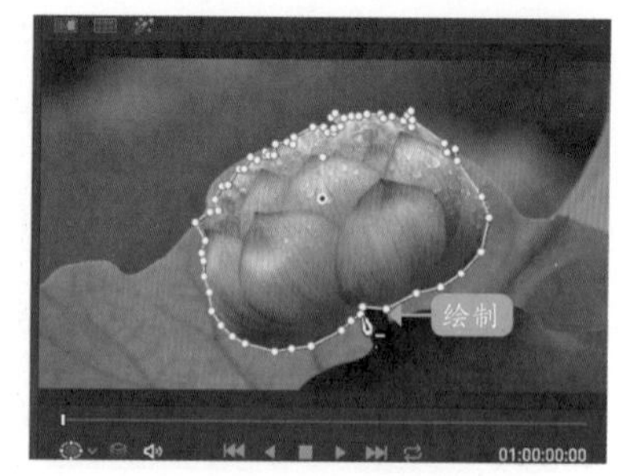

图12-65　绘制一个蒙版遮罩

步骤/05 切换至“色轮”面板，设置“饱和度”参数为62.00，如图12-66所示。

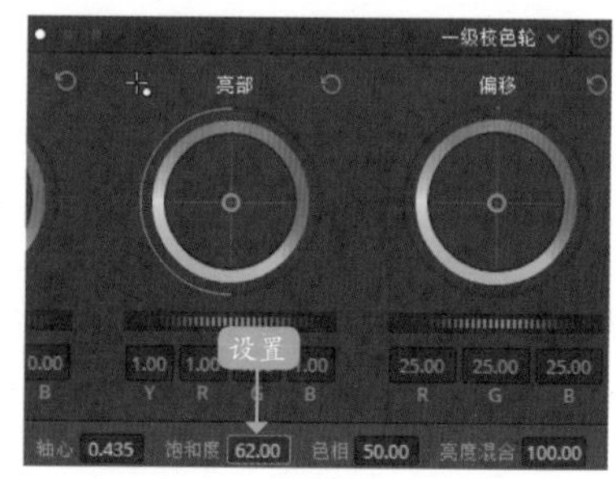

图12-66　设置“饱和度”参数

步骤/06 在“检视器”面板中，单击“正放”按钮播放视频，在预览窗口中可以看到，当画面中荷花的位置发生变化时，绘制的蒙版依旧停在原处，蒙版位置没有发生任何变化。此时荷花与蒙版分离，调整的饱和度只用于蒙版选区，分离后荷花饱和度便恢复了原样，如图12-67所示。

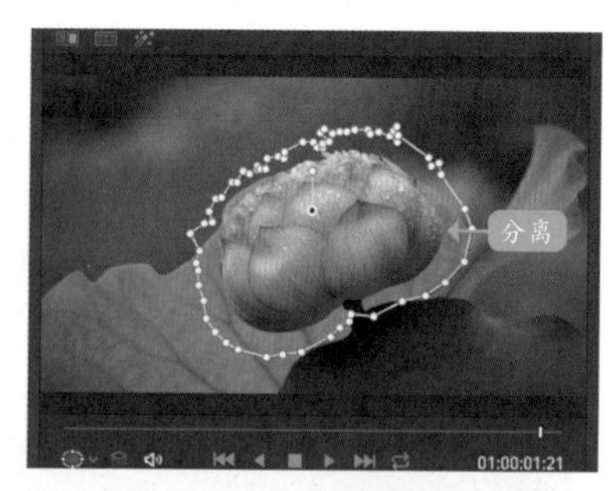

图12-67　荷花与蒙版分离

步骤/07 单击“跟踪器”按钮，展开“跟踪器”面板，如图12-68所示。

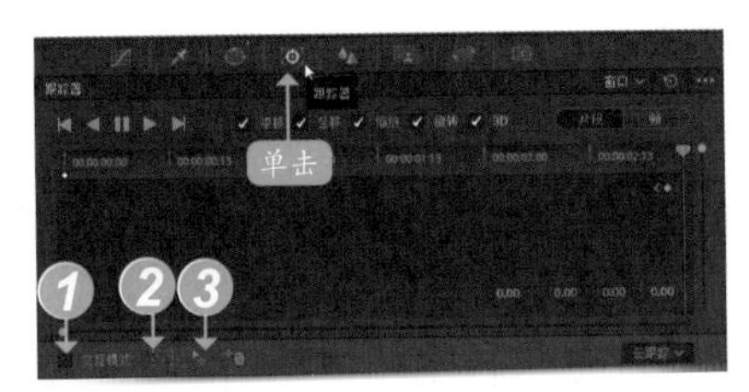

图12-68　展开“跟踪器”面板

专家指点

在图像上创建蒙版选区后，切换至“跟踪器”面板，系统自动切换添加跟踪点模式为“云跟踪”模式，该模式添加跟踪点的相关按钮如下。

1 “交互模式”复选框：选中该复选框，即可开启自动跟踪交互模式。

2 “插入”按钮：单击该按钮，可以在素材图像的指定位置或指定对象上，根据画面特征添加跟踪点。

3 “设置跟踪点”按钮：单击该按钮，可以自动在图像选区画面添加跟踪点。

步骤/08 1在面板下方选中“交互模式”复选框；2单击“插入”按钮，如图12-69所示。

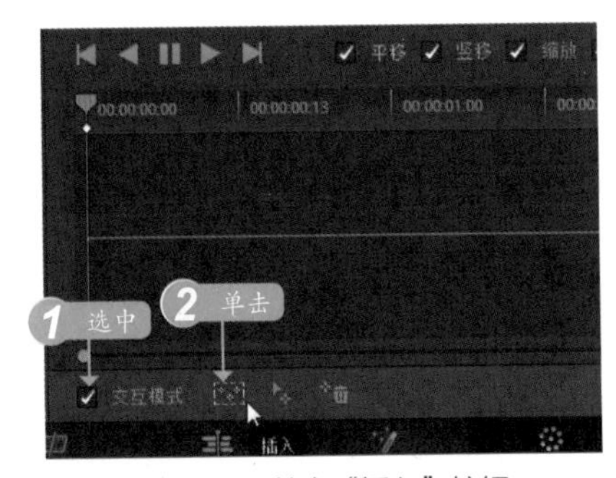

图12-69　单击“插入”按钮

步骤/09 在面板上方，单击“正向跟踪”按钮，如图12-70所示。

步骤/10 执行操作后，即可查看跟踪对象曲线图的变化数据，其中缩放曲线的数据变化最明显，如图12-71所示。

图12-70　单击“正向跟踪”按钮

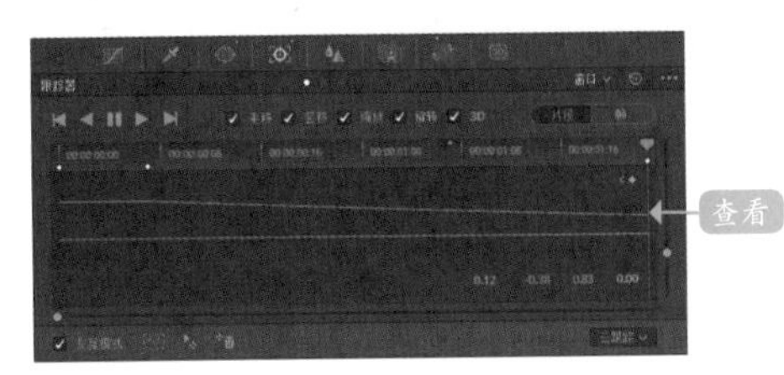

图12-71　查看曲线图的变化数据

专家指点

跟踪器主要用来辅助蒙版遮罩或抠像调色，用户在应用跟踪器前，需要先在图像上创建选区，否则无法正常使用跟踪器。

步骤/11 在“检视器”面板中，单击“正放”按钮播放视频，查看添加跟踪器后的蒙版效果，如图12-72所示。

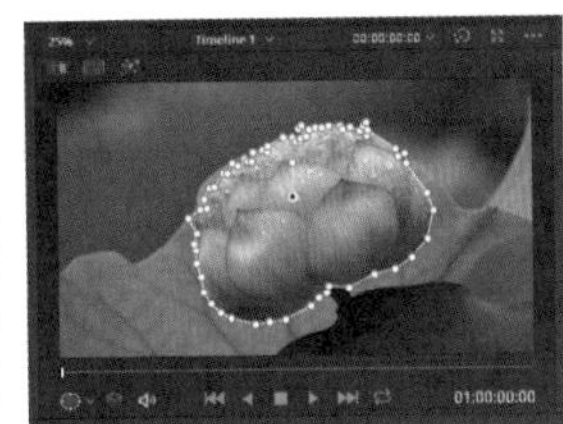
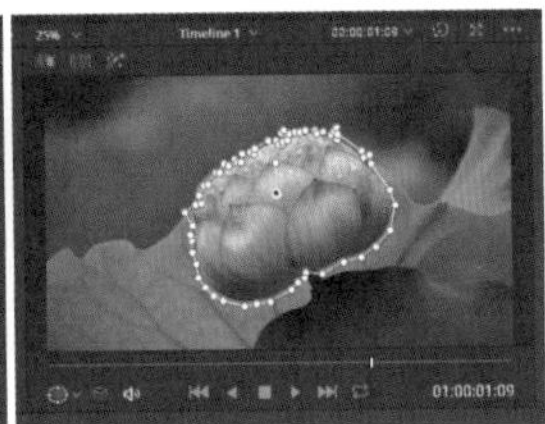

图12-72　查看添加跟踪器后的蒙版效果

步骤/12 切换至“剪辑”步骤面板，查看最终的制作效果，如图12-73所示。

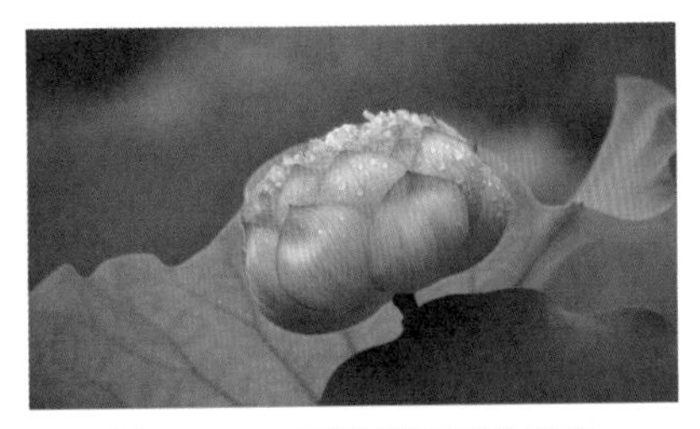

图12-73　查看最终的制作效果

12.2.4 对视频局部进行模糊处理

在DaVinci Resolve 16“调色”步骤面板中，“模糊”面板有三种不同的操作模式，分别是“模糊”“锐化”以及“雾化”，每种模式都有独立的操作面板，用户可以配合限定器、窗口、跟踪器等功能对图像画面进行二级调色。

在“模糊”面板中，“模糊”操作模式面板是该功能的默认面板，通过调整面板中的通道滑块，可以为图像制作出高斯模糊效果。

在“模糊”操作模式面板中一共显示了三组调节通道，如图12-74所示，分别是“半径”“水平/垂直比率”以及“缩放比例”。其中，只有“半径”和“水平/垂直比率”两组通道能调控操作，“缩放比例”通道和面板下方的“核心柔化”“级别”“混合”不可调控操作。

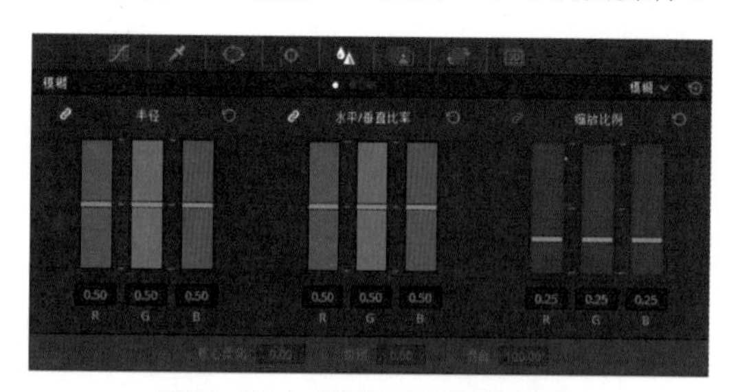

图12-74 “模糊”操作模式面板

通道的左上角有一个链接按钮，默认情况下为启动状态；单击该按钮关闭链接，即可单独调节RGB控制条上的滑块，启动链接即可同时调节三个控制条的滑块。

将“半径”通道的滑块往上调整，可以增加图像的模糊度，往下调整则可以降低模糊增加锐化。将“水平/垂直比率”通道的滑块往上调整，被模糊或锐化后的图像会沿水平方向扩大影响范围，往下调整则被模糊或锐化后的图像会沿垂直方向扩大影响范围。

下面通过实例操作介绍对视频局部进行模糊处理的操作方法。

步骤/01 打开项目文件“素材\第12章\蝴蝶授粉.drp”，如图12-75所示。

图12-75 打开项目文件

步骤/02 在预览窗口中，可以查看打开的项目效果，需要对画面中右侧的花朵进行模糊处理，突出左侧的蝴蝶，如图12-76所示。

图12-76 查看打开的项目效果

步骤/03 切换至“调色”步骤面板，在“窗口”预设面板中，单击圆形“窗口激活”按钮，如图12-77所示。

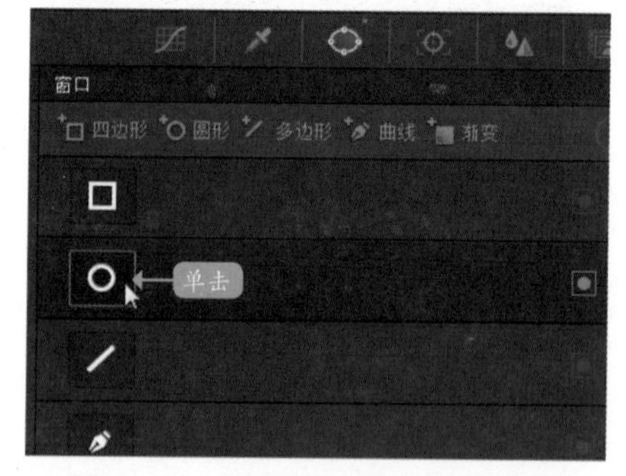

图12-77 单击圆形“窗口激活”按钮

步骤/04 在预览窗口中，创建一个圆形蒙版遮罩，选取右侧的花朵，如图12-78所示。

图12-78　创建一个圆形蒙版遮罩

步骤/05 切换至“跟踪器”面板，在下方选中“交互模式”复选框，单击“插入”按钮，插入特征跟踪点；然后单击“正向跟踪”按钮，跟踪图像运动路径，如图12-79所示。

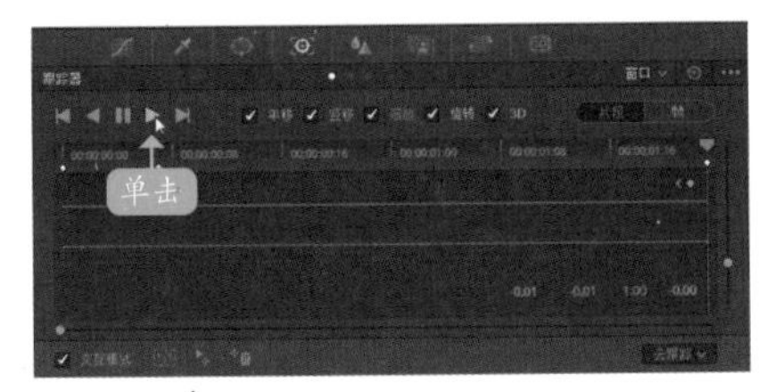

图12-79　单击“正向跟踪”按钮

步骤/06 单击“模糊”按钮，切换至“模糊”面板，如图12-80所示。

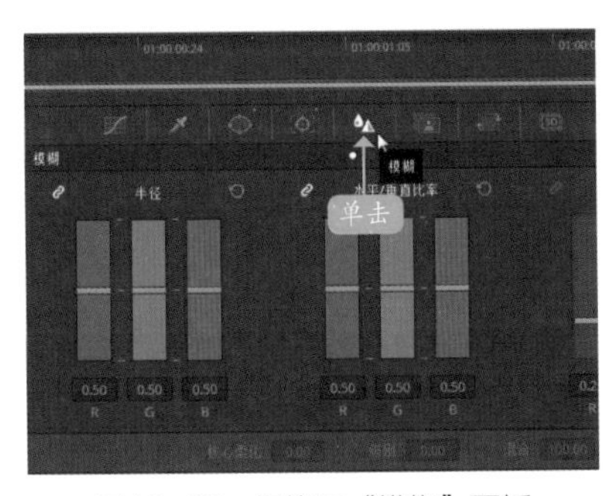

图12-80　切换至“模糊”面板

步骤/07 向上拖曳“半径”通道RGB控制条上的滑块，直至RGB参数均显示为0.75，如图12-81所示。

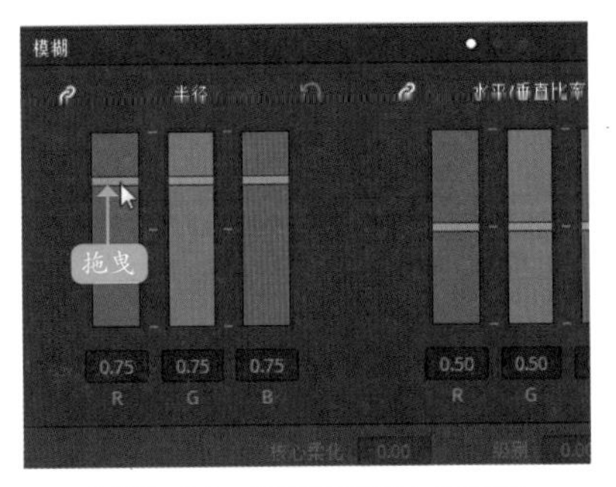

图12-81　拖曳控制条上的滑块

步骤/08 执行操作后，即可完成对视频局部进行模糊处理的操作。切换至“剪辑”步骤面板，在预览窗口中查看制作效果，如图12-82所示。

图12-82　查看制作效果

影调调色：制作抖音热门风格色调

学前提示 DaVinci Resolve 16为用户提供了“节点”面板和滤镜特效，可以帮助用户更好地对图像画面进行调色处理。灵活使用达芬奇调色节点和滤镜特效，可以实现各种精彩的视频效果，提高用户的使用效率。本章主要介绍调色节点和滤镜特效的使用方法，以及制作抖音热门调色视频等内容。

13.1 应用调色节点面板

在DaVinci Resolve 16中，用户可以将节点理解成处理图像画面的“层”（例如Photoshop软件中的图层），一层一层画面叠加组合形成特殊的图像效果。每一个节点都可以独立进行调色校正处理，用户可以通过更改节点连接调整节点调色顺序或组合方式。

在达芬奇“节点”面板中，通过编辑节点可以实现图像合成。对一些合成经验少的读者而言，会觉得达芬奇的节点功能很复杂，下面通过一个节点网向大家介绍“节点”面板中的各个功能，如图13-1所示。

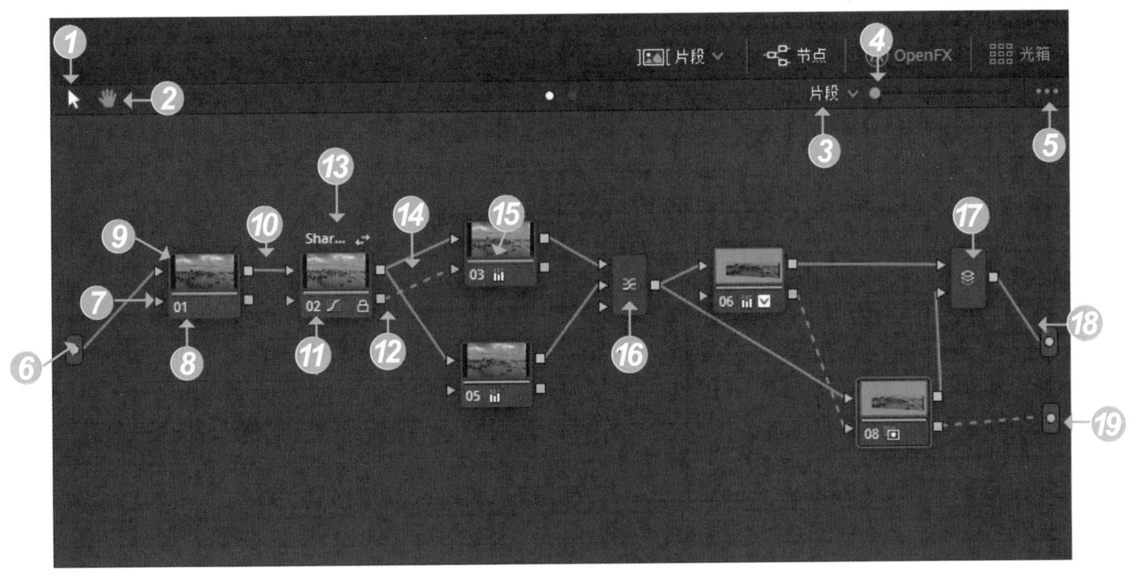

图13-1　“节点”面板中的节点网示例图

在“节点”面板中，用户需要了解以下几个按钮的作用。

①选择工具：在“节点”面板中，默认状态下光标呈箭头形状，表示为选择工具，应用选择工具可以选择面板中的节点，并能通过拖曳的方式在面板中移动所选节点的位置。

②平移工具：单击平移工具按钮，即可使面板中的光标呈手掌形状，按住鼠标左键后，光标呈抓手形状，此时上下左右拖曳面板，即可对面板中所有的节点执行上下左右平移操作。

③节点模式下拉按钮：单击该按钮，弹出下拉列表，其中有两种节点模式，分别是“片段”和“时间线”，默认状态下为“片段”节点模式。在“片段”模式中调节的是当前素材片段的调色节点，而在“时间线”模式中调节的则是“时间线”面板中所有素材片段的调色节点。

④缩放滑块：通过左右拖曳滑块调节面板中节点显示的大小。

⑤快捷设置按钮：单击该按钮，可以在弹出的列表框中，选择相应选项以设置“节点”面板。

⑥“源”图标：在“节点”面板中，“源”图标是一个绿色的标记，表示素材片段的源头。可从“源”向节点传递素材片段的RGB信息。

⑦RGB信息连接线：以实线显示，是两个节点间接收信息的枢纽，可以将上一个节点的RGB信息传递给下一个节点。

⑧节点编号01：在“节点”面板中，每一个节点都有一个编号，一般根据节点添加的先后顺序来编号，但节点编号不一定是固定的。例如，当用户删除02节点后，03节点的编号可能会更改为02。

⑨“RGB输入”图标：在“节点”面板中，每个节点的左侧都有一个绿色的三角形图标，该图标即为“RGB输入”图标，表示素材RGB信息的输入。

⑩“RGB输出”图标：在“节点”面板中，每个节点的右侧都有一个绿色的方块图标，该图标即为“RGB输出”图标，表示素材RGB信息的输出。

⑪“键输入”图标：在“节点”面板中，每个节点的左侧都有一个蓝色的三角形图标，该图标即为“键输入”图标，表示素材Alpha信息的输入。

⑫“键输出”图标：在“节点”面板中，每个节点的右侧都有一个蓝色的方块图标，该图标即为“键输出”图标，表示素材Alpha信息的输出。

⑬共享节点：在节点上单击鼠标右键，弹出快捷菜单，选择“另存为共享节点”命令，即可将选择的节点设置为共享节点。在共享节点上方会有一个共享节点标签Shar...，并且节点图标上会出现一个锁定图标，该节点的调色信息即可共享给其他片段。当用户调整共享节点的调色信息时，其他被共享的片段也会随之改变。

⑭Alpha信息连接线：以虚线显示，连接“键输入”图标与“键输出”图标，在两个节点中传递Alpha通道信息。

⑮调色提示图标：当用户在选择的节点上进行调色处理后，在节点编号的右边会出现相应的调色提示图标。

⑯“图层混合器”节点：在达芬奇“节点”面板中，不支持多个节点同时连接一个RGB输入图标，因此当用户需要进行多个节点叠加调色时，需要添加并行混合器或图层混合器节点进行重组输出。“图层混合器”节点在叠加调色时，会按上下顺序优先选择连接最低输入图标的那个节点进行信息分配。

⑰“并行混合器”节点：当用户在现有的校正器节点上添加并行节点时，添加的并行节点会出现在现有节点的下方，“并行混合器”节点会显示在校正器节点和并行节点的输出位置。“并行混合器”节点和“图层混合器”节点一样，支持多个输入连接图标和一个输出连接图标，但其作用与“图层混合器”节点不同，“并行混合器”节点主要是将并列的多个节点的调色信息汇总后输出。

⑱“RGB最终输出”图标：在“节点”面板中，“RGB最终输出”图标是一个绿色的标记，当用户调色完成后，通过连接该图标才能将片段的RGB信息进行最终输出。

⑲“Alpha最终输出”图标：在“节点”面板中，“Alpha最终输出”图标是一个蓝色的标记，图像调色完成后，连接该图标才能将片段的Alpha通道信息进行最终输出。

13.1.1 去除抖音视频背景杂色

在达芬奇中，串行节点调色是最简单的节点组合，上一个节点的RGB调色信息，会通过

RGB信息连接线传递输出，作用于下一个节点上，这基本上可以满足用户的调色需求。下面通过一个抖音短视频向大家介绍添加串行节点去除视频背景杂色的操作方法。

步骤 01 打开项目文件“素材\第13章\白色花朵.drp”，在预览窗口中，可以查看打开的项目效果，如图13-2所示。

图13-2　打开项目文件

步骤 02 切换至“调色”步骤面板，在“节点”面板中，选择编号为01的节点，可以看到01节点上没有任何调色图标，表示当前素材并未有过调色处理，如图13-3所示。

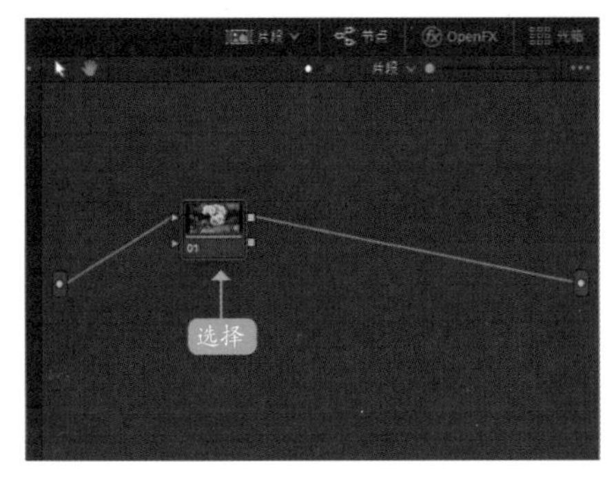

图13-3　选择编号为01的节点

步骤 03 ①在左上角单击LUT按钮 LUT，展开LUT面板；②在下方的选项面板中，展开Blackmagic Design选项卡；③选择第12个模型样式，如图13-4所示。

步骤 04 按住鼠标左键将其拖曳至预览窗口的图像画面上，释放鼠标左键，即可将选择的模型样式添加至视频素材上，色彩校正效果如图13-5所示。校正后的图像画面中，有两朵红色花朵很显眼，需要对其进行色彩处理。

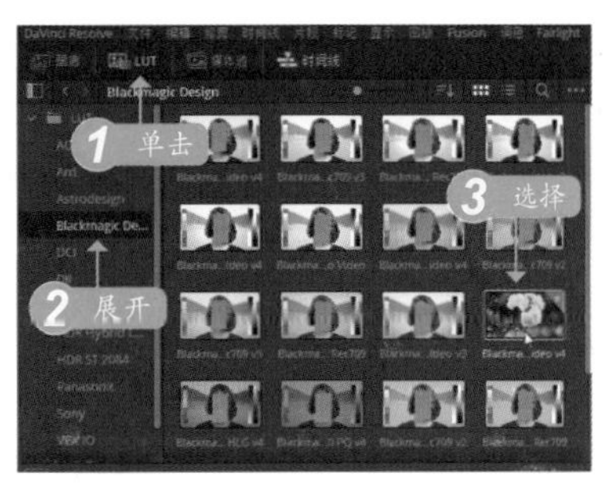

图13-4　选择第12个模型样式

图13-5　色彩校正效果

专家指点

LUT是LOOK UP TABLE的简称，我们可以将其理解为查找表或查色表。在DaVinci Resolve 16中，LUT相当于胶片滤镜库。LUT的功能分为三个部分：一是色彩管理，可以确保素材图像在显示器上显示的色彩均衡一致；二是技术转换，当用户需要将图像中的A色彩转换为B色彩时，LUT在图像色彩转换生成的过程中准确度更高；三是影调风格，LUT支持多种胶片滤镜效果，方便用户制作特殊的影视图像。

步骤 05 在“节点”面板编号01的节点上，单击鼠标右键，弹出快捷菜单，选择“添加节点”|“添加串行节点”命令，如图13-6所示。

步骤 06 执行操作后，即可添加一个编号为02的串行节点，如图13-7所示。由于串行节点是上下层关系，上层节点的调色效果会传递给下层节点，因此，新增的02节点会保持01节点的调色效果，在01节点调色基础上，即可继续在02节点上进行调色。

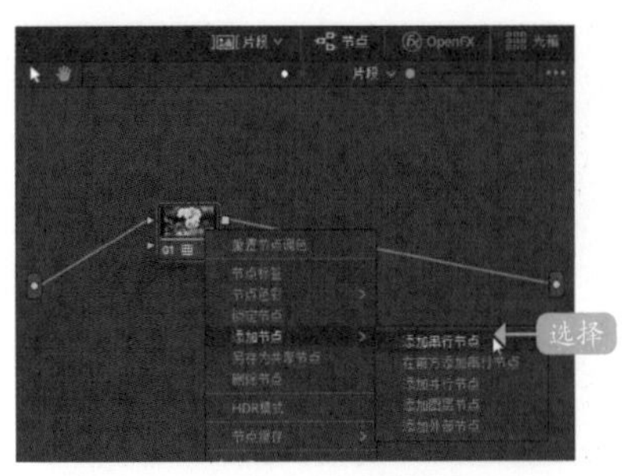

图13-6　选择“添加串行节点”命令

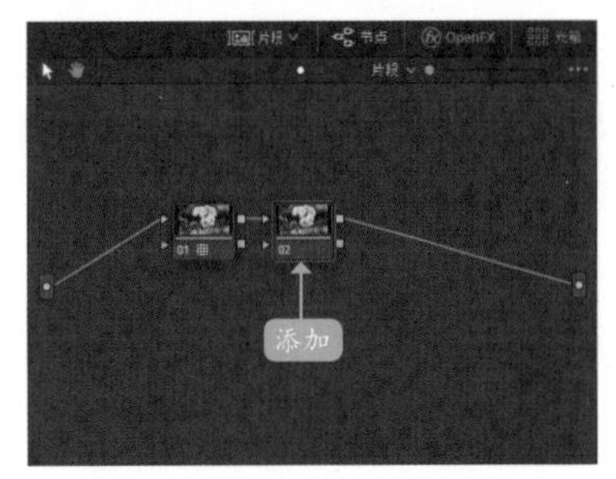

图13-7　添加一个串行节点

步骤/07 切换至“色相vs饱和度”曲线面板，在下方单击红色矢量色块，如图13-8所示。

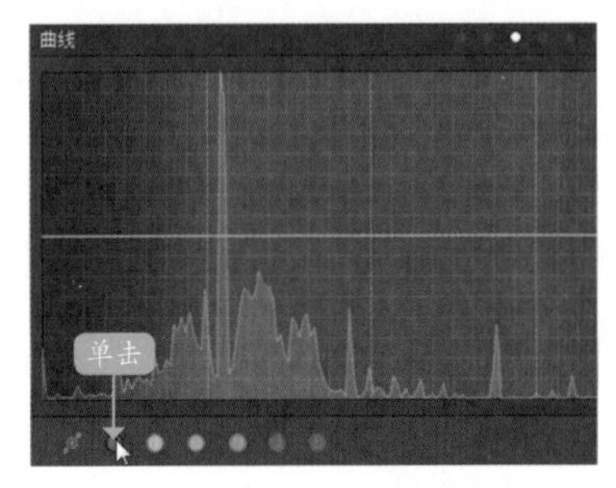

图13-8　单击红色矢量色块

步骤/08 执行操作后，即可在曲线上添加3个控制点。选中第一个控制点，按住鼠标左键的同时垂直向下拖曳，如图13-9所示。

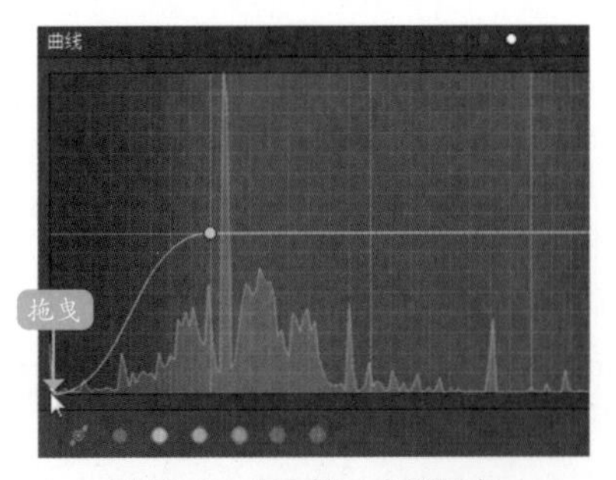

图13-9　拖曳第一个控制点

步骤/09 ①选中第三个控制点；②在“饱和度”文本框中输入参数0.00，如图13-10所示。

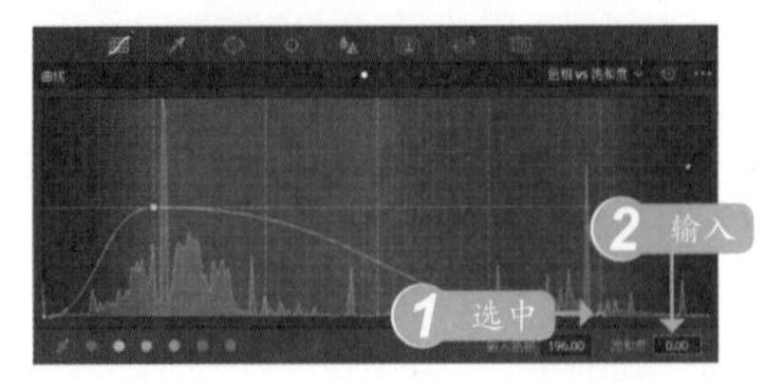

图13-10　输入“饱和度”参数

步骤/10 执行操作后，在预览窗口中查看去除杂色后的画面效果，如图13-11所示。

图13-11　查看去除杂色后的画面效果

13.1.2　抖音视频叠加混合调色

在达芬奇中，并行节点的作用是把并行结构的节点之间的调色结果进行叠加混合。下面通过一个抖音短视频向大家介绍运用并行节点进行叠加混合调色的操作方法。

步骤/01 打开项目文件“素材\第13章\海岸沿线.drp”，显示的图像画面饱和度有些欠缺，需要提高画面饱和度。素材图像画面可以分为海岸和天空海水两个区域，如图13-12所示。

图13-12　打开项目文件

步骤/02 切换至“调色”步骤面板，在“节点”面板中，选择编号为01的节点，如图13-13所示。

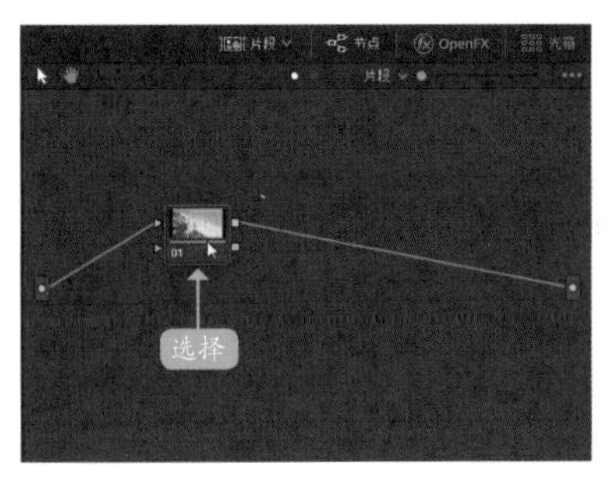

图13-13　选择编号为01的节点

步骤/03 在“检视器”面板中，单击“突出显示”按钮，方便查看后续调色效果，如图13-14所示。

图13-14　单击“突出显示”按钮

步骤/04 切换至“限定器”面板，应用拾色器工具在预览窗口的图像上选取天空海水区域画面，未被选取的海岸区域则呈灰色画面显示在预览窗口中，如图13-15所示。

图13-15　选取天空海水区域画面

步骤/05 在“节点”面板中，可以查看选取区域画面后01节点缩略图显示的画面效果，如图13-16所示。

步骤/06 切换至“色轮”面板，设置“饱和度”参数为90.00，如图13-17所示。

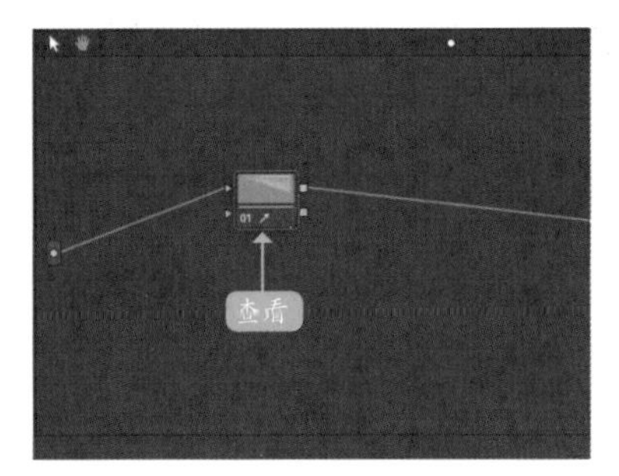

图13-16　查看01节点缩略图

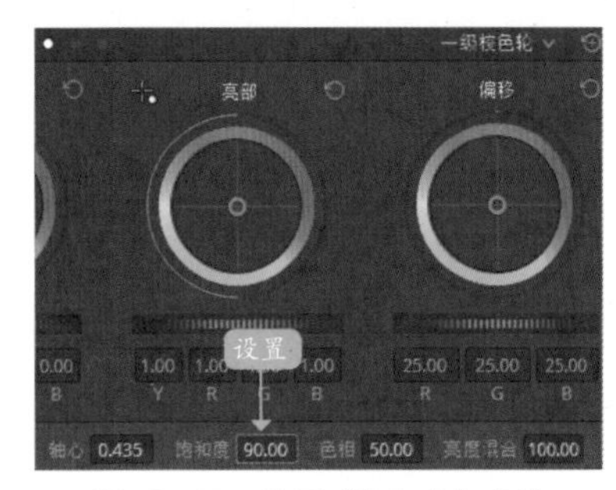

图13-17　设置“饱和度”参数

步骤/07 在“检视器”面板中取消选择“突出显示”，在预览窗口中查看画面效果，如图13-18所示。

图13-18　查看画面效果

步骤/08 再次单击“突出显示”按钮，在“节点”面板中选中01节点，单击鼠标右键，弹出快捷菜单，选择“添加节点”|“添加并行节点”命令，如图13-19所示。

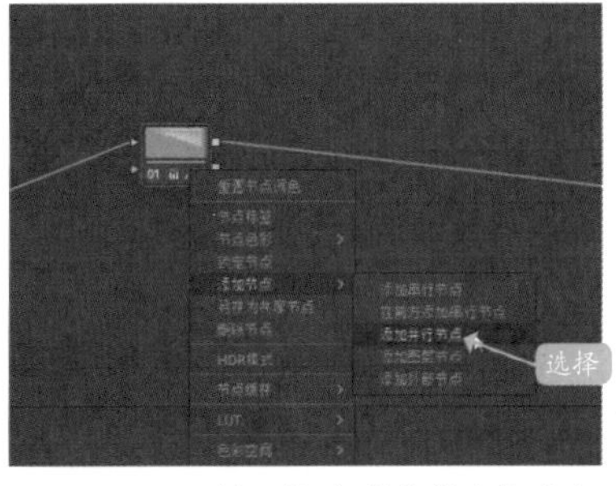

图13-19　选择“添加并行节点”命令

步骤/09 执行操作后，即可在01节点的下方和右侧添加一个编号为03的并行节点和一个“并行混合器”节点，如图13-20所示。与串行节点不同，并行节点的RGB输入连接的是“源”图标，01节点调色后的效果并未输出到03节点上，而是输出到了“并行混合器”节点上，因此，03节点显示的图像RGB信息还是原素材图像信息。

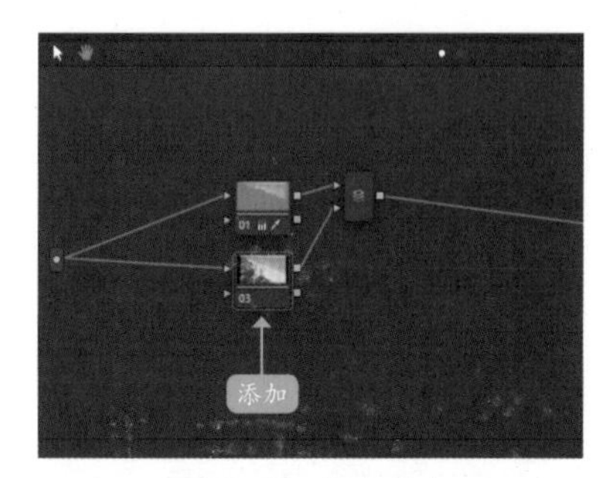

图13-20 添加节点

步骤/10 切换至“限定器”面板，单击“拾色器”按钮，如图13-21所示。

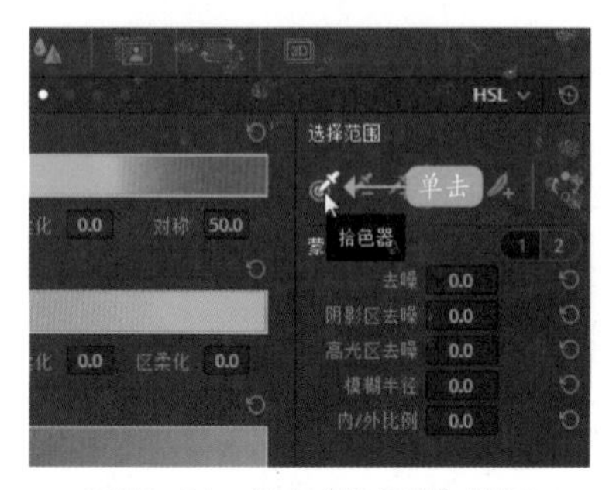

图13-21 单击“拾色器”按钮

步骤/11 在预览窗口的图像上，再次选取天空海水区域画面，然后返回“限定器”面板，单击“反转”按钮，如图13-22所示。

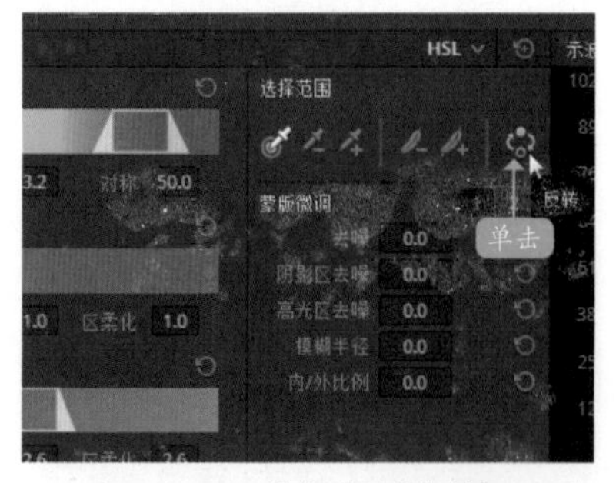

图13-22 单击“反转”按钮

步骤/12 在预览窗口中，可以查看选取的海岸区域画面，如图13-23所示。

图13-23 查看选取的海岸区域画面

步骤/13 切换至“色轮”面板，设置“饱和度”参数为80.00，如图13-24所示。

图13-24 设置“饱和度”参数

步骤/14 在预览窗口中，可以查看选取的海岸区域画面饱和度提高后的画面效果，如图13-25所示。

图13-25 查看提高饱和度后的画面效果

步骤/15 执行上述操作后，最终的调色效果会通过“节点”面板中的“并行混合器”节点将01和03两个节点的调色信息综合输出。切换至“剪辑”步骤面板，即可在预览窗口中查看最终的画面效果，如图13-26所示。

图13-26　查看最终的画面效果

专家指点

在“节点”面板中，选择“并行混合器”节点，单击鼠标右键，在弹出的快捷菜单中选择“变换为图层混合器节点”命令，如图13-27所示。执行操作后，即可将“并行混合器”节点更换为“图层混合器”节点。

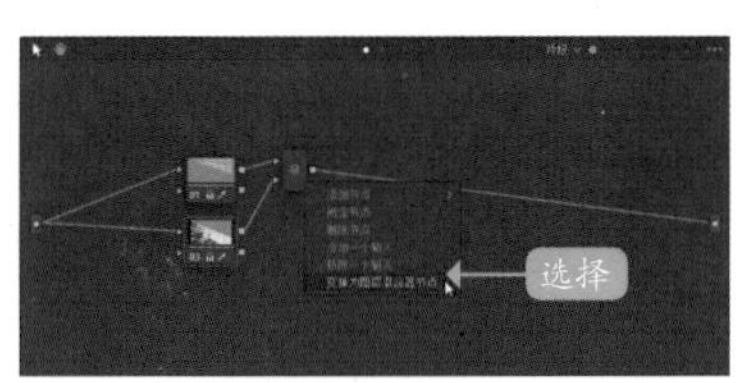

图13-27　选择“变换为图层混合器节点”命令

13.1.3　抖音视频脸部柔光调整

在达芬奇中，图层节点的架构与并行节点相似，但并行节点会将架构中每一个节点的调色结果叠加混合输出；而在图层节点的架构中，最后一个的节点会覆盖上一个节点的调色结果。例如，第一个节点为红色，第二个节点为绿色，通过并行混合器输出的结果为二者叠加混合生成的黄色，而通过图层混合器输出的结果则为绿色。下面通过一个抖音短视频向大家介绍运用图层节点进行脸部柔光调整的操作方法。

步骤/01 打开项目文件“素材\第13章\温柔甜美.drp”，需要为画面中的人物脸部添加柔光效果，如图13-28所示。

步骤/02 切换至“调色”步骤面板，在“节点”面板中，选择编号为01的节点，在鼠标指针右下角弹出了“无调色”提示框，表示当前素材并未有过调色处理，如图13-29所示。

图13-28　打开项目文件

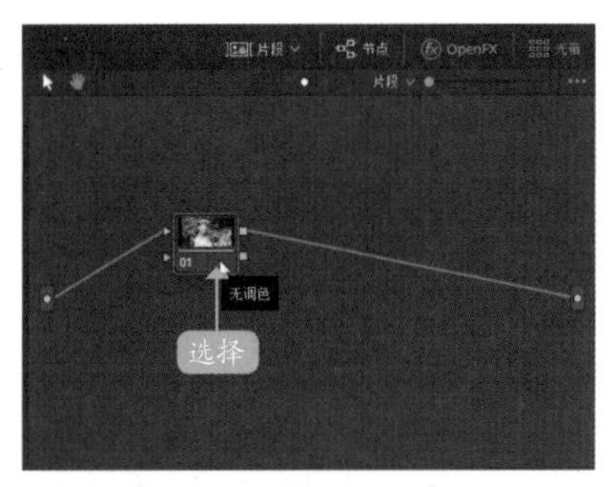

图13-29　选择编号为01的节点

步骤/03 展开“自定义”曲线面板，在曲线编辑器的左上角，按住鼠标左键的同时向下拖曳滑块至合适位置，如图13-30所示。

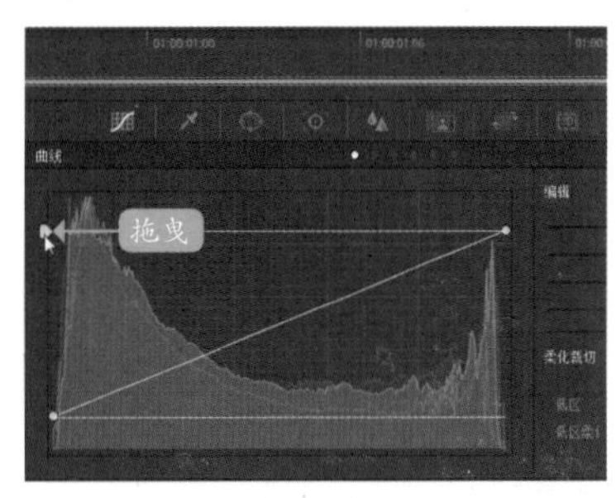

图13-30　向下拖曳滑块至合适位置

步骤/04 执行操作后，即可降低画面明暗反差，效果如图13-31所示。

图13-31　降低画面明暗反差

步骤/05 在“节点”面板中的01节点上单击鼠标右键，弹出快捷菜单，选择“添加节点”|“添加图层节点”命令，如图13-32所示。

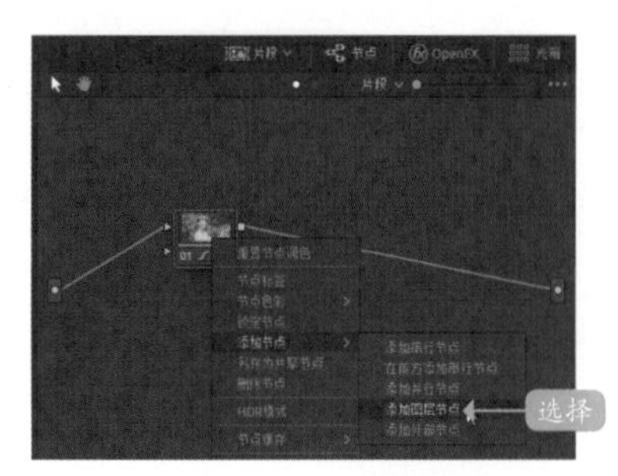

图13-32　选择“添加图层节点”命令

步骤/06 执行操作后，即可在“节点”面板中添加一个“图层混合器”和一个编号为03的图层节点，如图13-33所示。

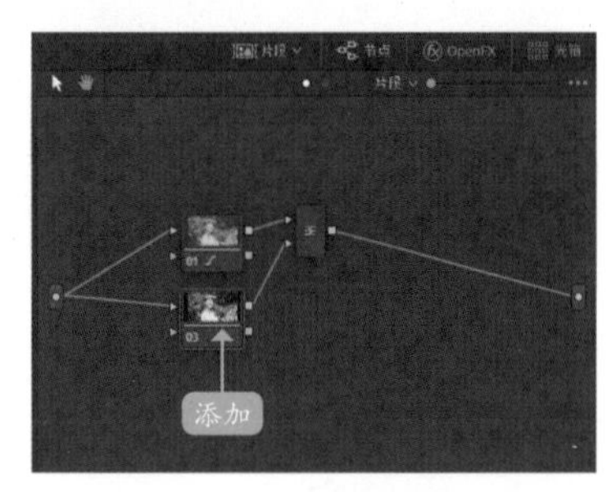

图13-33　添加图层节点

步骤/07 在“节点”面板中的“图层混合器”上单击鼠标右键，弹出快捷菜单，选择“合成模式”|“强光”命令，如图13-34所示。

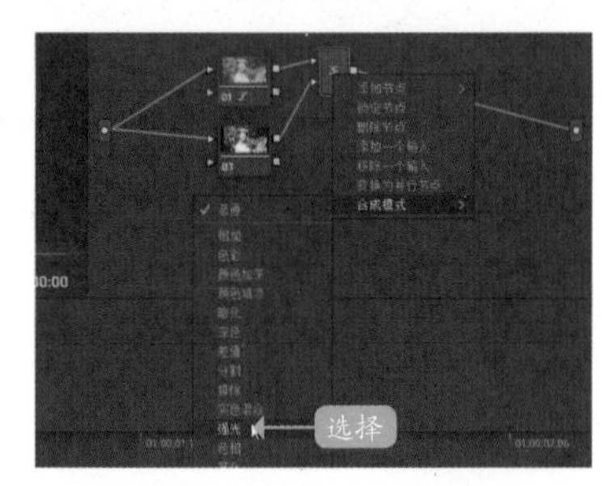

图13-34　选择“强光”命令

步骤/08 执行操作后，即可在预览窗口中查看强光效果，如图13-35所示。

图13-35　查看强光效果

步骤/09 在“节点”面板中，选择03节点，如图13-36所示。

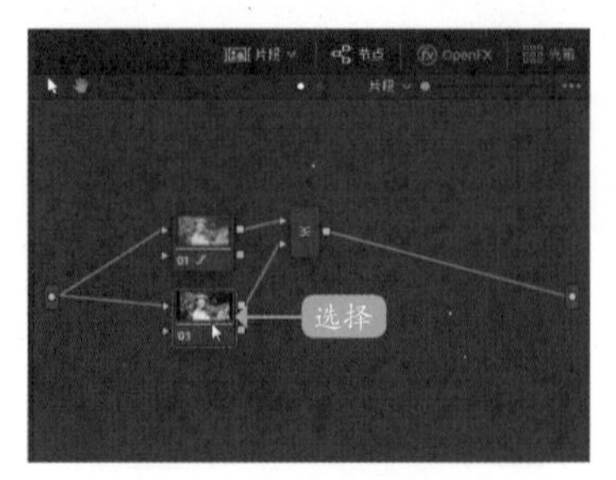

图13-36　选择03节点

步骤/10 展开“自定义”曲线面板，在曲线上添加两个控制点并调整至合适位置，如图13-37所示。

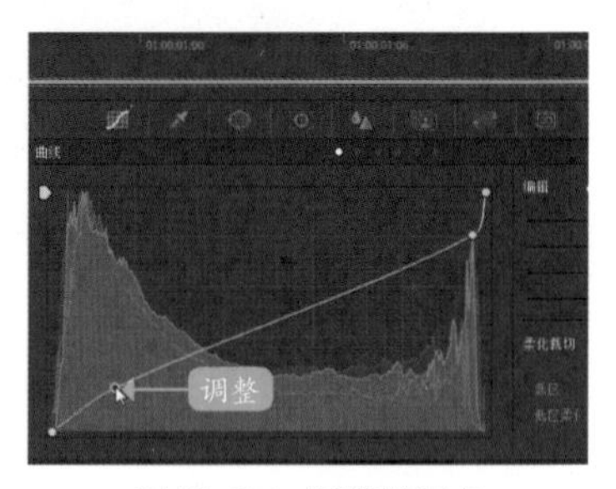

图13-37　调整控制点

专家指点

在“自定义”曲线面板的编辑器中，曲线的斜对角上有两个默认的控制点。除了可以调整在曲线上添加的控制点外，斜对角上的两个控制点也是可以移动位置调整画面明暗亮度的。

步骤/11 执行操作后，即可对画面明暗反差进行修正，使亮部与暗部的画面更柔和，效果如图13-38所示。

图13-38　对画面明暗反差进行修正

步骤/12 展开“模糊”面板，向上拖曳“半径”通道上的滑块，直至RGB参数均显示为

1.50，如图13-39所示。

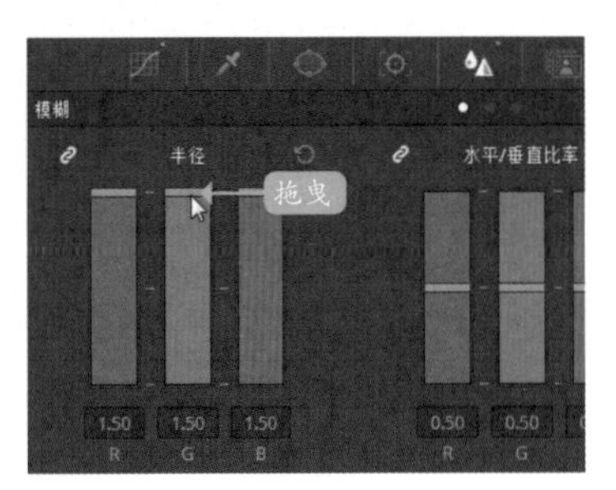

图13-39　拖曳“半径”通道上的滑块

步骤/13 执行操作后，即可增加模糊使画面出现柔光效果，如图13-40所示。

图13-40　画面柔光效果

13.1.4　对素材进行抠像透明处理

DaVinci Resolve 16不仅可以对含有Alpha通道信息的素材图像进行调色处理，还可以对含有Alpha通道信息的素材画面进行抠像透明处理，下面介绍具体操作方法。

步骤/01 打开项目文件“素材\第13章\星空之下.drp”，如图13-41所示。

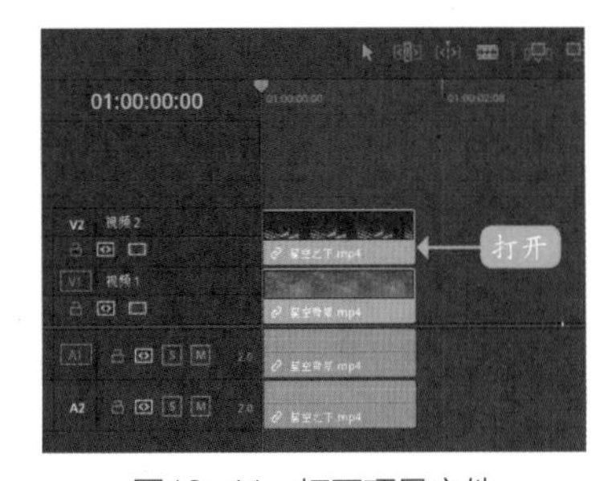

图13-41　打开项目文件

步骤/02 在“时间线”面板中，V1轨道上的素材为背景素材，双击鼠标左键，在预览窗口中可以查看背景素材画面效果，如图13-42所示。

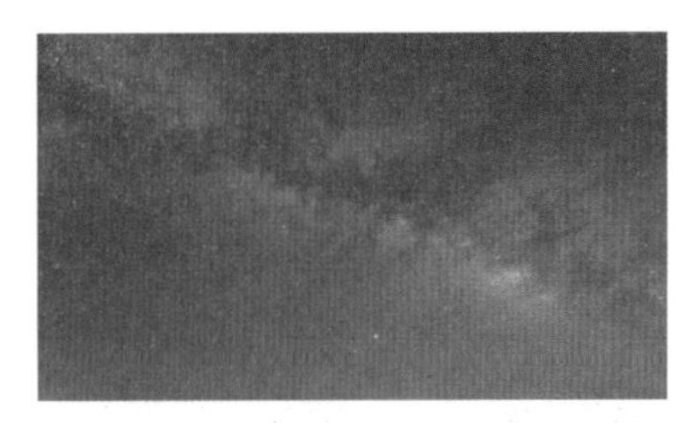

图13-42　查看背景素材画面效果

步骤/03 在“时间线”面板中，V2轨道上的素材为待处理的蒙版素材，双击鼠标左键，在预览窗口中可以查看蒙版素材画面效果，如图13-43所示。

图13-43　查看蒙版素材画面效果

步骤/04 切换至“调色”步骤面板，单击“窗口”按钮，展开“窗口”面板，如图13-44所示。

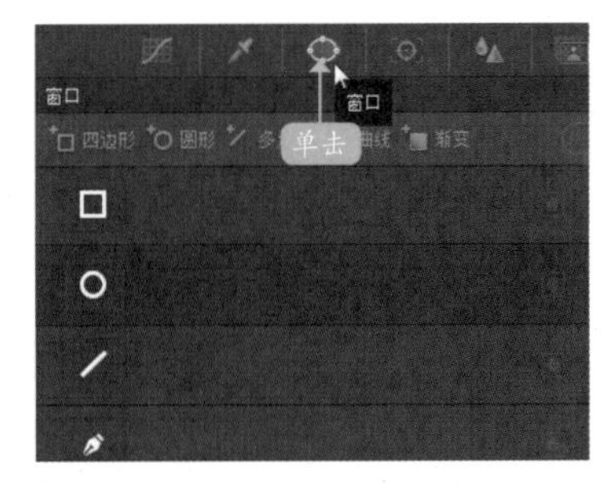

图13-44　单击“窗口”按钮

步骤/05 在“窗口”预设面板中，单击曲线“窗口激活”按钮，如图13-45所示。

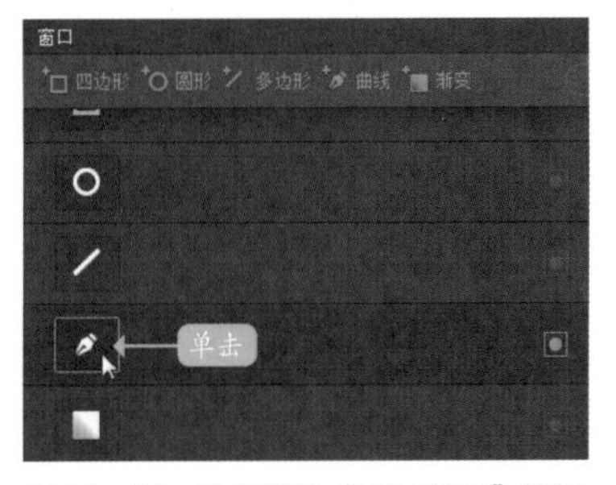

图13-45　单击曲线“窗口激活”按钮

步骤/06 在预览窗口的图像上绘制一个窗口蒙版，如图13-46所示。

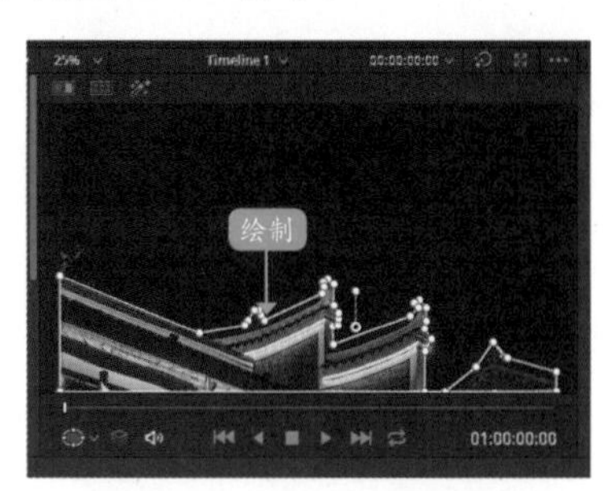

图13-46　绘制一个窗口蒙版

步骤/07 在“节点”面板的空白位置处单击鼠标右键，弹出快捷菜单，选择“添加Alpha输出”命令，如图13-47所示。

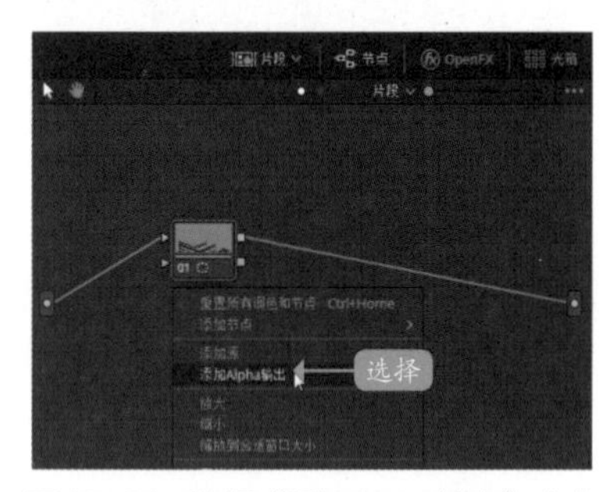

图13-47　选择“添加Alpha输出”命令

步骤/08 在“节点”面板右侧，即可添加一个“Alpha最终输出”图标■，如图13-48所示。

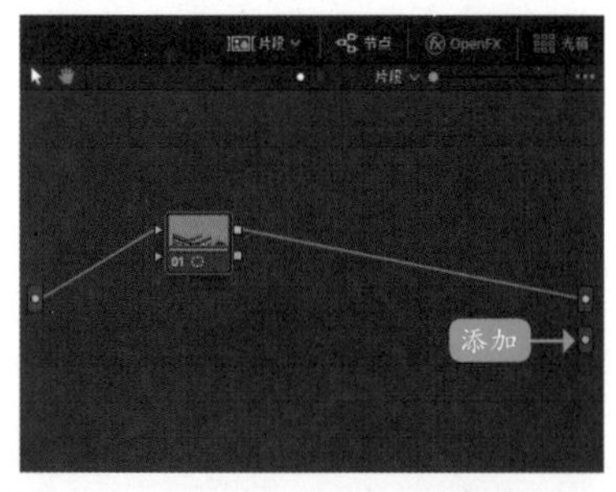

图13-48　添加一个“Alpha最终输出”图标

步骤/09 连接01节点的“键输出”图标■与面板右侧的“Alpha最终输出”图标■，如图13-49所示。

步骤/10 执行操作后，查看素材抠像透明处理的最终效果，如图13-50所示。

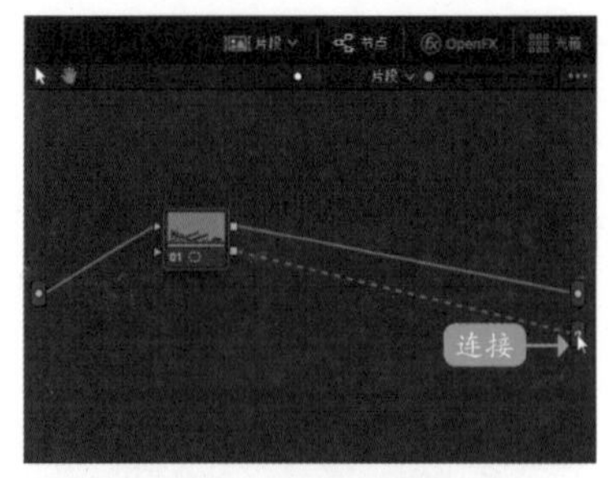

图13-49　连接“键”输出

图13-50　查看素材抠像透明效果

13.1.5　让素材画面变得清新透亮

在“节点”面板中，通过“图层混合器”功能应用滤色合成模式，可以使视频画面变得清新透亮，下面介绍具体的操作方法。

步骤/01 打开项目文件“素材\第13章\重回校园.drp”，在预览窗口中可以查看打开的项目效果，如图13-51所示。

图13-51　打开项目文件

步骤/02 切换至“调色”步骤面板，在“节点”面板中，选择编号为01的节点，在鼠标指针右下角弹出了“无调色”提示框，表示当前素材并未有过调色处理，如图13-52所示。

步骤/03 单击鼠标右键，弹出快捷菜单，选择“添加节点”|“添加串行节点”命令，如图13-53所示。

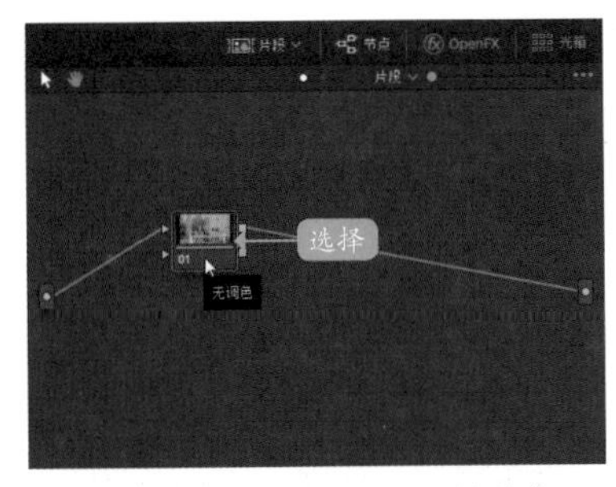

图13-52　选择编号为01的节点

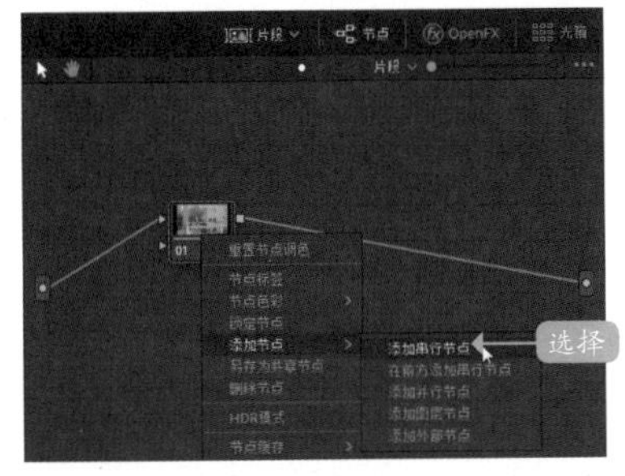

图13-53　选择“添加串行节点”命令

步骤/04 执行操作后，即可在“节点”面板中添加一个编号为02的串行节点，如图13-54所示。

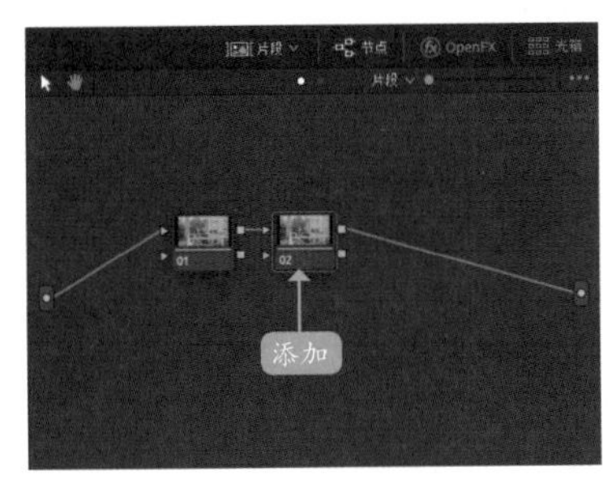

图13-54　添加02串行节点

步骤/05 在02节点上单击鼠标右键，弹出快捷菜单，选择“添加节点”|“添加图层节点”命令，如图13-55所示。

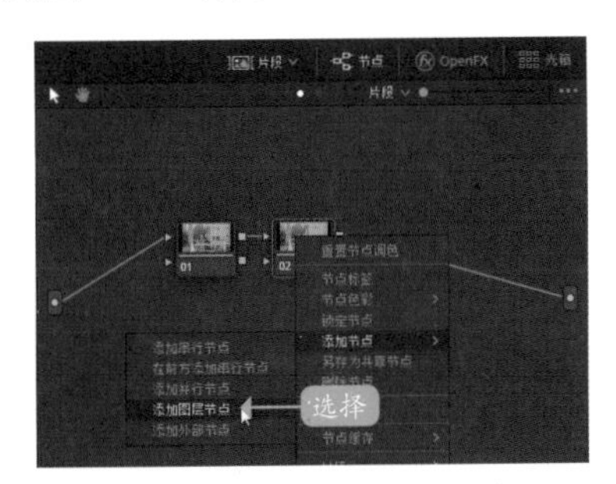

图13-55　选择“添加图层节点”命令

步骤/06 执行操作后，即可在“节点”面板中添加一个“图层混合器”和一个编号为04的图层节点，如图13-56所示。

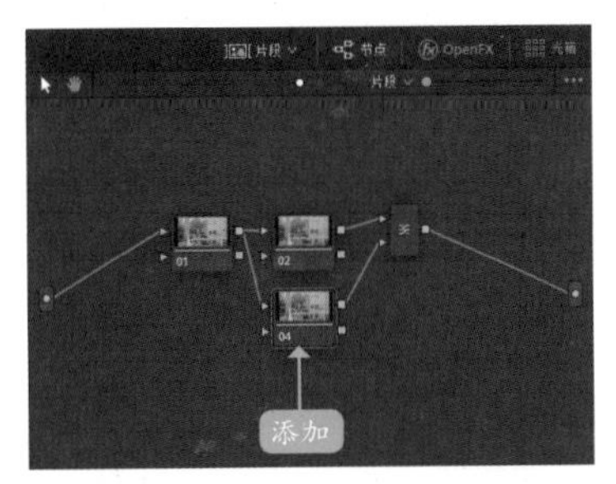

图13-56　选择编号为01的节点

步骤/07 选择04节点，展开“色轮”面板，选中“亮部”色轮中心的白色圆圈，按住鼠标左键的同时往青蓝色方向拖曳，直至YRGB参数显示为1.00、0.96、1.00、1.10，如图13-57所示。

图13-57　拖曳“亮部”色轮中心的圆圈

步骤/08 用同样的方法，选中“偏移”色轮中心的白色圆圈并往青蓝色方向拖曳，直至RGB参数显示为24.20、24.80、27.20，如图13-58所示。

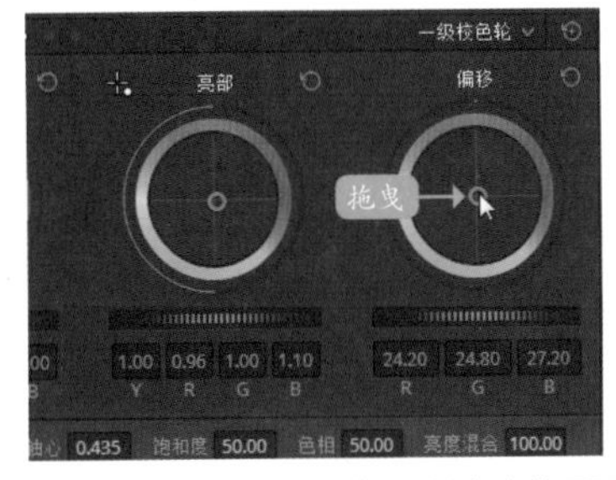

图13-58　拖曳“偏移”色轮中心的圆圈

步骤/09 在预览窗口中，可以查看画面色彩调整效果，如图13-59所示。

图13-59　查看画面色彩调整效果

步骤/10 在“节点”面板中，选择“图层混合器”，如图13-60所示。

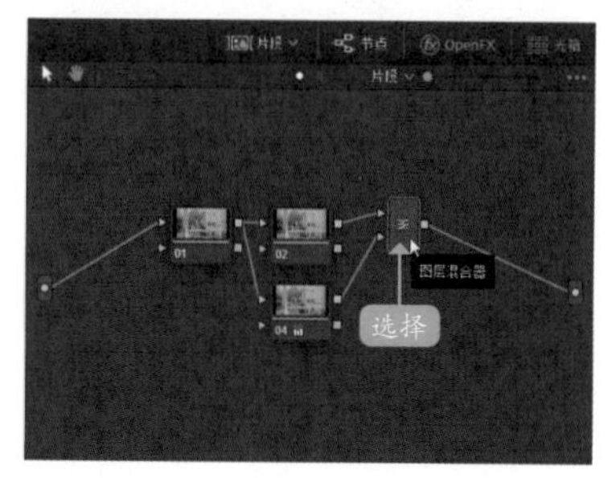

图13-60　选择“图层混合器”

步骤/11 单击鼠标右键，在弹出的快捷菜单中，选择“合成模式”|“滤色”命令，如图13-61所示。

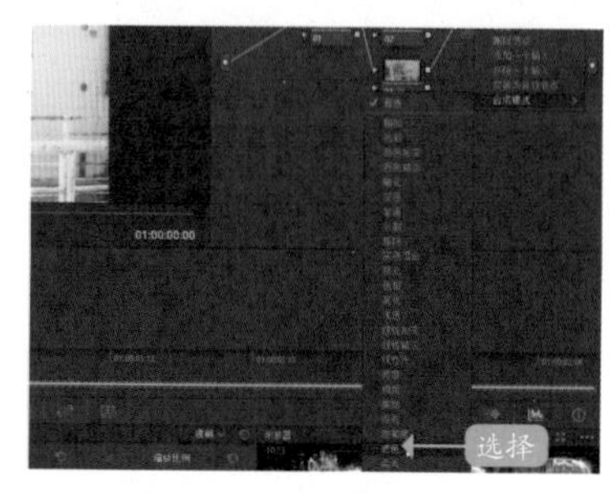

图13-61　选择“滤色”命令

步骤/12 执行操作后，在预览窗口中查看应用滤色合成模式的画面效果，可以看到画面中的亮度有点偏高，需要降低画面中的亮度，如图13-62所示。

图13-62　查看应用滤色合成模式的画面效果

步骤/13 在“节点”面板中，选择01节点，如图13-63所示。

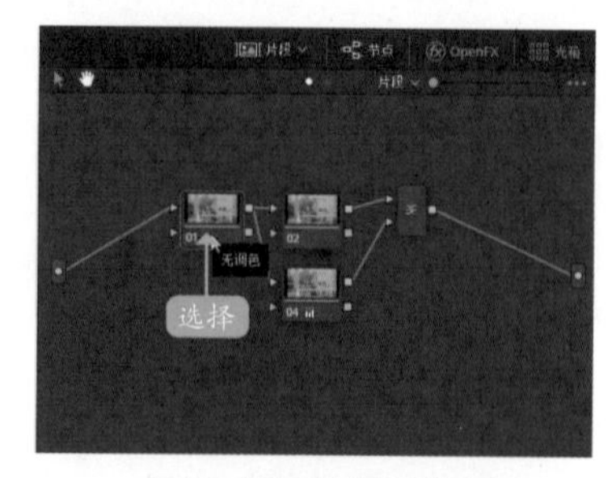

图13-63　选择01节点

步骤/14 在“色轮”面板中，向左拖曳“亮部”色轮下方的轮盘，直至YRGB参数均显示为0.80，如图13-64所示。

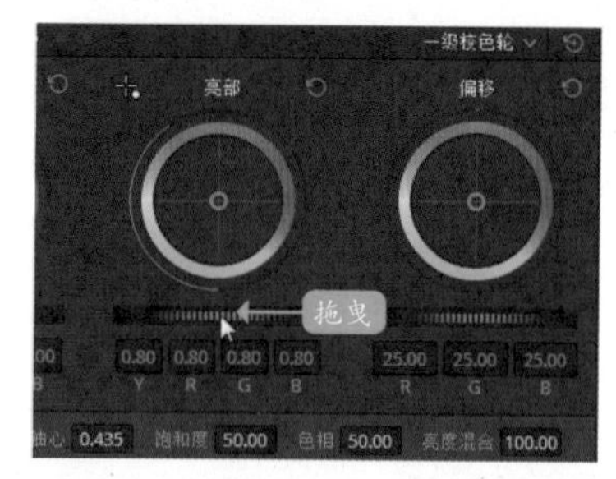

图13-64　拖曳“亮部”色轮下方的轮盘

步骤/15 执行操作后，在预览窗口中即可查看视频画面透亮效果，如图13-65所示。

图13-65　查看视频画面透亮效果

13.1.6　修复人物局部的肤色

前期拍摄人物时，或多或少都会受到周围环境、光线的影响，导致人物肤色不正常。在达芬奇的“矢量图”示波器中可以显示人物肤色指示线，用户可以通过它来修复人物肤色。下面向大家介绍局部修复人物肤色的操作方法。

步骤/01 打开项目文件“素材\第13章\娇俏可人.drp”，在预览窗口中可以查看打开的项目效果，画面中的人物肤色偏黄偏暗，需要还原画面中人物的肤色，如图13-66所示。

图13-66　打开项目文件

步骤/02 切换至“调色”步骤面板，在“节点”面板中，选择编号为01的节点，在鼠标指针右下角弹出了“无调色”提示框，表示当前素材并未有过调色处理，如图13-67所示。

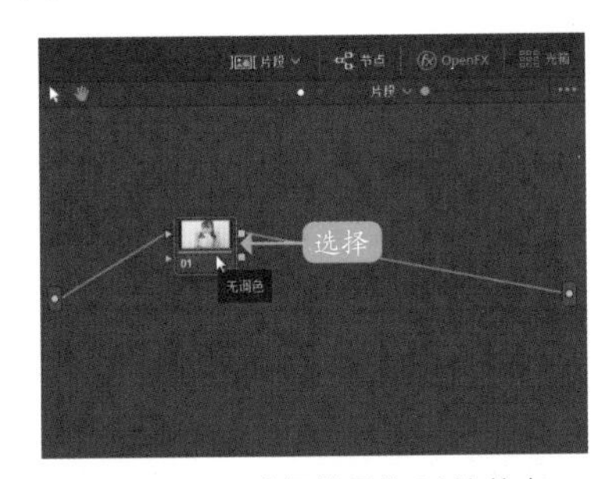

图13-67　选择编号为01的节点

步骤/03 展开“色轮”面板，向右拖曳“亮部”色轮下方的轮盘，直至YRGB参数均显示为1.15，如图13-68所示。

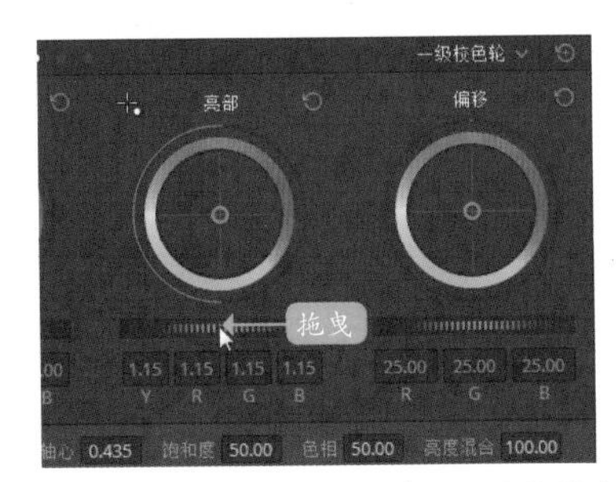

图13-68　拖曳“亮部”色轮下方的轮盘

步骤/04 执行操作后，即可提高人物肤色亮度，效果如图13-69所示。

步骤/05 在“节点”面板中选中01节点，单击鼠标右键，弹出快捷菜单，选择“添加节点”|“添加串行节点”命令，如图13-70所示。

图13-69　提高人物肤色亮度

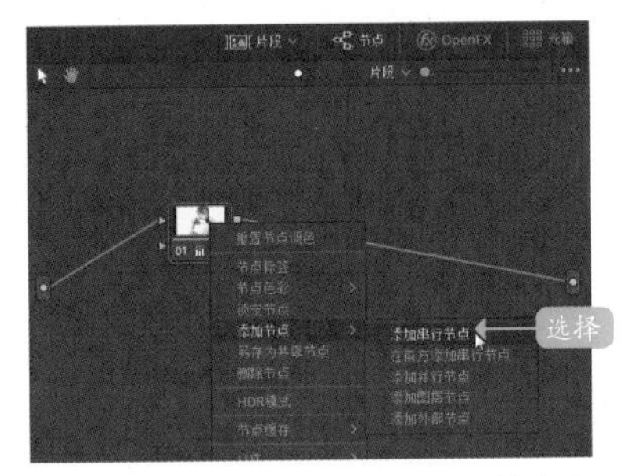

图13-70　选择“添加串行节点”命令

步骤/06 执行操作后，即可在“节点”面板中添加一个编号为02的串行节点，如图13-71所示。

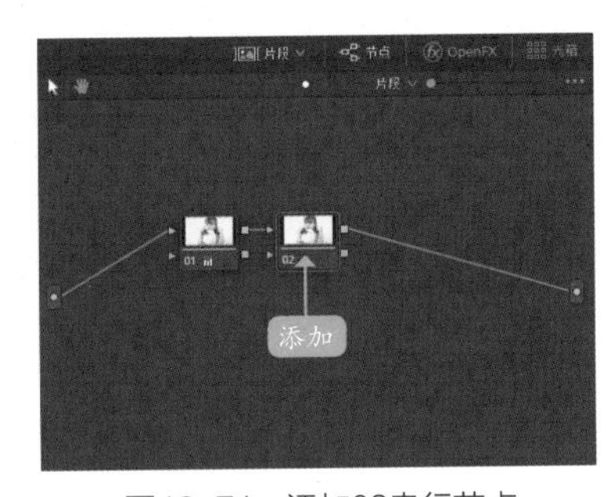

图13-71　添加02串行节点

步骤/07 展开“示波器”面板，在右上角单击下拉按钮，在弹出的列表框中选择“矢量图”选项，如图13-72所示。

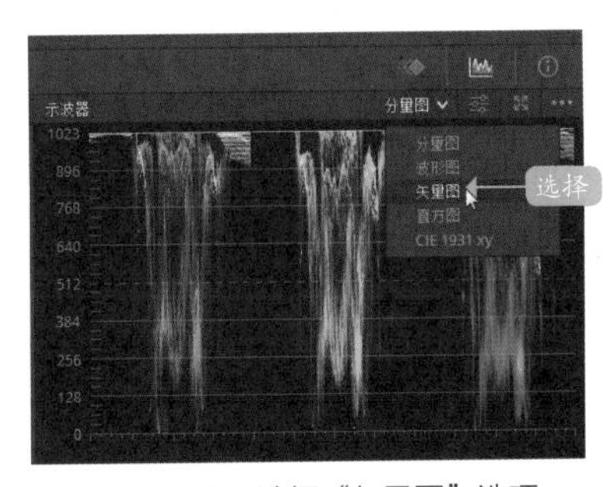

图13-72　选择“矢量图”选项

步骤/08 执行操作后，即可打开“矢量图”示波器面板，在右上角单击设置图标，如图13-73所示。

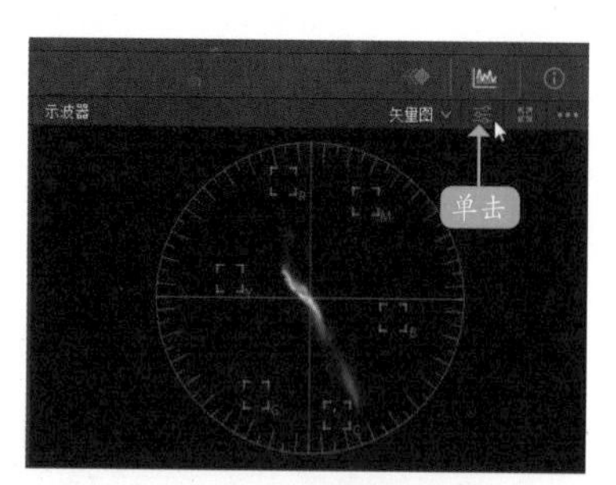

图13-73　单击设置图标

步骤/09 弹出相应面板，选中“显示肤色指示”复选框，如图13-74所示。

步骤/10 执行操作后，即可在矢量图上显示肤色指示线，效果如图13-75所示，可以看到色彩矢量波形明显偏离了肤色指示线。

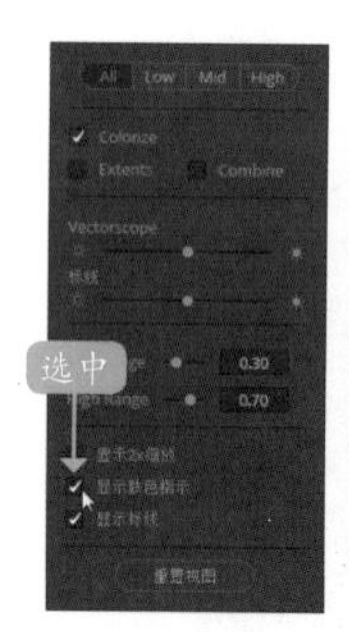

图13-74　选中“显示肤色指示”复选框

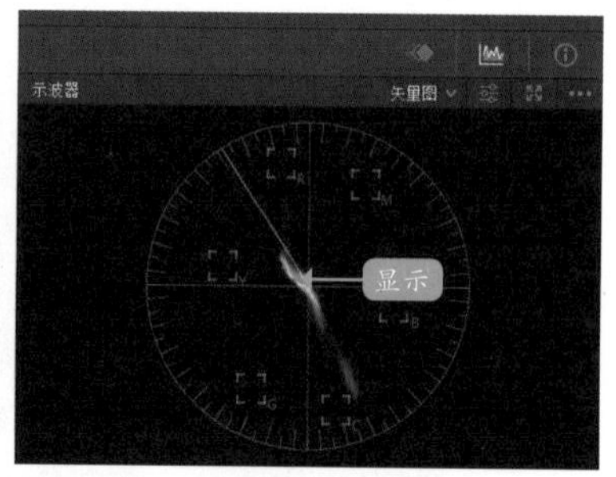

图13-75　显示肤色指示线

步骤/11 展开“限定器”面板，单击“拾色器”按钮，如图13-76所示。

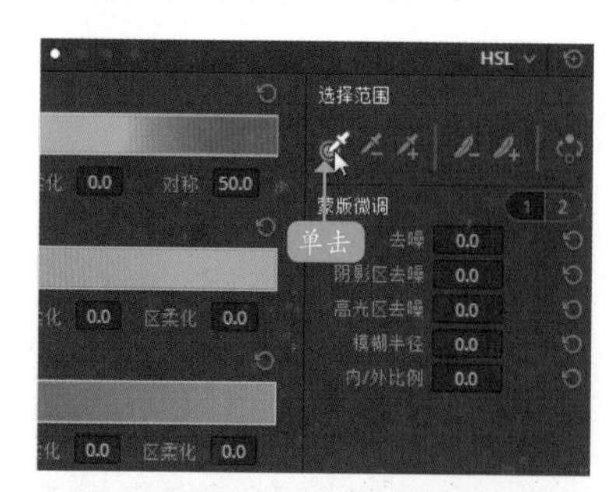

图13-76　单击“拾色器”按钮

步骤/12 在“检视器”面板上方，单击“突出显示”按钮，如图13-77所示。

图13-77　单击“突出显示”按钮

步骤/13 在预览窗口中，按住鼠标左键拖曳光标选取人物皮肤，如图13-78所示。

图13-78　选取人物皮肤

步骤/14 切换至“限定器”面板，单击“增加色彩范围”按钮，如图13-79所示。

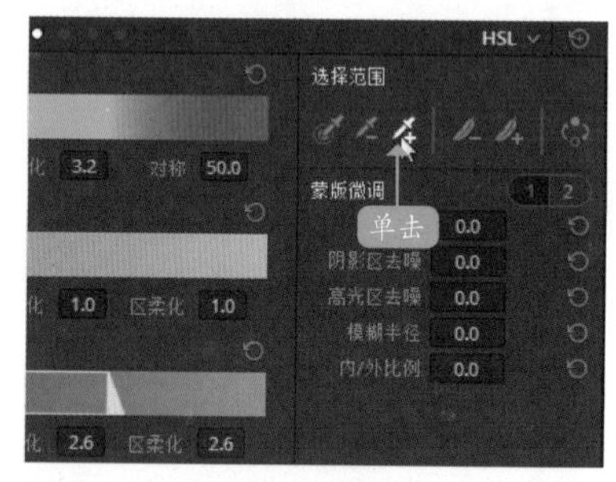

图13-79　单击“增加色彩范围”按钮

步骤/15 在预览窗口中，继续使用滴管工具选取人物脸部未被选取的皮肤，如图13-80所示。

步骤/16 展开“矢量图”示波器面板查看色彩矢量波形变换的同时，在“色轮”面板中，拖曳“亮部”色轮中心的白色圆圈，直至YRGB参数显示为1.00、1.05、0.98、1.06，如图13-81所示。

图13-80　选取人物脸部未被选取的皮肤

图13-81　拖曳“亮部”色轮中心的白色圆圈

步骤/17　此时，“矢量图”示波器面板中的色彩矢量波形已与肤色指示线重叠，如图13-82所示。

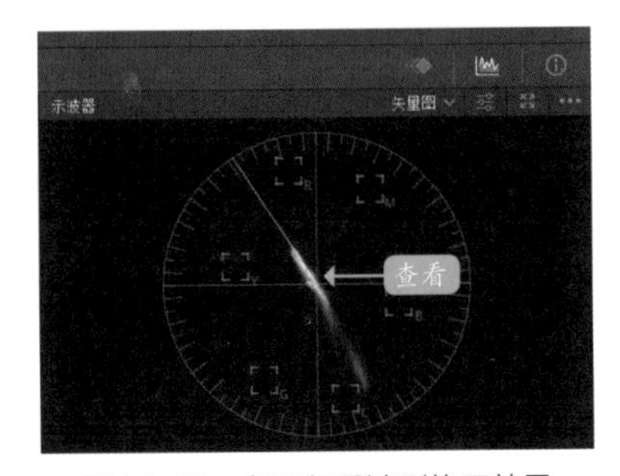

图13-82　色彩矢量波形修正效果

步骤/18　在预览窗口中，查看人物肤色修复效果，如图13-83所示。

图13-83　人物肤色修复效果

13.2 应用滤镜风格特效

滤镜是指可以应用到视频素材中的效果，它可以改变视频文件的外观和样式。对视频素材进行编辑时，通过视频滤镜不仅可以掩饰视频素材的瑕疵，还可以令视频产生绚丽的视觉效果，使制作出来的视频更具表现力。

在DaVinci Resolve 16中，用户可以通过两种方法打开OpenFX面板。

第一种是在“剪辑”步骤面板的左上角，单击“特效库”按钮，打开“特效库”面板，然后展开OpenFX｜“滤镜”选项面板即可，如图13-84所示。第二种是在“调色”步骤面板的右上角，单击OpenFX按钮，展开滤镜“素材库”选项卡，如图13-85所示。

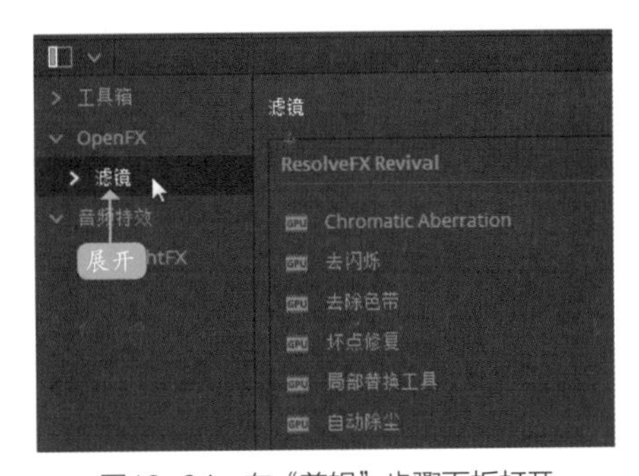

图13-84　在“剪辑”步骤面板打开

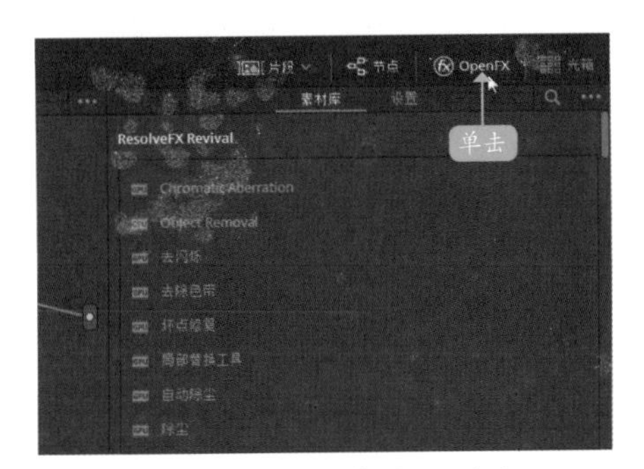

图13-85　在“调色”步骤面板打开

在OpenFX面板中提供了多种滤镜，按类别分组管理，如图13-86所示。

ResolveFX Revival滤镜组

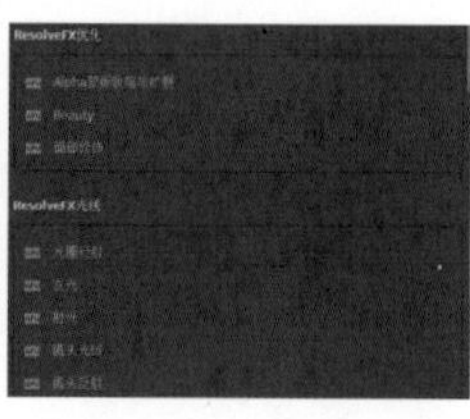
“ResolveFX优化”和“ResolveFX光线”滤镜组

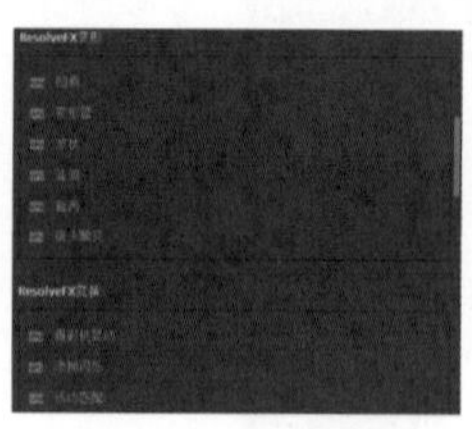
“ResolveFX变形”和“ResolveFX变换”滤镜组

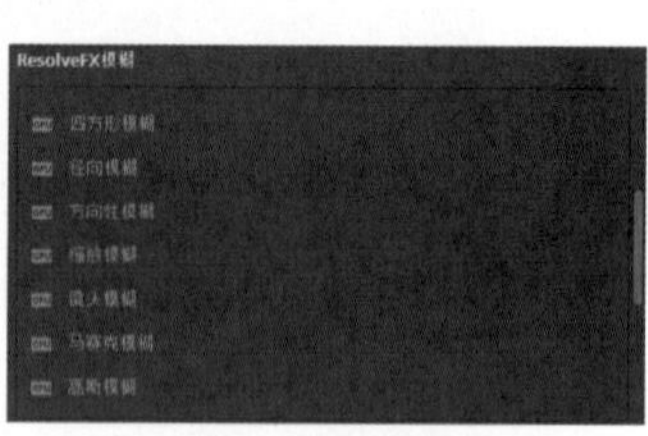
“ResolveFX模糊”滤镜组

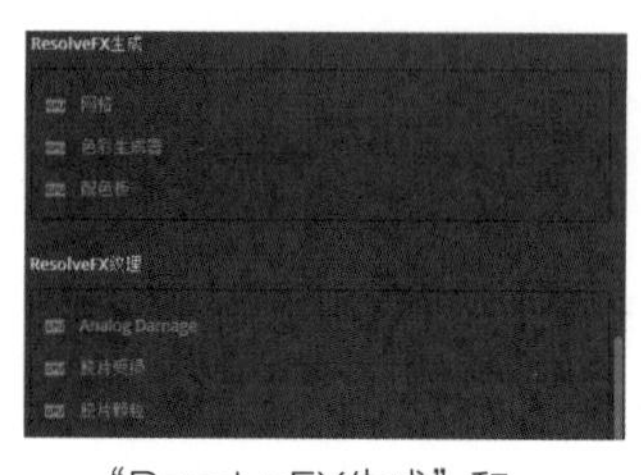

“ResolveFX生成”和“ResolveFX纹理”滤镜组

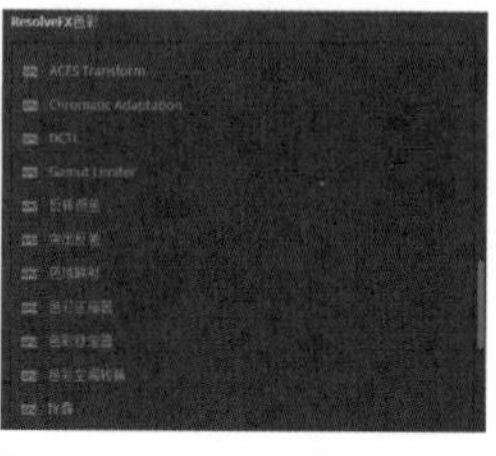
“ResolveFX色彩”滤镜组

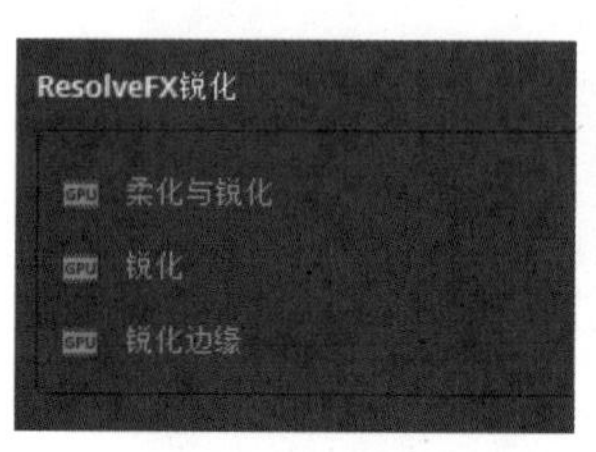

“ResolveFX锐化”滤镜组

“ResolveFX风格化”滤镜组

图13-86　OpenFX面板中的滤镜组

13.2.1　制作镜头光斑视频特效

在DaVinci Resolve 16的“ResolveFX光线”滤镜组中，应用“镜头光斑”滤镜可以在素材图像上制作一个小太阳特效，下面介绍具体的操作方法。

步骤/01 打开项目文件“素材\第13章\胡杨树冠.drp”，在预览窗口中可以查看打开的项目效果，如图13-87所示。

图13-87　打开项目文件

步骤/02 切换至“调色”步骤面板，①展开OpenFX｜“素材库”选项卡；②在“ResolveFX光线”滤镜组中选择“镜头光斑”滤镜特效，如图13-88所示。

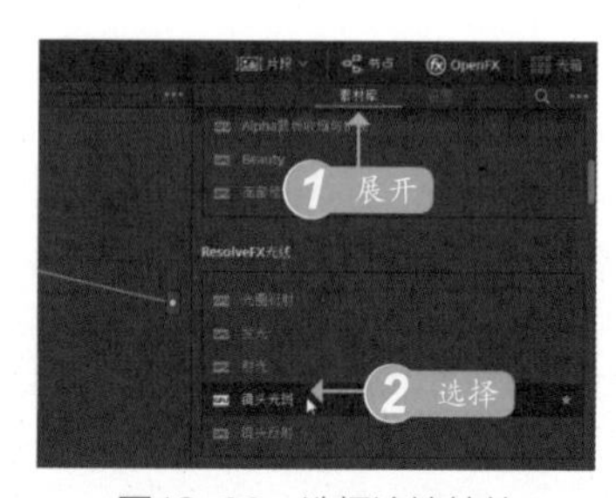

图13-88　选择滤镜特效

步骤/03 按住鼠标左键将其拖曳至“节点”面板的01节点上，释放鼠标左键，即可在调色提示区显示一个滤镜图标，表示添加的滤镜特效，如图13-89所示。

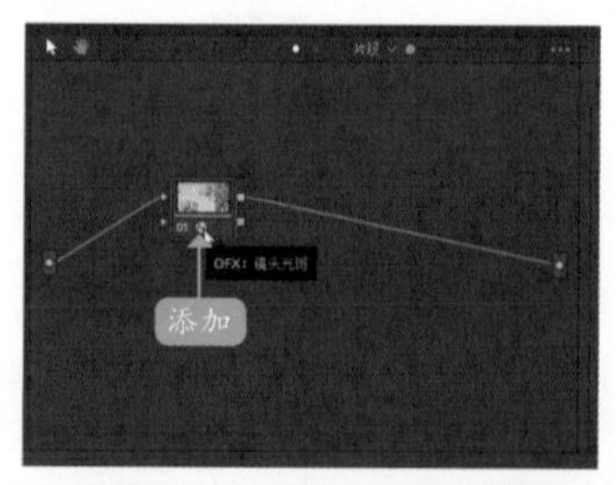

图13-89　在01节点上添加滤镜特效

步骤/04 执行操作后，即可在预览窗口中查看添加的滤镜，如图13-90所示。

图13-90　查看添加的滤镜

步骤/05 在预览窗口中，选中添加的小太阳中心，按住鼠标左键将其拖曳至左上角，如图13-91所示。

图13-91　将小太阳拖曳至左上角

步骤/06 将鼠标指针移至小太阳外面的白色光圈上，按住鼠标左键的同时向右下角拖曳，扩大太阳光的光晕发散范围，如图13-92所示。

图13-92　拖曳白色光圈

步骤/07 执行操作后，即可在预览窗口中查看制作的镜头光斑视频特效，如图13-93所示。

图13-93　查看制作的镜头光斑视频特效

专家指点

在添加滤镜特效后，OpenFX面板会自动切换至“设置”选项卡，在其中，用户可以根据素材图像特征，对添加的滤镜进行微调。

13.2.2　制作人物磨皮视频特效

在DaVinci Resolve 16的“ResolveFX优化”滤镜组中，应用Beauty滤镜可以为人物图像磨皮，去除人物皮肤上的瑕疵，使人物皮肤看起来更光洁、更亮丽，下面介绍具体的操作方法。

步骤/01 打开项目文件“素材\第13章\眉目含笑.drp”，在预览窗口中可以查看打开的项目效果。画面中人物脸部有许多细小的斑点，且牙齿偏黄，可以将其分成两部分进行处理：首先为人物皮肤磨皮去除斑点瑕疵，然后对牙齿进行漂白处理，如图13-94所示。

图13-94　打开项目文件

步骤/02 切换至“调色”步骤面板，①展开OpenFX｜“素材库”选项卡；②在“ResolveFX优化”滤镜组中选择Beauty滤镜特效，如图13-95所示。

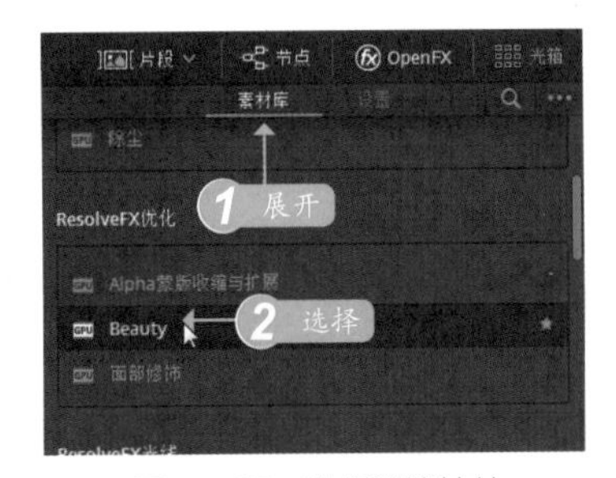

图13-95　选择滤镜特效

步骤/03 按住鼠标左键将其拖曳至“节点”面板的01节点上，释放鼠标左键，即可在调色提示区显示一个滤镜图标，表示添加的滤镜特效，如图13-96所示。

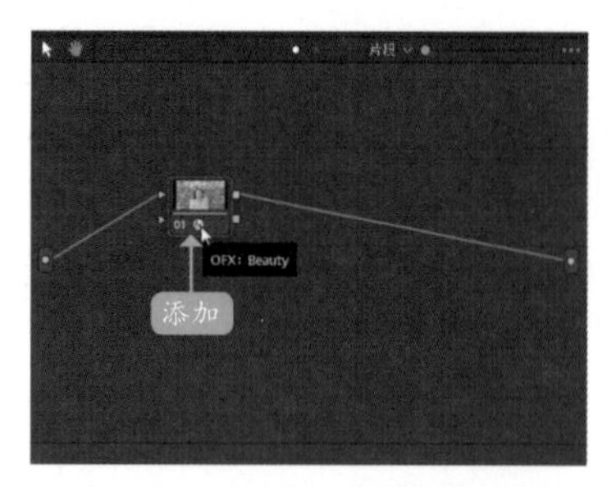

图13-96 在01节点上添加滤镜特效

步骤/04 切换至“设置”选项卡，如图13-97所示。

图13-97 切换至“设置”选项卡

步骤/05 拖曳Amount右侧的滑块至最右端，设置参数为最大值，如图13-98所示。

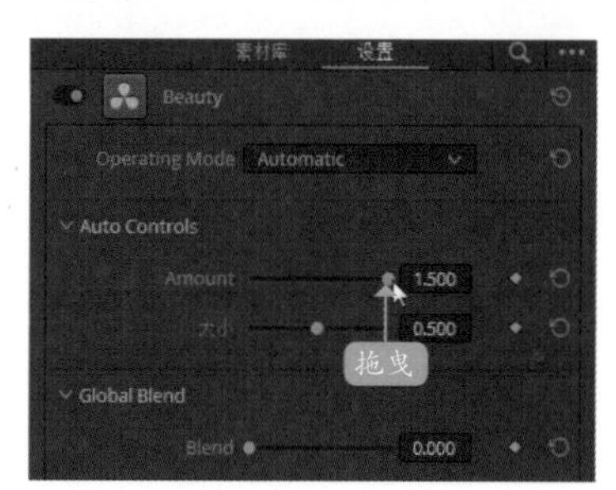

图13-98 拖曳滑块

步骤/06 在预览窗口中查看人物磨皮效果，如图13-99所示。

图13-99 查看人物磨皮效果

步骤/07 在“节点”面板中，添加一个编号为03的并行节点，如图13-100所示。

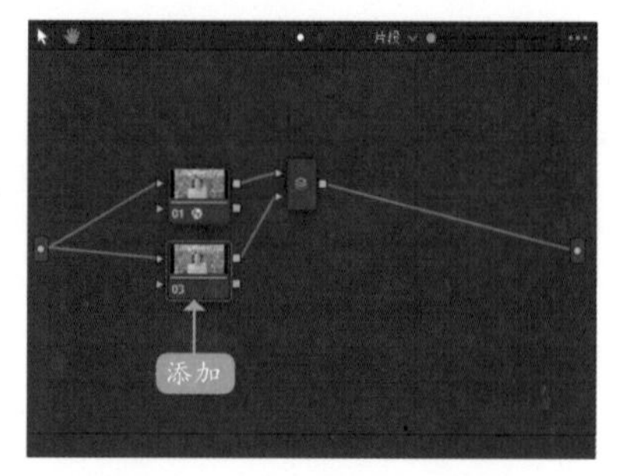

图13-100 添加03并行节点

步骤/08 单击“窗口”按钮，展开“窗口”面板，单击曲线“窗口激活”按钮，如图13-101所示。

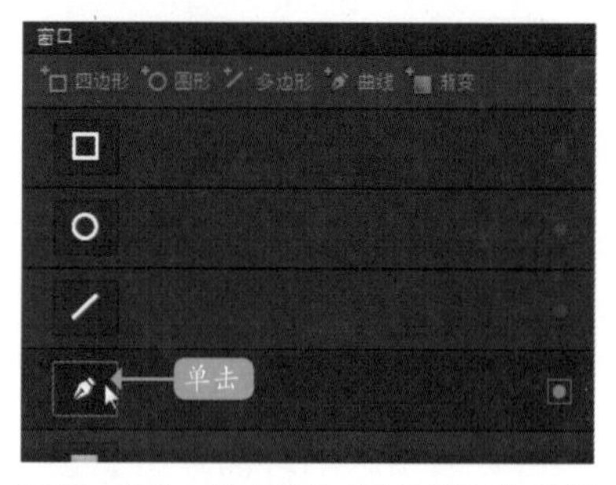

图13-101 单击曲线“窗口激活”按钮

步骤/09 在预览窗口中的图像上绘制一个窗口蒙版，如图13-102所示。

图13-102 绘制一个窗口蒙版

步骤/10 展开“色相VS饱和度”曲线面板，单击黄色矢量色块，如图13-103所示。

步骤/11 即可在曲线上添加3个控制点。选中中间的控制点，设置“输入色相”参数为316.00、“饱和度”参数为0.00，如图13-104所示。

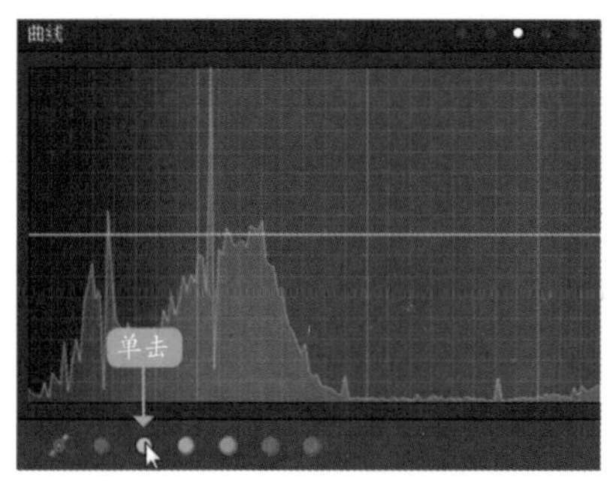

图13-103 单击黄色矢量色块

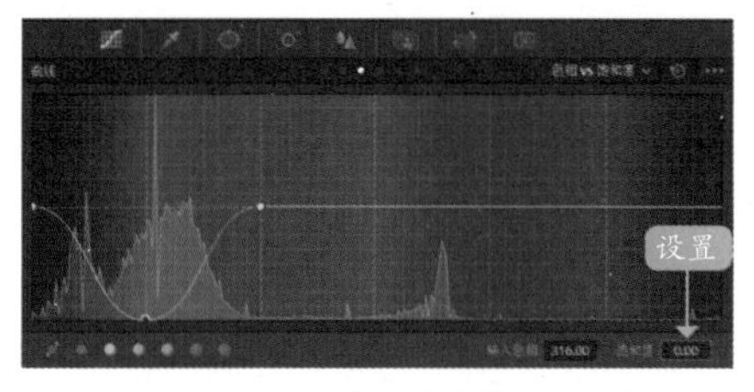

图13-104 设置“饱和度”参数

步骤/12 执行上述操作后，即可在预览窗口中查看最终的画面效果，如图13-105所示。

图13-105 查看最终的画面效果

专家指点

本例视频素材是静态画面，如果用户使用的视频素材为动态，需要在03节点上添加一个跟踪器，跟踪绘制的窗口。跟踪器操作步骤具体参考12.2.3节的内容。另外，如果用户觉得牙齿还不够白，可以在“色轮”面板中将“亮部”色轮中的白色圆圈往青蓝色方向拖曳。

13.2.3 制作暗角艺术视频特效

暗角是一种摄影术语，是指图像画面的中间部分较亮，4个角渐变偏暗的一种艺术效果，方便突出画面中心。在DaVinci Resolve 16中，用户可以应用风格化滤镜来实现。下面介绍制作暗角艺术效果的操作方法。

步骤/01 打开项目文件“素材\第13章\枯木易折.drp”，在预览窗口中可以查看打开的项目效果，如图13-106所示。

图13-106 打开项目文件

步骤/02 切换至“调色”步骤面板，❶展开OpenFX｜“素材库”选项卡；❷在“ResolveFX风格化”滤镜组中选择“暗角”滤镜特效，如图13-107所示。

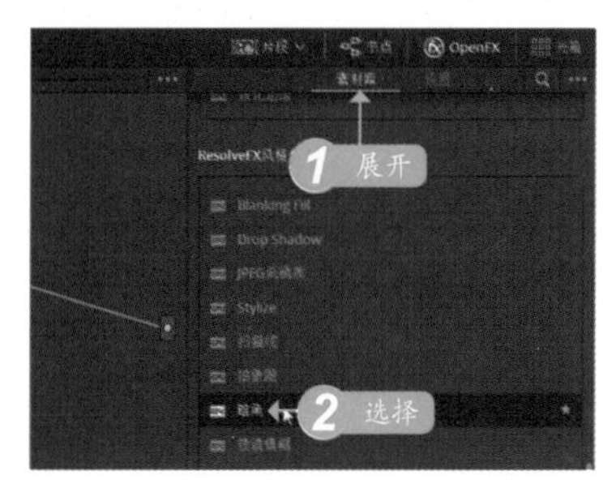

图13-107 选择滤镜特效

步骤/03 按住鼠标左键将其拖曳至“节点”面板的01节点上，释放鼠标左键，即可在调色提示区显示一个滤镜图标，表示添加的滤镜特效，如图13-108所示。

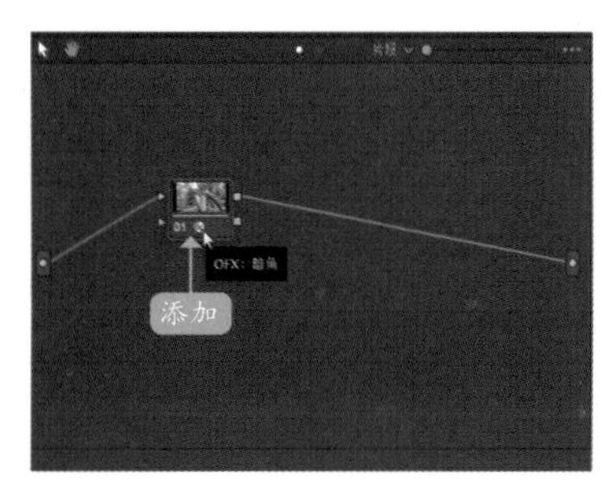

图13-108 在01节点上添加滤镜特效

步骤/04 切换至“设置”选项卡，设置“大小”参数为0.700，如图13-109所示。

图13-109 设置“大小”参数

步骤/05 执行操作后，在预览窗口中即可查看制作的暗角艺术视频特效，如图13-110所示。

图13-110 查看制作的暗角艺术视频特效

13.2.4 制作复古色调视频特效

复古色调是一种比较怀旧的色调风格，稍微泛黄的图像画面，可以制作出一种电视画面回忆的效果。在DaVinci Resolve 16的“ResolveFX纹理”滤镜组中，应用“胶片受损”和“胶片颗粒”滤镜可以实现复古色调视频效果的制作，下面介绍具体的操作方法。

步骤/01 打开项目文件“素材\第13章\佳人回眸.drp”，如图13-111所示。

图13-111 打开项目文件

步骤/02 切换至“调色”步骤面板，在“节点”面板中选中01节点，如图13-112所示。

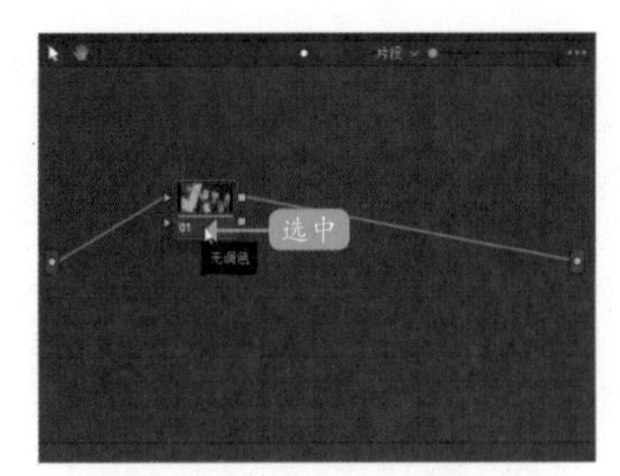

图13-112 选中01调色节点

步骤/03 展开“自定义”曲线面板，选中高光控制点并向下拖曳至合适位置，适当降低画面中的高光亮度，如图13-113所示。

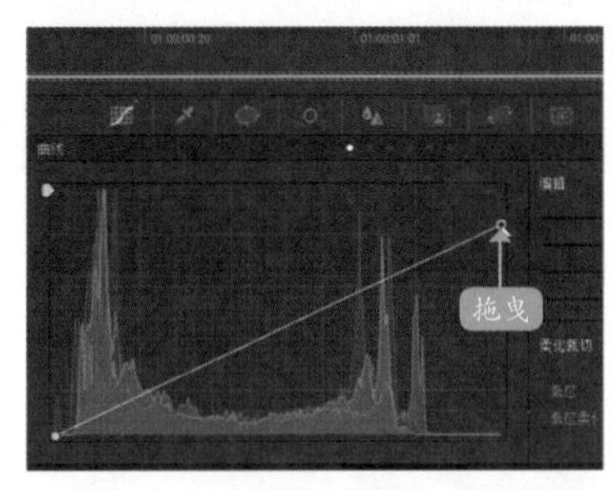

图13-113 选中高光控制点并向下拖曳

步骤/04 切换至“色轮”面板，设置“饱和度”参数为38.00，降低画面中的色彩饱和度，如图13-114所示。

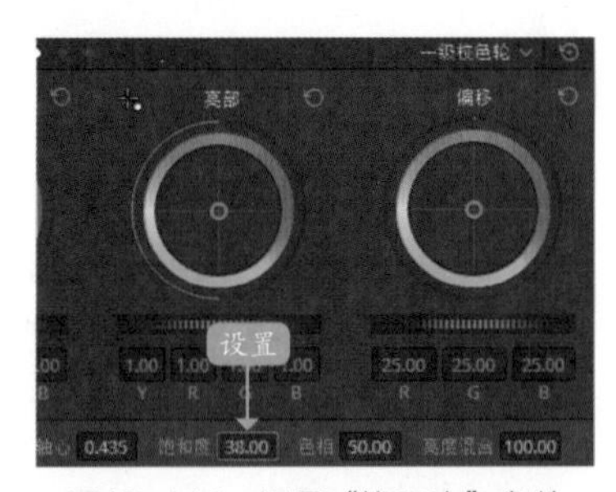

图13-114 设置“饱和度”参数

步骤/05 在预览窗口中查看降低高光亮度和饱和度的画面效果，如图13-115所示。

图13-115 查看画面效果

步骤/06 切换至“节点”面板，在01节点上单击鼠标右键，弹出快捷菜单，选择“添加节点”|“添加串行节点”命令，如图13-116所示。

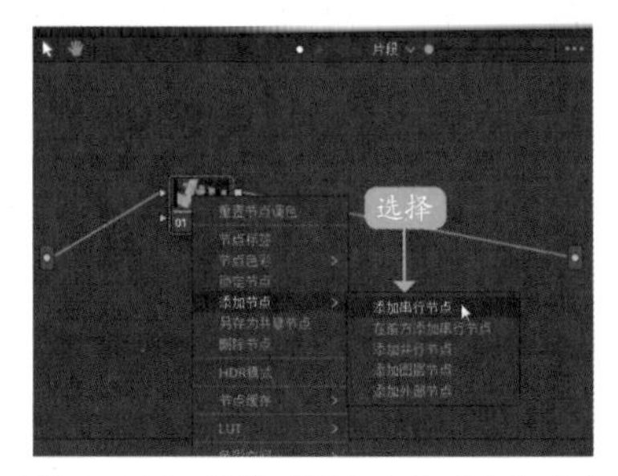

图13-116　选择“添加串行节点”命令

步骤/07 执行操作后，即可在“节点”面板中添加一个编号为02的串行节点，如图13-117所示。

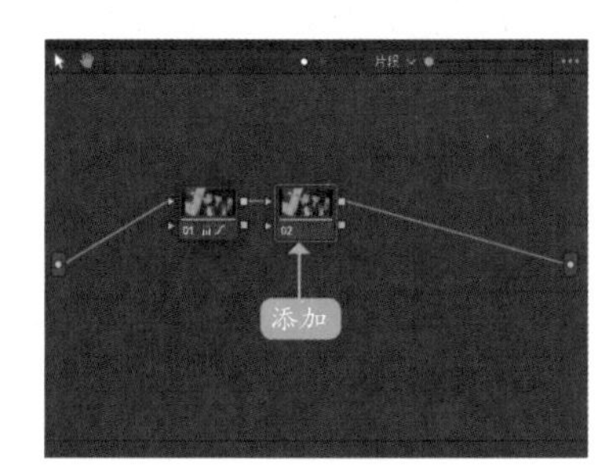

图13-117　添加02串行节点

步骤/08 展开OpenFX|“素材库”选项卡，在“ResolveFX纹理”滤镜组中，选择“胶片受损”滤镜，如图13-118所示。

图13-118　选择“胶片受损”滤镜

步骤/09 按住鼠标左键将其拖曳至“节点”面板的02节点上，释放鼠标左键，即可在调色提示区显示一个滤镜图标，表示添加的滤镜特效，如图13-119所示。

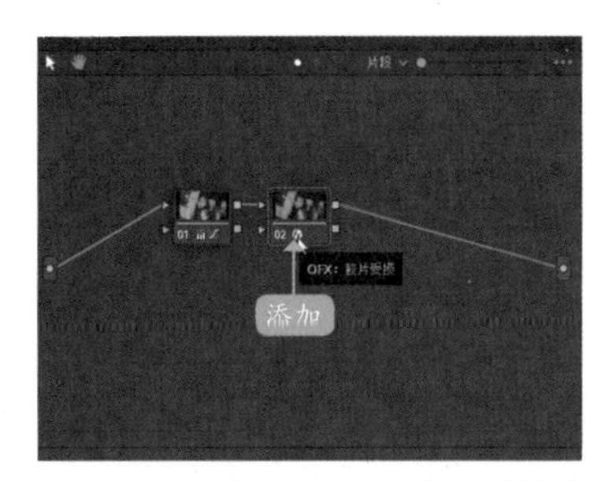

图13-119　在02节点上添加滤镜特效

步骤/10 在预览窗口中，可以查看添加“胶片受损”滤镜后的视频效果，如图13-120所示。

图13-120　查看添加“胶片受损”滤镜后的视频效果

步骤/11 执行操作后，切换至OpenFX|“设置”选项卡，展开“添加划痕1”选项面板，如图13-121所示。

图13-121　展开“添加划痕1”选项面板

步骤/12 取消选中“启用”复选框，如图13-122所示。

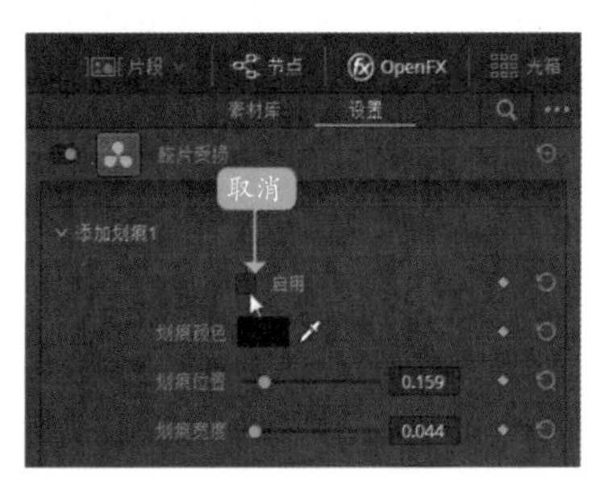

图13-122　取消选中“启用”复选框

步骤 13 执行操作后，即可取消视频画面中的黑色划痕，在预览窗口中可以查看消除划痕后的画面效果，如图13-123所示。

图13-123 查看消除划痕后的画面效果

步骤 14 在“节点”面板中，选中02节点，单击鼠标右键，弹出快捷菜单，选择“添加节点”|“添加串行节点”命令，即可在“节点”面板中添加一个编号为03的串行节点，如图13-124所示。

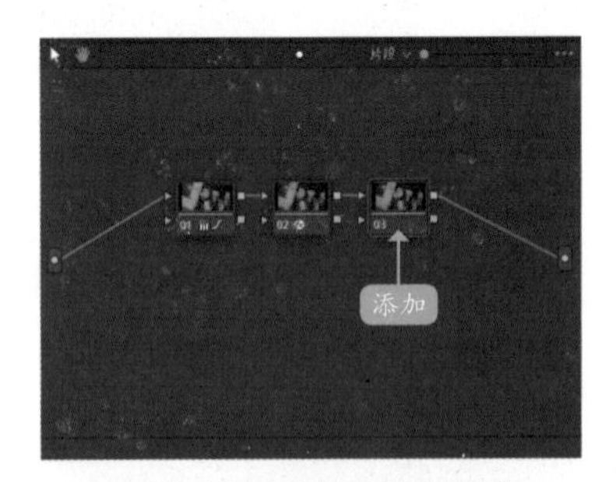

图13-124 添加03串行节点

步骤 15 展开OpenFX|“素材库”选项卡，在“ResolveFX纹理”滤镜组中，选择“胶片颗粒”滤镜，如图13-125所示。

图13-125 选择“胶片颗粒”滤镜

步骤 16 按住鼠标左键将其拖曳至“节点”面板的03节点上，释放鼠标左键，即可在调色提示区显示一个滤镜图标，表示添加的滤镜特效，如图13-126所示。

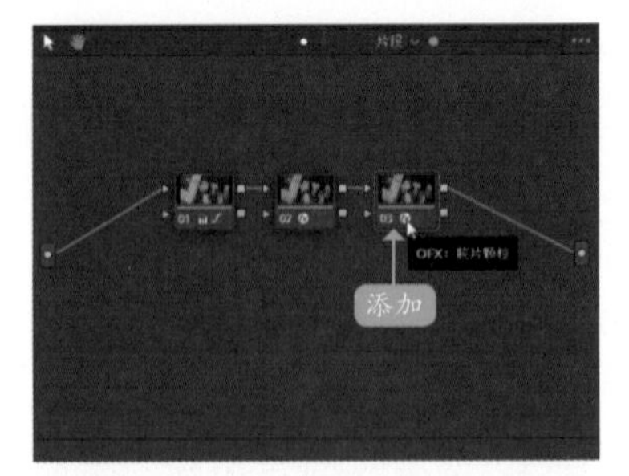

图13-126 在03节点上添加滤镜特效

步骤 17 切换至OpenFX|“设置”选项卡，展开“颗粒参数”选项面板，如图13-127所示。

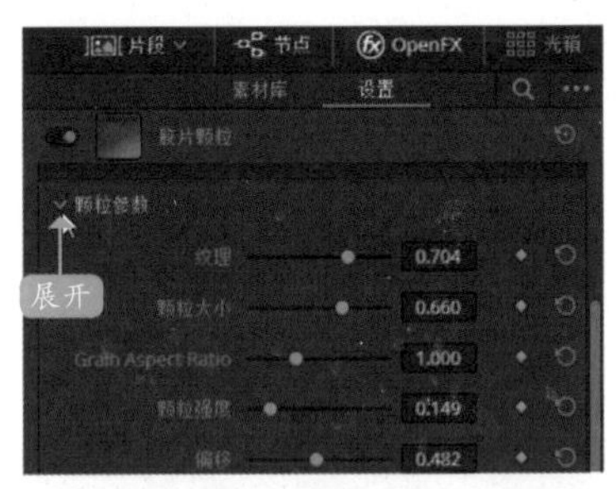

图13-127 展开“颗粒参数”选项面板

步骤 18 向右拖曳“颗粒强度”右侧的滑块，直至参数显示为0.521，加强画面中的颗粒感，如图13-128所示。

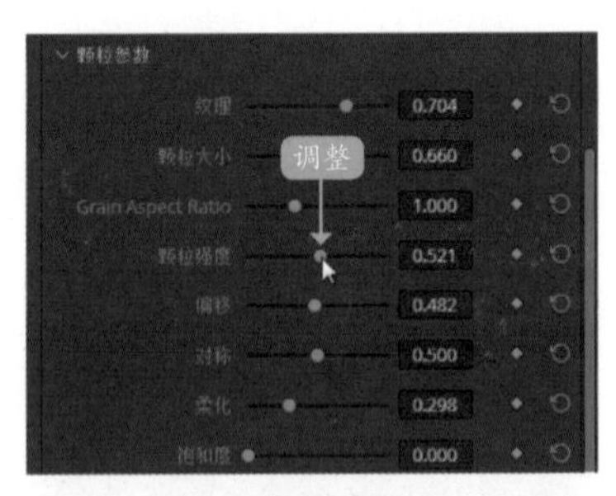

图13-128 设置“颗粒强度”参数

步骤 19 执行操作后，在预览窗口中即可查看制作的复古色调视频特效，如图13-129所示。

图13-129 查看制作的复古色调视频特效

13.3 制作抖音热门调色视频

在影视作品成片中，不同的色调可以传达给观众不一样的视觉感受。通常，我们可以从影片的色相、明度、冷暖以及纯度四个方面来定义它的影调风格。下面介绍通过达芬奇调色软件制作几种抖音热门影调风格的操作方法。

13.3.1 制作古风影调视频效果

古风人像摄影越来越受年轻人的喜爱，在抖音App上，也经常可以看到各类古风短视频。下面介绍在DaVinci Resolve 16中使用古风影调制作美人如画视频效果的操作方法。

步骤/01 打开项目文件“素材\第13章\美人如画.drp”，在预览窗口中可以查看打开的项目效果，如图13-130所示。画面中的女子身着旗袍站在灰紫色的背景幕布前方，仪态端庄、目视镜头、嘴角微微含笑。需要将背景颜色调为淡黄的宣纸颜色，去除画面中的噪点，并为人物调整肤色，制作出美人如画的古风影调视频效果。

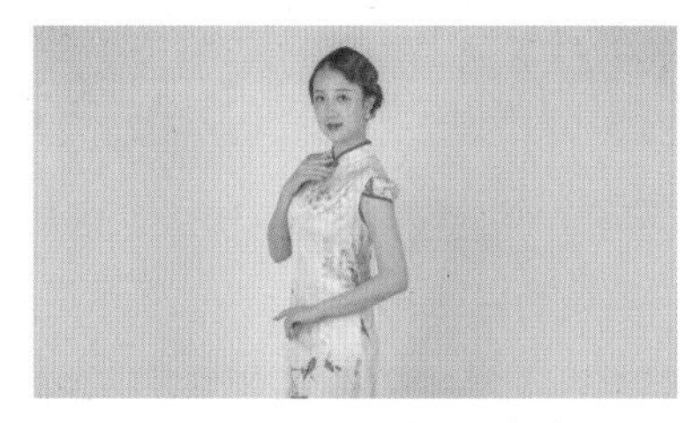

图13-130　打开项目文件

步骤/02 切换至“调色”步骤面板，在“节点”面板中选中01节点，如图13-131所示。

步骤/03 在“检视器”面板中开启“突出显示”功能，切换至“限定器”面板，应用拾色器滴管工具在预览窗口的图像上选取背景颜色，可以看到人物身上的旗袍也有少量颜色区域被选取了，如图13-132所示。

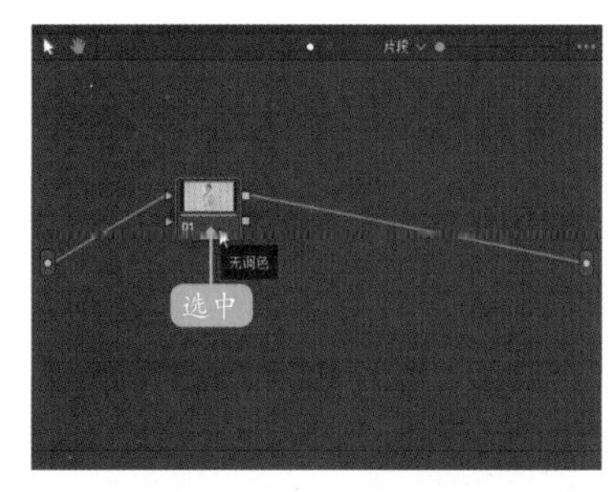

图13-131　选中01节点

图13-132　选取背景颜色

步骤/04 展开“窗口”面板，单击曲线“窗口激活”按钮，如图13-133所示。

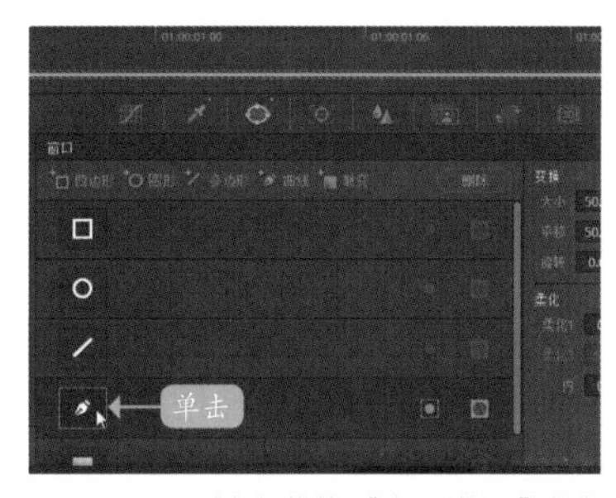

图13-133　单击曲线“窗口激活”按钮

步骤/05 在预览窗口中，在人物被选取的部分区域绘制一个窗口蒙版，如图13-134所示。

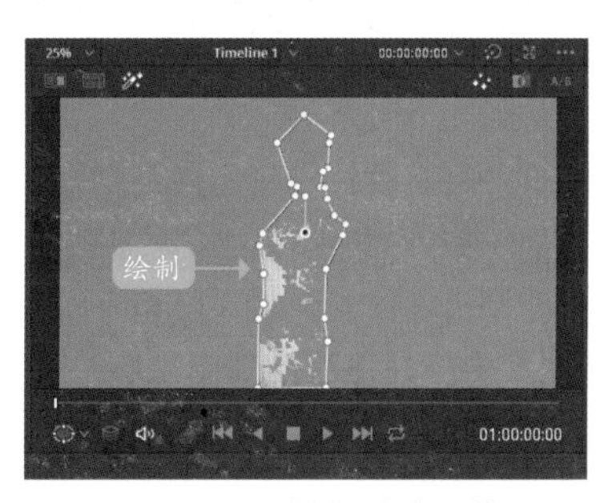

图13-134　绘制一个窗口蒙版

步骤/06 在“窗口”面板中，单击“反向”按钮●，如图13-135所示。

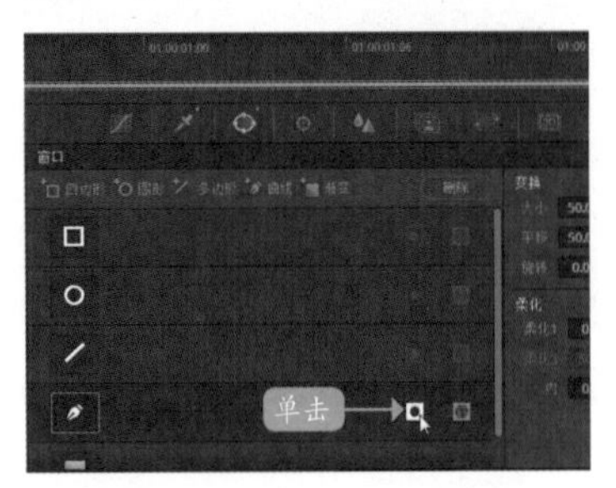

图13-135 单击“反向”按钮

步骤/07 执行操作后，即可反向选取人物以外的背景颜色，如图13-136所示。

图13-136 反向选取

步骤/08 展开“色轮”面板，选中“亮部”色轮中心的白色圆圈，按住鼠标左键往橙黄色方向拖曳，直至YRGB参数显示为1.00、1.05、1.00、0.83；然后选中“偏移”色轮中心的白色圆圈，按住鼠标左键往橙黄色方向拖曳，直至YRGB参数显示为27.80、25.20、10.60，如图13-137所示。

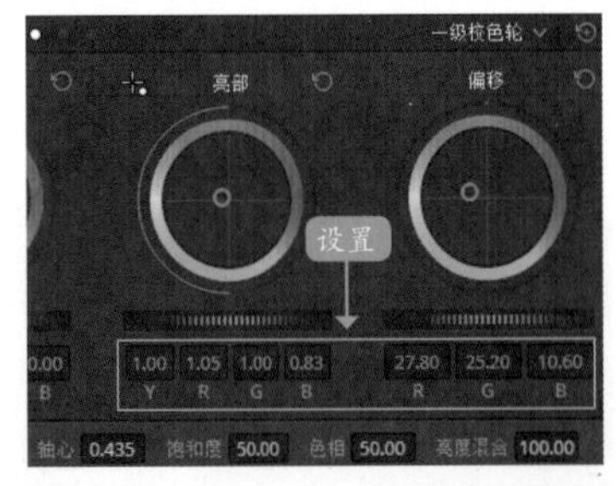

图13-137 设置“亮部”和“偏移”参数

步骤/09 执行操作后，在预览窗口中查看背景颜色调为淡黄的宣纸颜色的画面效果，如图13-138所示。

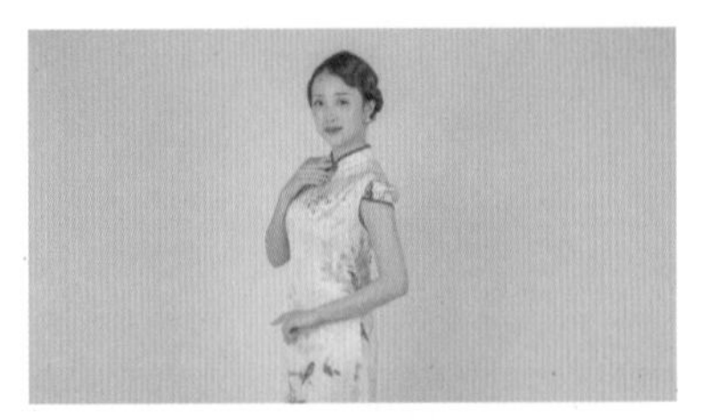

图13-138 查看背景颜色调整效果

步骤/10 在“节点”面板中，添加一个编号为02的串行节点，如图13-139所示。

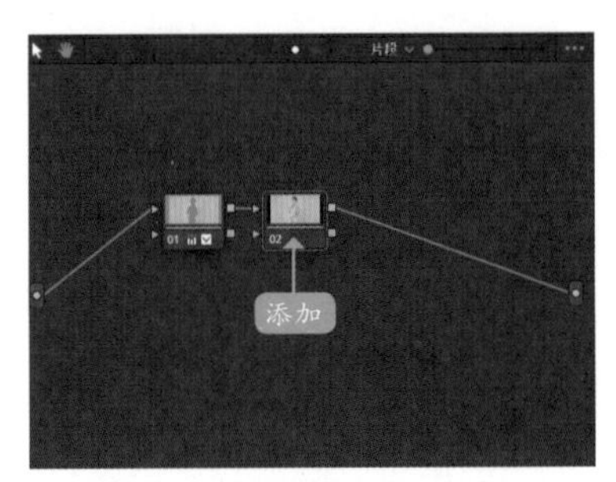

图13-139 添加02串行节点

步骤/11 展开“运动特效”面板，在“空域阈值”选项区中，设置“亮度”和“色度”参数都为50.0，为图像画面降噪，如图13-140所示。

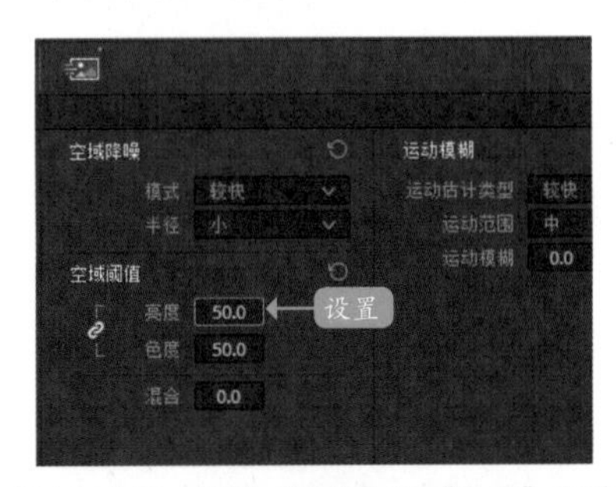

图13-140 设置“亮度”和“色度”参数

步骤/12 在“节点”面板中，添加一个编号为03的串行节点，如图13-141所示。

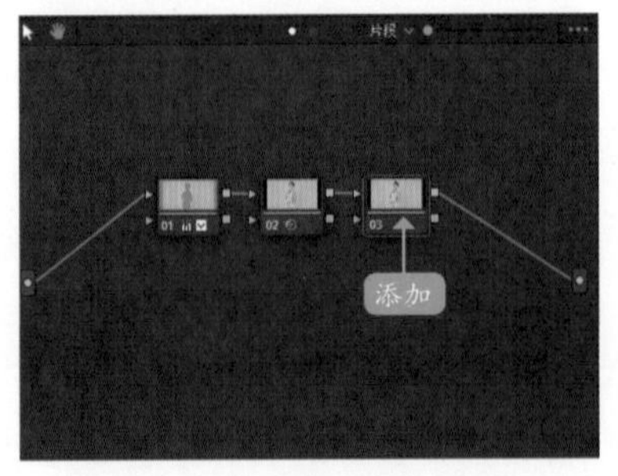

图13-141 添加03串行节点

步骤/13 在“检视器”面板中开启“突出显示”功能，切换至“限定器”面板，应用拾色器滴管工具在预览窗口的图像上选取人物皮肤，如图13-142所示。

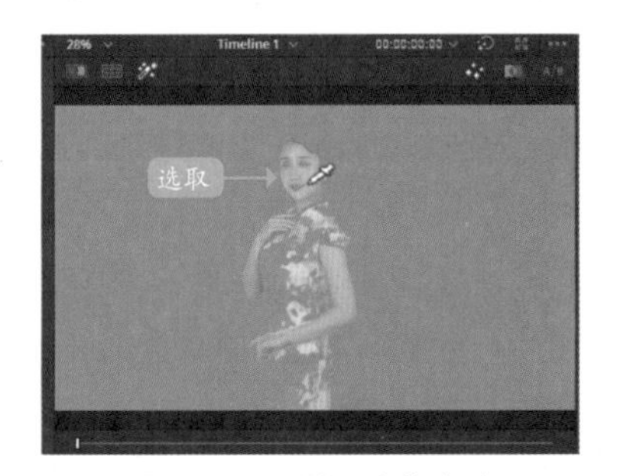

图13-142　选取人物皮肤

步骤/14 在“限定器”面板的“蒙版微调”选项区中，设置“去噪”参数为5.0，如图13-143所示。

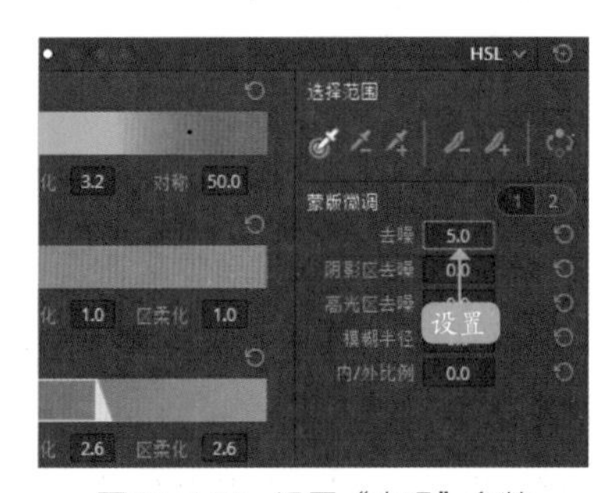

图13-143　设置“去噪”参数

步骤/15 展开“自定义”曲线面板，在曲线上添加一个控制点，并向上拖曳控制点至合适位置，提高人物皮肤亮度，如图13-144所示。

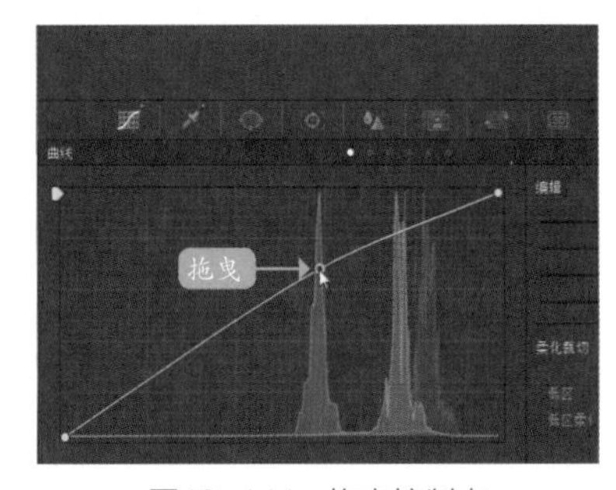

图13-144　拖曳控制点

步骤/16 执行上述操作后，即可在预览窗口中查看人物肤色变白变亮的画面效果，如图13-145所示。

图13-145　查看人物肤色调整效果

步骤/17 在“节点”面板中，添加一个编号为04的串行节点，如图13-146所示。

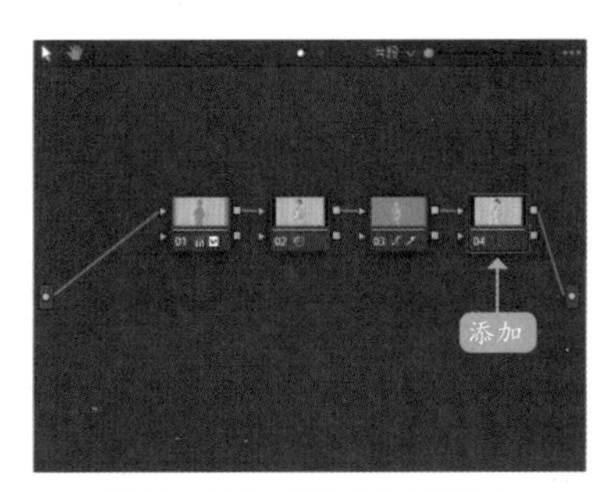

图13-146　添加04串行节点

步骤/18 展开“色轮”面板，设置“中间调细节”参数为-100.00，如图13-147所示。

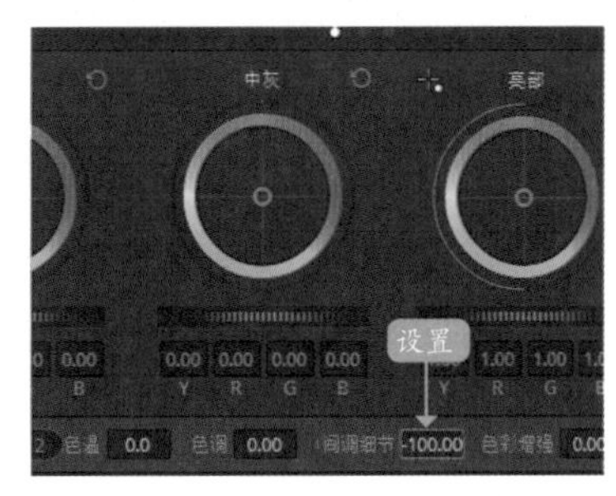

图13-147　设置“中间调细节”参数

步骤/19 执行操作后，即可减少画面中的细节质感，使人物与背景更贴合、融洽。在预览窗口中查看制作的美人如画视频画面效果，如图13-148所示。

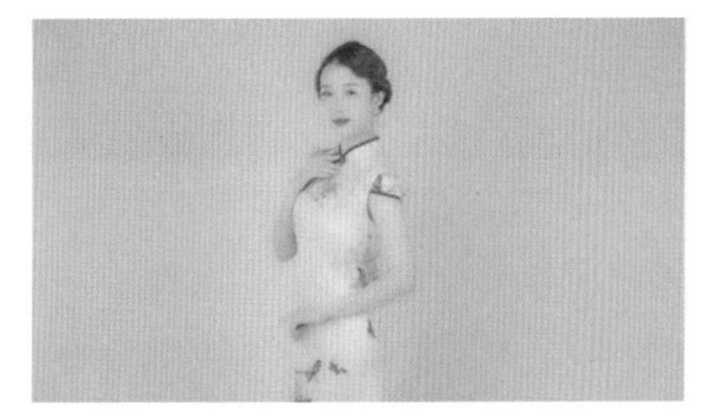

图13-148　查看美人如画视频画面

13.3.2　制作特艺色影调风格效果

特艺色是20世纪30年代的一种彩色胶片色调，也是抖音上比较热门的一种经典复古影调风格。在DaVinci Resolve 16中，用户只需使用“RGB混合器”功能，套用一个简单的公式即可调出特艺色影调风格效果，下面介绍具体的操作步骤。

步骤/01 打开项目文件“素材\第13章\奇山峻岭.drp”，如图13-149所示。

图13-149　打开项目文件

步骤/02 切换至“调色”步骤面板，在“节点”面板中选中01节点，如图13-150所示。

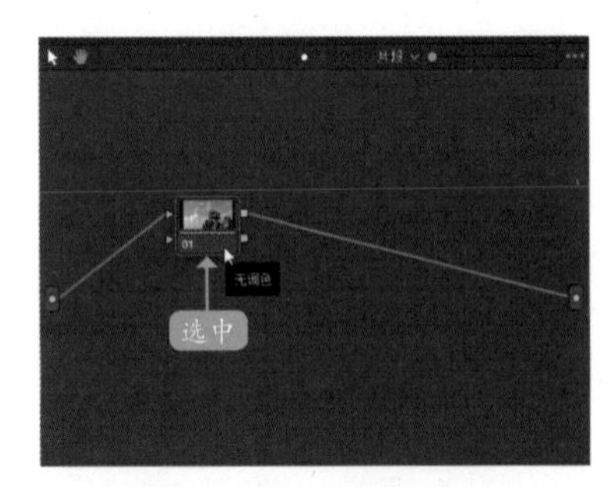

图13-150　选中01节点

步骤/03 单击“RGB混合器”按钮，展开“RGB混合器”面板，如图13-151所示。

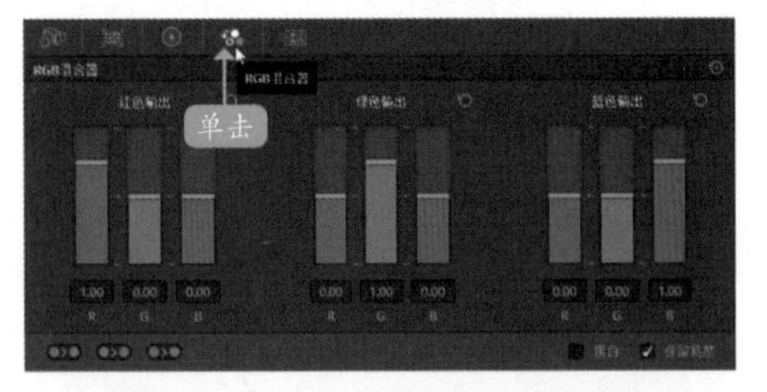

图13-151　单击“RGB混合器”按钮

步骤/04 在“红色输出”通道中，设置R控制条参数为1.00，G控制条参数为-1.00，B控制条参数为1.00，如图13-152所示。

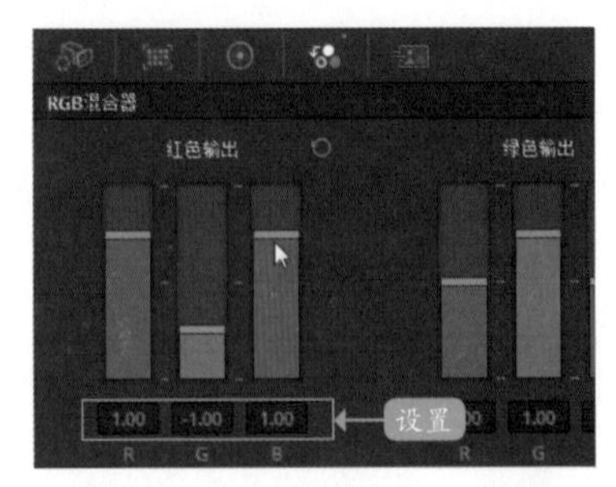

图13-152　设置“红色输出”通道参数

步骤/05 在“绿色输出”通道中，设置R控制条参数为-1.00，G控制条参数为1.00，B控制条参数为1.00，如图13-153所示。

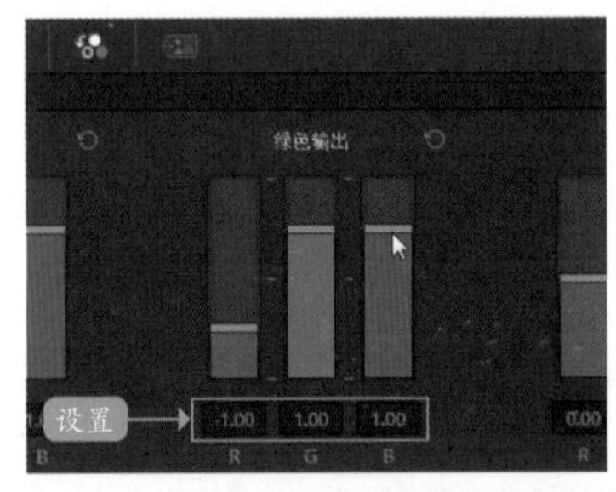

图13-153　设置“绿色输出”通道参数

步骤/06 在“蓝色输出”通道中，设置R控制条参数为-1.00，G控制条参数为1.00，B控制条参数为1.00，如图13-154所示。

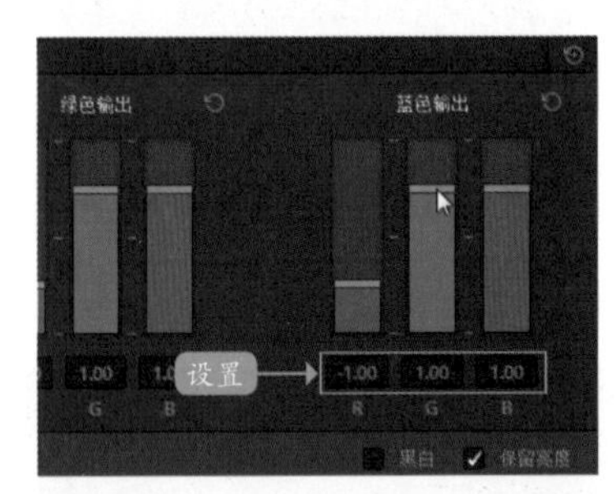

图13-154　设置“蓝色输出”通道参数

步骤/07 执行操作后，在预览窗口中查看特艺色影调风格视频效果，如图13-155所示。

图13-155　查看特艺色影调风格视频效果

专家指点

特艺色影调风格调整公式如下。

- 在“红色输出”通道中，R控制条参数保持不变，降低G控制条一半参数值，增加B控制条一半参数值；
- 在“绿色输出”通道中，G控制条参数保持不变，降低R控制条一半参数值，增加B控制条一半参数值；
- 在“蓝色输出”通道中，B控制条参数保持不变，降低R控制条一半参数值，增加G控制条一半参数值。

13.3.3　制作城市夜景黑金色调

城市黑金色在抖音平台上是一种比较热门的网红色调，有很多摄影爱好者和调色师都会将拍摄的城市夜景调成黑金色调。下面向大家介绍在达芬奇中将城市夜景调成黑金色调的操作方法。

步骤/01 打开项目文件“素材\第13章\夜景廊桥.drp”，在预览窗口中可以查看打开的项目效果。画面中除了黑金色调需要的黑色、红色、黄色、橙色外，还有蓝色和紫色，如图13-156所示。

图13-156　打开项目文件

步骤/02 切换至“调色”步骤面板，在“节点”面板中选择编号为01的节点，如图13-157所示。

步骤/03 展开“色相vs饱和度”曲线面板，①在下方单击蓝色矢量色块，在曲线上自动添加3个控制点；②选中第2个控制点；③设置“饱和度”参数为0.00，如图13-158所示。

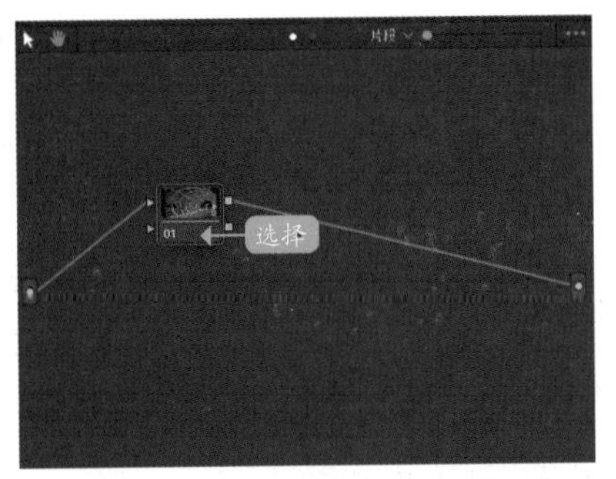

图13-157　选择编号为01的节点

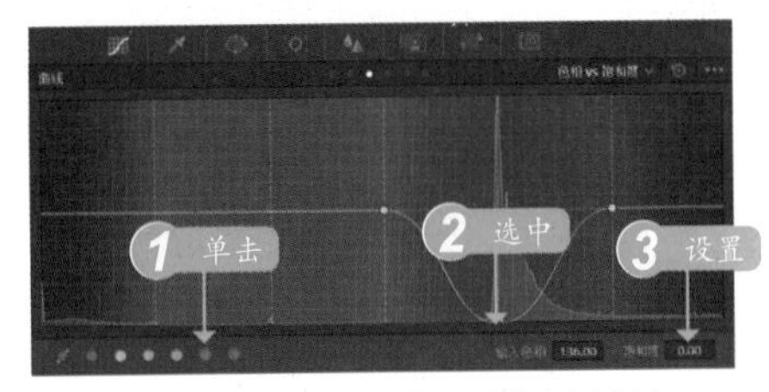

图13-158　添加并设置蓝色控制点

步骤/04 在预览窗口中，可以查看去除蓝色后的画面效果，如图13-159所示。

图13-159　查看去除蓝色后的画面效果

步骤/05 在“色相vs饱和度”曲线面板中，①单击紫色矢量色块；②在曲线面板上选中添加的紫色控制点；③设置“饱和度”参数为0.00，如图13-160所示。

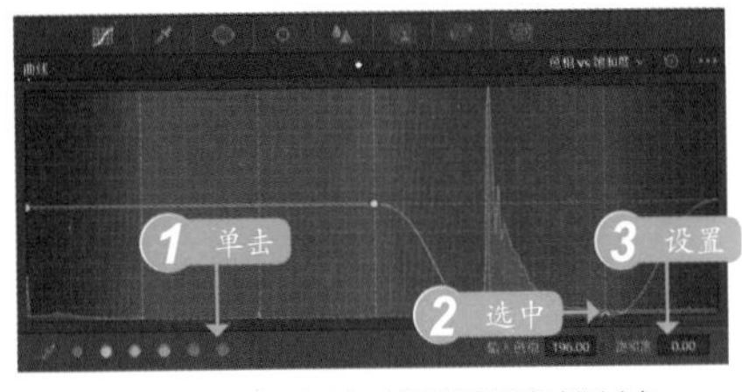

图13-160　添加并设置紫色控制点

步骤/06 在预览窗口中，可以查看去除紫色后的画面效果，效果如图13-161所示。

步骤/07 在“色相vs饱和度”曲线面板

中，①单击黄色矢量色块；②在曲线面板上选中添加的黄色控制点；③设置“饱和度”参数为2.00，如图13-162所示。

图13-161　去除画面中的紫色效果

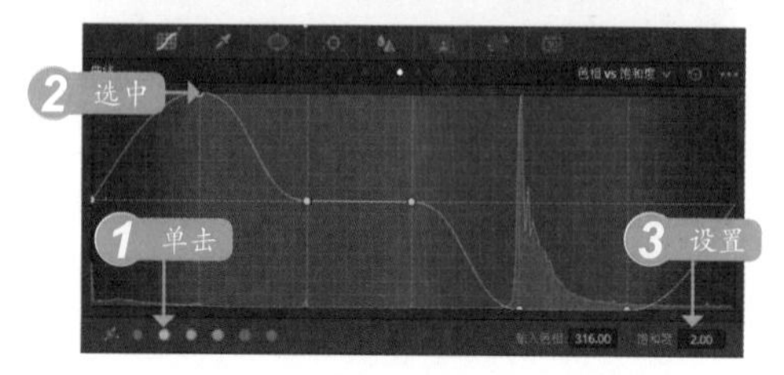

图13-162　添加并设置黄色控制点

步骤/08 ①选中曲线左侧的第一个控制点；②设置“输入色相”参数为291.00，如图13-163所示。

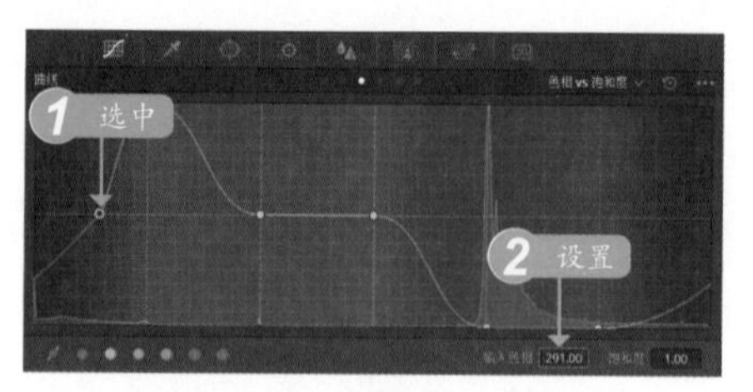

图13-163　设置第一个控制点

步骤/09 执行操作后，即可调整红色色相，在预览窗口中可以查看制作的城市夜景黑金色调效果，如图13-164所示。

图13-164　查看城市夜景黑金色调效果

第14章

特效处理：为视频添加转场和字幕

学前提示

在DaVinci Resolve 16中，除了可以为视频素材调色外，还可以为视频素材添加转场和字幕特效。在视频后期处理中，转场可以使镜头之间过渡得更为自然、流畅；字幕则可以传达画面以外的信息，增强视频的艺术效果。本章主要介绍在达芬奇中制作视频转场和字幕特效的方法。

14.1 编辑设置转场效果

从某种角度来说，转场就是一种特殊的滤镜效果，它可以在两个图像或视频素材之间创建某种过渡效果，使视频更具有吸引力。运用转场效果，可以制作出让人赏心悦目的视频画面。下面向大家介绍在DaVinci Resolve 16中替换转场、移动转场、删除转场效果以及添加转场边框等内容。

14.1.1 替换需要的转场效果

在DaVinci Resolve 16中，如果用户对当前添加的转场效果不满意，可以对转场效果进行替换操作，使素材画面更加符合用户的需求。下面介绍替换转场的操作方法。

步骤/01 打开项目文件“素材\第14章\一群鹅.drp”，进入“剪辑”步骤面板，如图14-1所示。

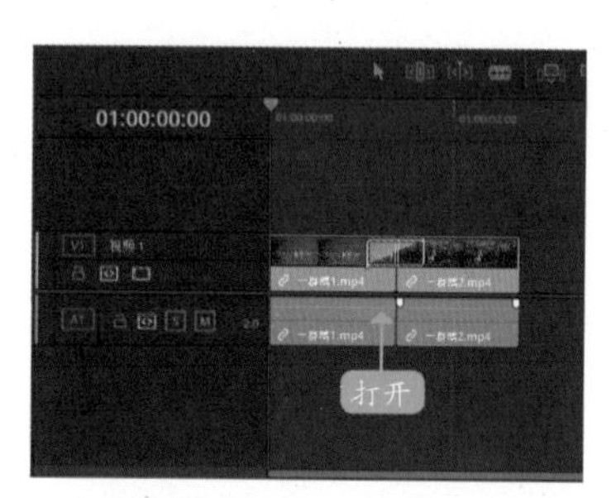

图14-1 打开项目文件

步骤/02 在预览窗口中，可以查看打开的项目效果，如图14-2所示。

图14-2 查看打开的项目效果

步骤/03 在“剪辑”步骤面板的左上角，单击“特效库”按钮![特效库], 如图14-3所示。

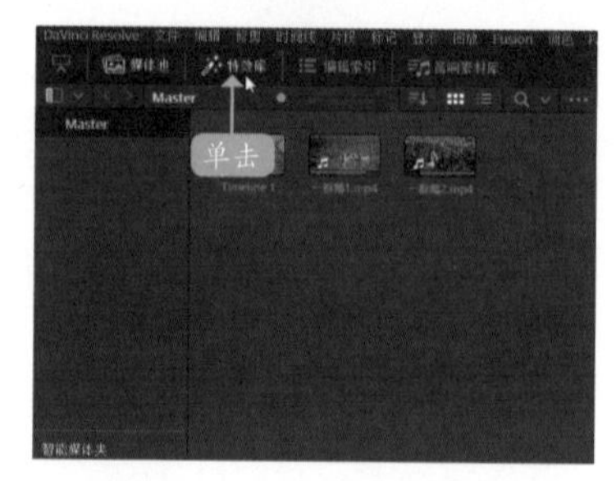

图14-3 单击“特效库”按钮

步骤/04 在“媒体池”面板下方展开“特效库”面板，单击“工具箱”左侧的下拉按钮▶，如图14-4所示。

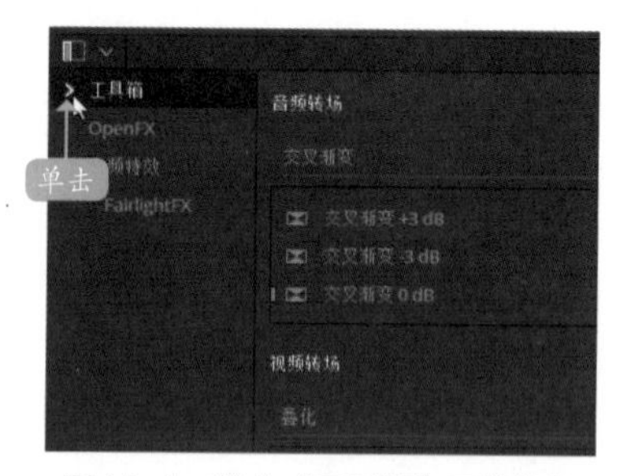

图14-4 单击“工具箱”下拉按钮

步骤/05 展开“工具箱”选项列表，选择“视频转场”选项，展开“视频转场”选项面板，如图14-5所示。

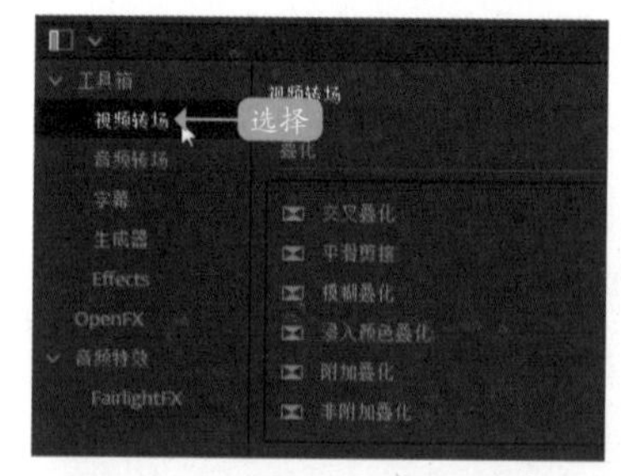

图14-5 选择“视频转场”选项

步骤/06 在“叠化”转场组中，选择“平滑剪接”转场特效，如图14-6所示。

步骤/07 按住鼠标左键，将选择的转场特效拖曳至“时间线”面板的两个视频素材中间，如图14-7所示。

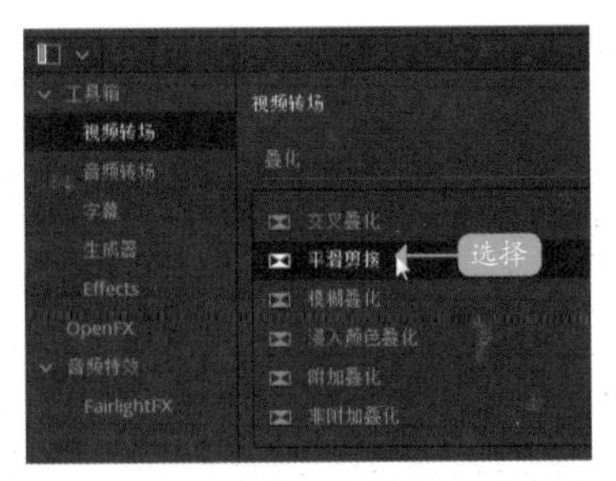

图14-6　选择“平滑剪接”转场特效

图14-7　拖曳转场特效

步骤/08 释放鼠标左键，即可替换原来的转场，在预览窗口中查看替换后的转场效果，如图14-8所示。

图14-8　查看替换后的转场效果

14.1.2　移动转场效果的位置

在DaVinci Resolve 16中，用户可以根据实际需要对转场效果进行移动，将转场效果放置到合适的位置上。下面介绍移动转场视频特效的操作方法。

步骤/01 打开项目文件“素材\第14章\夜景灯光.drp”，如图14-9所示。

步骤/02 在预览窗口中，可以查看打开的项目效果，如图14-10所示。

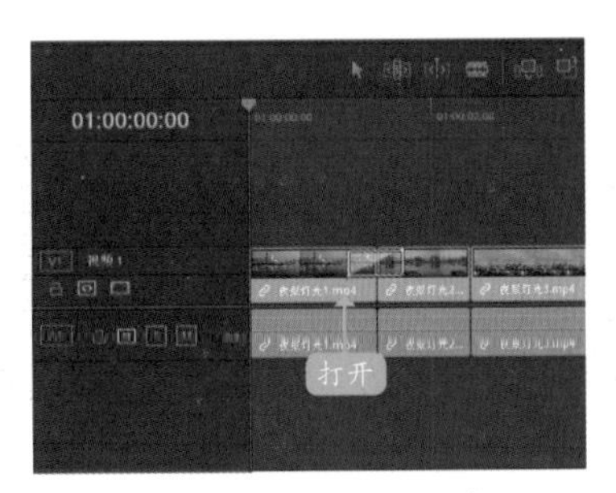

图14-9　打开项目文件

图14-10　查看打开的项目效果

步骤/03 在“时间线”面板的V1轨道上，选中第一段视频和第二段视频之间的转场，如图14-11所示。

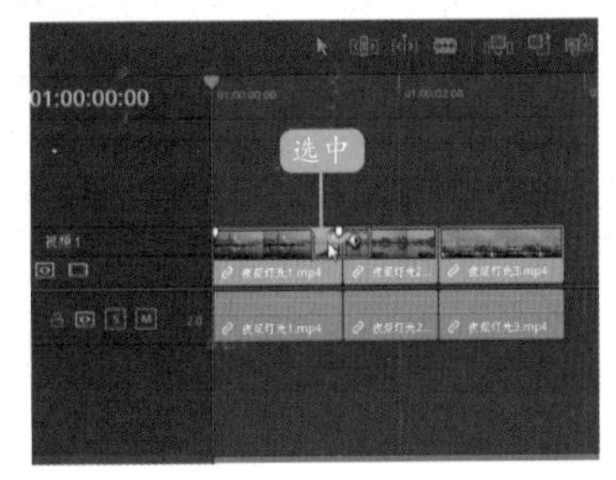

图14-11　选中转场效果

步骤/04 按住鼠标左键，拖曳转场至第二段视频与第三段视频之间，如图14-12所示。释放鼠标左键，即可移动转场位置。

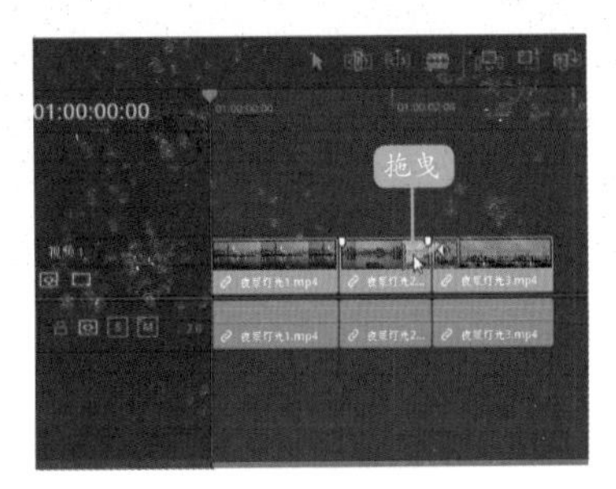

图14-12　拖曳转场效果

步骤/05 在预览窗口中，查看移动转场位置后的视频效果，如图14-13所示。

图14-13　查看移动转场位置后的视频效果

14.1.3　删除不需要的转场效果

在制作视频特效的过程中，如果用户对视频轨中添加的转场效果不满意，可以对转场效果进行删除操作。下面介绍删除不需要的转场视频特效的操作方法。

步骤/01 打开项目文件“素材\第14章\小花骨朵.drp”，如图14-14所示。

图14-14　打开项目文件

步骤/02 在预览窗口中，可以查看打开的项目效果，如图14-15所示。

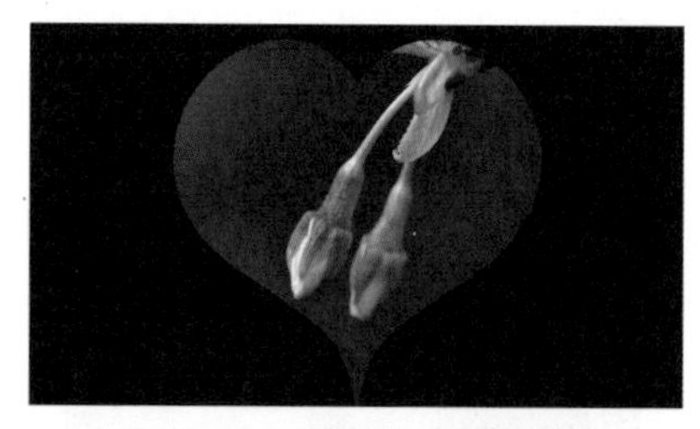

图14-15　查看打开的项目效果

步骤/03 在“时间线”面板的V1轨道上，选中视频素材上的转场效果，如图14-16所示。

步骤/04 单击鼠标右键，弹出快捷菜单，选择“删除”命令，如图14-17所示。

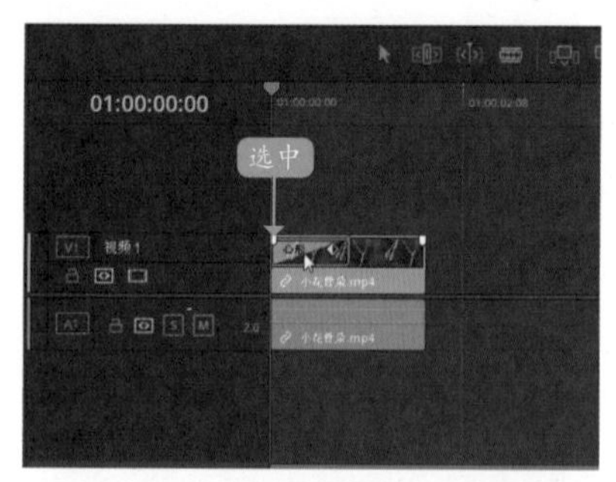

图14-16　选中视频素材上的转场效果

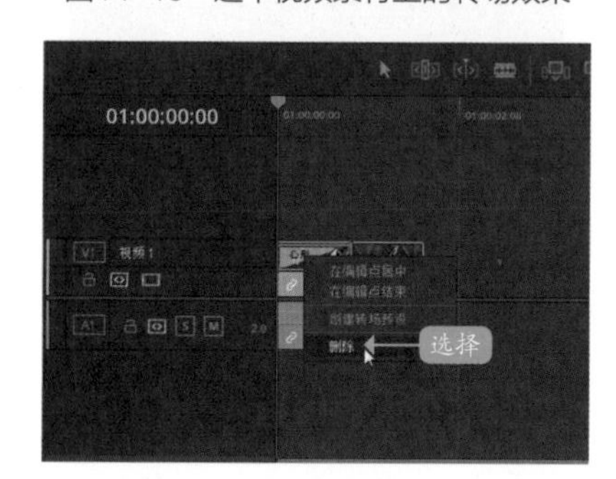

图14-17　选择“删除”命令

步骤/05 在预览窗口中，查看删除转场后的视频效果，如图14-18所示。

图14-18　查看删除转场后的视频效果

14.1.4　为转场添加白色边框

在DaVinci Resolve 16中，在素材之间添加转场效果后，可以为转场效果设置相应的边框样式，从而为转场效果锦上添花，下面介绍具体的操作步骤。

步骤/01 打开项目文件“素材\第14章\粉色花朵.drp”，如图14-19所示。

步骤/02 在V1轨道上的第一个视频素材和第二个视频素材中间，添加一个“菱形展开”转场效果，如图14-20所示。

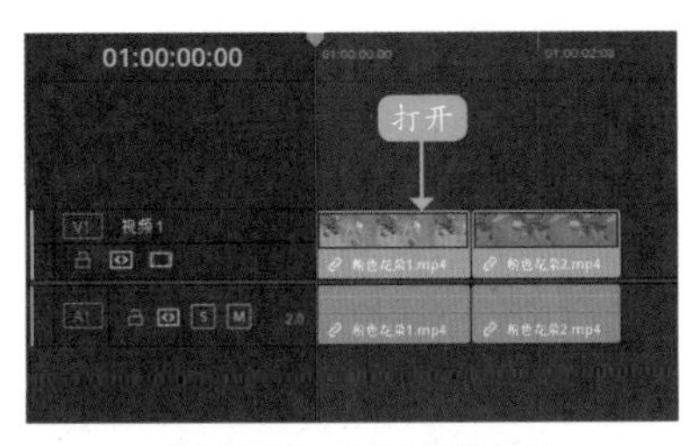

图14-19　打开项目文件

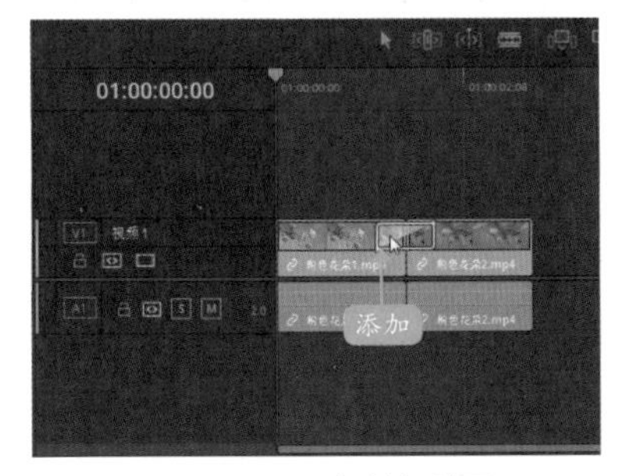

图14-20　添加转场效果

步骤/03 在预览窗口中，可以查看添加的转场效果，如图14-21所示。

图14-21　查看添加的转场效果

步骤/04 在“时间线”面板的V1轨道上，双击视频素材上的转场效果，如图14-22所示。

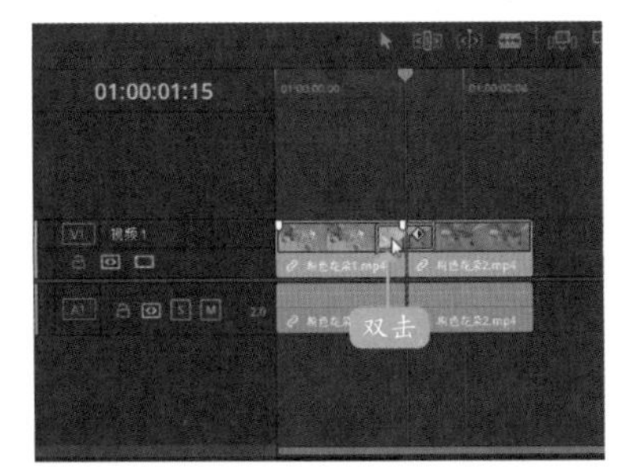

图14-22　双击视频素材上的转场效果

步骤/05 展开“检查器”面板，在“菱形展开”选项面板中，用户可以通过拖曳“边框”滑块或在文本框内输入参数的方式，设置“边框”参数为20.000，如图14-23所示。

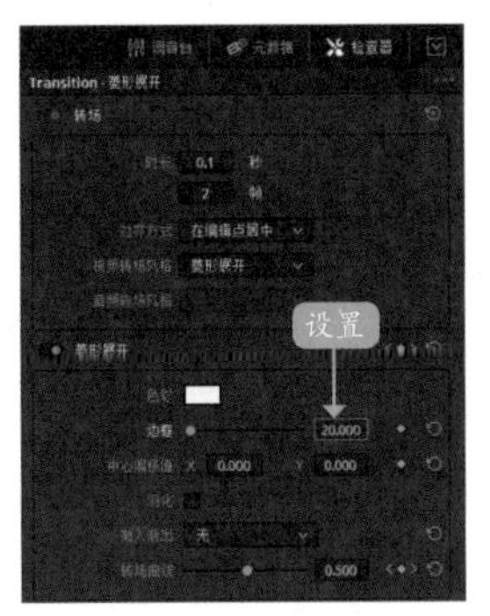

图14-23　设置“边框”参数

步骤/06 在预览窗口中，查看为转场添加边框后的视频效果，如图14-24所示。

图14-24　查看为转场添加边框后的视频效果

专家指点

用户还可以在“菱形展开”选项面板中，单击“色彩”右侧的色块，设置转场效果的边框颜色。

14.2 制作视频转场特效

在DaVinci Resolve 16中，提供了多种转场效果，某些转场效果独具特色，可以为视频添加非凡的视觉体验。本节主要介绍转场效果的精彩应用。

14.2.1　制作圆形光圈转场效果

在DaVinci Resolve 16中，“光圈”转场组中共有8个转场效果，应用其中的“椭圆展开”转场特效，可以从素材A画面中心以圆形光圈过渡展开显示素材B。下面介绍制作圆形光圈转场效果的操作方法。

步骤/01 打开项目文件"素材\第14章\红叶白花.drp"，进入"剪辑"步骤面板，如图14-25所示。

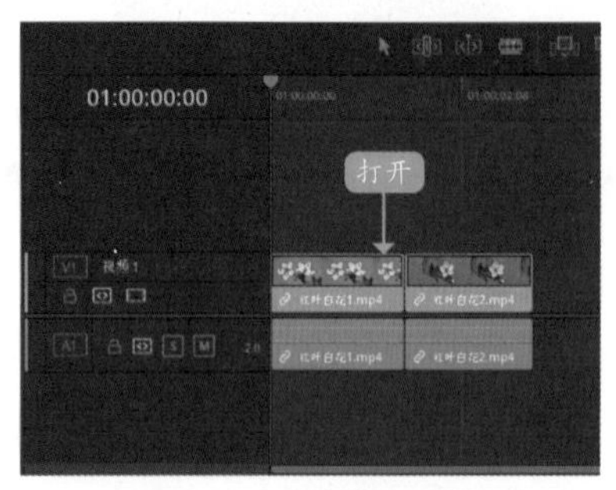

图14-25 打开项目文件

步骤/02 展开"视频转场"|"光圈"选项面板，选择"椭圆展开"转场特效，如图14-26所示。

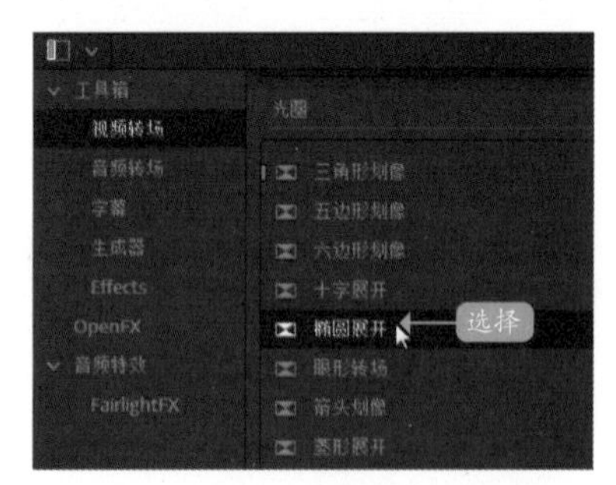

图14-26 选择"椭圆展开"转场特效

步骤/03 按住鼠标左键，将选择的转场拖曳至视频轨中的两个素材之间，如图14-27所示。

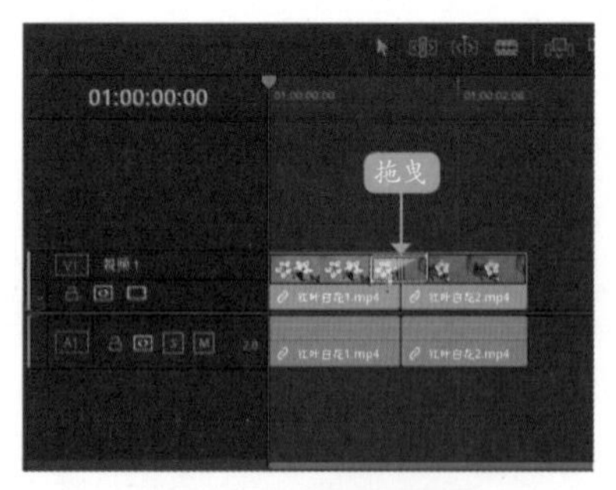

图14-27 拖曳转场特效

步骤/04 释放鼠标左键即可添加"椭圆展开"转场特效。双击转场特效，展开"检查器"面板，在"椭圆展开"选项面板中，设置"边框"参数为20.000，如图14-28所示。

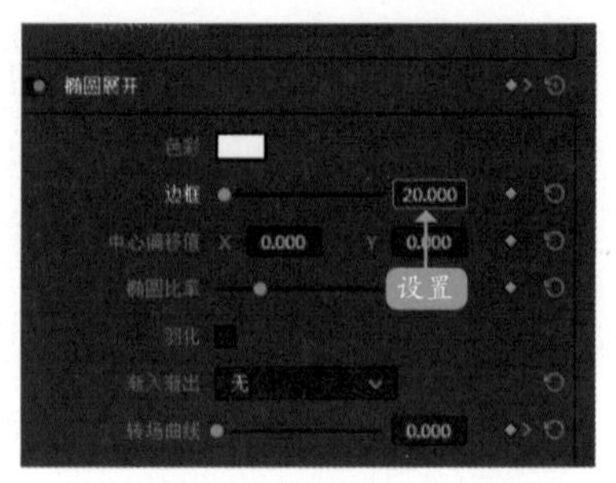

图14-28 设置"边框"参数

专家指点

选中"边框"文本框，按住鼠标左键上下拖曳，也可以增加或减少"边框"参数。

步骤/05 单击"色彩"右侧的色块，弹出"选择颜色"对话框，在"基本颜色"选项区中选择最后一排第七个色块，如图14-29所示。

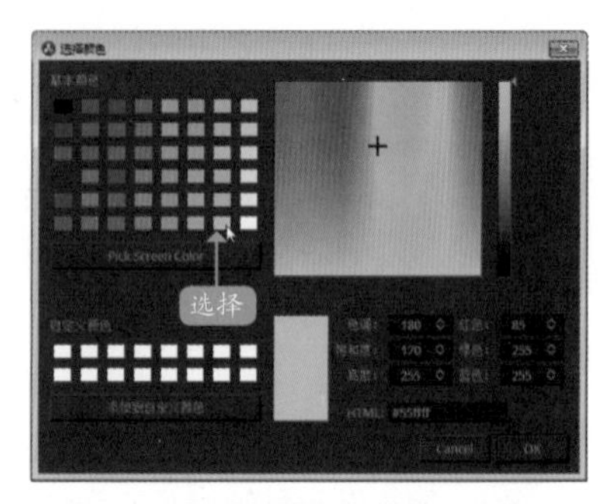

图14-29 选择最后一排第七个色块

步骤/06 单击OK按钮，即可为边框设置颜色，在预览窗口中，可以查看制作的视频效果，如图14-30所示。

图14-30 查看制作的视频效果

14.2.2 制作百叶窗转场效果

在DaVinci Resolve 16中，"百叶窗划像"转场效果是"划像"转场类型中最常用的一种，是指素材以百叶窗翻转的方式进行过渡。下面介绍制作百叶窗转场效果的操作方法。

步骤/01 打开项目文件“素材\第14章\日落景象.drp”，进入“剪辑”步骤面板，如图14-31所示。

图14-31　打开项目文件

步骤/02 展开“视频转场”|“划像”面板，选择“百叶窗划像”转场特效，如图14-32所示。

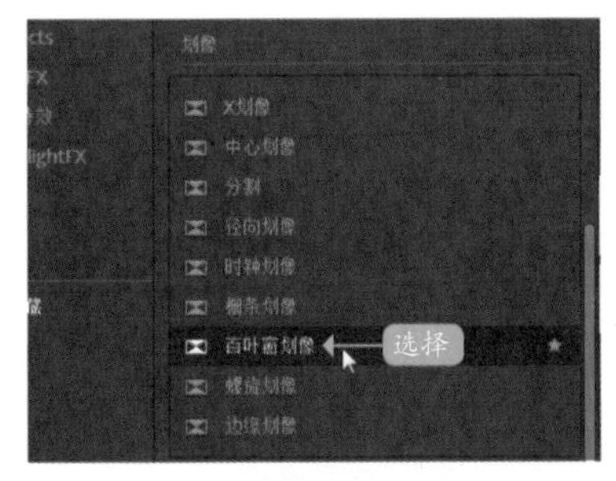

图14-32　选择“百叶窗划像”转场特效

步骤/03 按住鼠标左键，将选择的转场拖曳至视频轨中素材末端，如图14-33所示。

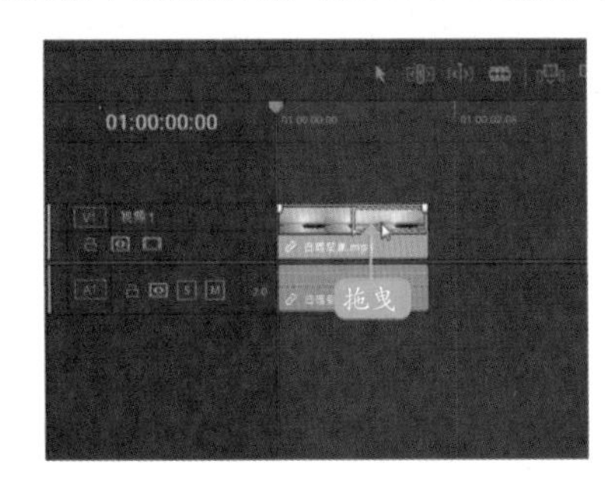

图14-33　拖曳转场特效

步骤/04 释放鼠标左键，即可添加“百叶窗划像”转场特效。选择添加的转场，将鼠标指针移至转场左边的边缘线上，当光标呈左右双向箭头形状时，按住鼠标左键并向左拖曳，至合适位置后释放鼠标左键，即可增加转场时长，如图14-34所示。

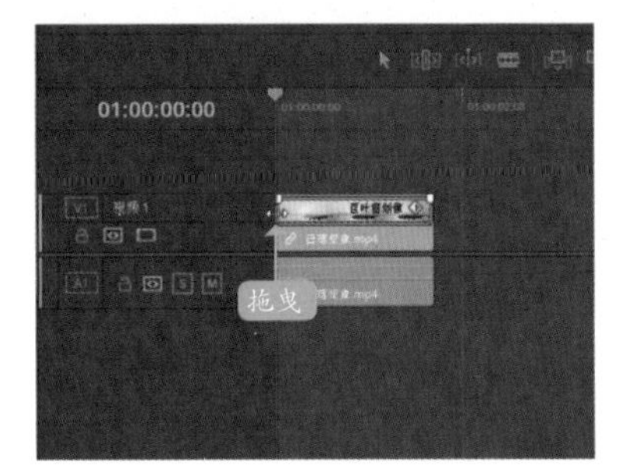

图14-34　增加转场时长

步骤/05 在预览窗口中，可以查看制作的视频效果，如图14-35所示。

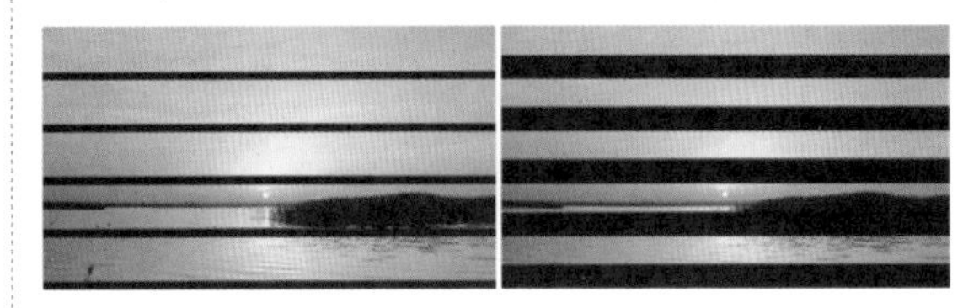

图14-35　查看制作的视频效果

14.2.3　制作交叉叠化转场效果

在DaVinci Resolve 16中，“交叉叠化”转场效果是素材A的透明度由100%转变到0%，素材B的透明度由0%转变到100%的一个过程。下面介绍制作交叉叠化转场效果的操作方法。

步骤/01 打开项目文件“素材\第14章\双蝶飞舞.drp”，进入“剪辑”步骤面板，如图14-36所示。

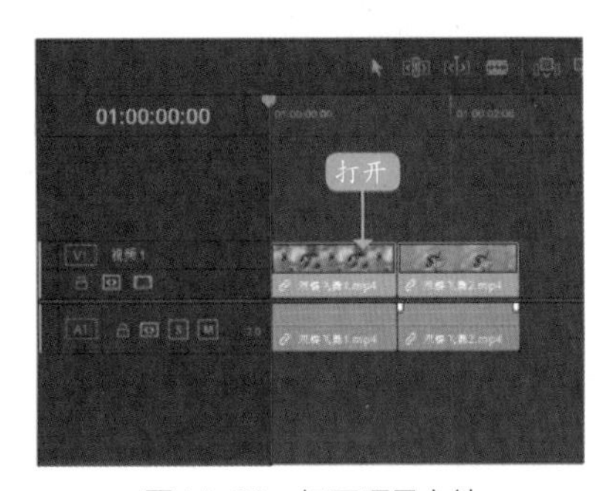

图14-36　打开项目文件

步骤/02 展开“视频转场”|“叠化”选项面板，选择“交叉叠化”转场特效，如图14-37所示。

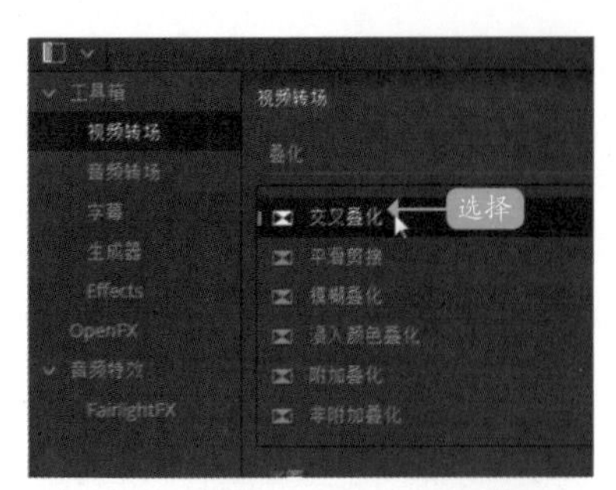

图14-37　选择“交叉叠化”转场特效

步骤/03 按住鼠标左键，将选择的转场拖曳至视频轨中的两个素材之间，如图14-38所示。

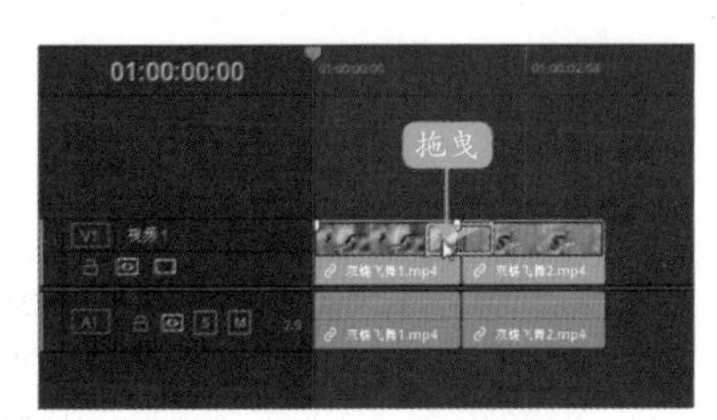

图14-38　拖曳转场特效

步骤/04 释放鼠标左键即可添加“交叉叠化”转场特效。在预览窗口中，可以查看制作的视频效果，如图14-39所示。

图14-39　查看制作的视频效果

专家指点

在DaVinci Resolve 16中，为两个视频素材添加转场特效时，视频素材需要经过剪辑才能应用转场，否则转场只能添加到素材的开始位置处或结束位置处，不能置放在两个素材的中间。

14.3 添加标题字幕文件

DaVinci Resolve 16提供了便捷的字幕编辑功能，可以使用户在短时间内制作出专业的标题字幕。为了让字幕的整体效果更加具有吸引力和感染力，需要用户对字幕属性进行精心调整。本节将介绍字幕属性的作用与调整的技巧。

14.3.1　制作视频标题特效

在DaVinci Resolve 16中，标题字幕有两种添加方式：一种是通过“特效库”|“字幕”选项卡进行添加，另一种是在“时间线”面板的字幕轨道上添加。下面介绍为视频添加标题字幕的操作方法。

步骤/01 打开项目文件“素材\第14章\森林公园.drp”，如图14-40所示。

图14-40　打开项目文件

步骤/02 在预览窗口中，可以查看打开的项目效果，如图14-41所示。

图14-41　查看打开的项目效果

步骤/03 在“剪辑”步骤面板的左上角，单击“特效库”按钮，如图14-42所示。

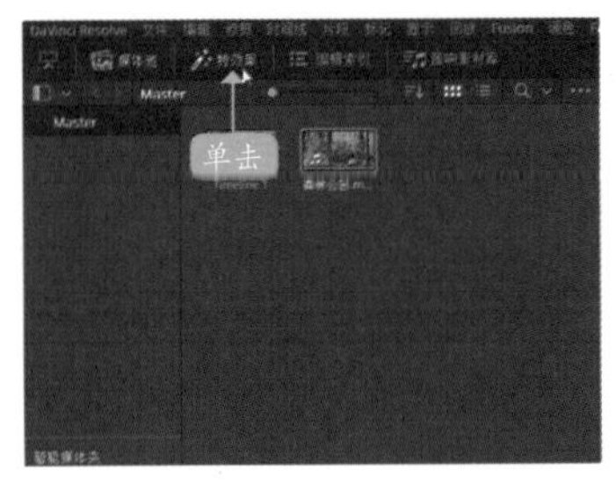

图14-42 单击“特效库”按钮

步骤/04 在“媒体池”面板下方展开“特效库”面板，单击“工具箱”下拉按钮，展开选项列表，选择“字幕”选项，展开“字幕”选项面板，如图14-43所示。

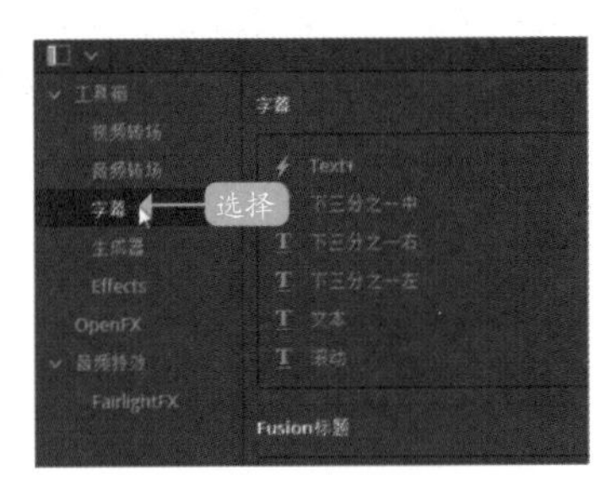

图14-43 选择“字幕”选项

步骤/05 在选项面板的“字幕”选项区中，选择“文本”选项，如图14-44所示。

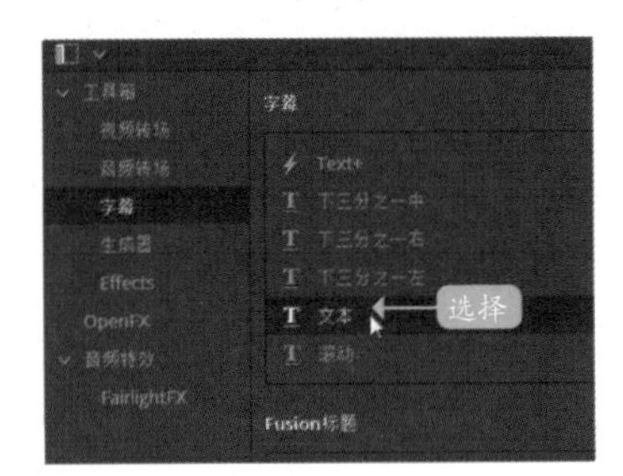

图14-44 选择“文本”选项

步骤/06 按住鼠标左键将“文本”字幕样式拖曳至V1轨道上方，“时间线”面板会自动添加一条V2轨道，在合适位置处释放鼠标左键，即可在V2轨道上添加一个标题字幕文件，如图14-45所示。

步骤/07 在预览窗口中，可以查看添加的字幕文件，如图14-46所示。

图14-45 在V2轨道上添加一个字幕文件

图14-46 查看添加的字幕文件

步骤/08 双击添加的“文本”字幕，展开“检查器”|“文本”选项卡，如图14-47所示。

图14-47 展开“文本”选项卡

步骤/09 在“多信息文本”下方的编辑框中输入文字“游玩”，如图14-48所示。

图14-48 输入文字内容

步骤/10 在面板下方，设置“位置”X值为320.000、Y值为770.000，如图14-49所示。

步骤/11 在“时间线”面板的空白位置处单击鼠标右键，弹出快捷菜单，选择“添加字幕轨道”命令，如图14-50所示。

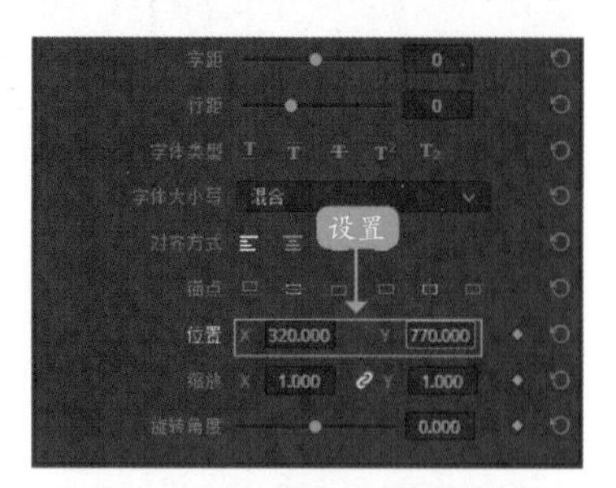

图14-49　设置“位置”参数

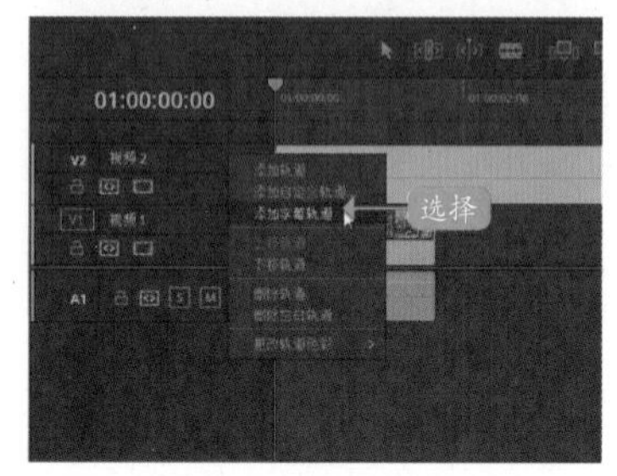

图14-50　选择“添加字幕轨道”命令

步骤/12 执行操作后，即可在“时间线”面板中添加一条字幕轨道，在字幕轨道的空白位置处单击鼠标右键，弹出快捷菜单，选择“添加字幕”命令，如图14-51所示。

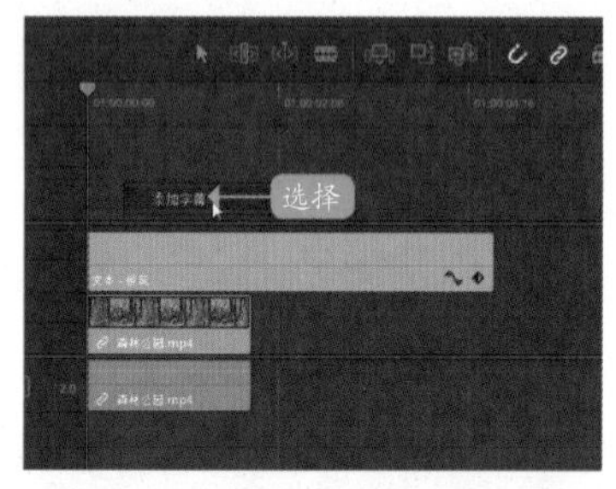

图14-51　选择“添加字幕”命令

步骤/13 在字幕轨道中即可添加一个字幕文件，如图14-52所示。

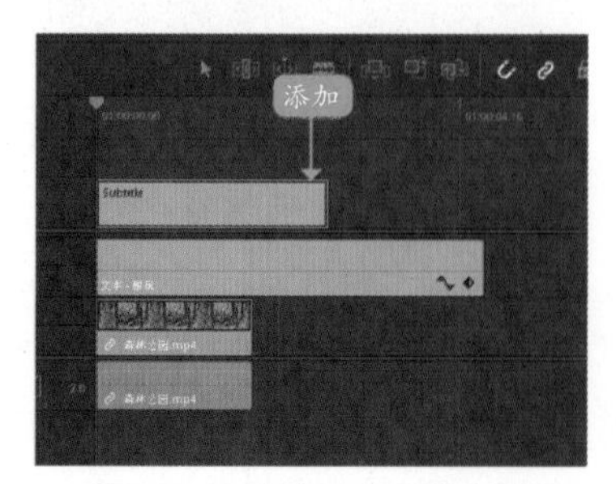

图14-52　添加一个字幕文件

步骤/14 在预览窗口中，可以查看添加第二个字幕文件的效果，如图14-53所示。

图14-53　查看添加第二个字幕文件的效果

步骤/15 切换至“检查器”|“字幕”选项卡，如图14-54所示。

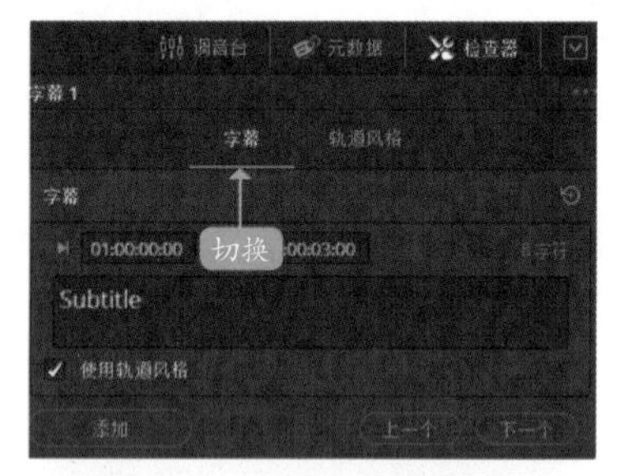

图14-54　切换至“字幕”选项卡

步骤/16 在下方的编辑框中，输入文字内容“森林公园”，如图14-55所示。

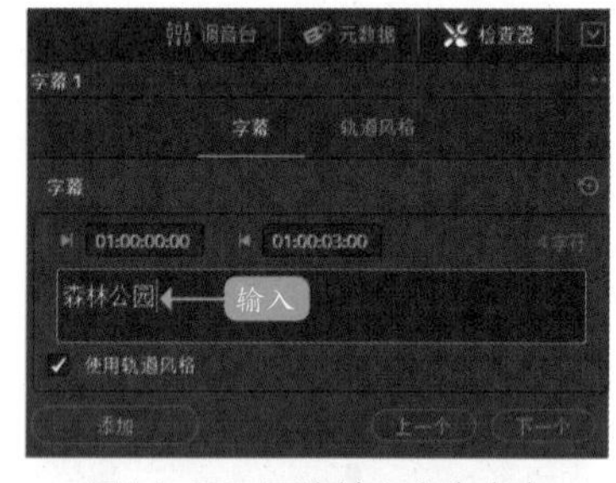

图14-55　再次输入文字内容

步骤/17 在文本框下方，取消选中“使用轨道风格”复选框，如图14-56所示。

图14-56　取消选中相应复选框

步骤/18 展开“字幕风格”选项区，在下方设置“位置”X值为580.000、Y值为740.000，如图14-57所示。

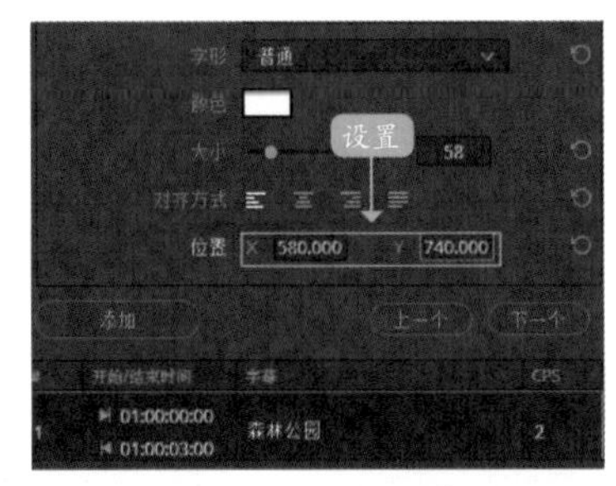

图14-57　设置“位置”参数

步骤/19 选中V2轨道中的字幕文件，将鼠标指针移至字幕文件的末端，按住鼠标左键并向左拖曳，至合适位置后释放鼠标左键，即可调整字幕区间时长，如图14-58所示。

图14-58　调整字幕区间时长

步骤/20 用同样的方法调整字幕轨道上的字幕时长，在预览窗口查看制作的视频标题特效，如图14-59所示。

图14-59　查看制作的视频标题特效

专家指点

在“使用轨道风格”下方，单击“添加”按钮，即可添加一个新的标题字幕文件，并将前一个标题文件覆盖掉。

14.3.2　更改标题字幕样式

在DaVinci Resolve 16中，用户可根据素材与标题字幕的匹配程度，更改标题字幕的字体、字体大小以及字体的颜色，让制作的影片更加具有观赏性。下面介绍在DaVinci Resolve 16中更改标题字幕颜色的操作方法。

步骤/01 打开项目文件“素材\第14章\海边小屋.drp”，进入“剪辑”步骤面板，如图14-60所示。

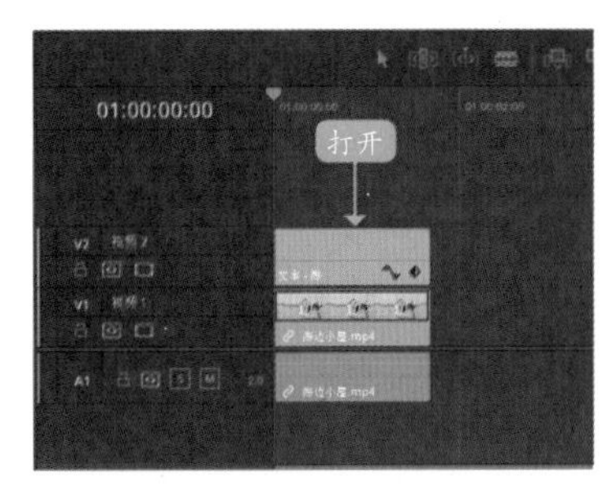

图14-60　打开项目文件

步骤/02 在预览窗口中，可以查看打开的项目效果，如图14-61所示。

图14-61　查看打开的项目效果

步骤/03 双击V2轨道中的字幕文件，展开“检查器”|“文本”选项卡，1单击“字体”右侧的下拉按钮；2选择“楷体”选项，如图14-62所示。

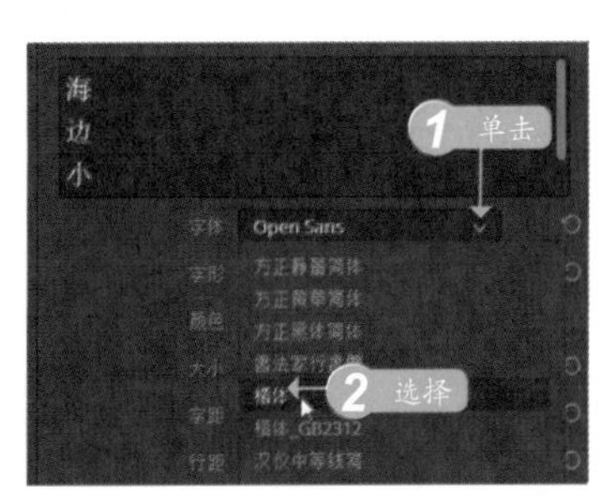

图14-62　选择“楷体”选项

步骤/04 执行操作后，在下方设置“大小”参数为170，如图14-63所示。

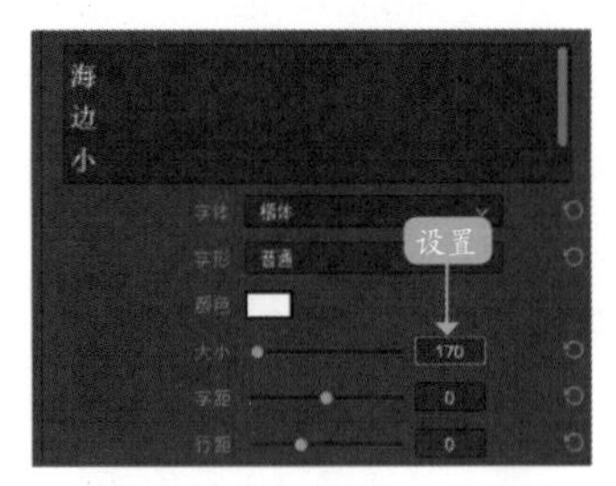

图14-63 设置“大小”参数

步骤/05 单击“颜色”色块，如图14-64所示。

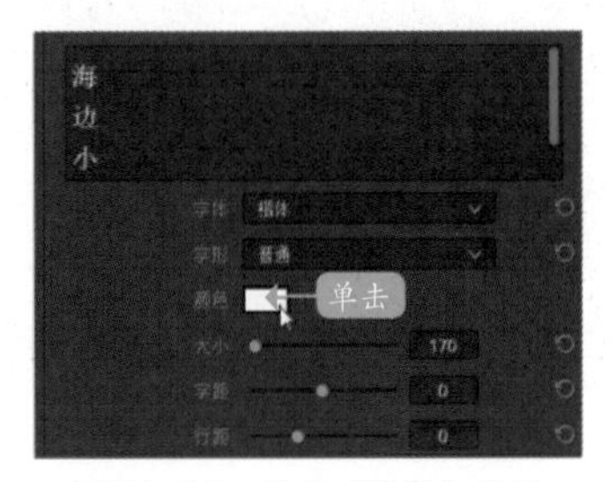

图14-64 单击“颜色”色块

步骤/06 弹出“选择颜色”对话框，在“基本颜色”选项区中，选择最后一排第一个颜色色块，如图14-65所示。

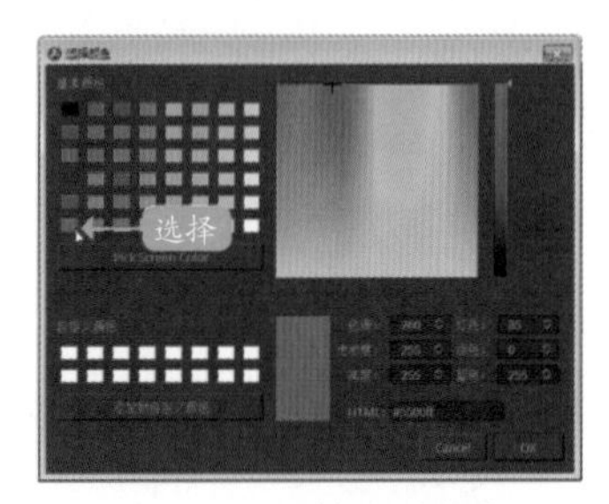

图14-65 选择相应颜色

步骤/07 单击OK按钮，即可更改标题字幕的字体颜色，在预览窗口中可以查看更改字幕样式后的效果，如图14-66所示。

图14-66 查看更改字幕样式后的效果

14.3.3 设置字幕描边效果

在DaVinci Resolve 16中，为了使标题字幕样式丰富多彩，用户可以为标题字幕设置描边效果。下面介绍为标题字幕设置描边的操作方法。

步骤/01 打开项目文件“素材\第14章\展翅欲飞.drp”，如图14-67所示。

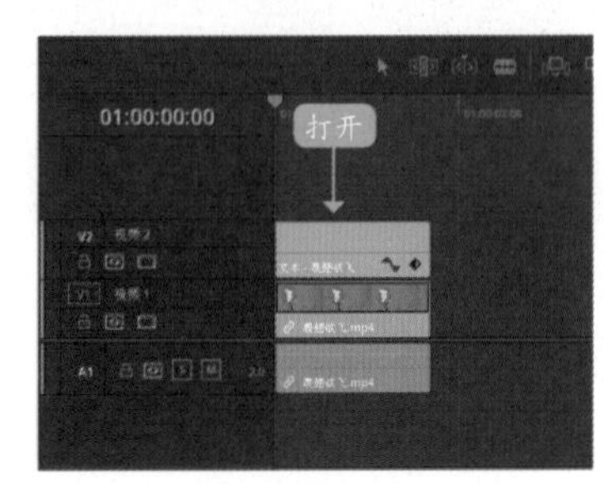

图14-67 打开项目文件

步骤/02 在预览窗口中，可以查看打开的项目效果，如图14-68所示。

图14-68 查看打开的项目效果

步骤/03 双击V2轨道中的字幕文件，展开“检查器”|“文本”选项卡，在“描边”选项区中，单击“色彩”色块，如图14-69所示。

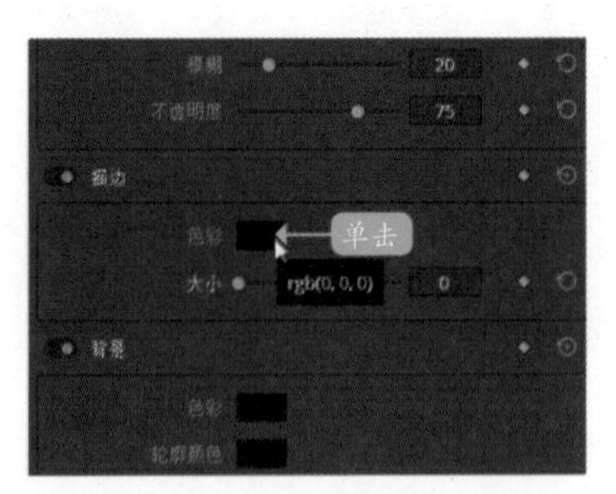

图14-69 单击“色彩”色块

步骤/04 弹出“选择颜色”对话框，在“基本颜色”选项区中，选择白色色块（最后一排的最后一个色块），如图14-70所示。

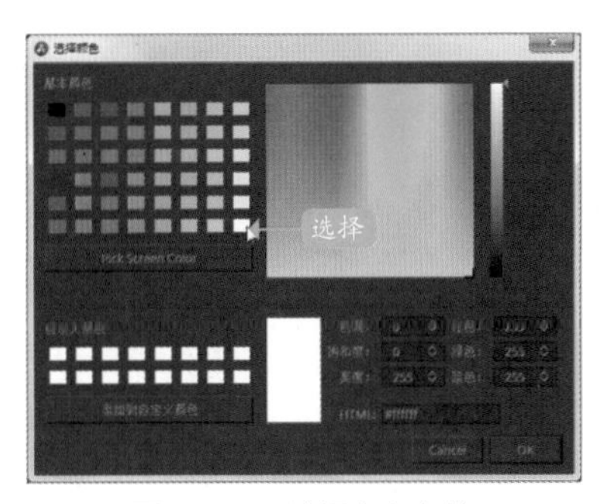

图14-70　选择白色色块

专家指点

打开“选择颜色”对话框，用户可以通过4种方式应用色彩色块。

➢ 第一种是在“基本颜色”选项区中选择需要的色块；

➢ 第二种是在右侧的色彩选取框中选取颜色；

➢ 第三种是在“自定义颜色”选项区中添加用户常用的或喜欢的颜色，然后选择需要的颜色色块；

➢ 第四种是通过修改“红色”“绿色”“蓝色”等参数值来定义颜色色域。

步骤/05 单击OK按钮，返回“文本”选项卡，在“描边”选项区中，按住鼠标左键拖曳“大小”右侧的滑块，直至参数显示为5，释放鼠标左键，如图14-71所示。

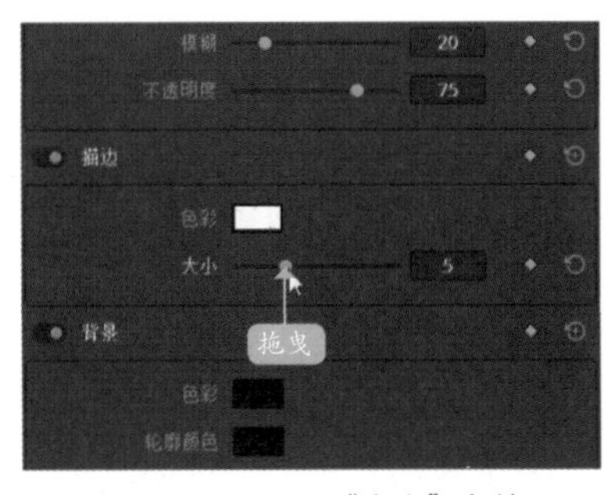

图14-71　设置“大小”参数

步骤/06 执行操作后，即可为标题字幕添加描边边框，在预览窗口中查看更改的字幕效果，如图14-72所示。

图14-72　查看更改的字幕效果

14.3.4　设置字幕阴影效果

在制作项目文件的过程中，如果需要强调或突出显示字幕文本，可以设置字幕的阴影效果。下面介绍制作字幕阴影效果的操作方法。

步骤/01 打开项目文件“素材\第14章\红色蜻蜓.drp”，进入“剪辑”步骤面板，如图14-73所示。

图14-73　打开项目文件

步骤/02 在预览窗口中，可以查看打开的项目效果，如图14-74所示。

图14-74　查看打开的项目效果

步骤/03 双击V2轨道中的字幕文件，展开“检查器”|“文本”选项卡，在“下拉阴影”选项区中，单击“色彩”色块，如图14-75所示。

步骤/04 弹出“选择颜色”对话框，设置“红色”参数为191、“绿色”参数为96、“蓝色”参数为96，如图14-76所示。

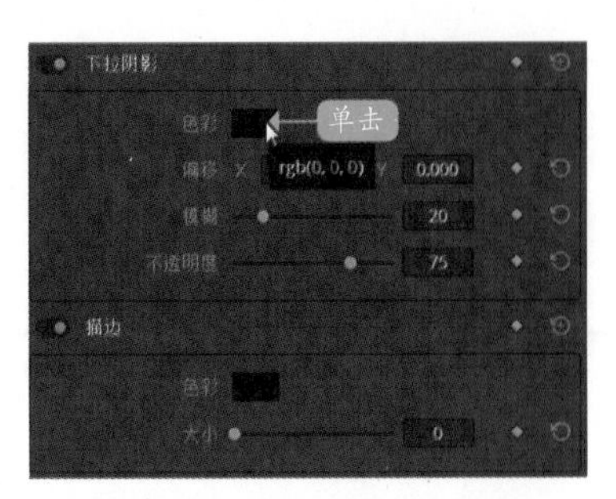

图14-75　单击“色彩”色块

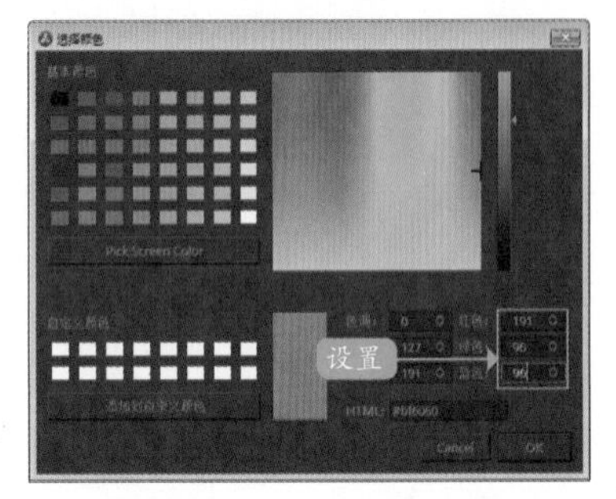

图14-76　设置颜色参数

步骤/05 单击OK按钮，返回“文本”选项卡，在“下拉阴影”选项区中，设置“偏移”X参数为5.000、Y参数为-10.000，如图14-77所示。

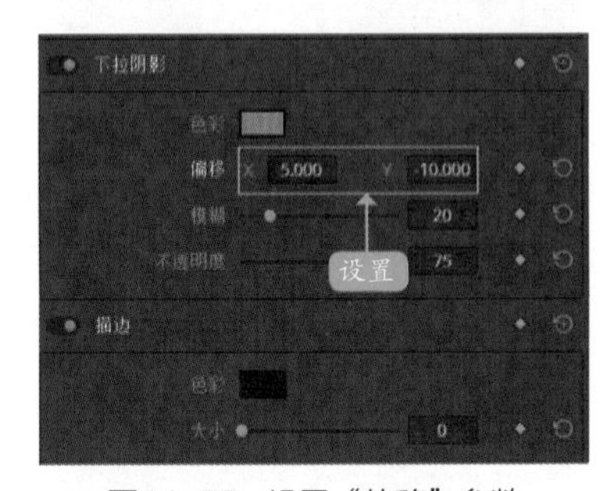

图14-77　设置“偏移”参数

步骤/06 在下方向右拖曳“不透明度”右侧的滑块，直至参数显示为100，设置“下拉阴影”完全显示，如图14-78所示。

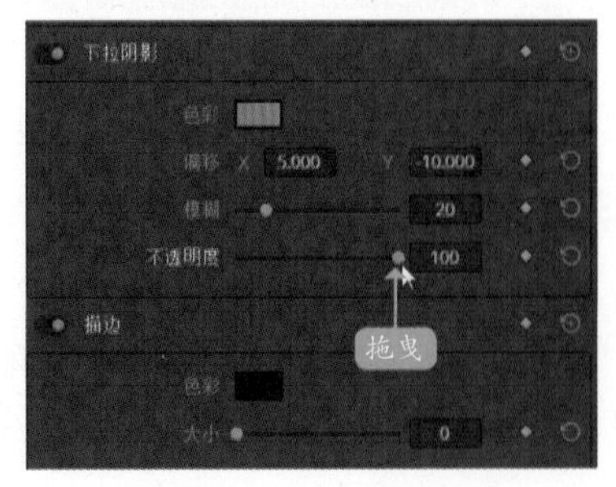

图14-78　拖曳滑块

步骤/07 执行操作后，即可为标题字幕制作下拉阴影效果。在预览窗口中查看更改的字幕效果，如图14-79所示。

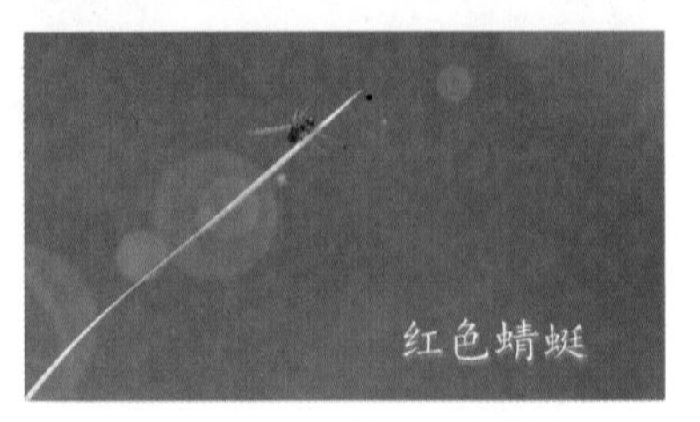

图14-79　查看更改的字幕效果

14.4 制作动态标题字幕

为影片创建标题后，DaVinci Resolve 16还可以为标题制作字幕运动特效，使影片更具吸引力和感染力。本节主要介绍制作多种字幕动态特效的操作方法，以提升字幕的艺术档次。

14.4.1　制作字幕屏幕滚动特效

在影视画面中，当一部影片播放完毕后，在片尾处会播放这部影片的演员、制片人、导演等信息。下面介绍制作滚屏字幕特效的方法。

步骤/01 打开项目文件“素材\第14章\电影落幕.drp”，如图14-80所示。

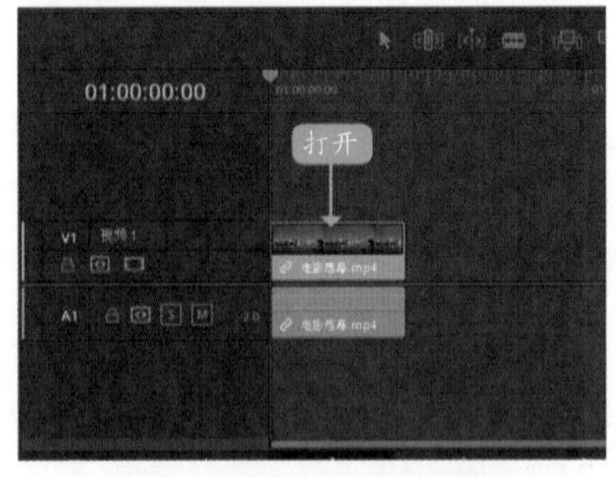

图14-80　打开项目文件

步骤/02 在预览窗口中，可以查看打开的项目效果，如图14-81所示。

图14-81 查看打开的项目效果

步骤/03 展开“特效库”|“字幕”选项面板，选择“滚动”选项，如图14-82所示。

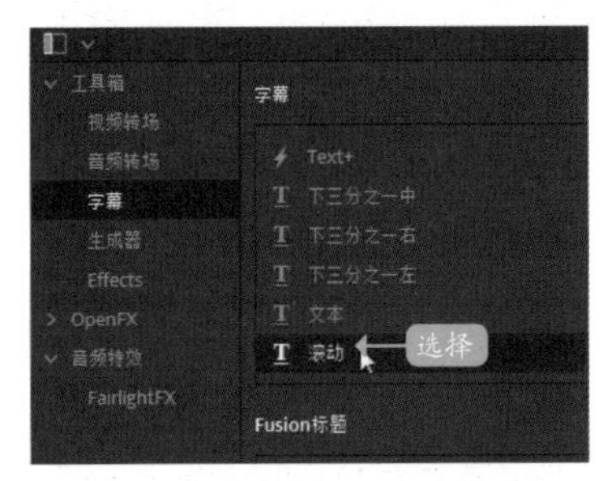

图14-82 选择“滚动”选项

步骤/04 将“滚动”字幕样式添加至“时间线”面板的V2轨道上，并调整字幕时长，如图14-83所示。

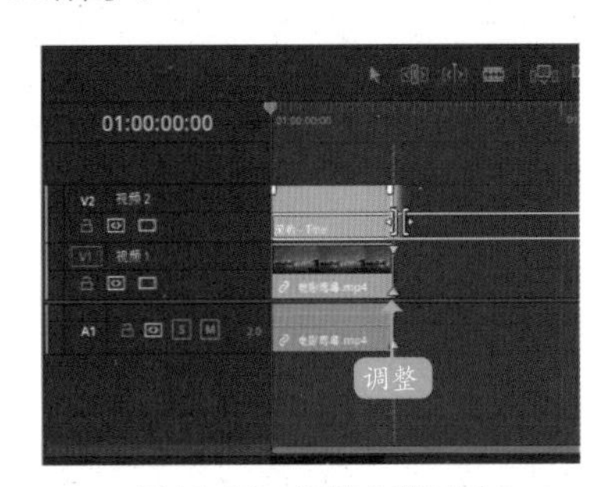

图14-83 调整字幕时长

步骤/05 双击添加的“文本”字幕，展开“检查器”|“文本”选项卡，在“文本”下方的编辑框中输入滚屏字幕内容，如图14-84所示。

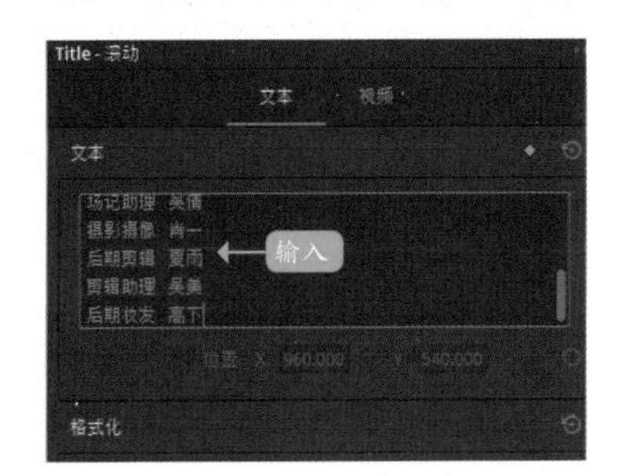

图14-84 输入滚屏字幕内容

步骤/06 在“格式化”选项区中，设置“字体”为“宋体”、“大小”为55、“对齐方式”为居中，如图14-85所示。

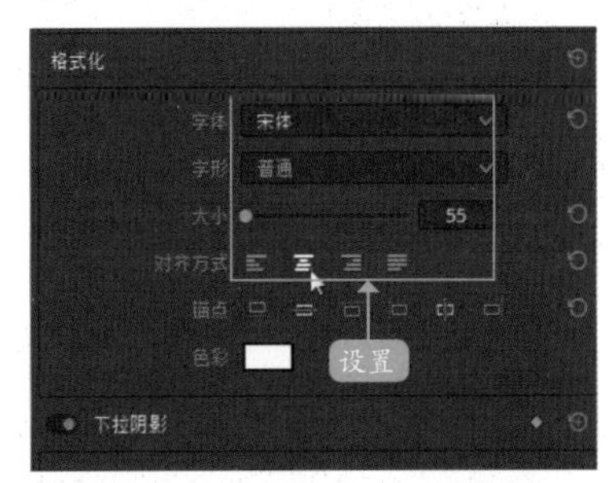

图14-85 设置“格式化”参数

步骤/07 在“背景”选项区中，设置“宽度”参数为0.400、“高度”参数为1.100，如图14-86所示。

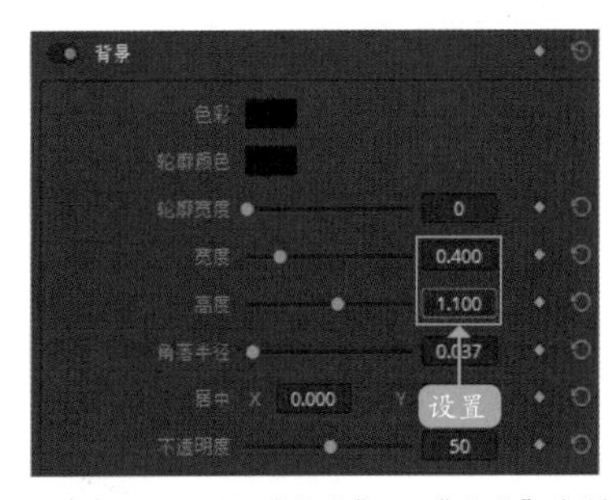

图14-86 设置“宽度”和“高度”参数

步骤/08 在下方拖曳“角落半径”右侧的滑块，设置“角落半径”参数为0.000，如图14-87所示。

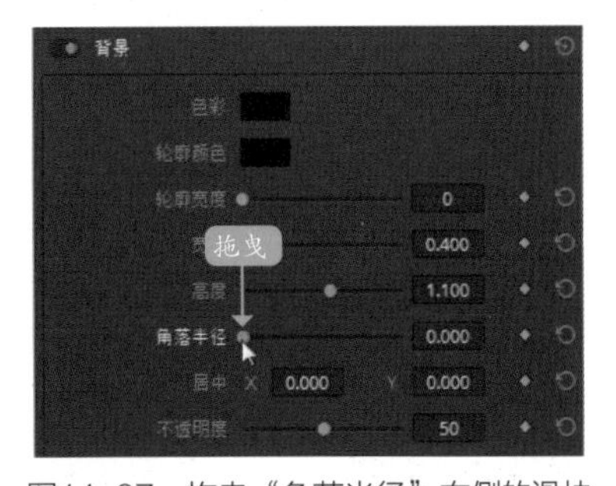

图14-87 拖曳“角落半径”右侧的滑块

步骤/09 执行操作后，在预览窗口中可以查看字幕滚屏动画效果，如图14-88所示。

图14-88　查看字幕滚屏动画效果

14.4.2　制作字幕淡入淡出特效

淡入淡出是指标题字幕以淡入淡出的方式显示或消失字幕的动画效果。下面主要介绍制作淡入淡出运动特效的操作方法，希望读者可以熟练掌握。

步骤/01 打开项目文件“素材\第14章\小小花苞.drp”，在预览窗口中可以查看打开的项目效果，如图14-89所示。

图14-89　查看打开的项目效果

步骤/02 在“时间线”面板中，选择V2轨道中添加的字幕文件，如图14-90所示。

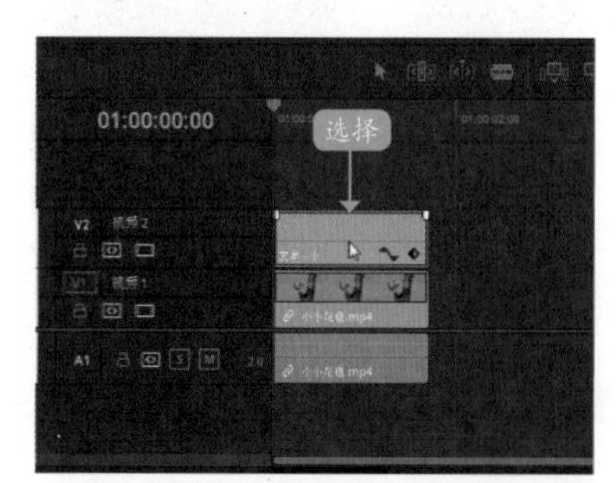

图14-90　选择添加的字幕文件

步骤/03 在“检查器”面板中，单击“视频”标签，切换至“视频”选项卡，如图14-91所示。

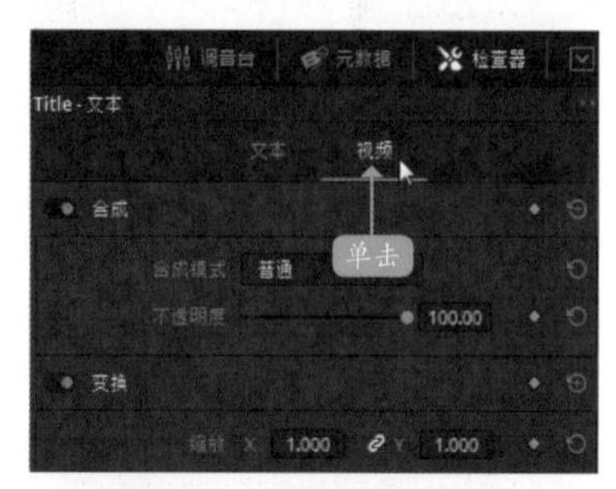

图14-91　单击“视频”标签

步骤/04 在“合成”选项区中，拖曳“不透明度”右侧的滑块，直至参数显示为0.00，如图14-92所示。

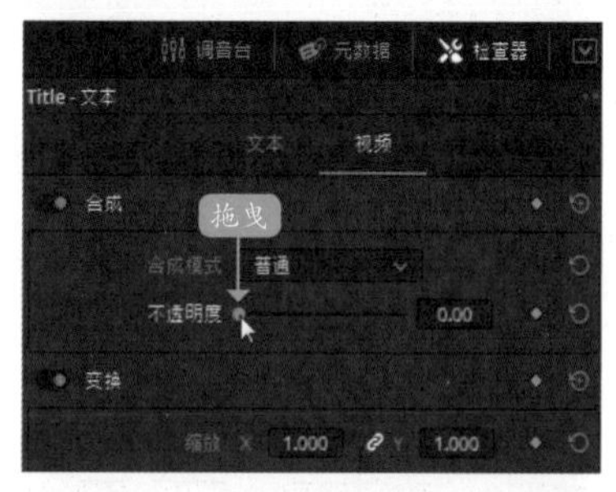

图14-92　拖曳“不透明度”右侧的滑块

步骤/05 单击“不透明度”参数右侧的关键帧按钮◆，添加第一个不透明度关键帧，如图14-93所示。

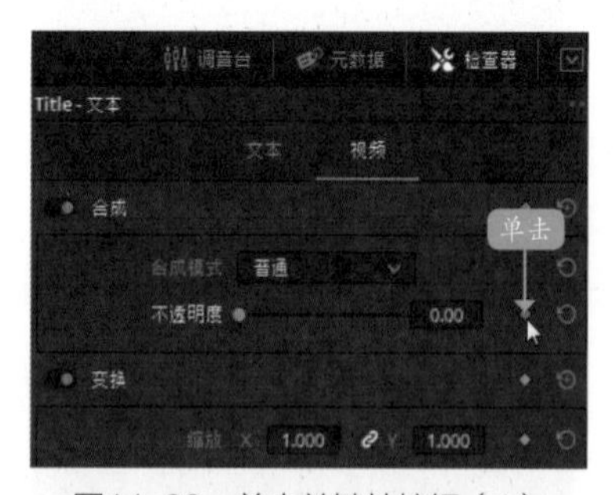

图14-93　单击关键帧按钮（1）

步骤/06 在“时间线”面板中，将时间指示器拖曳至01:00:00:10位置处，如图14-94所示。

步骤/07 展开“检查器”|“视频”选项卡，设置“不透明度”参数为100.00，即可自动

添加第二个关键帧，如图14-95所示。

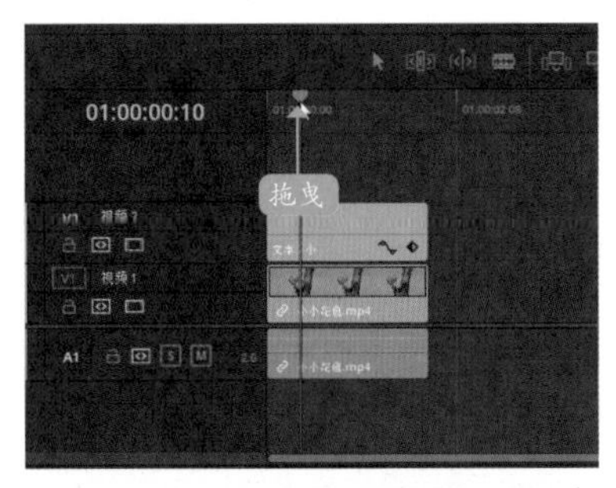

图14-94　拖曳时间指示器（1）

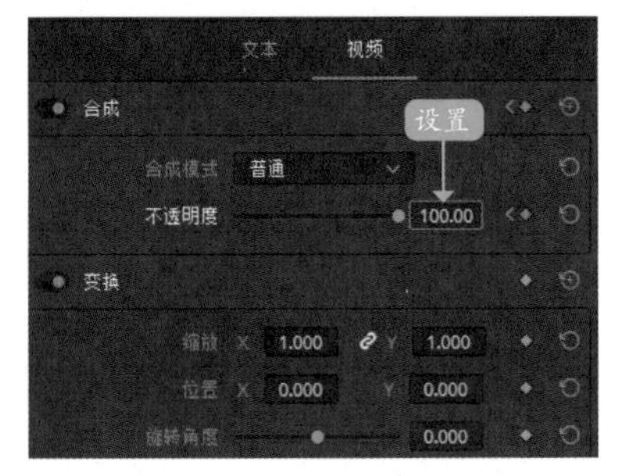

图14-95　设置“不透明度”参数

步骤/08　在“时间线”面板中，将时间指示器拖曳至01:00:01:16位置处，如图14-96所示。

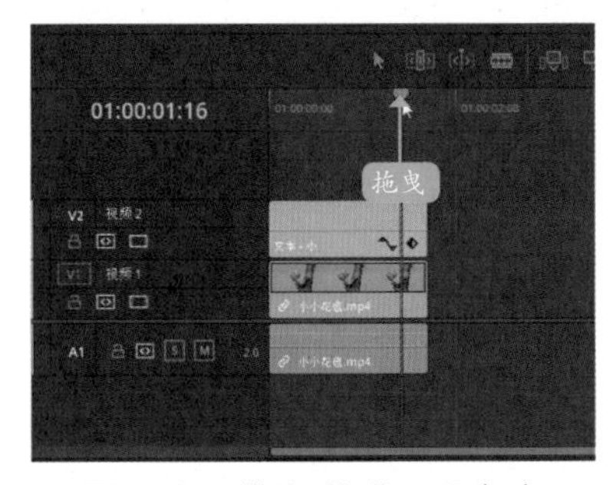

图14-96　拖曳时间指示器（2）

步骤/09　展开“检查器”|“视频”选项卡，单击“不透明度”右侧的关键帧按钮，添加第三个关键帧，如图14-97所示。

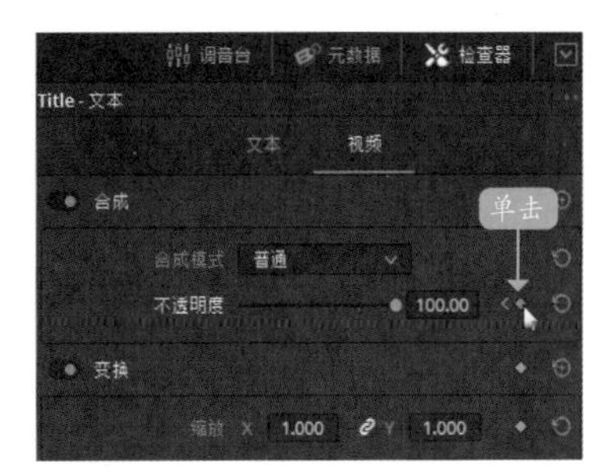

图14-97　单击关键帧按钮（2）

步骤/10　在“时间线”面板中，将时间指示器拖曳至01:00:01:23位置处，如图14-98所示。

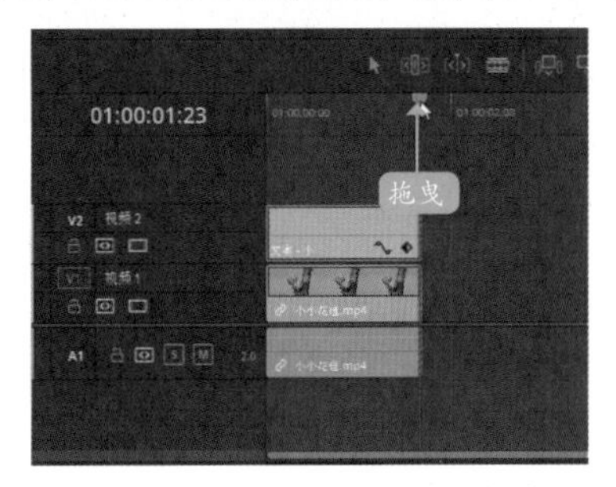

图14-98　拖曳时间指示器（3）

步骤/11　展开“检查器”|“视频”选项卡，再次向左拖曳“不透明度”滑块，设置“不透明度”参数为0.00，即可自动添加第四个关键帧，如图14-99所示。

图14-99　向左拖曳“不透明度”滑块

步骤/12　执行操作后，在预览窗口中可以查看字幕淡入淡出动画效果，如图14-100所示。

图14-100　查看字幕淡入淡出动画效果

14.4.3 制作字幕逐字显示特效

在DaVinci Resolve 16中展开“检查器”|“视频”选项卡，在“裁切”选项区中，用户可以通过调整相应参数制作字幕逐字显示的动画效果。下面介绍制作逐字显示动画效果的操作方法。

步骤/01 打开项目文件“素材\第14章\庭院之景.drp”，在预览窗口中，可以查看打开的项目效果，如图14-101所示。

图14-101 查看打开的项目效果

步骤/02 在“时间线”面板中，选择V2轨道中添加的字幕文件，如图14-102所示。

图14-102 选择添加的字幕文件

步骤/03 打开“检查器”|“视频”选项卡，在“裁切”选项区中，拖曳“裁切右侧”滑块至最右端，设置“裁切右侧”参数为最大值，如图14-103所示。

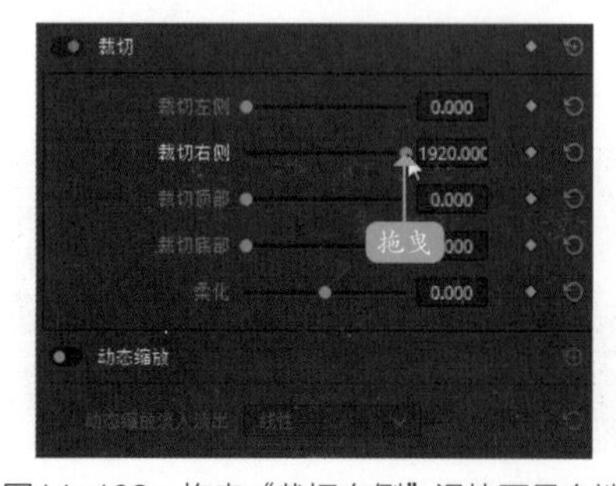

图14-103 拖曳“裁切右侧”滑块至最右端

步骤/04 单击“裁切右侧”关键帧按钮◆，添加第一个关键帧，如图14-104所示。

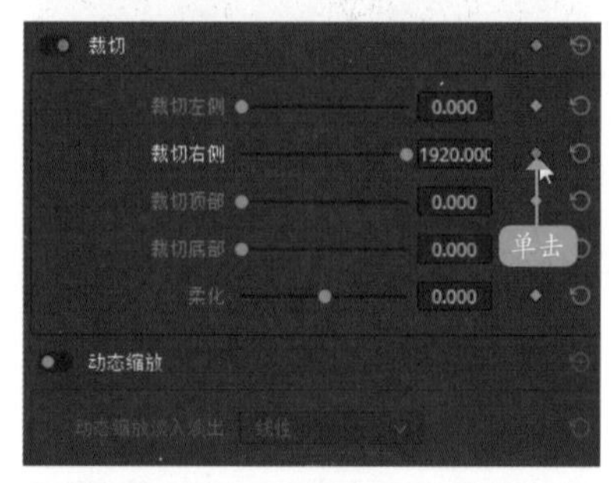

图14-104 单击“裁切右侧”关键帧按钮

步骤/05 在“时间线”面板中，将时间指示器拖曳至01:00:01:15位置处，如图14-105所示。

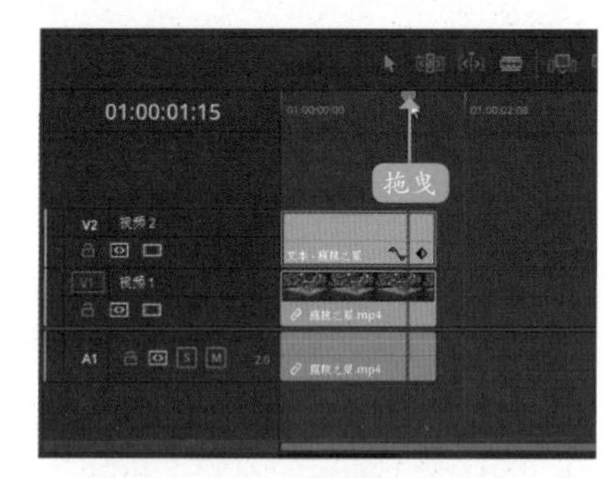

图14-105 拖曳时间指示器

步骤/06 在“检查器”|“视频”选项卡的“裁切”选项区中，拖曳“裁切右侧”滑块至最左端，设置“裁切右侧”参数为最小值，即可自动添加第二个关键帧，如图14-106所示。

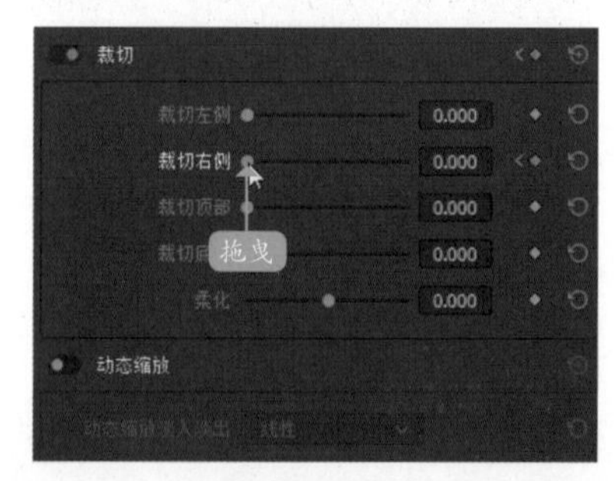

图14-106 拖曳“裁切右侧”滑块至最左端

步骤/07 执行操作后，在预览窗口中可以查看字幕逐字显示动画效果，如图14-107所示。

图14-107　查看字幕逐字显示动画效果

14.4.4　制作字幕旋转飞入特效

在DaVinci Resolve 16中，通过设置“旋转角度”参数，可以制作出字幕旋转飞入动画效果，下面向大家介绍具体的操作方法。

步骤/01 打开项目文件“素材\第14章\夕阳剪影.drp”，在预览窗口中可以查看打开的项目效果，如图14-108所示。

图14-108　查看打开的项目效果

步骤/02 在“时间线”面板中，选择V2轨道中添加的字幕文件，拖曳时间指示器至01:00:01:15位置处，如图14-109所示。

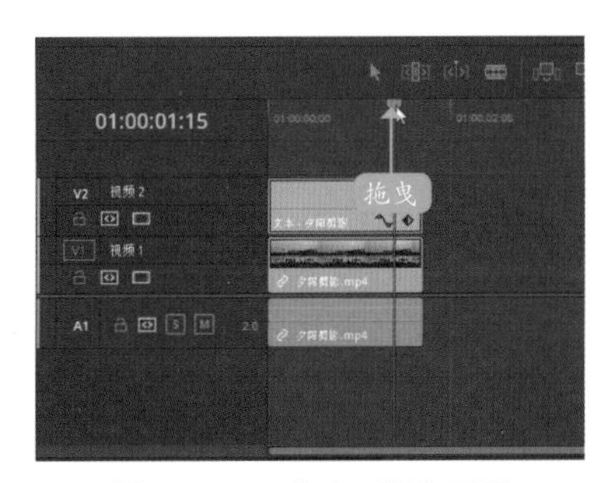

图14-109　拖曳时间指示器

步骤/03 打开“检查器”|“文本”选项卡，单击“位置”“缩放”“旋转角度”右侧的关键帧按钮，添加第一组关键帧，如图14-110所示。

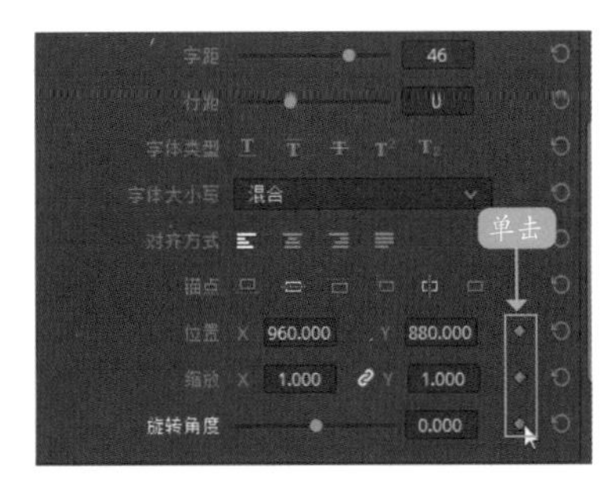

图14-110　单击关键帧按钮

步骤/04 将时间指示器移至开始位置处，在“检查器”|“文本”选项卡中，设置“位置”参数为（520.000,1100.000）、“缩放”参数为（0.250,0.250）、“旋转角度”参数为-360.000，如图14-111所示。

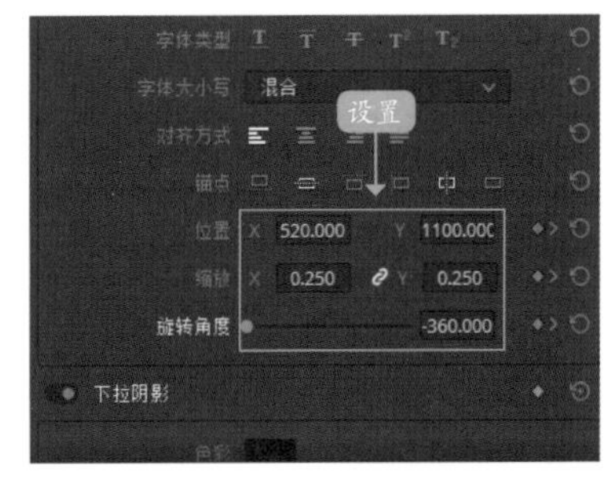

图14-111　设置参数

步骤/05 执行操作后，在预览窗口中可以查看字幕旋转飞入动画效果，如图14-112所示。

图14-112　查看字幕旋转飞入动画效果

第15章

抖音案例：制作青橙色调短视频

学前提示

青橙色调在抖音App中是比较热门的一种网红色调，画面中主要以青色和橙色为主要颜色，很多调色师、摄影师都会将自己的视频素材调成这种色调。本章主要介绍网红青橙色调的调色方法。

15.1 欣赏视频效果

网红青橙色调主要以青色和橙色为主，青色为冷色调，橙色为暖色调，在画面中形成强烈的对比，让视频画面更具视觉冲突感，这种色调不论是放在夜景中还是风光大片中，都很好看。在介绍网红青橙色调的调色方法之前，首先预览《凤凰古镇》项目效果，并掌握项目技术提炼等内容。

15.1.1　效果赏析

本实例制作的是网红青橙色调——《凤凰古镇》，下面预览视频进行影调调色前后对比的效果，如图15-1所示。

图15-1　《凤凰古镇》素材与效果欣赏

15.1.2　技术提炼

制作网红青橙色调视频，首先要新建一个项目文件，进入DaVinci Resolve 16“剪辑”步骤面板，在“媒体池”面板中导入一段视频素材，并将其添加至“时间线”面板中，然后在“调色”步骤面板中调整视频的整体色调，并调整画面饱和度，最后为视频添加摇动效果，将制作好的成品交付输出。

15.2 视频调色过程

本节主要介绍《凤凰古镇》视频文件的调色过程，包括导入视频素材文件、对视频画面进行影调调色以及调整视频画面饱和度等内容，希望读者熟练掌握青橙色调的制作方法。

15.2.1　导入视频素材文件

在为视频调色之前，首先需要一段凤凰古镇视频素材。下面介绍将视频素材导入“时间线”面板中的操作方法。

步骤/01　打开素材文件夹，在其中选择需要导入的视频素材“素材\第15章\凤凰古镇.mp4”，如图15-2所示。

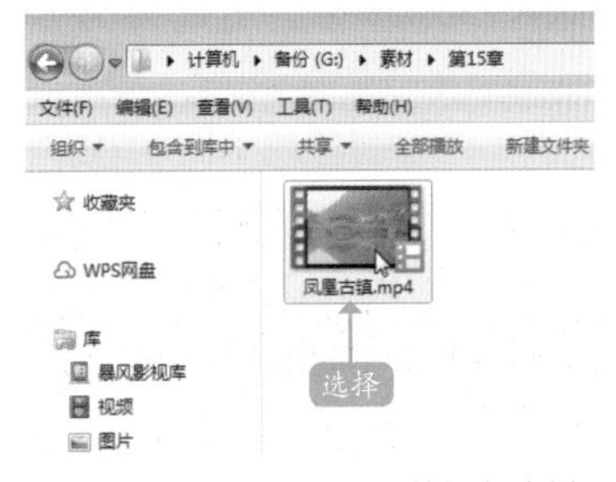

图15-2　选择需要导入的视频素材

步骤/02　按住鼠标左键，将其拖曳至“时间线”面板中，如图15-3所示。释放鼠标左键即可将视频素材导入“时间线”面板中。

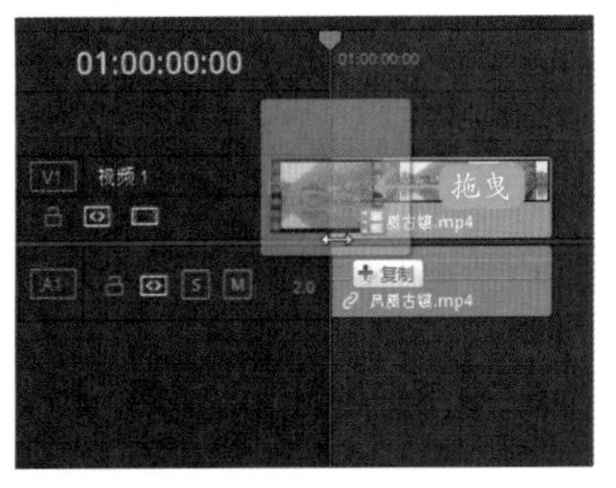

图15-3　拖曳视频素材

步骤/03 执行上述操作后，在预览窗口中预览导入的视频素材，效果如图15-4所示。

图15-4 预览视频素材效果

15.2.2 对视频进行影调调色

导入视频素材后，即可开始对视频画面进行影调调色。青橙色调主要以青色和橙色为主，画面中的杂色基本都需要去除。与13.3.2节中所讲解的特艺色效果有点类似，这里可以应用调整特艺色的方法，先将视频画面中的影调调为特艺色影调，再调整其画面细节。下面介绍具体的操作方法。

步骤/01 切换至“调色”步骤面板，在“节点”面板中选中01节点，如图15-5所示。

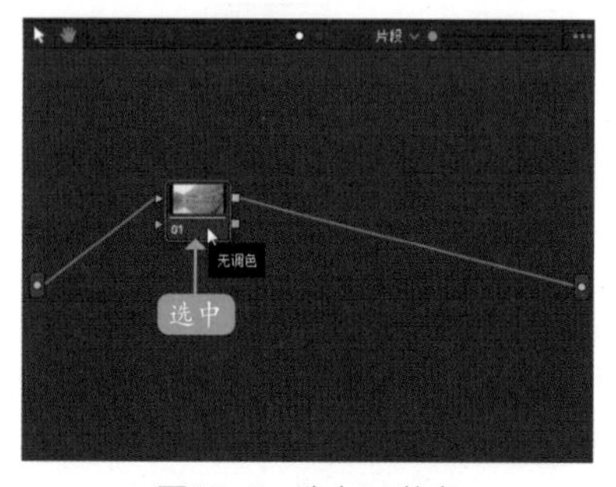

图15-5 选中01节点

步骤/02 在预览窗口的图像画面上，单击鼠标右键，弹出快捷菜单，选择“抓取静帧”命令，待调色后可用作对比，如图15-6所示。

步骤/03 ❶在界面左上角单击“画廊”按钮，展开“画廊”面板；❷在其中显示了抓取的静帧图像，如图15-7所示。

图15-6 选择“抓取静帧”命令

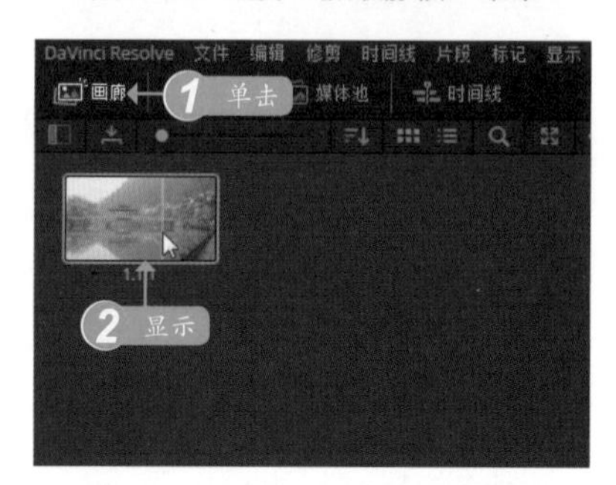

图15-7 显示了抓取的静帧图像

步骤/04 单击“RGB混合器”按钮，展开“RGB混合器”面板，如图15-8所示。

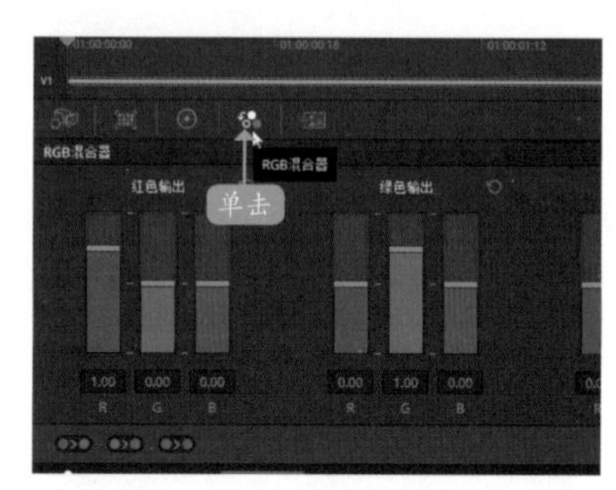

图15-8 单击“RGB混合器”按钮

步骤/05 在“红色输出”通道中，设置R控制条参数为1.00，G控制条参数为-1.00，B控制条参数为1.00，如图15-9所示。

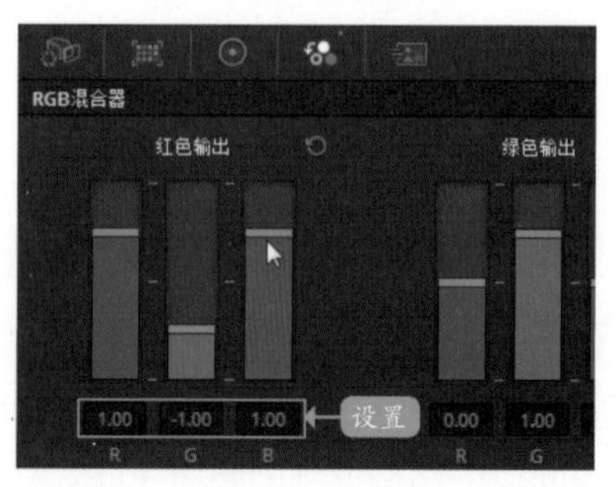

图15-9 设置“红色输出”通道参数

步骤/06 在“绿色输出”通道中，设置R控制条参数为-1.00，G控制条参数为1.00，B控制条参数为1.00，如图15-10所示。

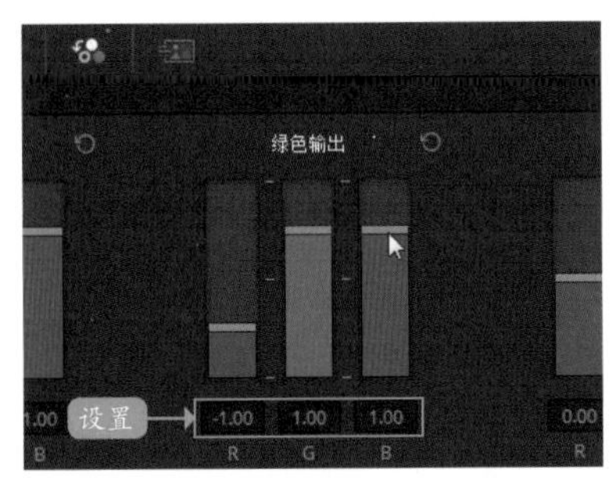

图15-10　设置“绿色输出”通道参数

步骤/07 在“蓝色输出”通道中，设置R控制条参数为-1.00，G控制条参数为1.00，B控制条参数为1.00，如图15-11所示。

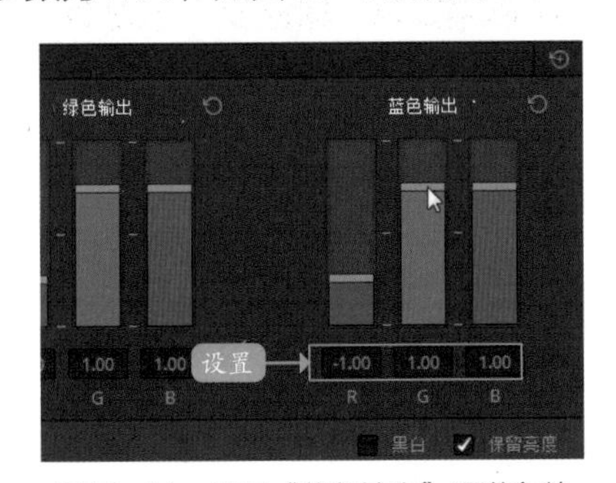

图15-11　设置“蓝色输出”通道参数

步骤/08 执行上述操作后，即可在预览窗口中查看特艺色影调风格视频效果，如图15-12所示。

图15-12　查看特艺色影调风格视频效果

步骤/09 在“检视器”面板的左上角，单击“划像”按钮，在预览窗口中单击鼠标左键，当光标呈双向箭头形状时，按住鼠标左键左右拖曳划像查看调色前后的对比效果，如图15-13所示。

图15-13　查看调色前后的对比效果

15.2.3　调整视频画面饱和度

将色调调整完成后，画面中的颜色饱和度偏低，需要将视频画面中的色彩饱和度调高一些，下面介绍具体的操作方法。

步骤/01 在“节点”面板中选中01节点，单击鼠标右键，弹出快捷菜单，选择“添加节点”|“添加串行节点”命令，如图15-14所示。

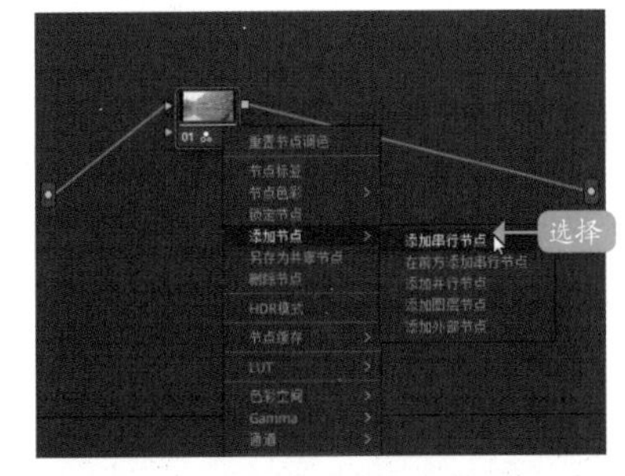

图15-14　选择“添加串行节点”命令

步骤/02 即可在“节点”面板中添加一个编号为02的串行节点，如图15-15所示。

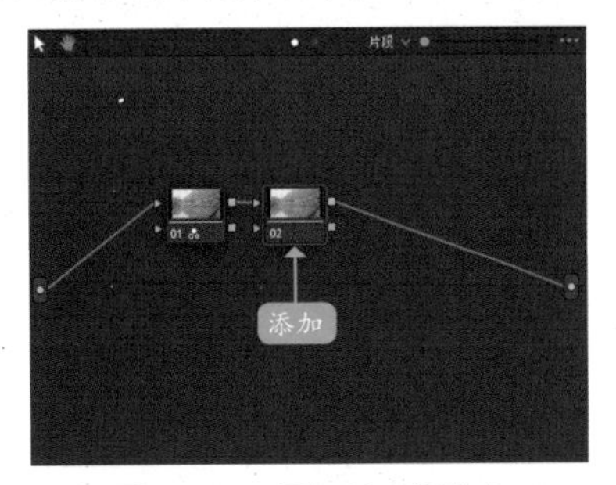

图15-15　添加02串行节点

步骤/03 切换至“一级校色轮”面板，在下方面板中设置“饱和度”参数为73.00，如图15-16所示。

步骤/04 执行上述操作后，可以在预览窗口中查看调整饱和度后的画面效果，可以看到画面中的青色饱和度提高了，但是红色饱和度偏高，如图15-17所示。

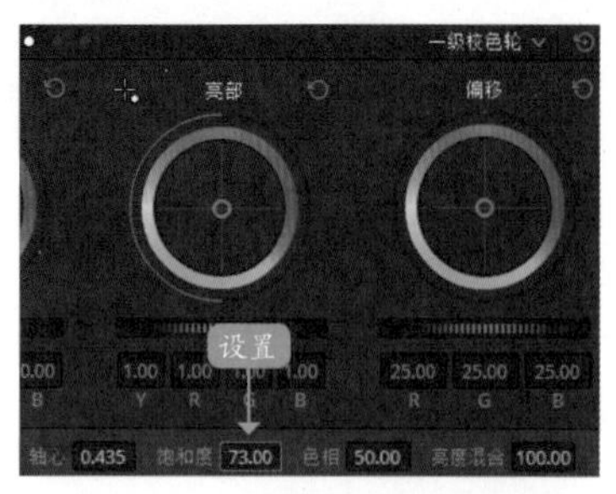

图15-16　设置“饱和度”参数

图15-17　查看调整饱和度后的画面效果

步骤/05 在“节点”面板中，继续添加一个编号为03的串行节点，如图15-18所示。

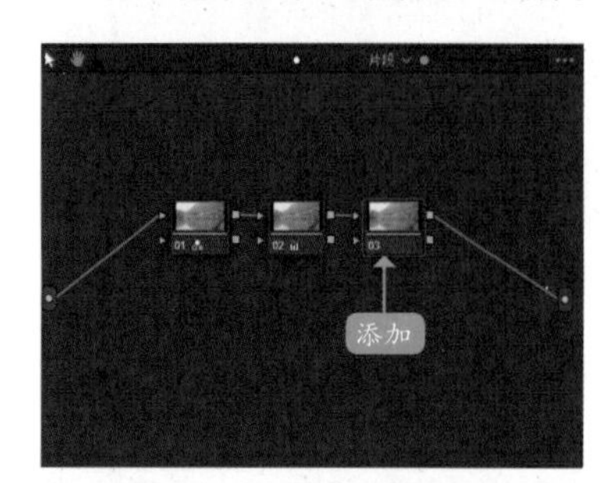

图15-18　添加03串行节点

步骤/06 展开“限定器”面板，在“选择范围”选项区中，单击“拾色器”按钮，如图15-19所示。

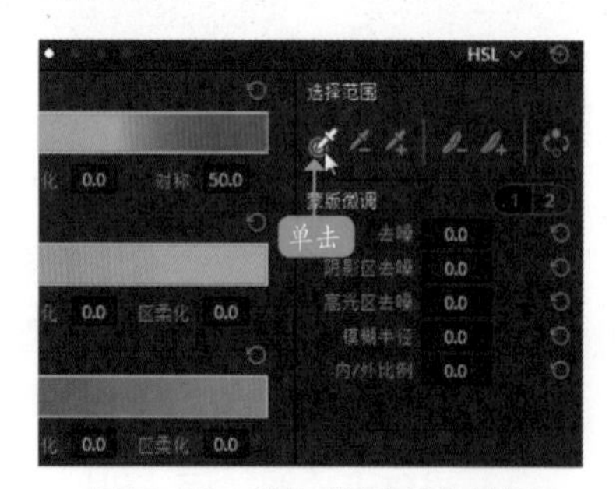

图15-19　单击“拾色器”按钮

步骤/07 执行操作后，移动光标至“检视器”面板上方，单击“突出显示”按钮，如图15-20所示。

图15-20　单击“突出显示”按钮

步骤/08 在预览窗口中，选取画面中的红色，如图15-21所示。

图15-21　选取画面中的红色

步骤/09 切换至“一级校色轮”面板，在下方面板中设置“饱和度”参数为30.00，如图15-22所示。

图15-22　设置“饱和度”参数

步骤/10 执行操作后，设置“色相”参数为45.40，将红色调整为橙色，如图15-23所示。

步骤/11 在预览窗口中，即可查看色调调整效果，如图15-24所示。

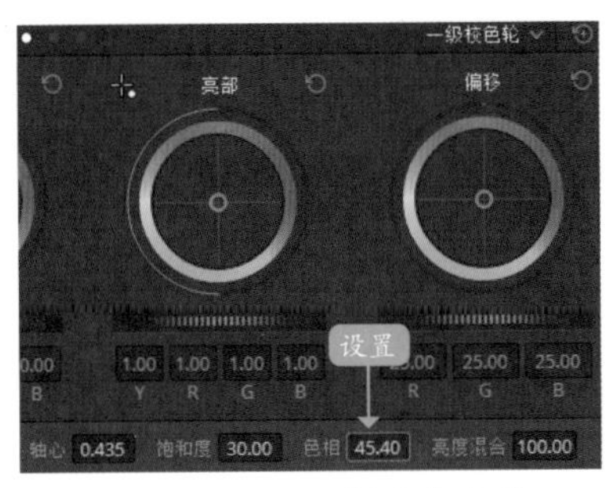

图15-23　设置“色相”参数

图15-24　查看色调调整效果

15.3 剪辑输出视频

将视频调为青橙色调后，即可为视频素材添加摇动效果。待剪辑完成后，可以将制作好的《凤凰古镇》项目文件输出为视频。

15.3.1　为视频添加摇动效果

本例视频为静置画面，待调色完成后，可以切换至“剪辑”步骤面板，为视频添加摇动缩放效果，下面介绍具体的操作方法。

步骤/01 切换至“剪辑”步骤面板，在“时间线”面板中选中视频素材，如图15-25所示。

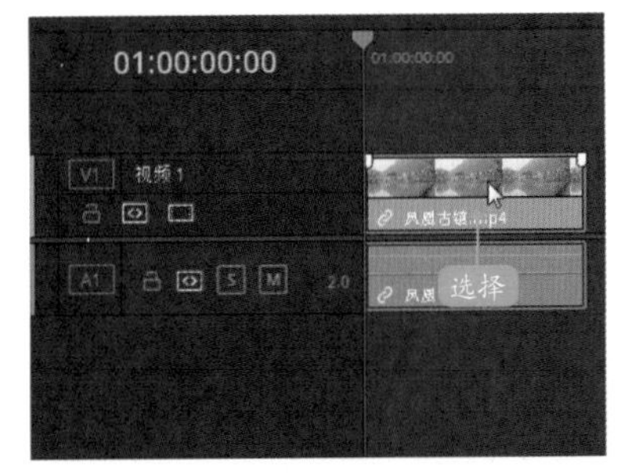

图15-25　选中视频素材

步骤/02 在界面右上角，单击“检查器”按钮，如图15-26所示。

图15-26　单击“检查器”按钮

步骤/03 展开“检查器”|“视频”选项卡，如图15-27所示。

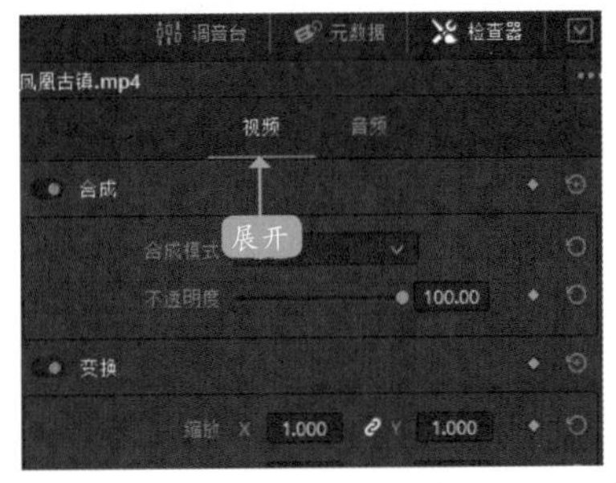

图15-27　展开“视频”选项卡

步骤/04 在“变换”选项区中，单击“缩放”右侧的关键帧图标◆，在视频的开始位置添加一个缩放关键帧，如图15-28所示。

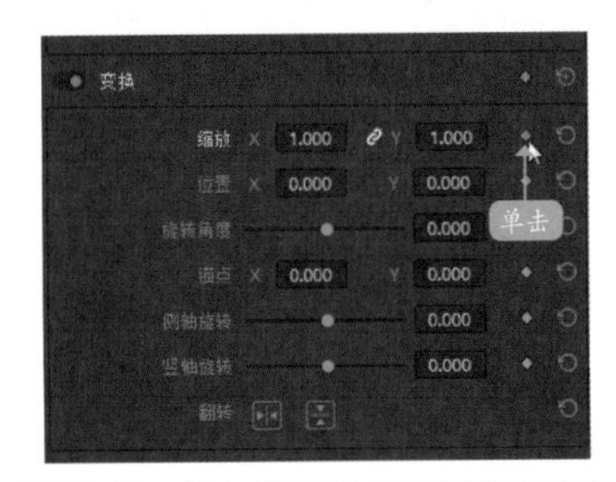

图15-28　单击“缩放”右侧的关键帧图标

步骤/05 在“时间线”面板中，按住鼠标左键，将时间指示器拖曳至01:00:01:10的位置处，如图15-29所示。

步骤/06 切换至“检查器”|“视频”选项卡，设置“缩放”X和Y的参数均为1.200，即

可在时间指示器位置处添加第二个缩放关键帧，如图15-30所示。

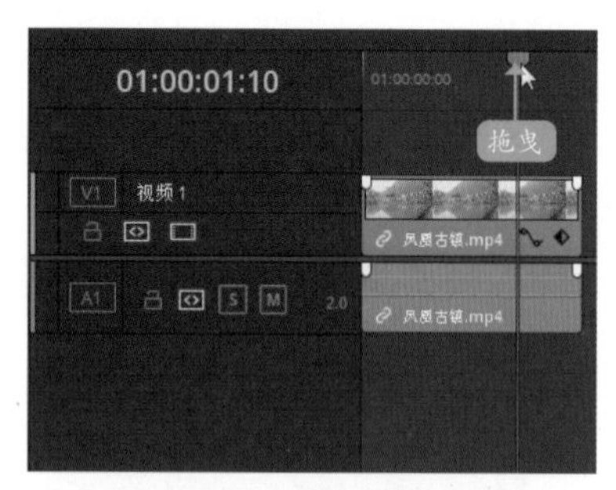

图15-29　拖曳时间指示器

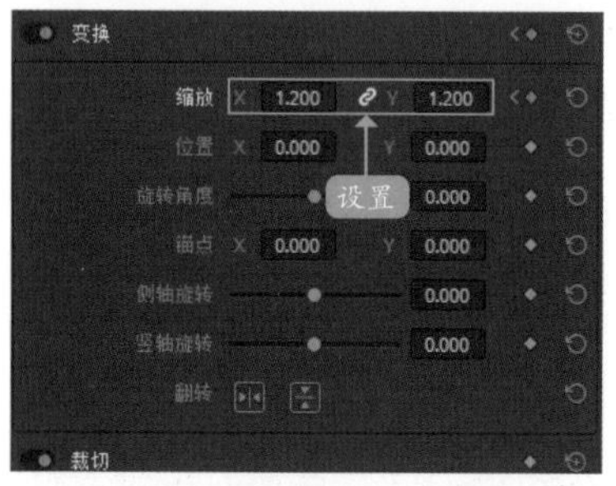

图15-30　设置“缩放”X和Y的参数

步骤/07 在“时间线”面板中，再次按住鼠标左键，将时间指示器拖曳至01:00:02:00的位置处，如图15-31所示。

图15-31　再次拖曳时间指示器

步骤/08 在“检查器”|“视频”选项卡中，设置“缩放”X和Y的参数均为1.000。执行操作后，即可在时间指示器位置处添加第三个缩放关键帧，如图15-32所示。

步骤/09 在“时间线”面板的V1轨道上，将鼠标指针移至视频素材末端位置的关键帧图标上◆，单击鼠标左键，如图15-33所示。

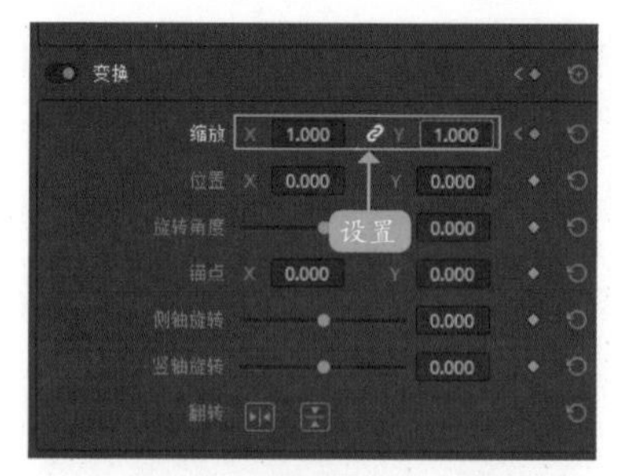

图15-32　再次设置“缩放”X和Y的参数

图15-33　单击关键帧图标

步骤/10 在V1轨道上，展开视频关键帧面板，在其中显示了添加的3个关键帧，如图15-34所示。

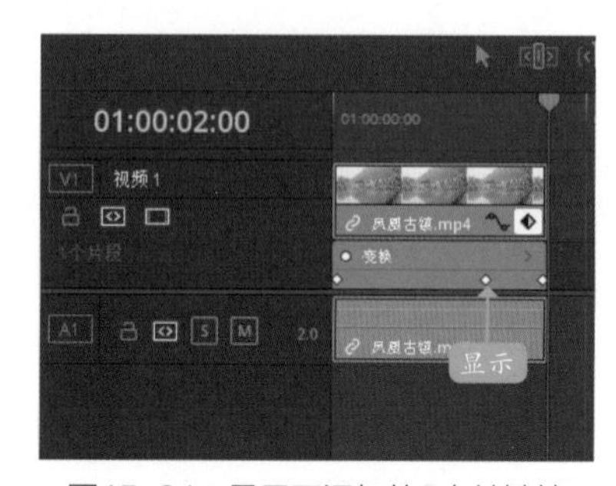

图15-34　显示了添加的3个关键帧

步骤/11 将鼠标指针移至视频上，在视频的左上角和右上角分别显示了两个白色标记。将鼠标指针移至左上角的标记上，如图15-35所示。

图15-35　将鼠标指针移至左上角的标记上

步骤/12 按住鼠标左键向右拖曳，至合适位置后释放鼠标左键，即可为视频制作淡入效果，如图15-36所示。

图15-36　向右拖曳标记

步骤/13 将鼠标指针移至右上角的标记上，如图15-37所示。

图15-37　将鼠标指针移至右上角的标记上

步骤/14 按住鼠标左键向左拖曳，至合适位置后释放鼠标左键，即可为视频制作淡出效果，如图15-38所示。

图15-38　向左拖曳标记

步骤/15 执行上述操作后，即可在预览窗口中查看视频淡入淡出以及摇动缩放效果，如图15-39所示。

图15-39　查看视频淡入淡出以及摇动缩放效果

15.3.2　交付输出制作的视频

待视频剪辑完成后，即可切换至“交付”面板，将制作的成品输出为一个完整的视频文件，下面介绍具体的操作方法。

步骤/01 切换至“交付”步骤面板，展开“渲染设置”|“渲染设置-自定义”选项面板，在“文件名”文本框中输入“凤凰古镇”，设置渲染输出的文件名称，如图15-40所示。

图15-40　输入内容

步骤/02 单击“位置”右侧的“浏览”按钮，如图15-41所示。

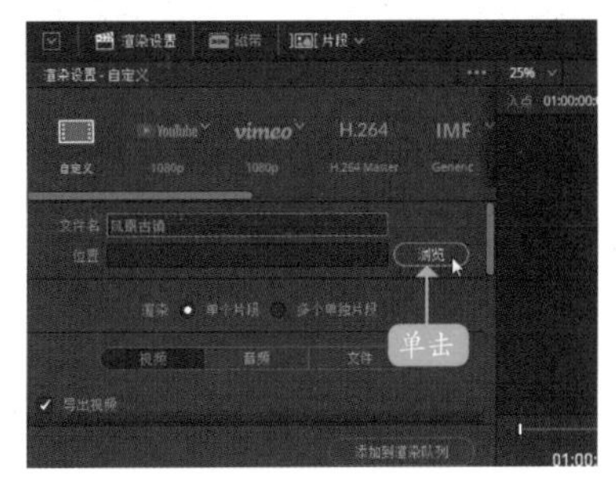

图15-41　单击“浏览”按钮

步骤/03 弹出“文件目标”对话框，在其中设置文件的保存位置，单击“保存”按钮，如图15-42所示。

图15-42 单击“保存”按钮

步骤/04 即可在“位置”文本框中显示保存路径，如图15-43所示。

图15-43 显示保存路径

步骤/05 在“导出视频”选项区中，单击“格式”右侧的下拉按钮，在弹出的下拉列表中选择MP4选项，如图15-44所示。

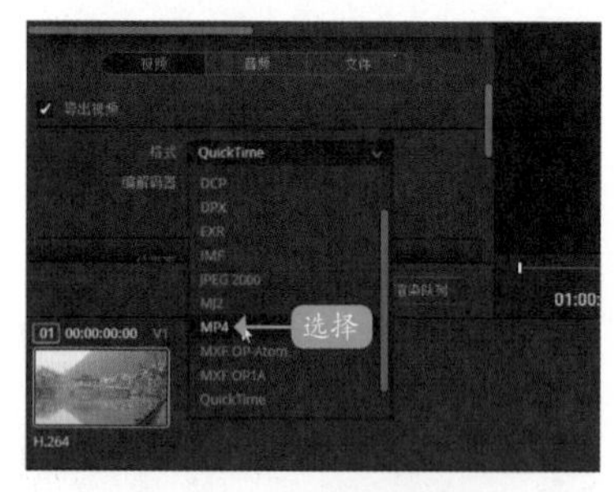

图15-44 选择MP4选项

步骤/06 单击“添加到渲染队列”按钮，如图15-45所示。

步骤/07 将视频文件添加到右上角的“渲染队列”面板中，单击面板下方的“开始渲染”按钮，如图15-46所示。

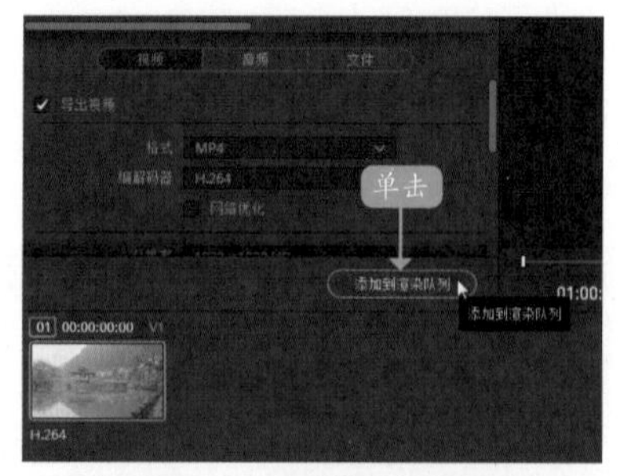

图15-45 单击“添加到渲染队列”按钮

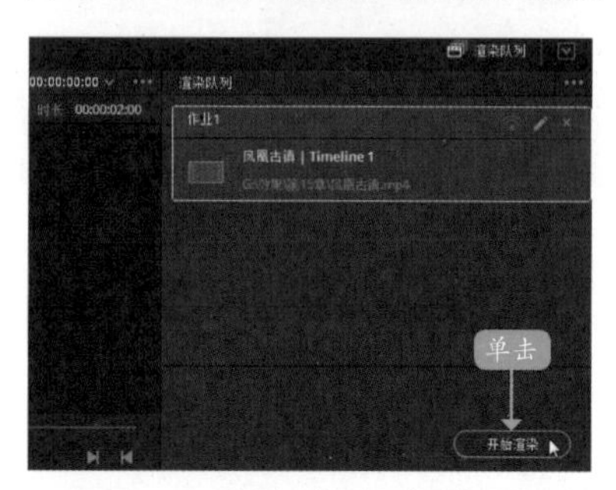

图15-46 单击“开始渲染”按钮

步骤/08 开始渲染视频文件，并显示视频渲染进度。待渲染完成后，在渲染列表上会显示完成用时，表示渲染成功，如图15-47所示。在视频渲染保存的文件夹中，可以查看渲染输出的视频。

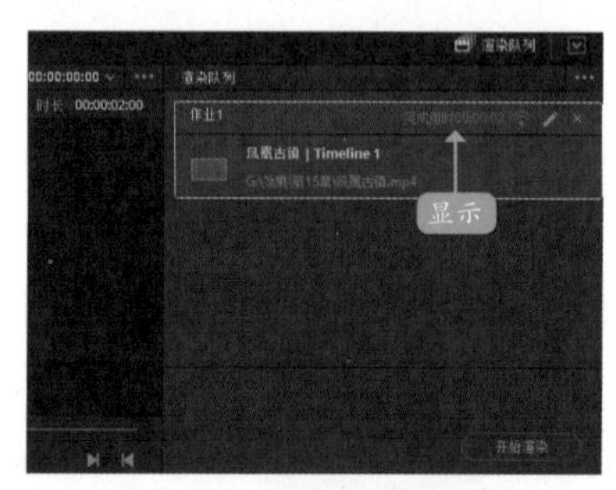

图15-47 显示完成用时

专家指点

当取消选中图15-43中的“导出视频”复选框时，“导出视频”选项区中的设置会呈灰色、不可用状态，需要用户重新选中“导出视频”复选框，才可以继续进行相关选项设置。

如果第一次渲染MP4视频失败，用户可以先切换成其他视频格式，然后再重新设置格式为MP4视频格式。